高职高专机电系列教材

计算机辅助设计(Solidworks)

陈乃峰　夏　天　主　编

孙淑敏　张　彤　魏占胜　副主编

清華大学出版社

北　京

内 容 简 介

Solidworks 是一款基于 Windows 平台开发的三维 CAD 系统，目前在用户数量、用户满意度和操作效率等方面均是主流市场上名列前茅的三维设计软件。在三维模型向二维工程图的转换方面，Solidworks 具有十分突出的优势，是替换二维设计工具的首选三维设计工具。

本书以 Solidworks 2020 中文版作为写作蓝本，向下兼容其他各版本，其目的是使更多的读者都能从中学到自己需要的知识。

本书重点介绍 Solidworks 软件 CAD 造型的基本知识，希望通过本书的学习，读者能够掌握使用 Solidworks 软件进行产品建模与设计的基本技能。全书共分为 7 章，依次介绍 Solidworks 的操作基础、草图绘制、实体建模功能、曲面曲线造型、仿真装配、工程制图等内容。

本书既可作为高职高专院校机械制造与加工技术专业、机电一体化技术专业、模具制造技术专业、数控技术专业、汽车工程技术专业的教材，也可作为广大工程技术人员的自学和培训用书。

图书在版编目(CIP)数据

计算机辅助设计：Solidworks/陈乃峰，夏天主编. —北京：清华大学出版社，2022.8
高职高专机电系列教材
ISBN 978-7-302-58754-5

Ⅰ. ①计… Ⅱ. ①陈… ②夏… Ⅲ. ①计算机辅助设计—应用软件—高等职业教育—教材
Ⅳ. ①TP391.72

中国版本图书馆 CIP 数据核字(2021)第 144063 号

责任编辑：陈冬梅　桑任松
装帧设计：李　坤
责任校对：周剑云
责任印制：杨　艳
出版发行：清华大学出版社
　　网　　址：http://www.tup.com.cn, http://www.wqbook.com
　　地　　址：北京清华大学学研大厦 A 座　　**邮　　编：**100084
　　社 总 机：010-83470000　　**邮　　购：**010-62786544
　　投稿与读者服务：010-62776969, c-service@tup.tsinghua.edu.cn
　　质量反馈：010-62772015, zhiliang@tup.tsinghua.edu.cn
　　课件下载：http://www.tup.com.cn, 010-62791865
印 刷 者：北京富博印刷有限公司
装 订 者：北京市密云县京文制本装订厂
经　　销：全国新华书店
开　　本：185mm×260mm　　**印　张：**16.75　　**字　数：**407 千字
版　　次：2022 年 8 月第 1 版　　**印　次：**2022 年 8 月第 1 次印刷
印　　数：1～1500
定　　价：52.00 元

产品编号：078051-01

前　言

本书是根据数控技术、模具设计与制造等专业人才培养目标而编写的教材。

在本书的编写过程中，我们始终坚持以就业为导向，将软件的操作方法与专业设计、制造能力有机地融合到每一个项目实训中，充分体现了“教、学、做”一体化的项目式教学特色，让学生边学习理论知识，边实训操作，加强感性认识，达到事半功倍的效果。

本书按“章”编写，由62个“项目”(包括54个范例及6套职业技能习题)组成。按照学生的学习规律，从易到难，在“项目”的引领下介绍完成该任务所需理论知识和实操技能，通过本书的学习，读者可以掌握使用Solidworks软件进行产品建模与设计的基本技能。

本书可作为职业技术类院校设计软件课、数控加工实习课的实训教材，也可作为CAD/CAM爱好者及竞赛、考证培训班的参考用书。读者对象为高职、中职、技校机械制造与加工技术、数控技术、模具制造技术、机电一体化技术、汽车工程技术等专业的学生，以及CAD/CAM社会化培训的学员。

本书也可以作为读者进行实际演练的习题集，书中所有习题都是作者在长期教学实践积累中精心挑选的。本书具有以下特色。

(1) 本书在编写过程中注重将软件操作与范例实训紧密结合，突出实践环节的基本操作能力的培养。

(2) 注重就业需求，以培养职业岗位群的综合能力为目标，充实训练模块中的内容，强化应用，有针对性地培养学生的职业技能。

(3) 本书习题取自全国数控工艺员技能考试用题、全国数控技能大赛的比赛用题、国家CAD技能培训试题及国家三维CAD比赛试题，所选试题具有鲜明的职业技术特点。

(4) 书中所用习题均提供二维图形，可以提高读者的机械识图技能。

(5) 典型范例教学，全书内容涵盖机械、模具等行业经典零部件的产品设计过程，具有行业代表性。

本书由陈乃峰、夏天任主编，孙淑敏、张彤、魏占胜任副主编。具体编写分工如下：陈乃峰编写第1～5章；夏天编写第6、7章；孙淑敏、张彤、王贺龙、魏占胜编写全书的习题部分。陈乃峰对全书的编写思路及内容安排进行了总体策划，指导全书的编写，并负责统稿和定稿。

由于编者水平有限，书中错误和不妥之处在所难免，恳请读者批评指正，以尽早修订完善。

编　者

目　录

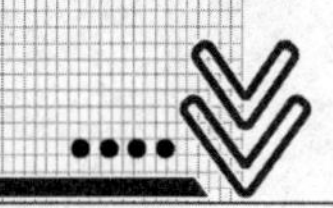

第 1 章　初识 Solidworks

本章要点

- 程序的启动、退出
- 界面、视图、文件的操作
- 界面的个性化设置、常用工具栏
- 对象选择方式、对象的隐藏与可视
- 参考几何体

Solidworks 软件是一种机械设计自动化应用程序，设计师使用它能快速地按照其设计思想绘制草图，尝试运用各种特征与不同尺寸，来生成模型和制作详细的工程图。目前它在用户数量、客户满意度和操作效率等方面均是主流市场上排在世界前列的三维设计软件。

通过本章的学习，读者应熟悉 Solidworks 的界面及常用工具条的使用。

项目 1.1　Solidworks 2020 应用基础

1.1.1　程序的启动

Solidworks 2020 程序启动的方法如表 1-1-1 所示。

表 1-1-1　程序启动的方法

启动 Solidworks 的三种方式	方法一：通过“开始”菜单里的应用程序	方法二：双击程序图标	方法三：双击 SLDPRT 格式文件
	SOLIDWORKS 2020 SOLIDWORKS 2020	SW 2020 SOLIDWO... 2020	5-195.SLDPRT

1.1.2　程序的退出

退出 Solidworks 2020 的方法如表 1-1-2 所示。

表 1-1-2　程序退出的方法

退出 Solidworks 的两种方式	方法一：选择“文件”菜单里的“退出”命令	方法二：单击操作界面右上角的 ✕ 按钮

1.1.3　操作界面

Solidworks 应用程序包括用户界面工具和功能，这些工具可以高效率地生成和编辑模型，包括拖动窗口和调整窗口大小；打印、打开、保存、剪切和粘贴等。

在 FeatureManager 设计树中可以显示零件、装配体或工程图的结构。例如，从中选择一个项目，以便编辑基础草图、编辑特征、压缩和解除压缩特征或零部件。

Solidworks 应用程序会提供反馈。当执行某项任务时，例如绘制实体的草图或应用特征，反馈将包括指针、推理线、预览等。

Solidworks 2020 操作界面如图 1-1-1 所示。

图 1-1-1　Solidworks 操作界面

(1) 菜单栏。Solidworks 2020 隐藏了主菜单，当鼠标指针划过“SOLIDWORKS”区域时，软件会自动弹出菜单栏，如图 1-1-2 所示。

图 1-1-2　Solidworks 菜单栏

(2) 前导视图工具栏。此工具栏被放置在绘图窗口顶部居中位置，包括放大、缩小、视图方位、显示类型、应用布景等命令，是方便用户操作的视图工具，当鼠标指针划过时会出现提示，如图 1-1-3 所示。

(3) 任务面板。任务面板是一个管理 Solidworks 文件的工作窗口，通过它可以查找和使用 Solidworks 文件。该面板包括 7 个部分：Solidworks 资源、设计库、文件探索器、查看调色板、外观/布景、自定义属性以及 Solidworks 讨论区(论坛)，如图 1-1-4 所示。

(4) 帮助及其弹出式工具栏。当选定一个面、一个点或一条线、一个特征等实体时，

Solidworks 弹出式工具栏会弹出一组工具，便于选择使用，如图 1-1-5 所示。

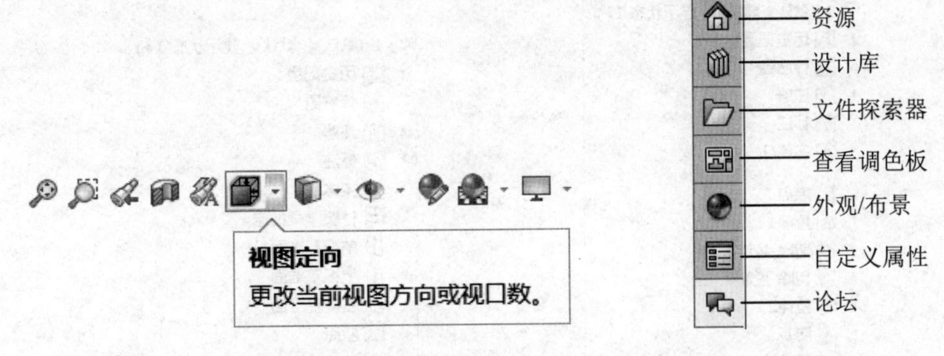

图 1-1-3　Solidworks 前导视图工具栏　　　　图 1-1-4　Solidworks 任务面板

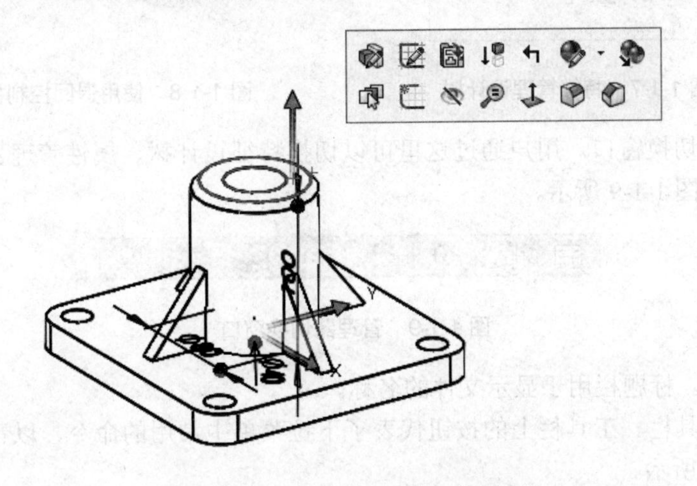

图 1-1-5　Solidworks 弹出式工具栏

(5)　状态栏。状态栏显示当前的操作状态，并提示操作步骤。例如当选择一条连线并选择倒角指令时，会在状态栏显示提示信息，如图 1-1-6 所示。

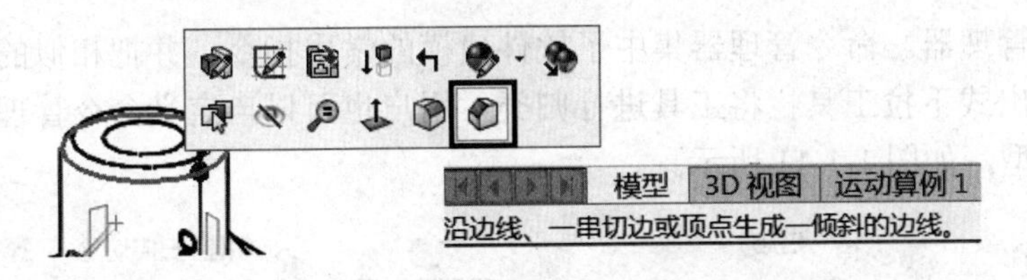

图 1-1-6　Solidworks 状态栏

(6)　绘图区。界面中央最大的区域是绘图区，所有的模型都绘制在此区域内。

(7)　特征管理设计树。所谓“特征管理”是指将某一实体模型的制作步骤记录下来，从而可以方便地查看模型或装配体的构造情况，或者查看工程图中的不同图纸和视图，如图 1-1-7 所示。可以使用退回控制棒暂时将模型退回到早期的状态，如图 1-1-8 所示。

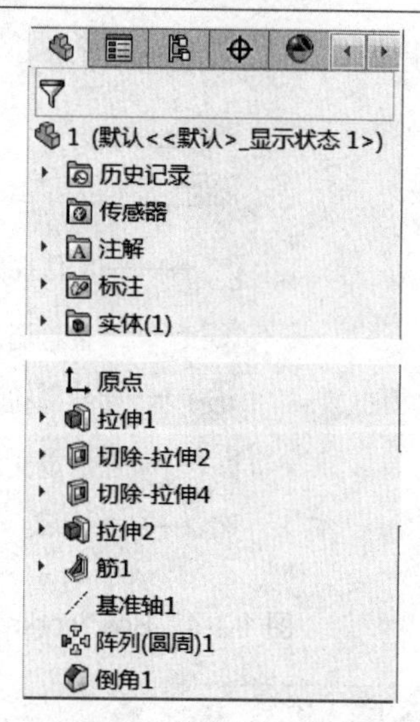

图 1-1-7　特征管理设计树

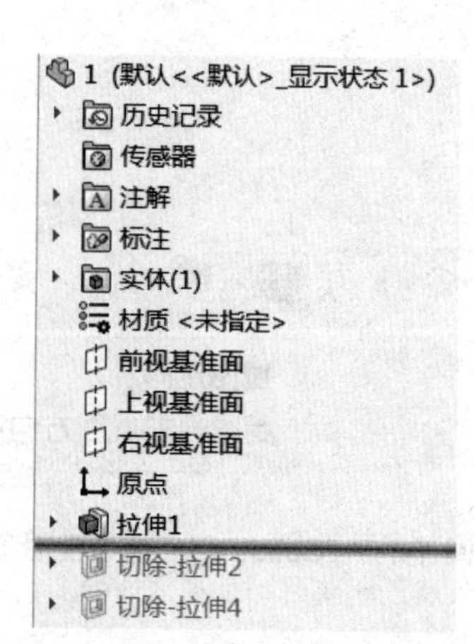

图 1-1-8　使用退回控制棒

(8) 管理器切换窗口。用户通过这里可以切换特征设计树、属性管理器、配置管理器及其他插件，如图 1-1-9 所示。

图 1-1-9　管理器切换窗口

(9) 标题栏。标题栏用于显示文件的名称。

(10) 常用工具栏。工具栏上的按钮代表了下拉菜单中常用的命令，以帮助提高工作效率，如图 1-1-10 所示。

图 1-1-10　常用工具栏

(11) 命令管理器。命令管理器集中了软件建模的常用指令，并把相似的指令进行了分类，并利用弹出式下拉工具栏将工具进行归类，用户也可以自定义命令管理器控制区域显示的工具栏类型，如图 1-1-11 所示。

图 1-1-11　命令管理器

1.1.4　文件操作

1. 新建一个文件

新建一个文件，执行“文件”菜单中的“新建”命令，或单击“新建”按钮即可，如

图 1-1-12 所示。

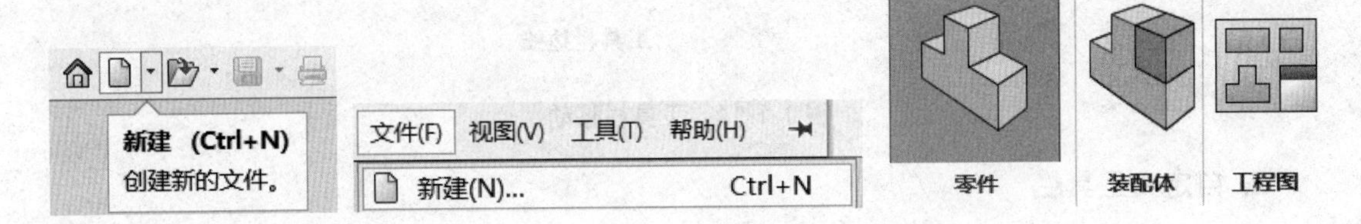

图 1-1-12　新建文件

2. 打开一个文件

要想打开一个文件，执行“文件”菜单中的“打开”命令，或单击“打开”按钮即可，如图 1-1-13 所示。

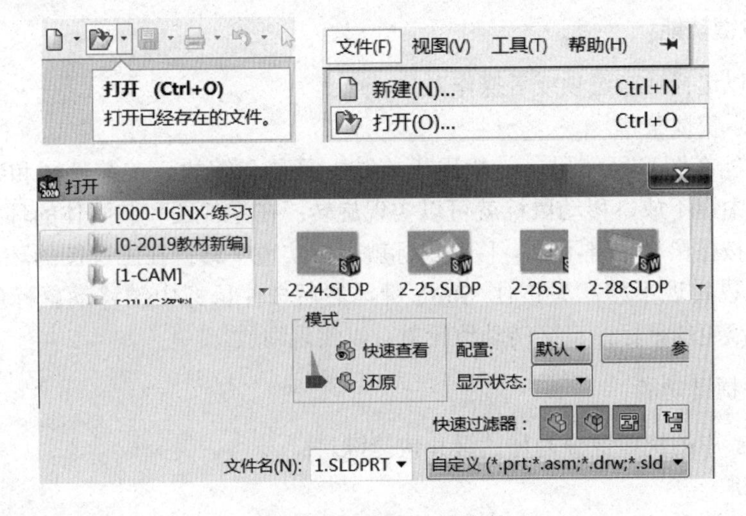

图 1-1-13　打开一个文件

3. 保存文件

选择“文件”→“保存”命令，或单击标准工具栏中的(保存)按钮，出现“另存为”对话框，这时，用户就可以选择自己保存文件的类型以便进行保存。

如果想把文件换成其他类型，只需选择“文件”→“另存为”命令，在出现的“另存为”对话框中选择新的文件类型即可。

1.1.5　界面的个性化设置

用户可以根据自己的需要自定义工作界面。通过“自定义”对话框，用户可以对 Solidworks 命令、菜单、工具栏、快捷键进行相关的自定义。

1. 工具栏移动

拖动工具栏的起点或边沿，远离窗口边框以在图形区域中浮动工具栏，浮动工具栏会显示标题栏。靠近窗口边框可以将工具栏定位在边框。若想将工具栏移回到其先前位置，双击起点或标题栏即可，如图 1-1-14 所示。

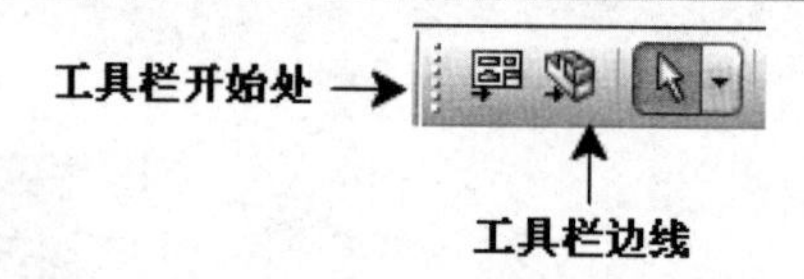

图 1-1-14　工具栏移动

2. 自定义工具栏

(1) 将鼠标指向任一工具栏并右击，在弹出的快捷菜单中选择“自定义”命令。

(2) 添加命令按钮。选择一范畴，然后单击按钮来查看其说明，也可以拖动按钮到任何工具栏。

1.1.6　鼠标与键盘的应用

1. 鼠标按键功能

左键：可以选择功能选项或者操作对象。

右键：显示快捷菜单。

中键：只能在图形区使用，一般用于旋转、平移和缩放。在零件图和装配体的环境下，按住鼠标中键不放，移动鼠标就可以实现旋转；在零件图和装配体的环境下，先按住 Ctrl 键，然后按住鼠标中键不放，移动鼠标就可以实现平移；在工程图的环境下，按住鼠标中键，就可以实现平移；先按住 Shift 键，然后按住鼠标中键移动鼠标就可以实现缩放，如果是带滚轮的鼠标，直接转动滚轮就可以实现缩放。

2. 键盘快捷键功能

Solidworks 中的快捷键分为加速键和快捷键。

1)　加速键

大部分菜单项和对话框中都有加速键，由带下划线的字母表示。这些键无法自定义。

如想为菜单或在对话框中显示带下划线的字母，可按 Alt 键。

若想访问菜单，可按 Alt 再加上有下划线的字母。例如，按 Alt+F 组合键即可显示文件菜单。若想执行命令，在显示菜单后，继续按住 Alt 键，再按带下划线的字母。如按 Alt+F 组合键，然后按 C 键关闭活动文档。

加速键可多次使用。继续按住该键可循环通过所有可能情形。

2)　快捷键

键盘快捷键为组合键，如在菜单右边所示，这些键可自定义。

用户可以从“自定义”对话框的键盘标签中打印或复制快捷键列表。一些常用的快捷键如表 1-1-3 所示。

表 1-1-3　常用的快捷键

操　作	快 捷 键
放大	Shift+Z
缩小	Z

续表

操　作	快 捷 键
整屏显示全图	F
视图定向菜单	空格键
重复上一命令	Enter
重建模型	Ctrl+B
绘屏幕	Ctrl+R
撤销	Ctrl+Z

1.1.7　常用工具栏

1. 标准工具栏

标准工具栏如图 1-1-15 所示，其使用方法与 Windows 中的工具栏是一样的。每一个图标下面都有二级图标指令可供选择使用。

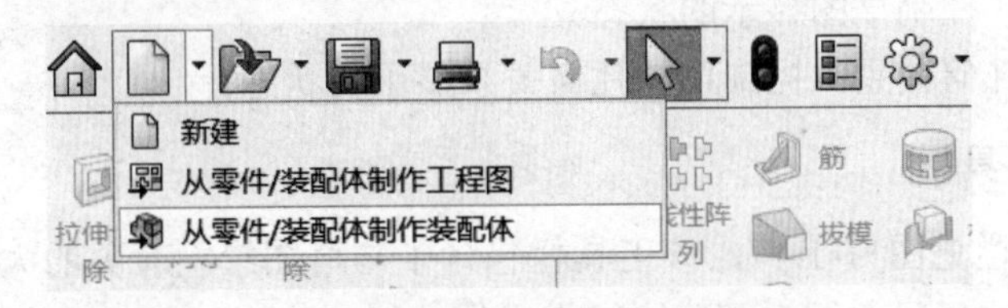

图 1-1-15　标准工具栏

从零件/装配体制作工程图：生成当前零件或装配体的新工程图。
从零件/装配体制作装配体：生成当前零件或装配体的新装配体。
重建模型：重建零件、装配体或工程图。
打开系统选项对话框：更改 Solidworks 选项的设定。
打开颜色的属性：将颜色应用到模型中的实体上。
打开材质编辑器：将材料及其物理属性应用到零件上。
打开纹理的属性：将纹理应用到模型中的实体上。
切换选择过滤器工具栏：切换到过滤器工具栏的显示。
选择按钮：用来选择草图实体、边线、顶点和零部件等。

2. 视图工具栏

视图工具栏如图 1-1-16 所示。当鼠标划过图标时会出现提示信息。

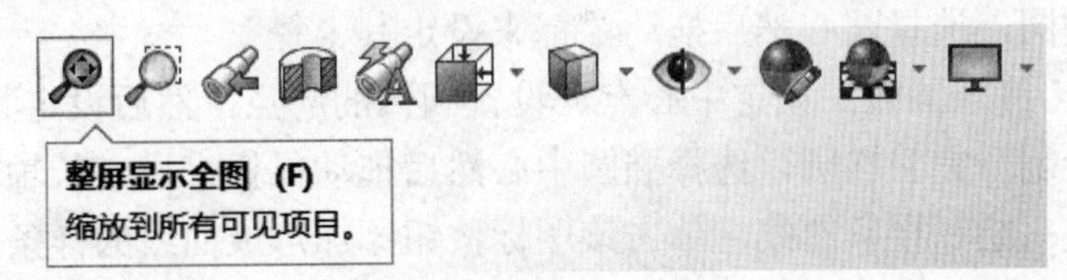

图 1-1-16　视图工具栏

确定视图的方向：显示一对话框来选择标准或用户定义的视图。
整屏显示全图：缩放模型以符合窗口的大小。
局部放大图形：将选定的部分放大到屏幕区域。
放大或缩小：按住鼠标左键上下移动光标来放大或缩小视图。
旋转视图：按住鼠标左键，拖动鼠标来旋转视图。
平移视图：按住鼠标左键，拖动图形的位置。
线架图：显示模型的所有边线。
带边线上色：以其边线显示模型的上色视图。
剖面视图：使用一个或多个横断面基准面生成零件或装配体的剖面视图。
斑马条纹：显示斑马条纹，可以看到以标准显示很难看到的面中更改。
观阅基准面：控制基准面显示的状态(注：此处“观阅”相当于“查看”)。
观阅基准轴：控制基准轴显示的状态。
观阅原点：控制原点显示的状态。
观阅坐标系：控制坐标系显示的状态。
观阅草图：控制草图显示的状态。
观阅草图几何关系：控制草图几何关系显示的状态。

3. 草图绘制工具栏

草图绘制工具栏见图 1-1-17，该工具栏包含了与草图绘制有关的大部分功能，里面的工具按钮很多，在这里只介绍一部分比较常用的功能。

图 1-1-17　草图绘制工具栏

智能尺寸：为一个或多个实体生成尺寸。
直线：绘制直线。
矩形：绘制一个矩形。
多边形：绘制多边形，在绘制多边形后可以更改边侧数。
圆：绘制圆，选择圆心然后拖动鼠标来设定其半径。
圆心/起点/终点画弧：设定中心点，设置圆弧的起点，然后设定其弧度和方向。
椭圆：绘制一完整椭圆，选择椭圆中心然后拖动鼠标来设定长轴和短轴。
样条曲线：绘制样条曲线，单击该图标按钮添加形成曲线的样条曲线点。
点：绘制点。
中心线：使用中心线生成对称草图实体、旋转特征或作为改造几何线。

文字：绘制文字，可在面、边线及草图实体上绘制文字。
绘制圆角：在两条相邻线顶点处添加切圆，从而生成圆弧。
绘制倒角：在两个草图实体的交叉点添加一倒角。
等距实体：通过一指定距离等距面、边线、曲线或草图实体来添加草图实体。
转换实体引用：将模型上所选的边线或草图实体转换为草图实体。
裁剪实体：裁剪或延伸一草图实体以使之与另一实体重合或删除一草图实体。
移动实体：移动草图实体和注解。
旋转实体：旋转草图实体和注解。
复制实体：复制草图实体和注解。
镜像实体：沿中心线镜像所选的实体。
线性草图阵列：添加草图实体的线性阵列。
圆周草图阵列：添加草图实体的圆周阵列。

4. 尺寸/几何关系工具栏

尺寸/几何关系工具栏见图 1-1-18，该工具栏用于标注各种控制尺寸以及在各个对象之间添加相对约束关系，这里简要说明各重要按钮的作用。

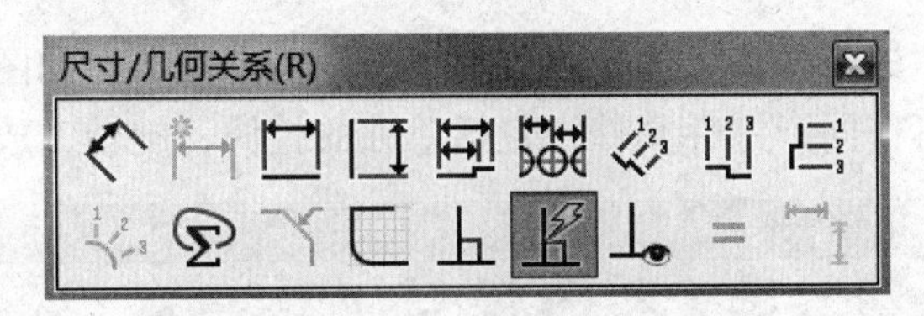

图 1-1-18 尺寸/几何关系工具栏

智能尺寸：为一个或多个实体生成尺寸。
水平尺寸：在所选实体之间生成水平尺寸。
垂直尺寸：在所选实体之间生成垂直尺寸。
尺寸链：从工程图或草图的横、纵轴生成一组尺寸。
水平尺寸链：从第一个所选实体水平测量而在工程图或草图中生成水平尺寸链。
垂直尺寸链：从第一个所选实体垂直测量而在工程图或草图中生成垂直尺寸链。
自动标注尺寸：在草图和模型的边线之间生成适合定义草图的自动尺寸。
添加几何关系：控制带约束(如同轴心或竖直)实体的大小或位置。
自动几何关系：打开或关闭自动添加几何关系。
显示/删除几何关系：显示和删除几何关系。
搜寻相等关系：在草图上搜寻具有等长或等半径的实体。在等长或等半径的草图实体之间设定相等的几何关系。

5. 参考几何体工具栏

参考几何体工具栏用于提供生成与使用参考几何体的工具，如图 1-1-19 所示。

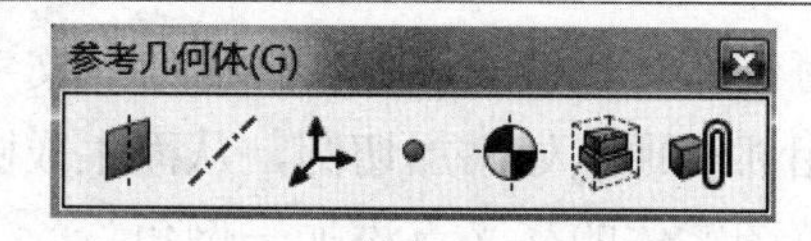

图 1-1-19　参考几何体工具栏

基准面：添加一参考基准面。

基准轴：添加一参考轴。

坐标系：为零件或装配体定义一坐标系。

点：添加一参考点。

质心：添加一个质心点。

边界框：为多实体、单一实体或钣金零件添加边界框。

配合参考：为使用 SmartMate 的自动配合功能指定作为参考的实体。

6. 特征工具栏

特征工具栏提供生成模型特征的工具，其中命令功能很多，如图 1-1-20 所示。特征包括多实体零件功能。可在同一零件文件中包括单独的拉伸、旋转、放样或扫描特征。

图 1-1-20　特征工具栏

拉伸凸台/基体：以一个或两个方向拉伸一草图或绘制的草图轮廓来生成实体。

旋转凸台/基体：绕轴心旋转一草图或所选草图轮廓来生成一实体特征。

扫描：沿开环或闭合路径通过扫描闭合轮廓来生成实体特征。

放样凸台/基体：在两个或多个轮廓之间添加材质来生成实体特征。

拉伸切除：以一个或两个方向拉伸所绘制的轮廓来切除一实体模型。

旋转切除：通过绕轴心旋转绘制的轮廓来切除实体模型。

扫描切除：沿开环或闭合路径通过扫描闭合轮廓来切除实体模型。

放样切除：在两个或多个轮廓之间通过移除材质来切除实体模型。

圆角：沿实体或曲面特征中的一条或多条边线来生成圆形内部面或外部面。

倒角：沿边线、一对切边或顶点生成一倾斜的边线。

筋：给实体添加薄壁支撑。

抽壳：从实体移除材料来生成一个薄壁特征。

简单直孔：在平面上生成圆柱孔。

异型孔向导：用预先定义的剖面插入孔。

孔系列：在装配体系列零件中插入孔。

特型：通过扩展、约束及紧缩曲面将变形曲面添加到平面或非平面上。

弯曲：弯曲实体和曲面实体。

线性阵列：以一个或两个线性方向阵列特征、面及实体。

圆周阵列：绕轴心阵列特征、面及实体。

镜像：绕面或基准面镜像特征、面及实体。

移动/复制实体：移动、复制并旋转实体和曲面实体。

7. 工程图工具栏

工程图工具栏用于提供对齐尺寸及生成工程视图的工具，如图 1-1-21 所示。

一般来说，工程图包含几个由模型建立的视图；也可以由现有的视图建立视图。例如，剖面视图是由现有的工程视图所生成的，这一过程由工程图工具栏来实现。

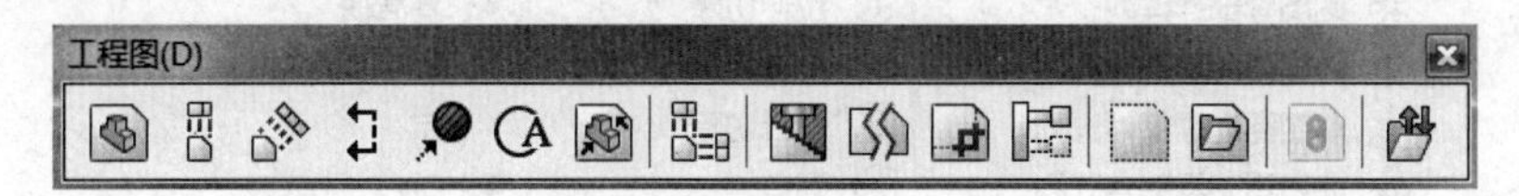

图 1-1-21 工程图工具栏

模型视图：根据现有零件或装配体添加正交或命名视图。

投影视图：从一个已经存在的视图展开新视图而添加一投影视图。

辅助视图：从一线性实体(边线、草图实体等)通过展开一新视图而添加一视图。

剖面视图：以剖面线切割父视图来添加一剖面视图。

局部视图：添加一局部视图来显示一视图的某部分，通常放大比例。

相对视图：添加一个由两个正交面或基准面及其各自方向所定义的相对视图。

标准三视图：添加 3 个标准正交视图。视图的方向可以为第一角或第三角。

断开的剖视图：将一断开的剖视图添加到一显露模型内部细节的视图上。

断裂视图：给所选视图添加竖直或水平的折断线。

剪裁视图：剪裁现有视图以便只显示视图的一部分。

交替位置视图：添加一显示模型配置置于模型另一配置之上的视图。

空白视图：添加一常用来包含草图实体的空白视图。

预定义视图：添加模型的预定义正交、投影或命名视图。

更新视图：更新所选视图到当前参考模型的状态。

8. 装配体工具栏

装配体工具栏用于控制零部件的管理、移动及其配合，插入智能扣件，如图 1-1-22 所示。

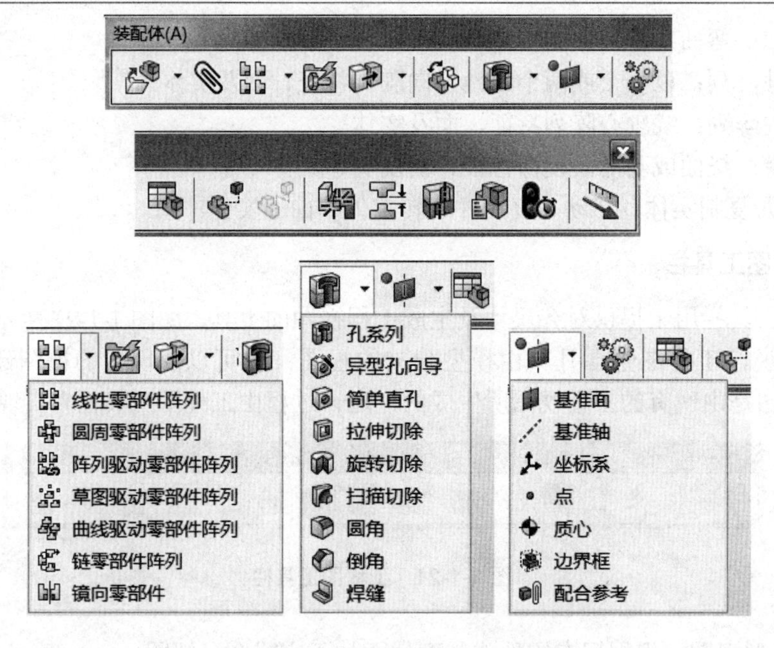

图 1-1-22 装配体工具栏

插入零部件 插入零部件：添加一现有零件或子装配体到装配体。

新零件 新零件：生成一个新零件并插入到装配体中。

新装配体 新装配体：生成新装配体并插入到当前的装配体中。

智能扣件：使用 Solidworks Toolbox 标准件库将扣件添加到装配体中。

配合：定位两个零部件，使之相互配合。

移动零部件 移动零部件：在由其配合所定义的自由度内移动零部件。

旋转零部件 旋转零部件：在由其配合所定义的自由度内旋转零部件。

爆炸视图：将零部件分离成爆炸视图。

干涉检查：检查零部件之间的任何干涉。

9. 退回控制棒

在造型时，有时需要在中间增加新的特征或者需要编辑某一特征，这时就可以利用退回控制棒。将退回控制棒移动到要增加特征或者编辑的特征下面，将模型暂时恢复到其以前的一个状态，并压缩控制棒下面的那些特征，压缩后的特征在特征设计树中变成灰色，而新增加的特征在特征设计树位于被压缩特征的上面。

操作方法：将光标放到特征设计树下方的一条黄线上，鼠标指针由变成形状后，单击，黄线就变成蓝色了，然后向上移动光标，拖动蓝线到要增加或者编辑的部位的下方，即可在图形区显示去掉后面的特征的图形，此时设计树控制棒下面的特征即可变成灰色，如图 1-1-23(a)所示。做完后，可以继续向下拖动鼠标，最后就可以显示所有的特征了。还可以在要增加或者编辑的位置下面的特征上右击，从弹出的快捷菜单选择“退回”命令，即可退回到这个特征之前的造型。同样如果编辑结束后，也可右击退回控制棒下面的特征，出现如图 1-1-23(b)所示的快捷菜单。

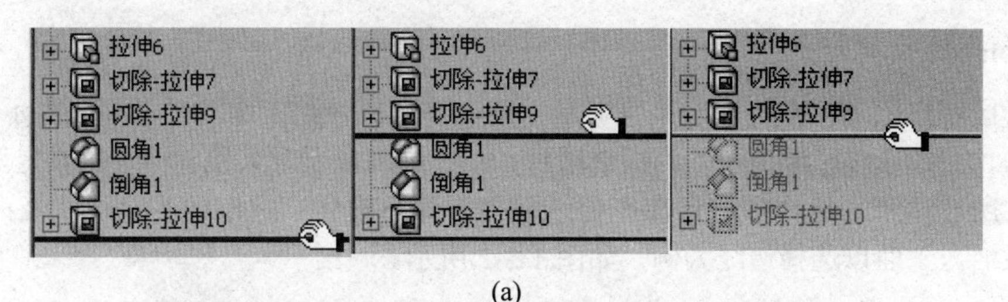

图 1-1-23　退回控制棒的操作方法

资料引入 1-1

具体内容请扫描右侧二维码。

项目 1.2　Solidworks 2020 基本操作

1.2.1　对象选择方式

1. 实体各部分名称介绍

了解实体各部分名称是对象选择的基础，实体各部分名称如图 1-2-1 所示。

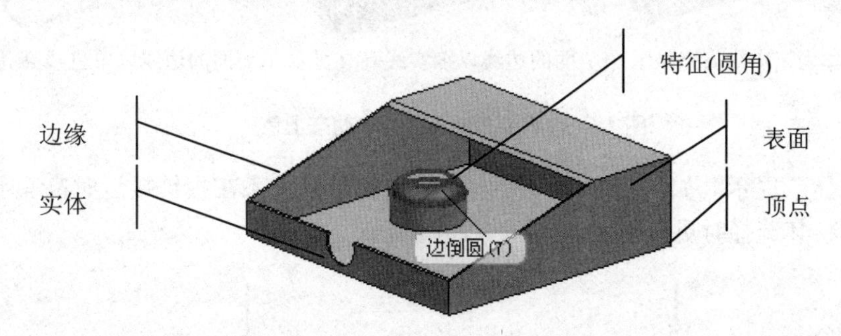

图 1-2-1　实体各部分名称

选择物体时，在提示栏上将提示当前拾取的物体性质。

2. 选择物体

选择物体时，在特征树上将显示当前拾取的特征。

注意：实体和特征是有区别的，特征是指实体上的某一部分，如倒角、异型孔等。

3. 高亮显示

图形区域中的项目在选取时高亮显示，或者将指针移到上面时动态高亮显示。可在工具、选项、系统选项、颜色中，为所选项目、动态高亮显示及其他界面选项设定颜色。

(1) 所选项目。选定项如何高亮显示取决于颜色设定、选取的显示样式及 RealView 是否已激活。下面以选择边线为例，如图 1-2-2 所示。

所选边线以发光线高亮显示

(a) RealView，上色

所选边线以粗实线高亮显示

(b) RealView 关闭，上色

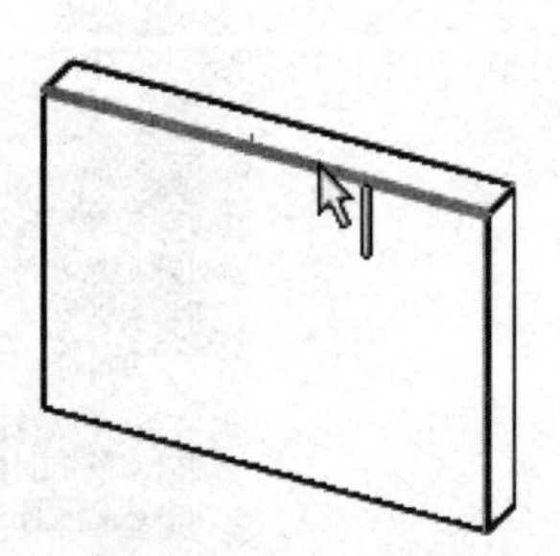

所选边线以粗实线高亮显示

(c) RealView 关闭，消除隐藏线

图 1-2-2　RealView 开关状态及其显示

(2) 动态高亮显示。将指针动态移动到某个边线或面上时，边线以粗实线高亮显示；面的边线以细实线高亮显示。RealView 不影响动态上色，如图 1-2-3 所示。

(a) 边线作为粗实线高亮显示

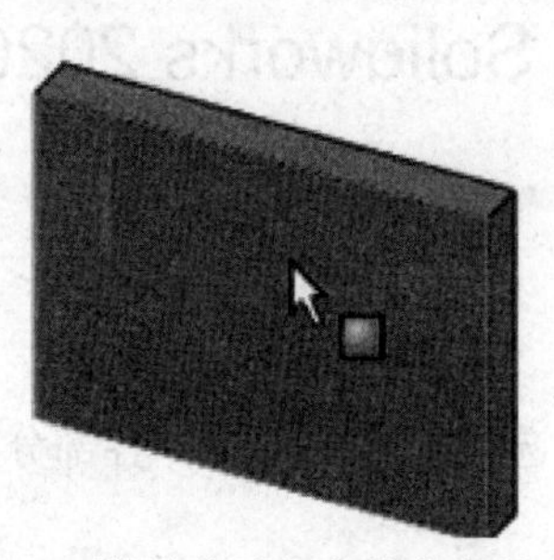

(b) 面的边线以细实线高亮显示

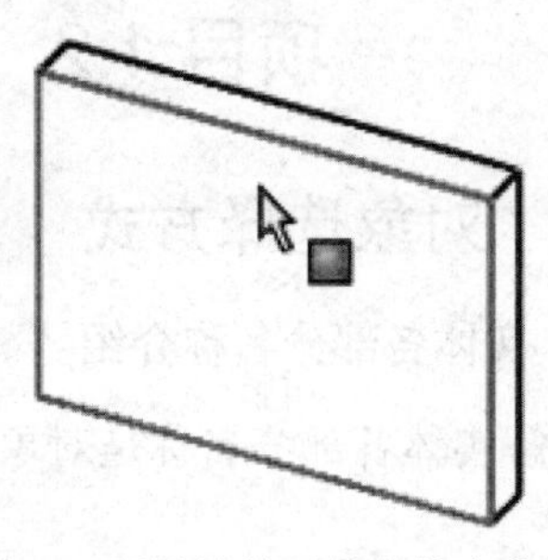

(c) 面的边线以单色线高亮显示

图 1-2-3　RealView 不影响动态上色

(3) 高亮显示提示。如端点、中点及顶点之类的几何关系在指针接近时高亮显示，然后在指针指向将其选择时更改颜色，如图 1-2-4 所示。

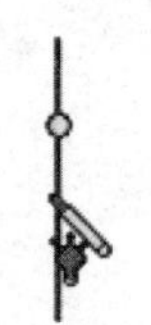

(a) 中点高亮显示，指针显示其当前位置有一可能重合的几何关系

(b) 中点更改了颜色，指针表示已识别出中点

图 1-2-4　高亮显示提示

4. 对象的选择方式

1)　单选对象

光标选择球位于某实体对象之上，该对象将高亮显示，此时单击拾取对象即可。这是一种最简单和直接的选择物体的方式。

2)　框选对象

通过拖动选框来选择零件、装配体和工程图中的所有实体类型。可以通过拖动多个选框时按住 Ctrl 键来选择多组实体。当从左到右选择时，框中所有项都被选择，如图 1-2-5 所示。当从右到左选择时，交叉框边界的项目被选择。

默认的所选几何体类型如下所述。

(1)　零件文件——边线。

(2)　装配体文件——零部件。

(3)　工程图文件——草图实体、尺寸和注解。

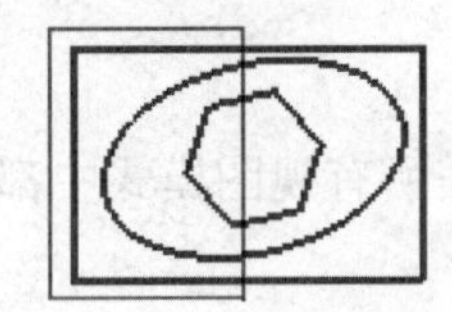
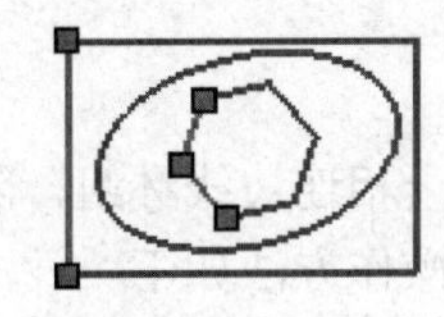

图 1-2-5　方框选择(从左至右)

若想选择与默认值不同的实体类型，使用选择过滤器；当选择工程图中的边线和面时，隐藏的边线和面不被选择；若想选择多个实体，应在第一个选择后再次进行选择时按住 Ctrl 键。

3)　交叉选择

当进行从左至右方框选择时，仅选中完全在方框内的项目；当进行从右至左交叉选择时，跨过方框边界的及方框内的项目均被选中。

当进行方框选择时，方框以实线显示；当进行交叉选择时，方框以虚线显示，如图 1-2-6 所示。

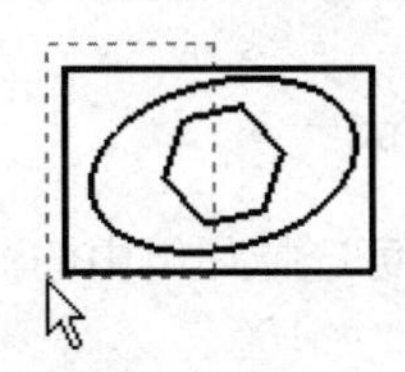
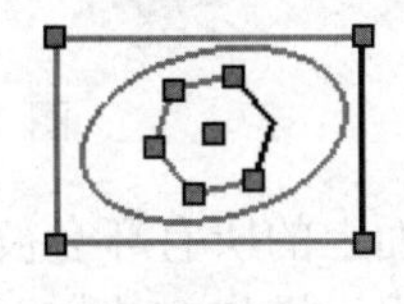

图 1-2-6　交叉选择(从右至左)

使用交叉选择的选择实体如下所述。

(1)　在草图中——草图绘制实体和尺寸。

(2)　在工程图中——草图绘制实体、尺寸和注解。

使用 Shift 键和 Ctrl 键，方法与 Microsoft Windows 资源管理器相同。

使用 Shift 键会选定框内的所有内容，而不管这些内容当前是否选定；使用 Ctrl 键会逆转方框内的当前选择。在这两种情况下，框外任何先前的选择仍保持不变。

4) 反转选择(逆选择)

选择项目(通常是少量项目)时，如果逆转选择，则将选择文件中的所有其他类似项目，而取消选择初始选择的项目，如图 1-2-7 所示。

操作步骤如下。

(1) 选择要排除的项目。

(2) 单击“逆转选择”按钮，或单击“工具”，再单击“逆转选择”。

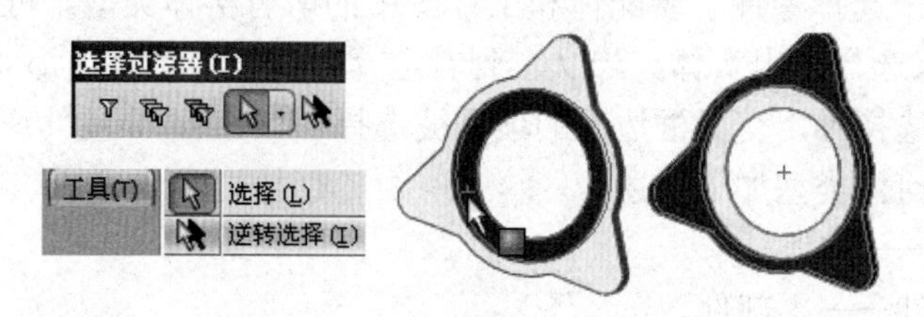

图 1-2-7 反转选择(逆选择)

5. 选择环

可在零件上选择一相连边线环组，隐藏的边线在所有视图模式中都被选择。

欲选择一环组，操作方法如下。

在零件上右击一边线，然后在弹出的快捷菜单中选择“选择链”命令，一环组在一个面上被选择，一控标显示环的方向；若想将环选择更改为其他相连面的边线，单击“控标”按钮即可，如图 1-2-8 所示。

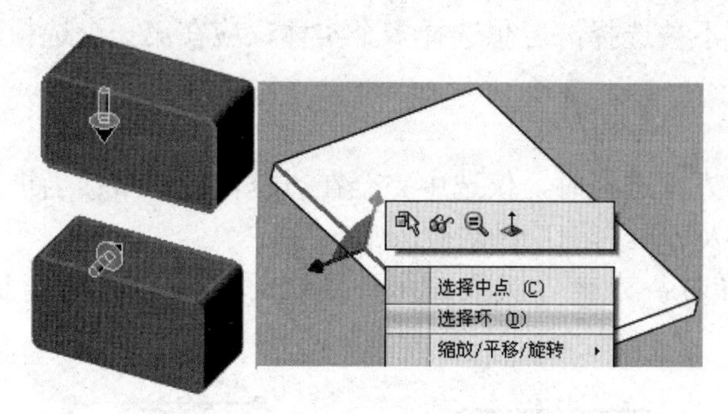

图 1-2-8 选择环

当选择一个面时，面上的所有环会被选择。也可选择环组中的一部分。

欲在面上选择一环组，操作方法如下。

(1) 选择一个面。

(2) 按住 Ctrl 键，然后选择环组的一边线，完整环组被选择，如图 1-2-9 所示。

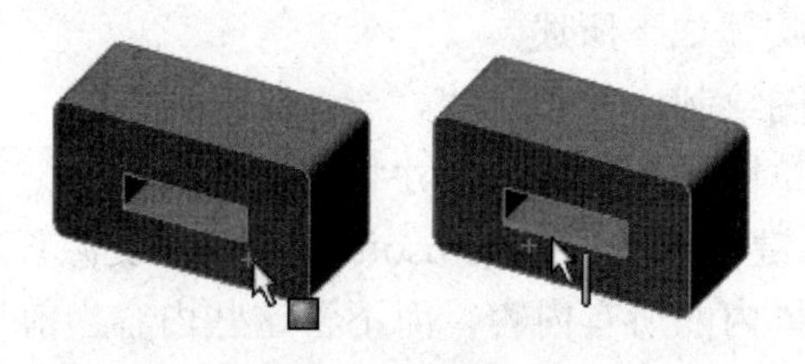

图 1-2-9 选择面上的环组

6. 选择其他

选择被其他项目隐藏的实体。

欲选择隐藏的项目，可按以下步骤操作。

(1) 在零件或装配体文档中，在图形区域右击模型，然后在弹出的快捷菜单中选取“选择其他”命令(注：图中为“选择其它”)。

(2) 指针变成 形状，一方框出现，在指针下有按出现顺序列举的项目(面、边线、子装配体等)清单，一图标显示实体类型(面、边线等)。

(3) 将指针停留在清单中的项目上，使其在图形区域中高亮显示。

若想滚动以查看整个列表，按 Tab 键或滚动鼠标滚轮。

(4) 在清单或图形区域单击左键以选择一项目，如图 1-2-10 所示。

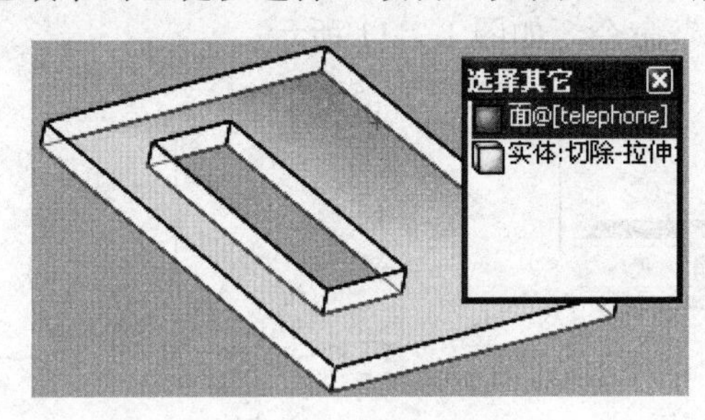

图 1-2-10 选择其他

7. 选择过滤器

选择过滤器有助于在图形区域或工程图图纸区域选择特定项。例如，选择面的过滤器会只选取面。若要切换选择过滤器工具栏的显示状态，只需单击切换选择过滤器工具栏中的 (标准工具栏)按钮，或按 F5 键。

(1) 单击过滤器工具栏上的以下按钮，可以指定选择过滤器的行为方式。

切换选择过滤器，也可以按 F6 键。

清除所有过滤器。

选择所有过滤器。

逆选，与所选项相同的所有其他项目(如面、边线、顶点)都被选择，而原有选择被消除。

(2) 选择过滤器工具栏上的其余按钮都是过滤器。选择与想在图形区域中选取项相匹配的过滤器。

(3) 键盘快捷键可供某些过滤器所使用：边线(E)、面(X)、顶点(V)。

注意：当选择过滤器处于活动时，指针变成形状，然后，在指针靠近过滤的项目时，该项目的指针显示，如面。

8. 特征设计树选择

欲从 FeatureManager 设计树中选取项目，操作方法如下。

(1) 通过在模型中选择其名称来选择特征、草图、基准面及基准轴。

(2) 在选择的同时按住 Shift 键，可以选取多个连续项目。

(3) 在选择的同时按住 Ctrl 键，可以选取非连续多个项目。

(4) 通过在面板空白区域按住并拖动指针而框选对象或交叉选择对象。

右击(除了材质或光源、相机与布景外)并在弹出的快捷菜单中选择“转到”命令，可以搜索 FeatureManager 设计树中的文字。

9. 相切选择

可选择一组相切曲线、边线或面，然后可以将诸如圆角或倒角之类的特征应用于所选项目。隐藏的边线在所有视图模式中都被选择。

欲选择一组相切曲线、边线或面，右击相切组中的曲线、边线或面，然后在弹出的快捷菜单中选择“选择相切”命令，如图 1-2-11 所示。

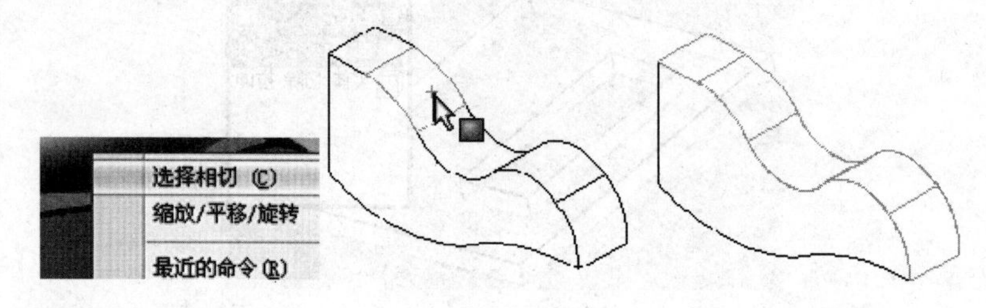

图 1-2-11 选择“选择相切”命令

1.2.2 对象的隐藏与可视

1. 隐藏/显示项目

(1) 为了使图形区域突出显示模型的主要方面，可以暂时隐藏不需要的参考项目，如基准面、基准轴等，从而使图形区域只显示所需要的内容，使图形界面更加清晰、直观。如图 1-2-12 所示(部分内容)，可以通过前导视图工具栏的“隐藏/显示项目”下拉菜单隐藏或者显示相应的项目。

(2) 利用右键快捷菜单隐藏特征或实体：在需要隐藏的特征或实体上右击，在弹出的菜单中选择隐藏工具，如图 1-2-13 所示。

(3) 利用特征设计树显示/隐藏特征或实体：在特征设计树里选取需要隐藏的特征或实体并右击，在弹出的快捷菜单中选择命令以显示/隐藏工具，如图 1-2-14 所示。

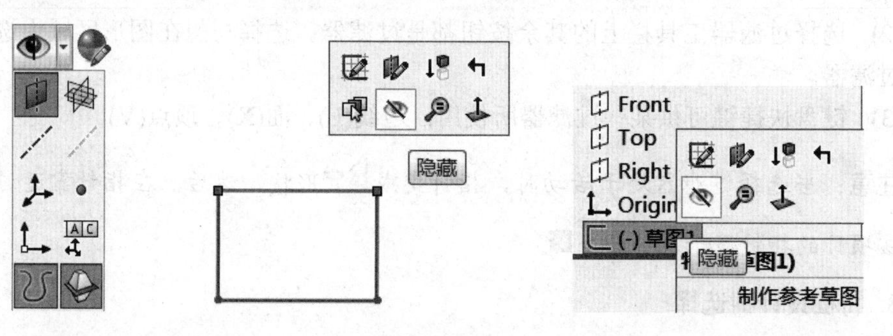

图 1-2-12 前导视图工具栏　图 1-2-13 选择隐藏工具　图 1-2-14 选择显示/隐藏工具

2. 对象的可视化

(1) 线架图。通过单击视图工具栏里的 (线架图)图标，将实体显示成线架模型，如图 1-2-15 所示。

(2) 隐藏线可见。通过单击视图工具栏里的 (隐藏线可见)图标，将实体显示成隐藏线可见模型，如图 1-2-16 所示。

(3) 消除隐藏线。通过单击视图工具栏里的 (消除隐藏线)图标，将实体显示成隐藏线不可见模型，即在显示模型时，当前视图所无法看见的边线移除，如图 1-2-17 所示。

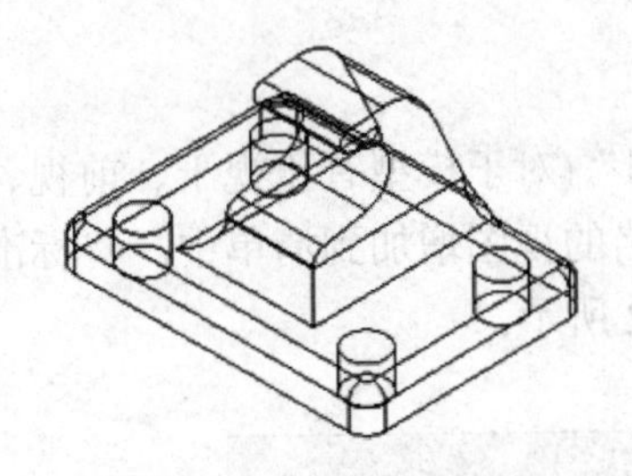

图 1-2-15　线架模型

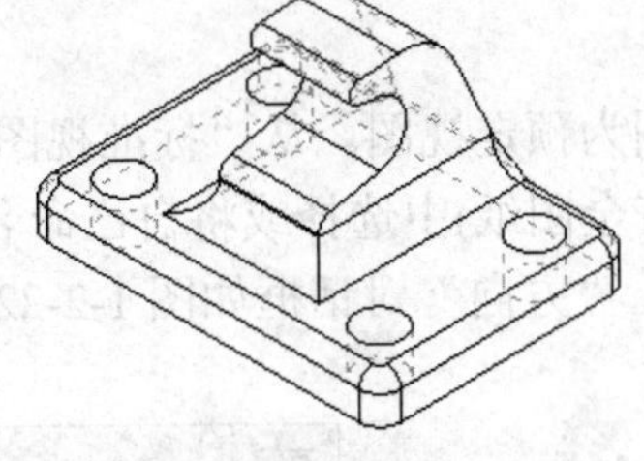

图 1-2-16　隐藏线可见模型

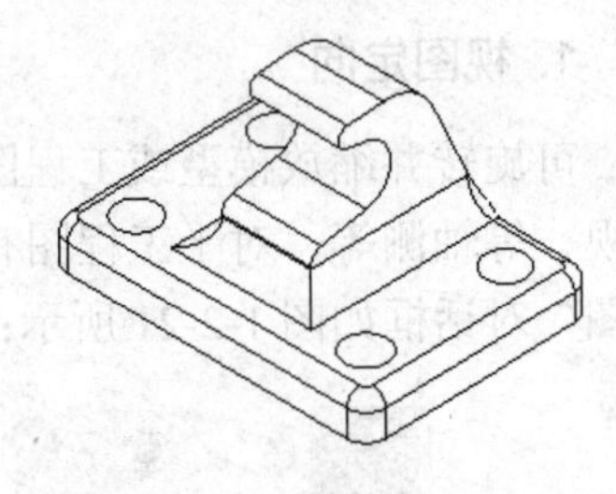

图 1-2-17　消除隐藏线模型

(4) 上色视图。通过单击视图工具栏里的 (上色)图标，模型将会显示上色视图，如图 1-2-18 所示。当选择处于上色模式的模型中的一个面时，整个面会高亮显示。

(5) 带边线上色。通过单击视图工具栏里的 (带边线上色)图标，模型将显示带边线上色视图，如图 1-2-19 所示。

图 1-2-18　上色模型

图 1-2-19　带边线上色模型

(6) 剖面。在零件或装配体文档的剖面视图中，模型看起来似乎被所指定的基准面和面切除，从而显示模型的内部结构。

(7) 曲率。显示带有曲面的零件或装配体时，可以根据曲面的曲率半径让曲面呈现不同的颜色。曲率定义为半径的倒数(1/半径)，使用当前模型的单位。默认情况下，所显示的最大曲率值为 1.000，最小曲率值为 0.001。

随着曲率半径的减小，曲率值增加，相应的颜色从黑色依次变为蓝色、绿色和红色。随着曲率半径的增加，曲率值减小。平面的曲率值为零，因为平面的半径为无限。

(8) 阴影。在模型下面显示阴影。当显示阴影时，光源从当前视图中模型的最上面零件出现。当旋转模型时，阴影随模型旋转，如图 1-2-20 所示。

图 1-2-20　带阴影效果

1.2.3　操纵视图

1. 视图定向

可旋转并缩放模型或工程图为预定视图。从“标准视图”(对于模型有正视于、前视、后视、等轴测等，对于工程图有全图纸)中选择或将自己命名的视图增加到清单中。“标准视图”对话框如图 1-2-21 所示；“方向”对话框如图 1-2-22 所示。

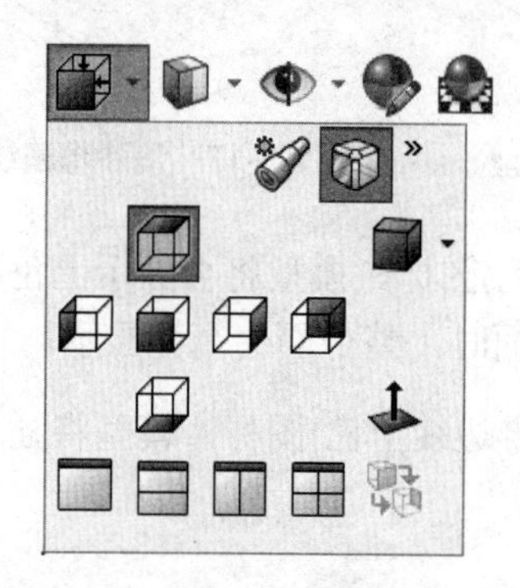

图 1-2-21　“标准视图”对话框

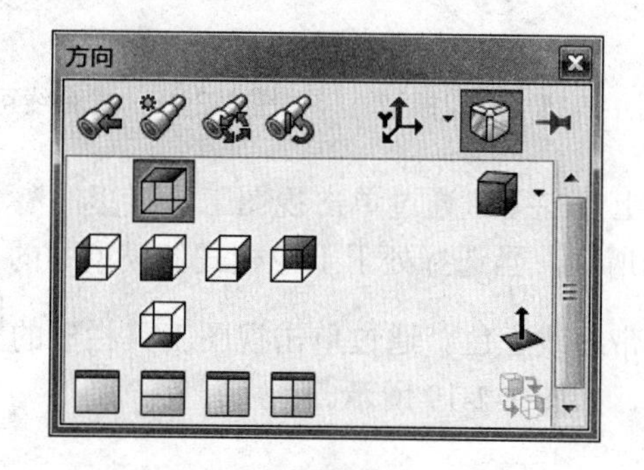

图 1-2-22　“方向”对话框

2. 将模型定向到 X、Y、Z 坐标

可使用“正视于”命令将模型按上视图方向进行定向；草图按平面法向定向，即将模型旋转和缩放到与所选基准面、平面或特征正交的视图方向。

要将模型正视于最接近的整体 X、Y、Z 坐标而进行定向，操作步骤如下。

(1)　不选取任何内容而从打开的模型或 3D 草图中按空格键。

(2)　从“方向”对话框中双击“正视于”图标，即可，如图 1-2-23 所示。

(3)　用鼠标左键直接点选坐标轴，可使视图正视于所选择的 X 轴或 Y 轴或 Z 轴坐标而进行定向，如图 1-2-24 所示。

3. 上一视图

当一次或多次切换模型视图之后，可以将模型或工程图恢复到先前的视图。可以撤销最近 10 次的视图更改。通过单击“上一视图”图标，完成操作。

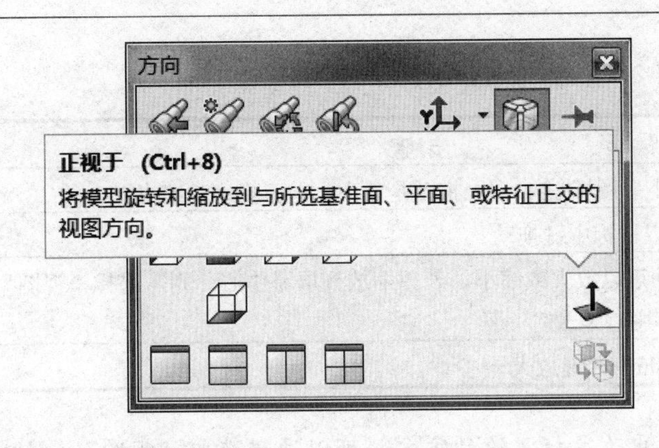

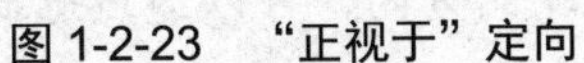
图 1-2-23　“正视于”定向

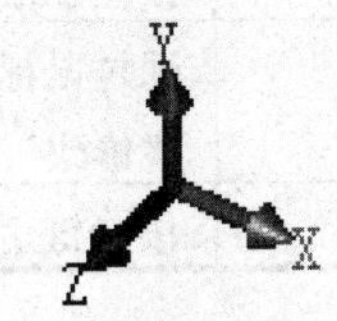

图 1-2-24　点选坐标轴定向

4. 重画视图

此功能是刷新屏幕但不重建零件。通过单击“重画视图”图标 重画(R)，完成操作。也可以单击“视图”“重画”，或按 Ctrl+R 组合键。

5. 透视图

显示模型的透视图。透视图是眼睛正常看到的视图，平行线在远处的消失点交汇，可以在一个模型透视图的工程图中生成“命名视图”。

6. 使用放大镜

使用放大镜检查模型，并在不改变总视图的情况下进行选择，这些操作简化了生成配合等操作的实体选择。使用放大镜可以帮助选择装配体中的实体。

(1) 将指针停留在区域来进行检查并按 G 键，放大镜即会打开，如图 1-2-25 所示。

(2) 将指针移到模型周围，放大镜即会保持相同的放大倍数来观察模型。

(3) 滚动鼠标滚轮进行放大。放大镜区域放大的同时，模型保持不动。

(4) 按 Alt 键并滚动鼠标滚轮，显示平行于屏幕的剖面视图，如图 1-2-26 所示。

图 1-2-25　打开放大镜

图 1-2-26　观察截面

(5) 按 Ctrl + 选择实体。如果选择一个实体但不按 Ctrl 键，放大镜即会关闭。

7. 动态放大或缩小

放大或缩小的操作步骤如表 1-2-1 所示。

表 1-2-1　放大或缩小的操作步骤

装 置	步 骤
鼠标(左键)	单击“动态放大/缩小”图标，向上拖动是放大，向下拖动是缩小
鼠标(中键)	按住 Shift 键，然后以鼠标中键拖动
鼠标滚轮	通过鼠标滚轮的滚动可以放大或缩小。若想缩放到屏幕中心，则需选择“视图”→“修改”→“沿屏幕中心缩放”
键盘	按 Z 键可缩小或按 Shift+Z 键放大

提示：如想为动态放大或缩小更改鼠标滚轮的方向，可以通过选取“视图”→“旋转/缩放”选项中的“反转鼠标滚轮”更改缩放方向。

8. 局部放大

通过拖动边界框而对选择的区域进行放大。

9. 整屏显示全图

调整放大/缩小的范围可看到整个模型、装配体或工程图纸。

10. 放大选取范围

放大所选择的模型、装配体或工程图中的一部分。

11. 平移视图

在文件窗口中平移零件、装配体或工程图。

12. 旋转视图

在零件和装配体文档中旋转模型视图。

1.2.4　参考几何体

1. 参考几何体概述

参考几何体定义曲面或实体的形状或组成。参考几何体包括基准面、基准轴、坐标系和点，可以使用参考几何体生成数种类型特征。

基准面用于放样和扫描，分割线用于某些模型的拔模，基准轴用于模型的圆周阵列。

2. 基准面

可以在零件或装配体文档中生成基准面。可以使用基准面来绘制草图，生成模型的剖面视图，以用于拔模特征中的中性面等，操作界面如图 1-2-27 所示。

3. 定义基准面

定义基准面的对话框如图 1-2-28 所示。

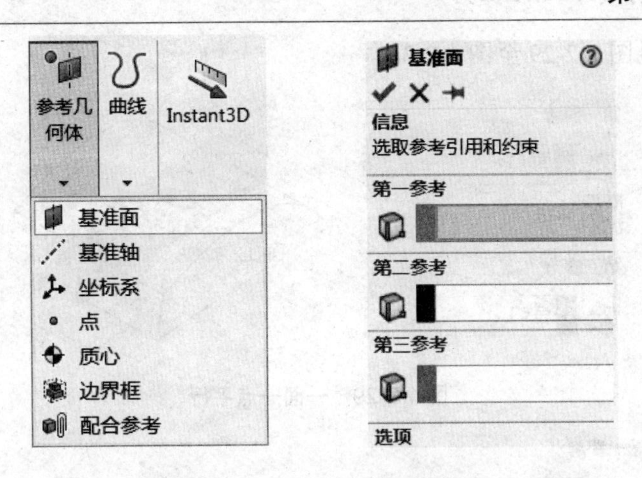

图 1-2-27　打开基准面的对话框

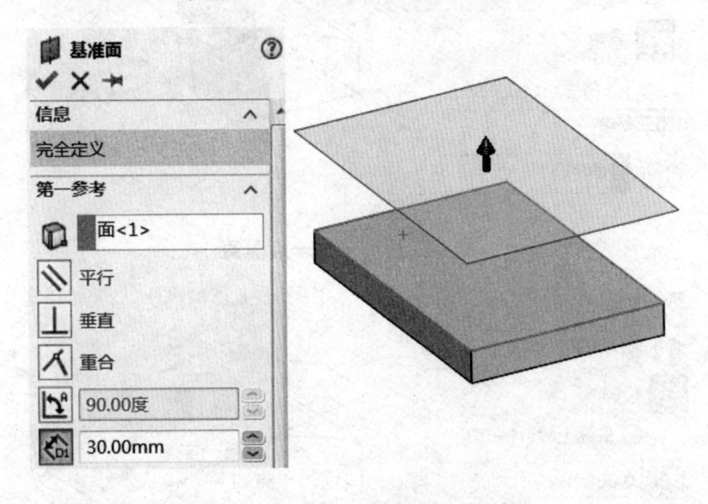

图 1-2-28　定义基准面的对话框

(1) 第一参考。选择第一参考来定义基准面，说明如下。

① 重合：生成一个穿过选定参考的基准面。

② 平行：生成一个与选定基准面平行的基准面。

③ 垂直：生成一个与选定基准面垂直的基准面。

④ 投影：将单个对象(如点、顶点、原点或坐标系)投影到空间曲面上。

⑤ 相切：生成一个与圆柱面、圆锥面、非圆柱面及空间面相切的基准面。

⑥ 两面夹角：生成一个基准面，它通过一条边线、轴线或草图线，并与一个圆柱面或基准面成一定角度。

⑦ 偏移距离：生成一个与某基准面或面平行，并偏移指定距离的基准面。

⑧ 两侧对称：在平面、参考基准面及 3D 草图基准面之间生成一个两侧对称的基准面。

(2) 第二参考和第三参考。两个部分中包含与第一参考中相同的选项，具体情况取决于对象的选择和模型几何体，通常根据需要设置这两个参考来生成所需的基准面。

具体操作详见图 1-2-29 至图 1-2-36。

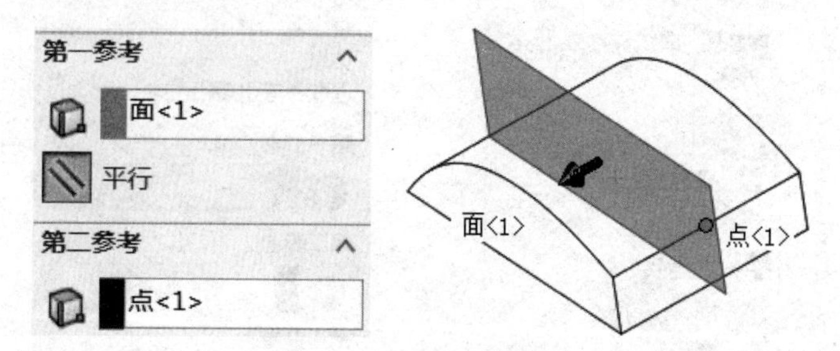

图 1-2-29　一面一点平行

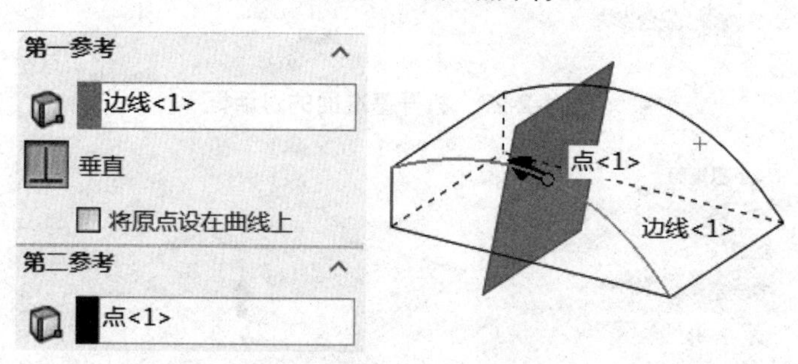

图 1-2-30　一边一点垂直

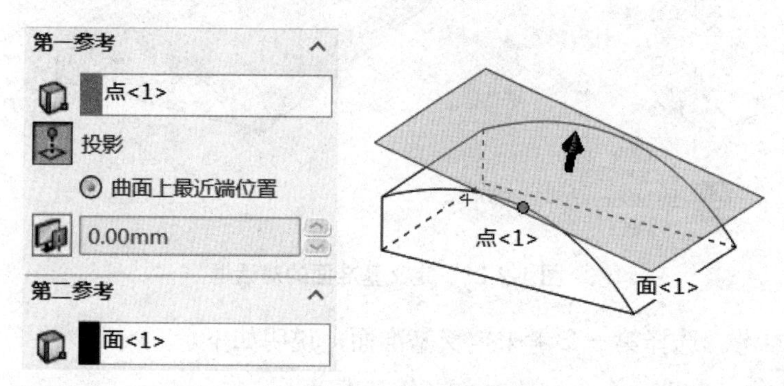

图 1-2-31　投影

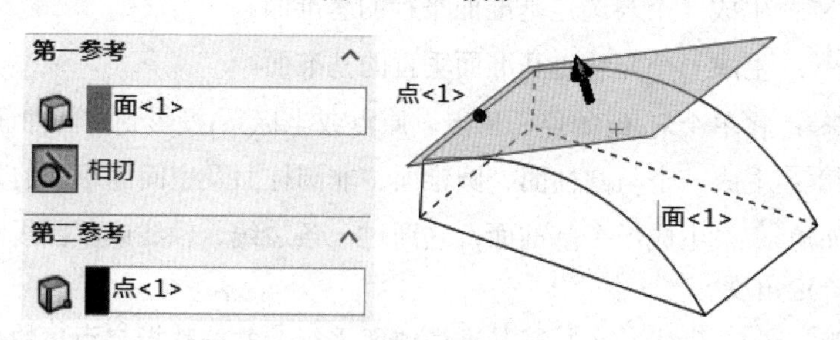

图 1-2-32　相切

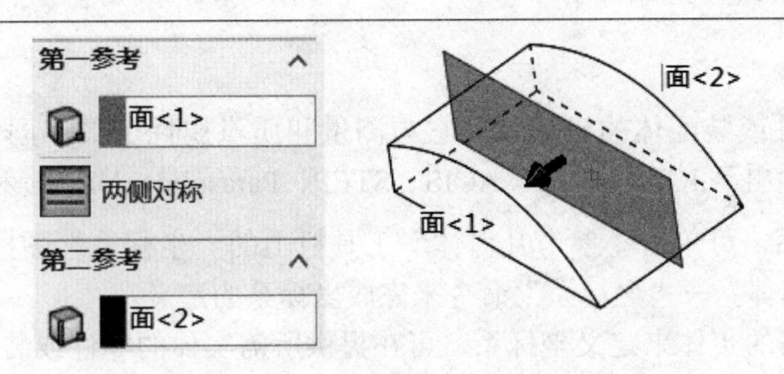

图 1-2-33　两侧对称(分别选两侧平面)

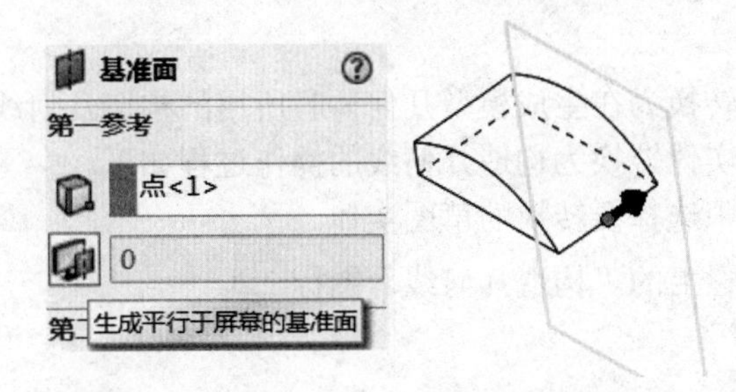

图 1-2-34　生成平行于屏幕的基准面

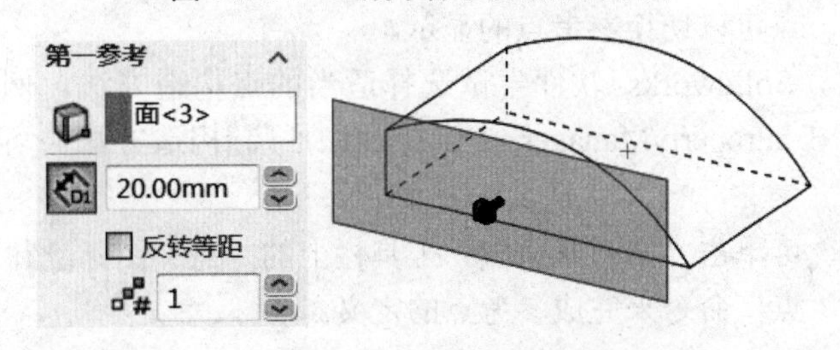

图 1-2-35　偏移距离(单个)

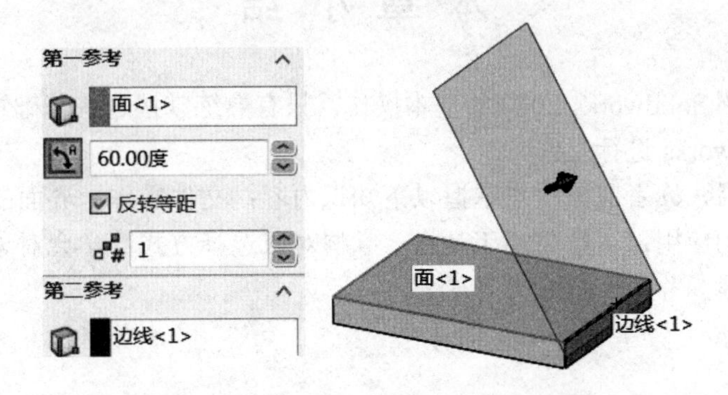

图 1-2-36　一面一线夹角

4. 基准轴

基准轴一般用于生成草图几何体或圆周阵列，每一个圆柱和圆锥面都有一条轴线。临时轴是由模型中的圆锥和圆柱隐含生成的，可以设置默认为隐藏或显示所有临时轴。

要生成基准轴，可单击“参考几何体”工具栏上的“基准轴”图标，或选择“插入”→“参考几何体”→“基准轴”命令来完成基准轴的定义。

5. 坐标系

可以定义零件或装配体的坐标系，它与测量和质量属性工具一同使用，也可用于将Solidworks 文件输出至 IGES、STL、ACIS、STEP、Parasolid、VRML 和 VDA。

要生成坐标系，可单击“参考几何体”工具栏上的“坐标系”图标，或选择“插入”→“参考几何体”→“坐标系”命令来完成坐标系的定义。

如果要用所需的实体来定义坐标系，可在提供所需实体的零件或装配体的某个地方定义坐标系。可以移动新原点至所需的位置，此时新位置必须包含至少一个点或顶点。

6. 构造几何线

可以将绘制的实体转换为在生成模型几何体时所用的构造几何线。

将一个或多个草图实体转换为构造几何线的操作过程如下。

(1) 在打开的草图中选择要转换的草图实体。

(2) 单击草图工具栏上的“构造几何线”图标。

7. 参考点

可生成数种类型的参考点来用作构造对象，还可以在指定距离分割的曲线上生成多个参考点。单击视图、点可以切换参考点的显示。

当选择项目时，Solidworks 软件尝试选择适当的点构造方法。例如，当选择一个面时，Solidworks 将在 PropertyManager 中选择面中心构造方法。可以选择不同类型的点构造方法。

要生成参考点，可单击“参考几何体”工具栏上的“点”图标，或选择“插入”→“参考几何体”→“点”命令来完成参考点的定义。

本 章 小 结

本章主要介绍 Solidworks 2020 的基本操作，只有熟练掌握这些基础知识，才能正确、快速地使用 Solidworks 进行工作。

学习完本章后，读者应该重点掌握以下知识内容：文件操作；界面的个性化设置；鼠标的应用；键盘的应用；了解常用工具栏；掌握对象选择方式；学会对象的隐藏与可视及视图的操作；掌握参考几何体的构建方法。

第 2 章 二 维 草 图

本章要点

- 草图工具对话框
- 草图功能选项
- 草图实体绘制
- 草图约束
- 草图操作
- 编辑草图

Solidworks 软件的特征创建相当多的一部分是以草图为基础的，因此草图是造型的关键，是 Solidworks 中比较重要的工具之一。草图对象由草图的点、直线、圆弧等元素构成，运用 Solidworks 中的草图绘制工具，可以非常方便地完成复杂图形的绘制操作，还可以进行参数化的编辑。

本章将综合应用草图实体绘制、草图工具、尺寸标注、几何关系等命令完成二维图形的绘图，并介绍草图设计的一般步骤和应用技巧。

项目 2.1 基 本 草 图

【学习目标】

本项目要完成的图形如图 2-1-1 所示。通过本项目的学习，使读者能熟练掌握创建草图、创建草图对象、对草图对象添加尺寸约束和几何约束等相关的草图操作。

通过学习了解草图的构建方法，掌握二维草图的构图技巧。

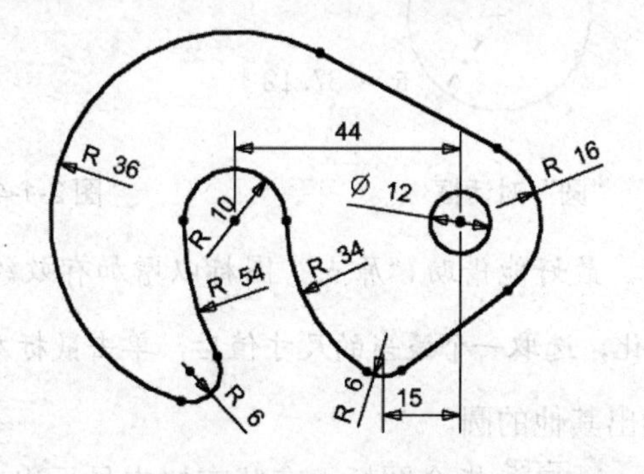

图 2-1-1 基本草图示例

【学习要点】

圆、直线、圆弧、倒圆角、约束关系的正确使用。

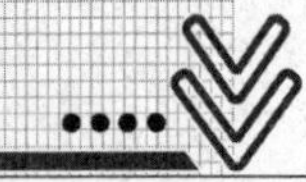

【绘图思路】

从图形的右侧开始绘图，先大致绘出图草图形状，然后做一些必要的修剪，再添加约束关系，最后标注尺寸，完成草图。

【操作步骤】

(1) 单击“新建”图标(也可以称为“按钮”，后同)，新建一个“零件”文件，并单击“保存”图标进行保存，如图 2-1-2 所示。

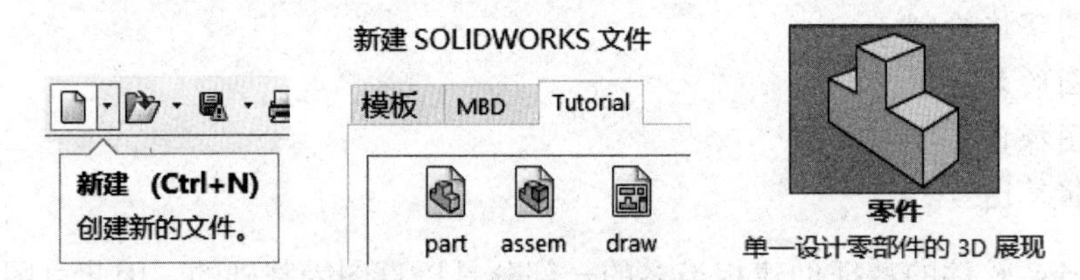

图 2-1-2 新建“零件”文件

(2) 单击状态树中的 前视图标，再单击 草图绘制 图标，打开草绘窗口。在绘图工具栏里单击 圆指令图标，在状态树中显示出“圆”命令选项对话框，如图 2-1-3 所示。用默认值“中央创建”选项，来绘出ϕ12mm 的圆。

在绘制 ϕ12mm 的圆时，鼠标左键单击“原点”位置，如图 2-1-4 所示，以确定圆心。按住左键不放，拉动鼠标，此时显示出动态的画圆过程。

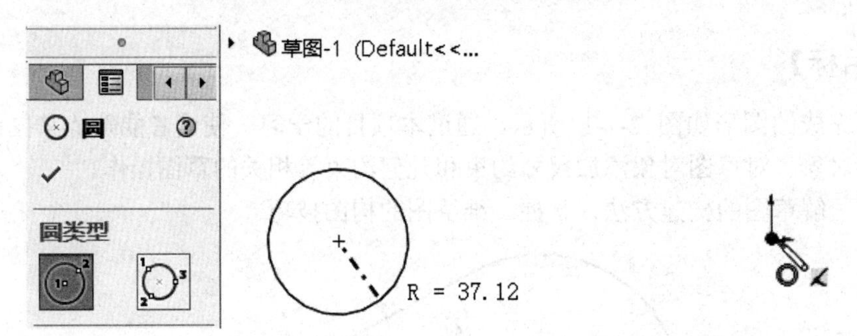

图 2-1-3 “圆”对话框　　　图 2-1-4 单击“原点”位置

提示：在草绘图形时，最好能借助“原点”图标以增加有效约束条件。

注意：观察 R 值的变化，选取一个适当的尺寸值后，单击鼠标左键结束绘圆的过程。

(3) 用相同的方法绘出其他的圆。

(4) 绘制直线，单击 直线 指令图标，在状态树中显示出“插入线条”命令选项对话框，如图 2-1-5 所示。

直线命令可以绘制构造线、无限长度线和中点线；绘制水平线、竖直线或角度线。

提示：绘图时，可滚动鼠标中键，适当缩放图形，如欲做平移画图的动作，则同时按住 Ctrl 键和鼠标中键不放，再拖动鼠标来完成。

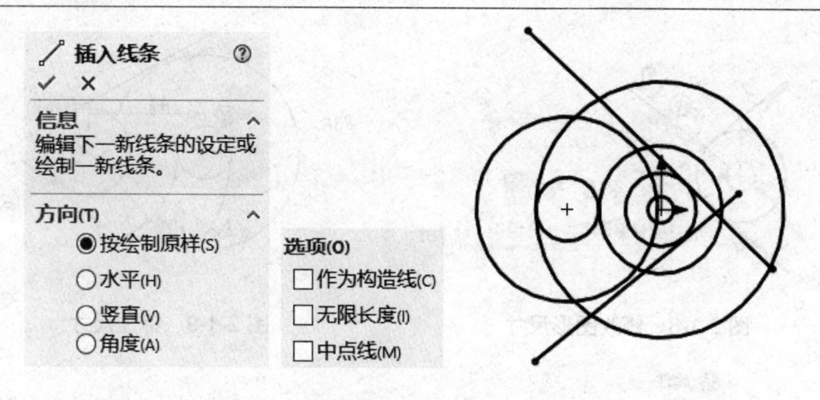

图 2-1-5　绘制直线

(5) 单击草图工具栏中的剪裁实体(T)图标，此时在状态树中显示出“剪裁”命令选项对话框，如图 2-1-6 所示，单击“强劲剪裁”选项。然后在刚绘制的图形上单击不要的部分，结果如图 2-1-7 所示。

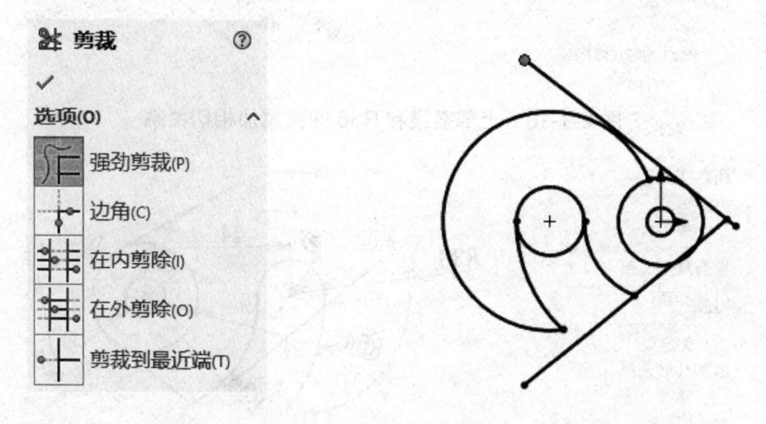

图 2-1-6　“剪裁”对话框　　　　图 2-1-7　剪裁掉多余的线

提示：可用鼠标单击直线或圆弧等，按住不动，然后拖动鼠标，此时可移动其位置；如单击其上的端点，此时可拖曳这一点到某一合适位置。

(6) 添加尺寸关系。单击草图工具栏上的智能尺寸图标，然后为图形标注尺寸。通过修改弹出的尺寸对话框，可以使图形形状发生改变，如图 2-1-8 所示，这也是参数化软件的主要功能之一。同理，标注出其他尺寸，如图 2-1-9 所示。

提示：也可以在完成下一步添加约束关系后再添加尺寸约束关系。

(7) 添加约束关系。按住 Ctrl 键不放，然后用左键单击上面的直线和圆弧线，注意点选的位置。此时在状态树位置显示出“属性”对话框，然后选择“相切”选项；或者在弹出的对话框内选择“使相切”选项，如图 2-1-10 所示。同理，添加其他的几何关系，并进一步修剪完善图形，如图 2-1-11 所示。

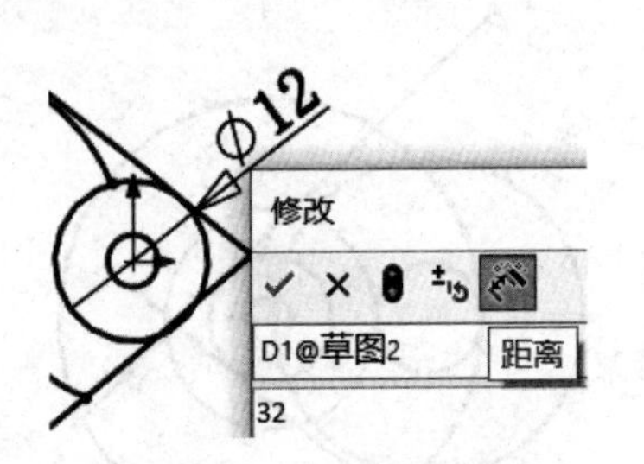

图 2-1-8　修改图形尺寸

图 2-1-9　标注尺寸

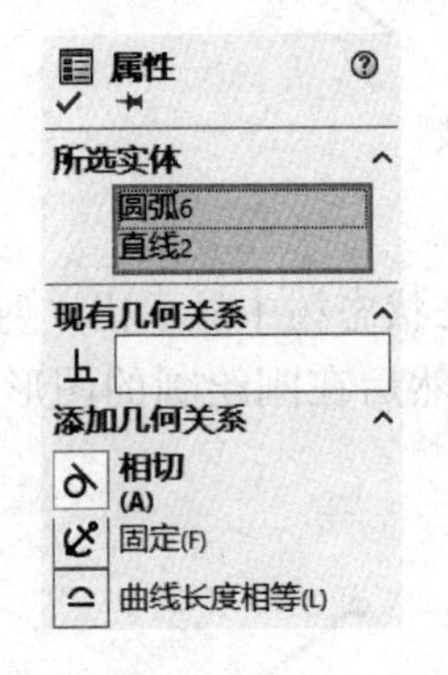

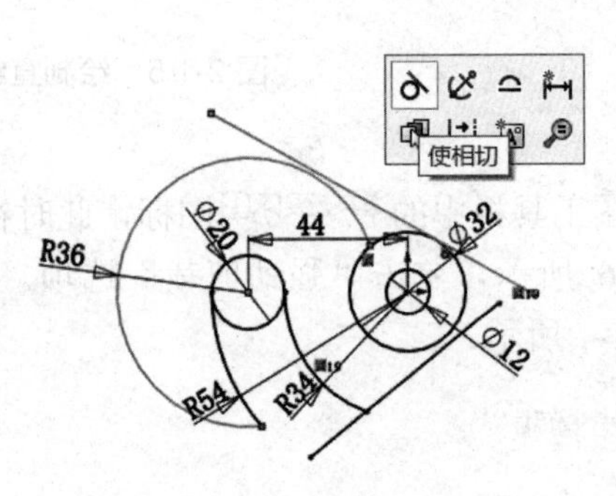

图 2-1-10　上部直线和 R36 圆弧添加相切关系

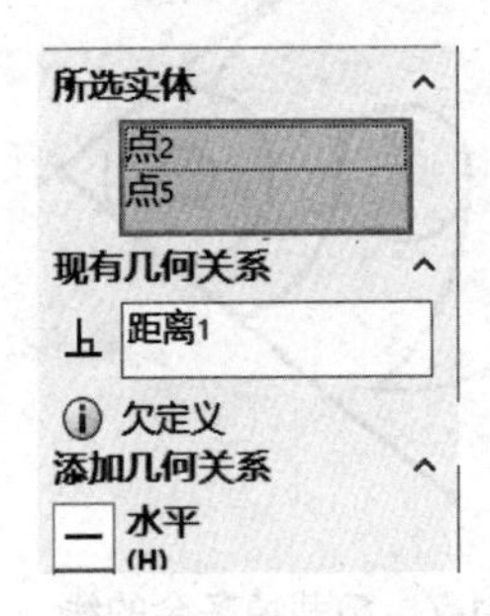

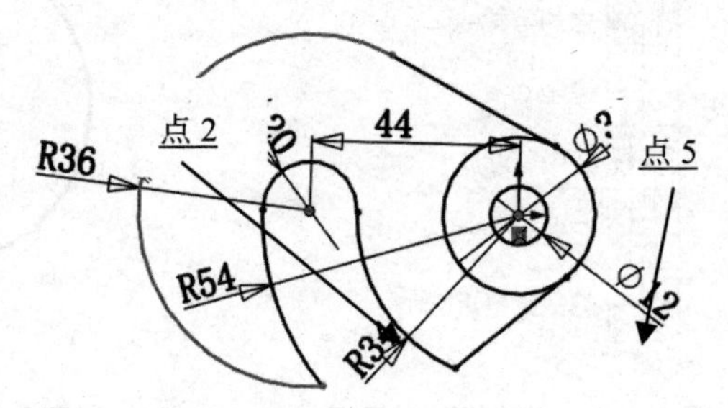

图 2-1-11　为两个点添加水平约束关系

(8) 倒 R6mm 的圆角。单击 ⌒ 图标，打开“绘制圆角”对话框，修改半径参数为 6，然后单击要倒圆角的两个边，结果如图 2-1-12 所示。

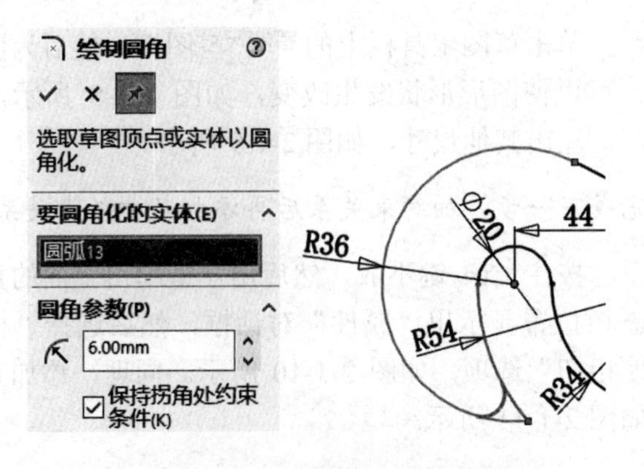

图 2-1-12　“绘制圆角”对话框

(9) 标注 15mm 的尺寸，如果有不准确的尺寸再重新标注，隐藏“草图几何关系”。

特别说明：本范例只是一般的草图绘制过程，读者在实际绘图过程中要逐渐形成自己的绘图习惯。

草图最好能做到完全约束，也就是图面所有的线全部变黑；如果出现过约束，也就是有红色的线条出现，此时要删去一些约束条件，请读者慢慢领会。

资料引入 2-1

具体内容请扫描右侧二维码。

项目 2.2　等距实体

【学习目标】

本项目要完成的图形如图 2-2-1 所示。通过本项目的学习，使读者能熟练掌握创建草图、创建草图对象、对草图对象添加尺寸约束和几何约束等相关的草图操作。

重点介绍草图指令的应用。

【学习要点】

圆、直线、圆弧、倒圆角、约束关系、偏置曲线的正确使用。

【绘图思路】

从图形的右侧开始绘图，先大致绘出草图形状，然后做约束及一些必要的修剪，再偏置曲线、倒圆角、修剪多余的线条，最后标注尺寸，完成草图绘制。

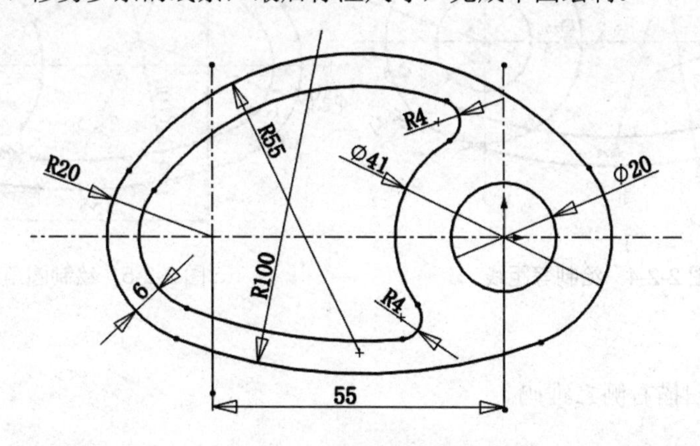

图 2-2-1　等距实体示例

【操作步骤】

(1) 单击“新建”按钮，新建一个“零件”文件，并单击“保存”按钮进行保存。

(2) 单击状态树中的“前视”，打开草绘工具栏，然后用单击“草图绘制”图标，打开草绘窗口。绘出圆及圆弧图形，并标注尺寸，如图 2-2-2 所示。

(3) 添加约束关系，剪裁掉多余的线条，结果如图 2-2-3 所示。

(4) 在草图工具栏里单击“等距实体”图标，打开“等距实体”对话框，修改参数为“6”，并取消“选择链”选项，然后用左键单击要等距的线条，注意选择确定等距方向，结果如图 2-2-4 所示。

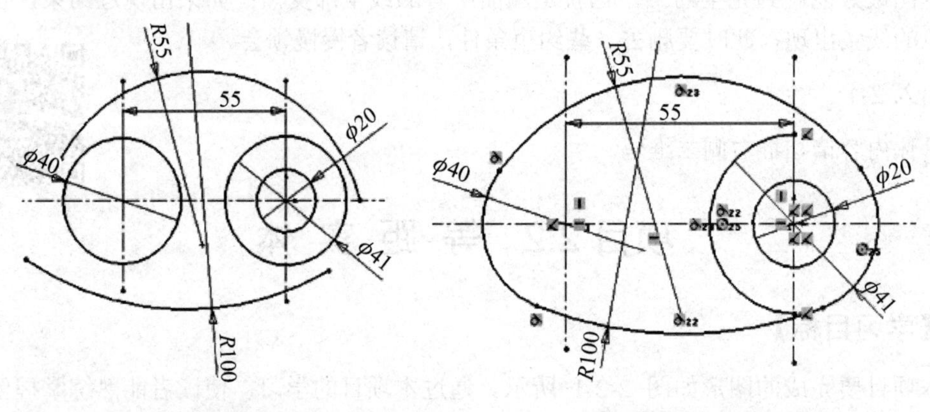

图 2-2-2　绘出圆及圆弧并标注尺寸　　　图 2-2-3　剪裁结果

(5) 倒两处 R4mm 圆角。单击图标，打开“绘制圆角”对话框，修改半径参数为“4”，然后单击要倒圆角的两个边，结果如图 2-2-5 所示。

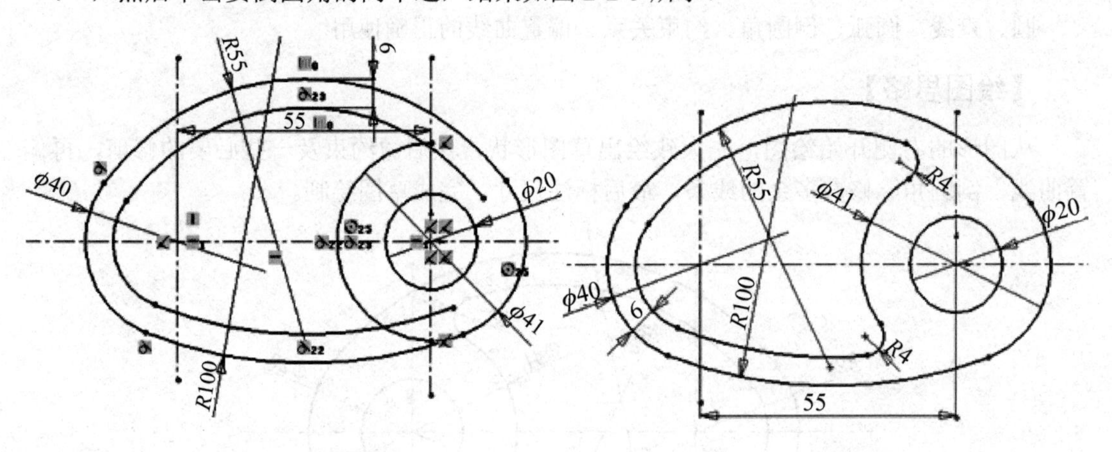

图 2-2-4　绘制等距线　　　图 2-2-5　绘制圆角结果

资料引入 2-2

具体内容请扫描右侧二维码。

项目 2.3　草 图 镜 向

【学习目标】

本项目要完成的草图如图 2-3-1 所示，通过本项目学习草图镜向的方法。

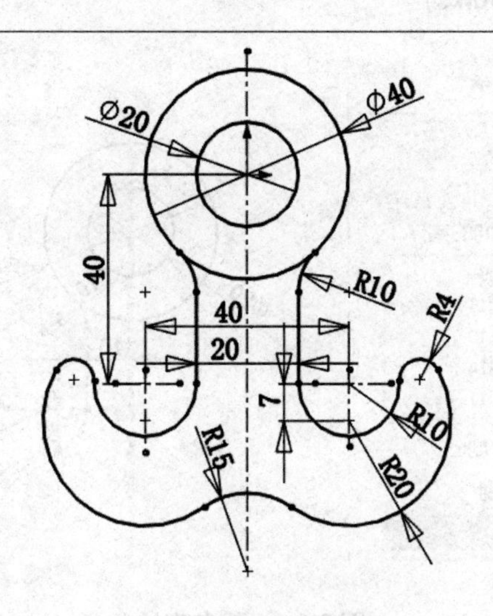

图 2-3-1　草图镜像示例

【学习要点】

圆、直线、圆弧、倒圆角、约束关系、镜向草图等指令的应用。

【绘图思路】

先绘出图形的上部及图形的右半部分，再通过镜像的方法完成左侧图形的绘制。

【操作步骤】

(1) 新建一个“零件”文件，在“前视”平面绘出图 2-3-2 所示草图。

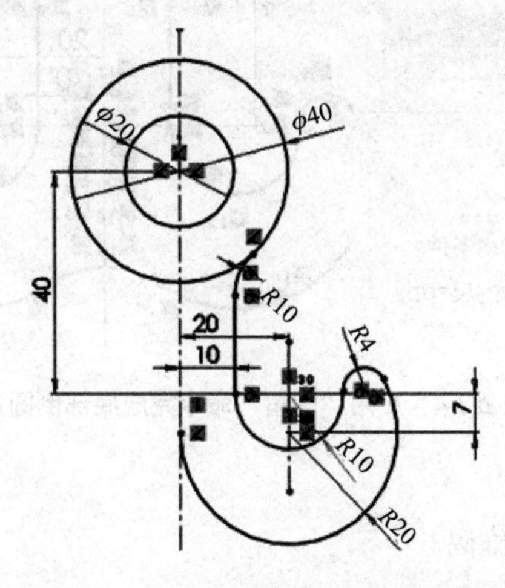

图 2-3-2　绘出上部及右侧并标注尺寸

(2) 镜向实体。打开镜向指令对话框，选择要镜向的直线和圆弧，再选择中心线作为镜像轴，如图 2-3-3 所示。

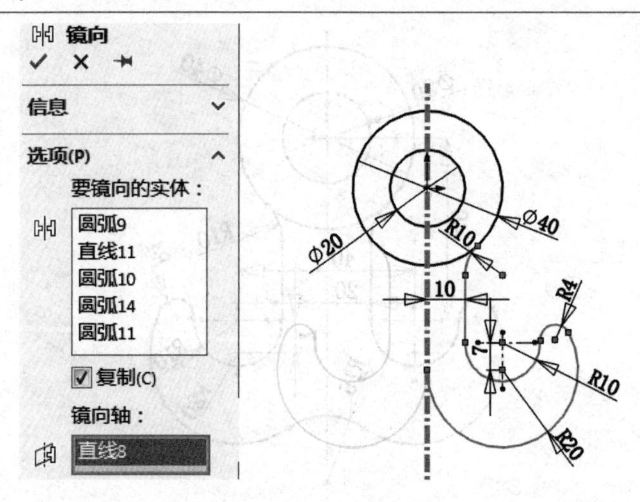

图 2-3-3　镜向实体

(3) 给草图添加必要的尺寸和约束，再应用“圆角”命令完成底部倒圆角，如图 2-3-4 所示。

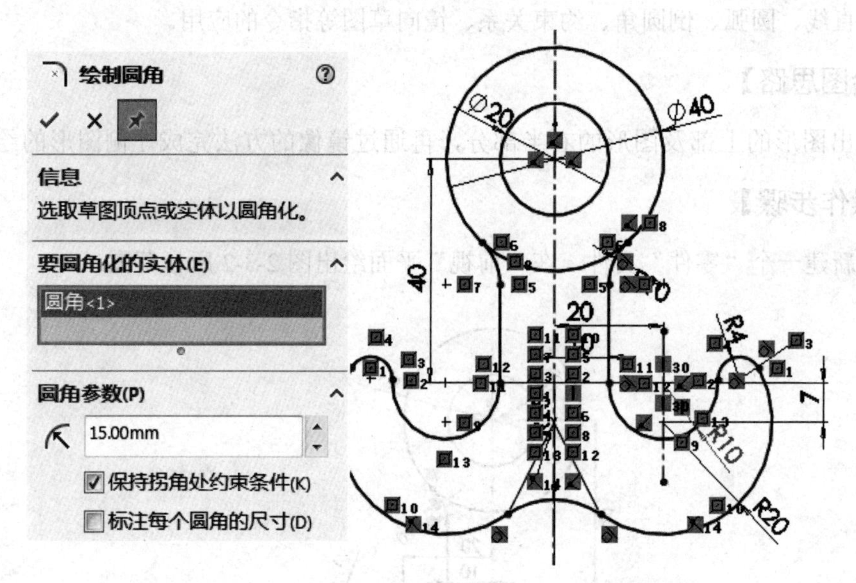

图 2-3-4　应用“圆角”命令完成底部倒圆角

资料引入 2-3

具体内容请扫描右侧二维码。

项目 2.4　草 图 阵 列

【学习目标】

本项目要完成的图形如图 2-4-1 所示，学习草图变换的构图技巧。

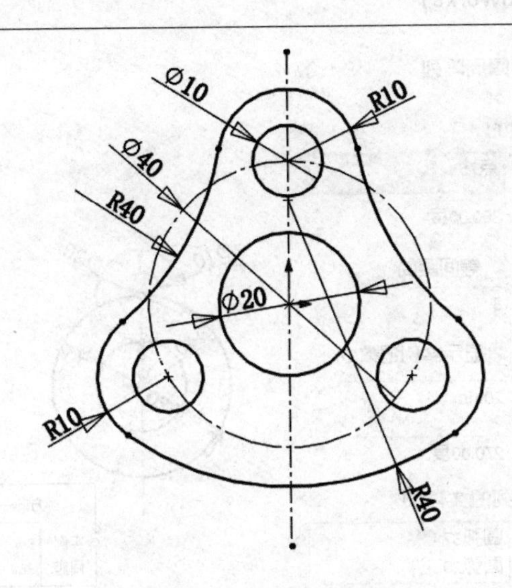

图 2-4-1　草图阵列示例

【学习要点】

圆、直线、圆弧、倒圆角、约束关系、变换的正确使用。

【绘图思路】

从图形的中心及上部开始绘图，先大致绘出草图形状，然后做 120°变换，再绘出圆弧添加约束关系，最后标注尺寸，完成草图。

【操作步骤】

(1) 新建一个“零件”文件。在“前视”基准平面上，绘出草图，如图 2-4-2 所示。

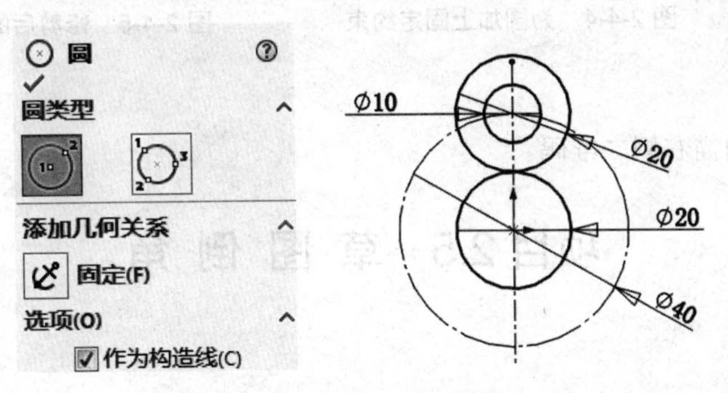

图 2-4-2　在“前视”基准面绘草图

(2) 圆周阵列。将上部两个同心圆阵列出其他等距实体，如图 2-4-3 所示。

(3) 为了下一步操作更方便，此步先将这个圆加上固定约束，如图 2-4-4 所示。

(4) 应用“圆弧”命令绘出 3 段 R40mm 的圆弧，并添加相对应圆的相切关系，再应用“剪裁实体”命令做适当修剪，删除上一步的固定约束，如图 2-4-5 所示。

如果此时图形没有完全约束(实线变成黑色)，可适当添加相关约束。例如，点在线上、点在圆弧或圆上等。

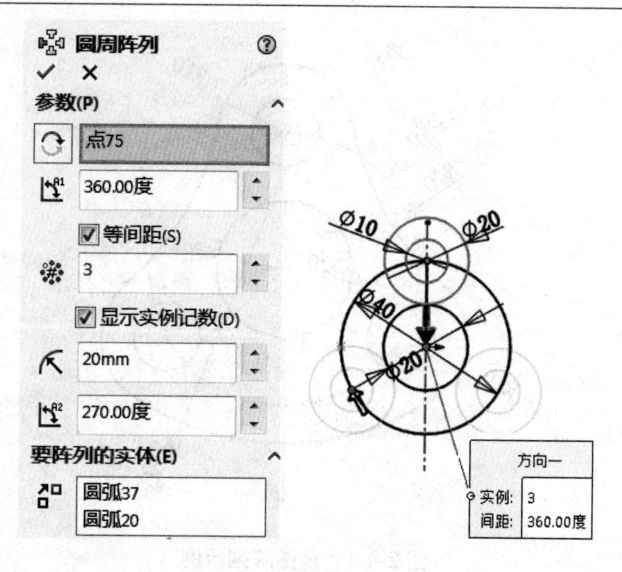

图 2-4-3　圆周阵列实体

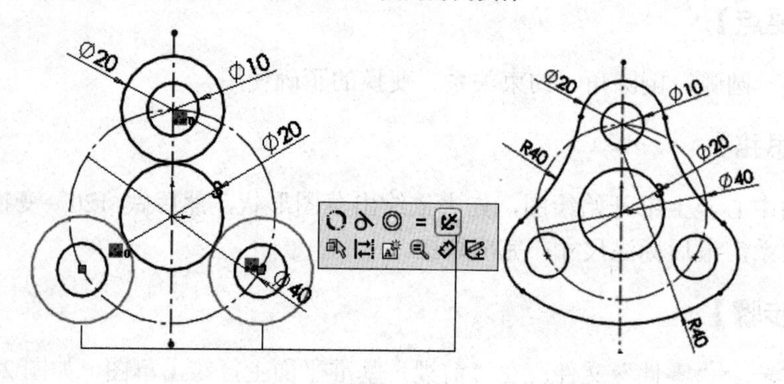

图 2-4-4　为圆加上固定约束　　　　图 2-4-5　修剪后的结果

资料引入 2-4

具体内容请扫描右侧二维码。

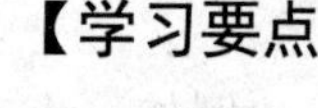

项目 2.5　草 图 倒 角

【学习目标】

本项目要完成的草图如图 2-5-1 所示。通过本项目的学习，使读者能熟练掌握创建草图、创建草图对象、对草图对象添加尺寸约束和几何约束、相交线倒角等相关的草图操作。

通过学习草图倒角的构建方法，掌握二维草图的构图技巧。

【学习要点】

直线、圆弧、约束关系、不对称倒角的正确使用。

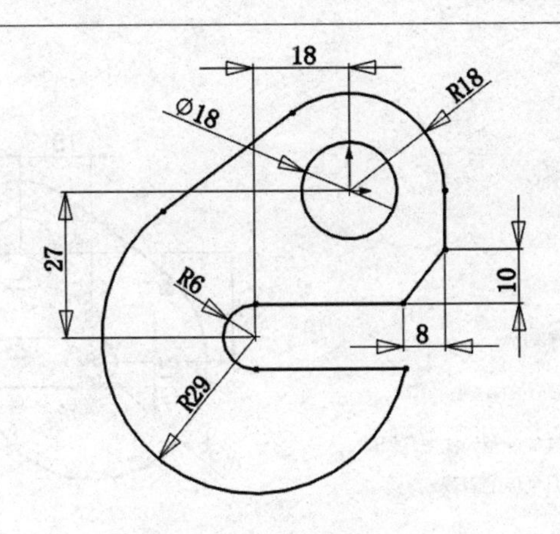

图 2-5-1　草图倒角示例

【绘图思路】

从图形的右上部开始绘图，先大致绘出草图形状，然后添加约束关系、标注尺寸，最后作出不对称倒角，完成草图构建。

【操作步骤】

(1) 新建一个“零件”文件。在“前视”基准平面上，绘出草图，如图 2-5-2 所示。

提示：在草绘图形时可观察屏幕下面的状态栏，以方便查看正在绘制图形的状态。

状态栏： X: 10.37mm Y: -21mm Z: 0mm　欠定义　在编辑 草图1

(2) 添加斜线与两大圆相切的约束关系，并标注尺寸，结果如图 2-5-3 所示。

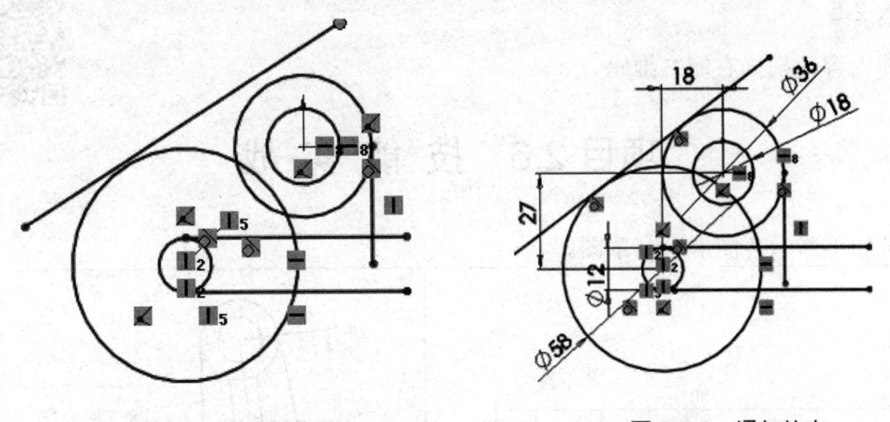

图 2-5-2　绘制草图　　　　图 2-5-3　添加约束

(3) 修剪草图。应用剪裁指令，对多余的线进行修剪，结果如图 2-5-4 所示。

(4) 绘制不对称倒角。修改 D1 和 D2 数值，选择两条倒角线，如图 2-5-5 所示。

(5) 单击“确定”按钮后，完成本例绘图，此时状态栏内显示草图已完全定义。

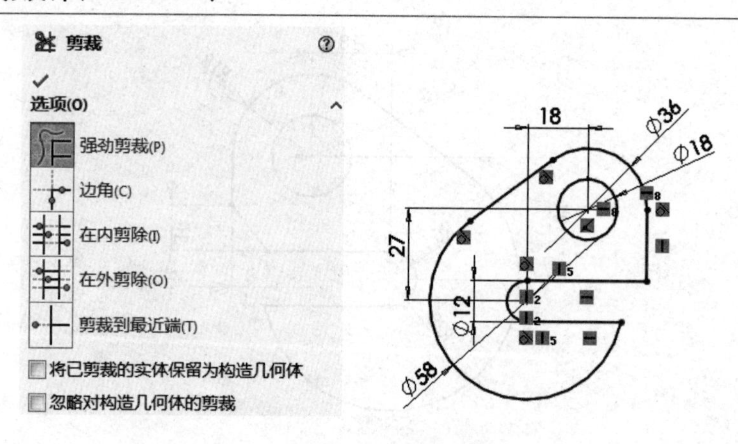

图 2-5-4　修剪草图

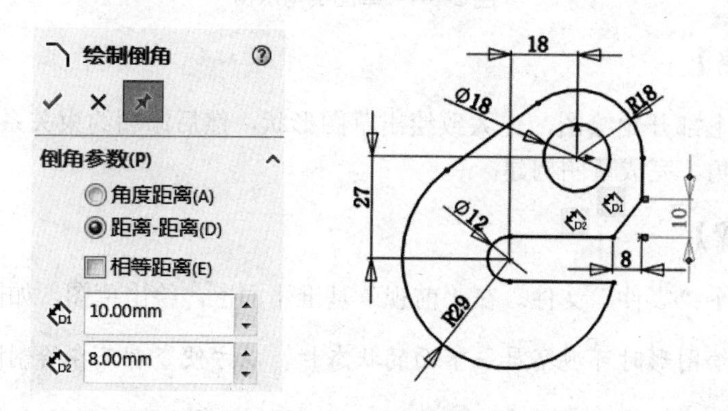

图 2-5-5　不对称倒角

资料引入 2-5

具体内容请扫描右侧二维码。

项目 2.6　技 能 实 战

请按如下所示各图形绘制草图。

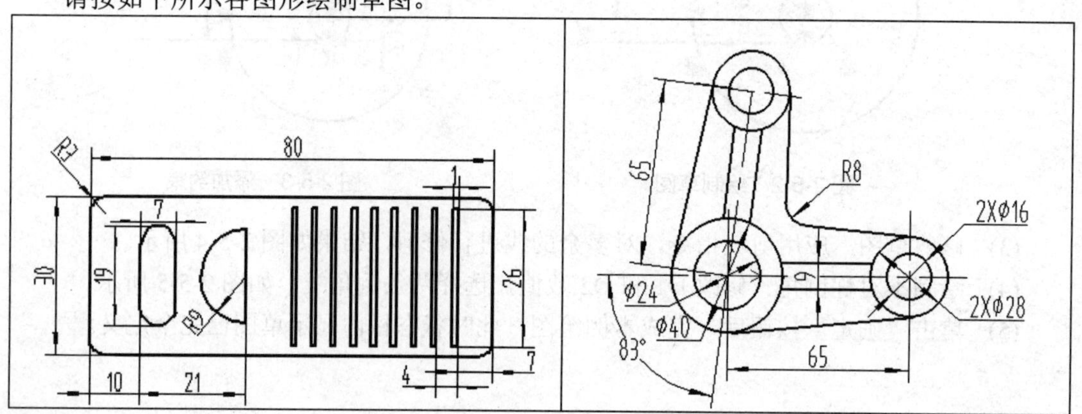

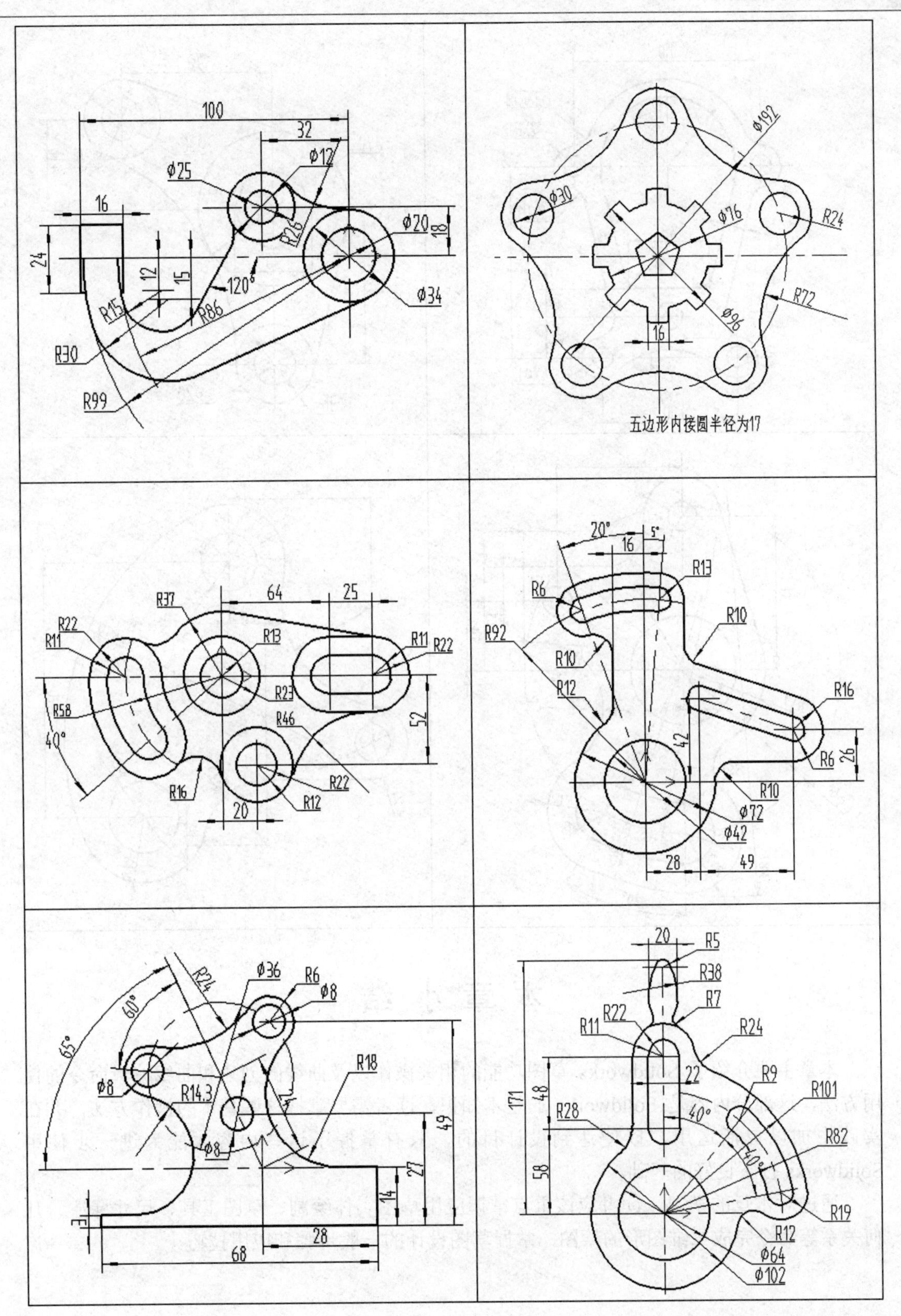
100
32
ϕ12
ϕ25
16
ϕ20
18
24
R26
12
15
120°
R15
R86
ϕ34
R30
R99
ϕ192
ϕ30
ϕ76
R24
R72
ϕ96
16
五边形内接圆半径为17
20°
5°
16
R13
R6
R10
R92
R10
R12
R16
42
R6
26
R10
ϕ72
ϕ42
28
49
R37
64
25
R22
R11
R13
R11
R22
R23
R58
R46
52
40°
R16
R22
R12
20
ϕ36
R24
R6
ϕ8
60°
65°
ϕ8
R14.3
R18
ϕ8
49
27
14
3
28
68
20
R5
R38
R7
R22
R11
R24
171
48
22
R9
40°
R28
R101
R82
40°
R19
58
R12
ϕ64
ϕ102

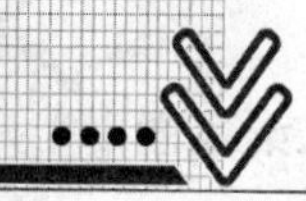

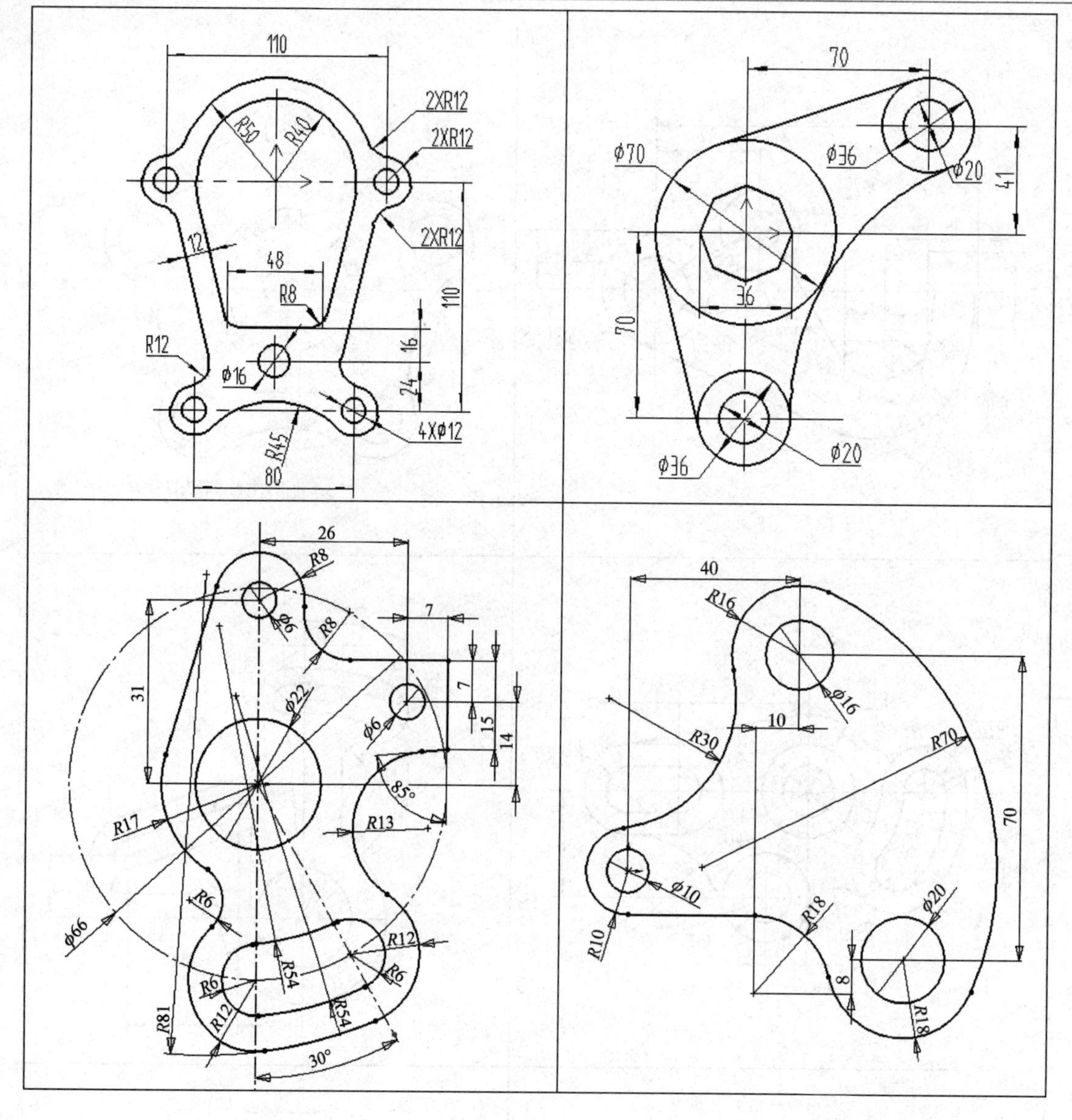

本 章 小 结

本章主要介绍了 Solidworks 草图功能的相关操作以及曲线的创建和曲线编辑命令的使用方法，这部分内容是 Solidworks 的基本知识，读者需要掌握这些基本的操作方法，并在实践中加以灵活运用，以便达到设计目的，只有掌握了这些内容才能为进一步使用 Solidworks 打下良好的基础。

通过对本章的学习，读者应该重点掌握应用草图实体绘制、草图工具、尺寸标注、几何关系等命令完成二维图形的绘图，掌握草图设计的一般步骤和应用技巧。

第 3 章　基本特征建模

本章要点

- 直线、圆、圆弧、中心线
- 修剪、草图约束、尺寸标注
- 拉伸基体、拉伸切除、旋转
- 基准平面、基准轴线、螺旋线
- 倒斜角、倒圆角、扫描
- 阵列、筋、参考几何体

Solidworks 里的草图绘制是三维零件建模的基础，从现在开始，在学习草图绘制的基础上进一步学习更多的草图知识，掌握其创建的方法和应用技巧。

本章重点讲述 Solidworks 在零件造型中常用的造型特征指令，介绍各特征建立的基本方法，主要目的在于使读者尽快建立三维造型的观念。

通过本章的学习，读者将能够较好地完成机械产品设计中常见的零件设计。

项目 3.1　凸台造型

【学习目标】

本项目要完成的图形如图 3-1-1 所示。通过本项目的学习，使读者能熟练掌握拉伸凸台、基体等基本构图命令的使用，掌握三维建模的基本构图技巧。

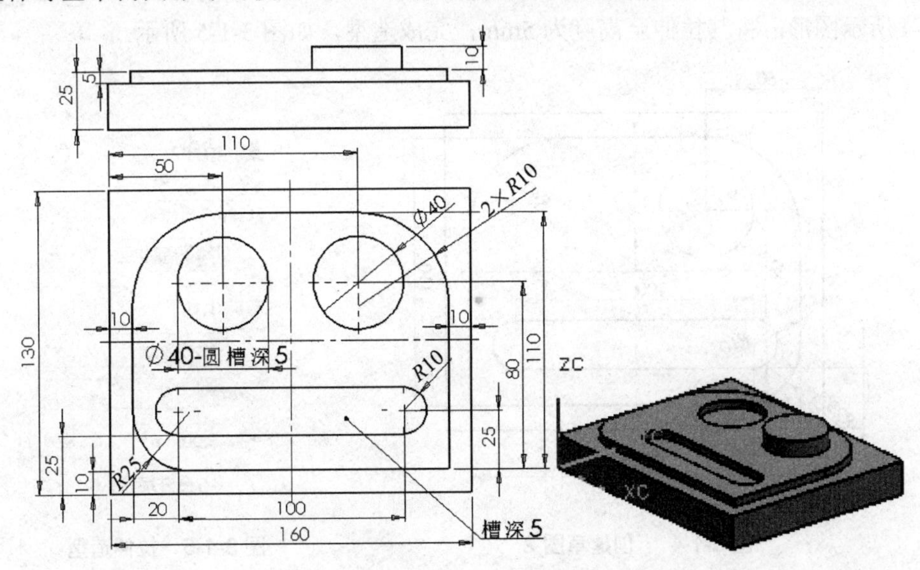

图 3-1-1　凸台造型示例

【学习要点】

拉伸凸台、基体。

【绘图思路】

首先拉伸出带圆角的底部，然后拉伸出带圆腔和圆槽的中部，最后拉伸做出凸起的圆柱体，完成造型。

【操作步骤】

(1) 新建一个“零件”文件，并单击“保存”按钮进行保存。

(2) 以“前视”为基准面创建“草图 1”，在“草图 1”上作出一个 160mm×130mm 的矩形，如图 3-1-2 所示。再单击图标，打开“拉伸 1”对话框，如图 3-1-3 所示，修改拉伸距离为 20，单击“确定”按钮完成。

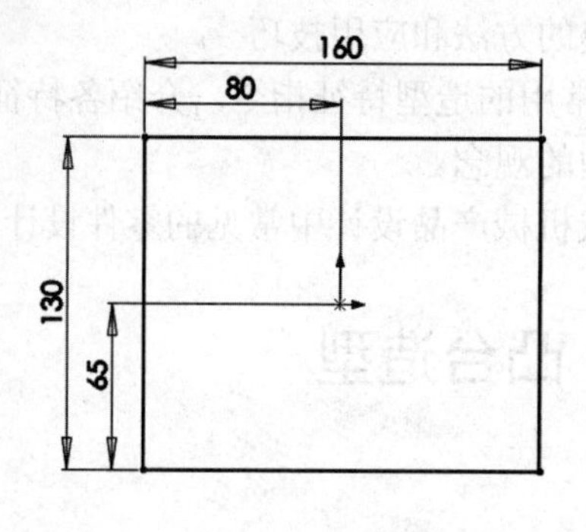

图 3-1-2 作一矩形

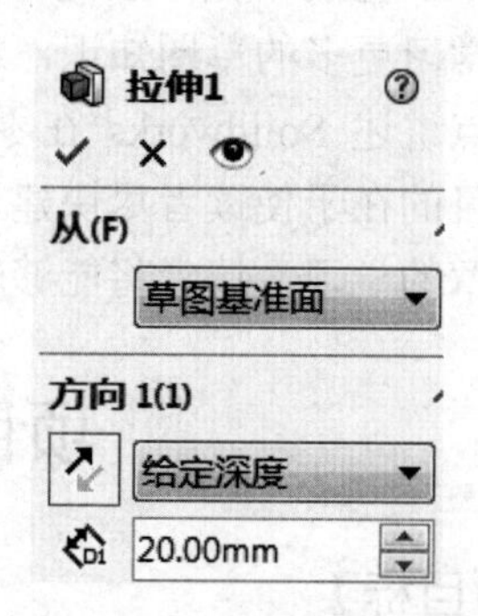

图 3-1-3 “拉伸 1”对话框

(3) 在拉伸体上表面，创建一个新的草图，即“草图 2”，接着在“草图 2”作出如图 3-1-4 所示图形，将其拉伸至高度为 5mm，完成造型，如图 3-1-5 所示。

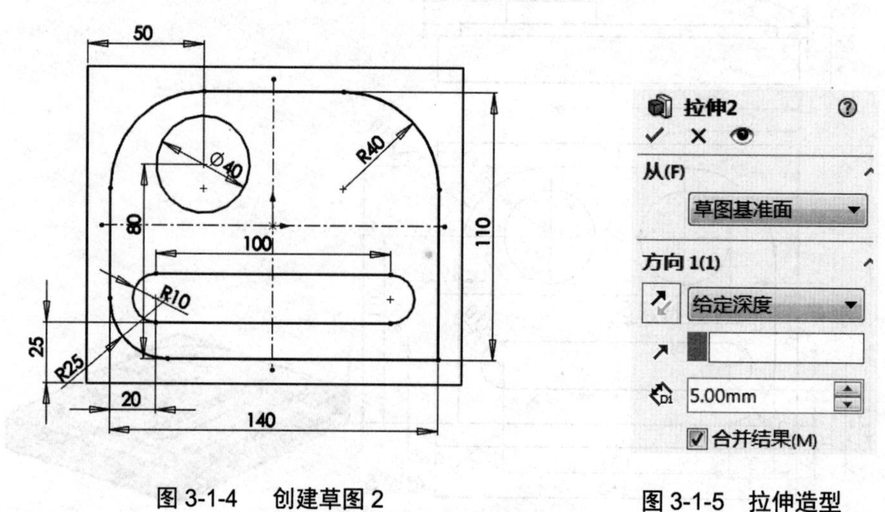

图 3-1-4 创建草图 2

图 3-1-5 拉伸造型

(4) 单击在步骤(3)中生成的实体的上表面，创建一个新的草图，即“草图 3”，接着在“草图 3”上作出直径为 40mm 的圆，如图 3-1-6 所示。最后拉伸至高度为 10mm，完成造型，如图 3-1-7 所示。

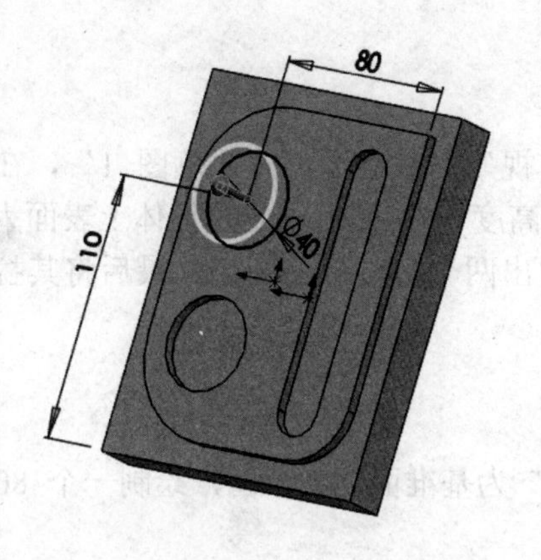

图 3-1-6　作直径为 40mm 的圆

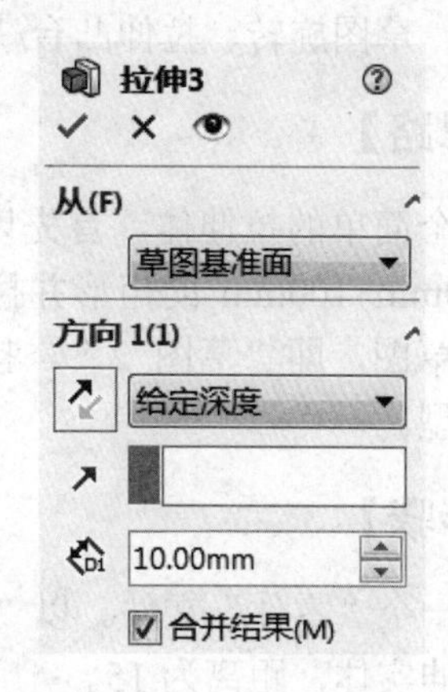

图 3-1-7　拉伸参数

资料引入 3-1

具体内容请扫描右侧二维码。

项目 3.2　平移、旋转造型

【学习目标】

本项目要完成的图形如图 3-2-1 所示。通过本项目的学习，使读者能熟练掌握草图平移、草图旋转、拉伸凸台/基体等基本构图方法的使用，掌握三维建模的基本构图技巧。

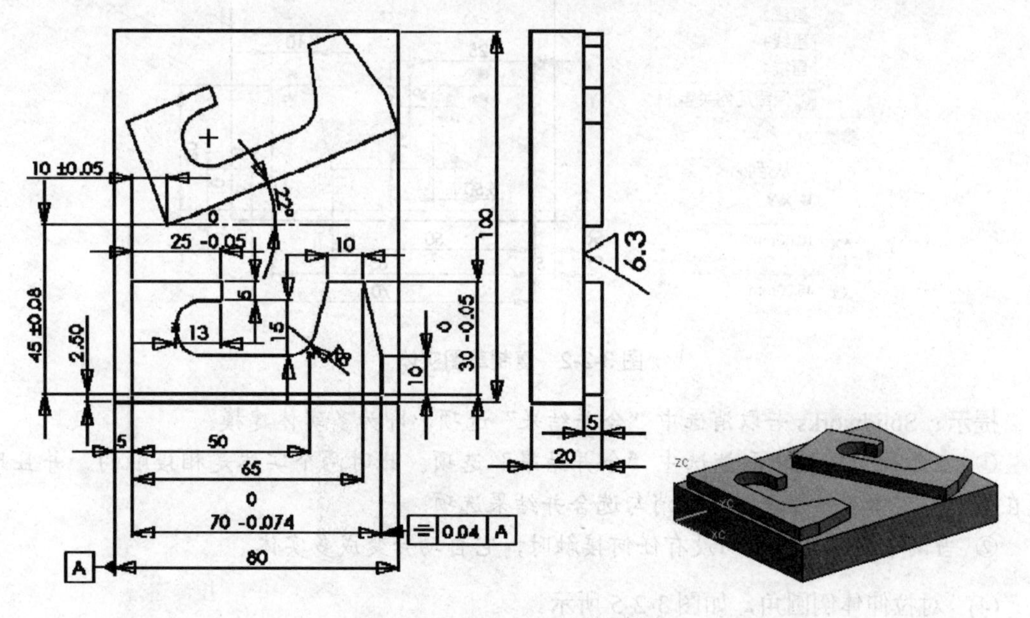

图 3-2-1　平移、旋转造型示例

【学习要点】

草图平移、草图旋转、拉伸凸台/基体。

【绘图思路】

本例是一个简单的拉伸体。首先以“前视”为基准面创建“草图 1”，在“草图 1”上做出一个 80mm×100mm 的矩形并拉伸至高度 15；然后以此拉伸体上表面为基准面，再创建一个新的草图，即“草图 2”，接着做出两个多边形的图形，最后将其拉伸至高度为 5mm，完成造型。

【操作步骤】

(1) 新建一个“零件”文件。以“前视”为基准面创建草图，绘制一个 80mm×100mm 的矩形；再拉伸实体，距离为 15。

(2) 在拉伸体上表面，创建一个新的草图，即“草图 2”，然后画出草图，应用“复制”指令，如图 3-2-2 所示，再应用“旋转”指令 ，完成草图上部图形，如图 3-2-3 所示，“确定”完成草图 2。

(3) 草图 2 拉伸 5mm，并与草图 1 的拉伸体合并，即勾选 ☑合并结果(M) 选项，如图 3-2-4 所示，确定后完成造型。

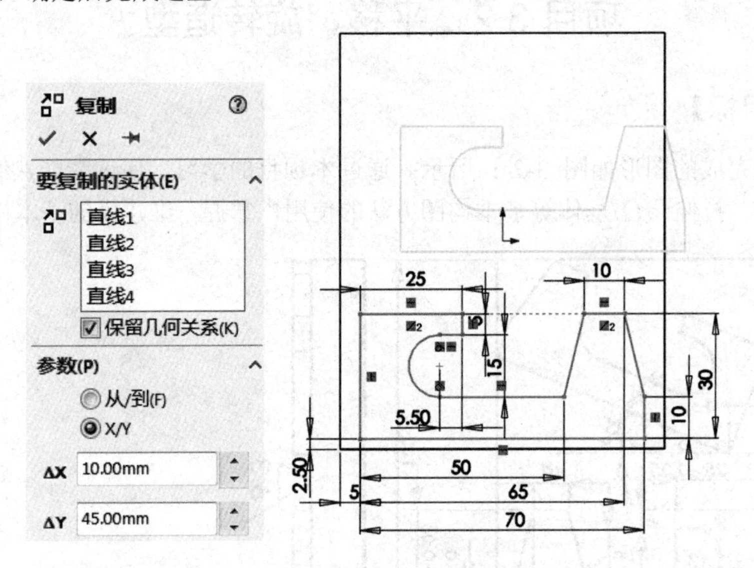

图 3-2-2　复制草图实体

提示：Solidworks 若取消选中“合并结果”选项，即为多实体建模。

① 在属性管理器中取消选中“合并结果”选项。此时两个实体是相接触的，并且只能在第二个实体属性管理器中取消勾选合并结果选项。

② 当两个实体互相之间没有任何接触时，它自动会变成多实体。

(4) 对拉伸体倒圆角，如图 3-2-5 所示。

下面通过“移动/复制实体” 指令，完成造型。

(1) 首先生成拉伸体，如图 3-2-6 所示。注意不要勾选“合并结果”选项，这样就可以生成一个单独的实体。

此时在状态树中可以查看到，生成两个实体，如果 3-2-7 所示。

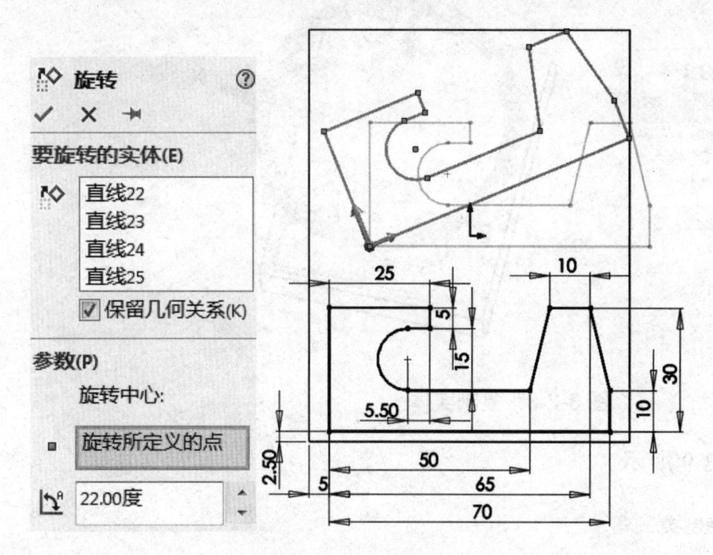

图 3-2-3　旋转草图实体

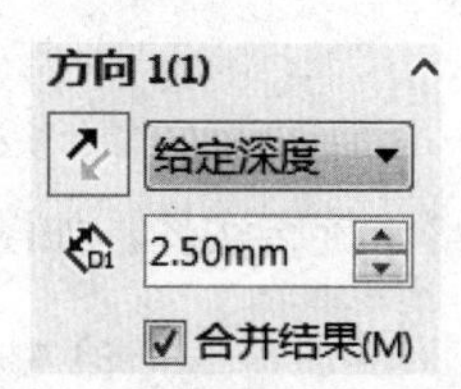

图 3-2-4　合并结果

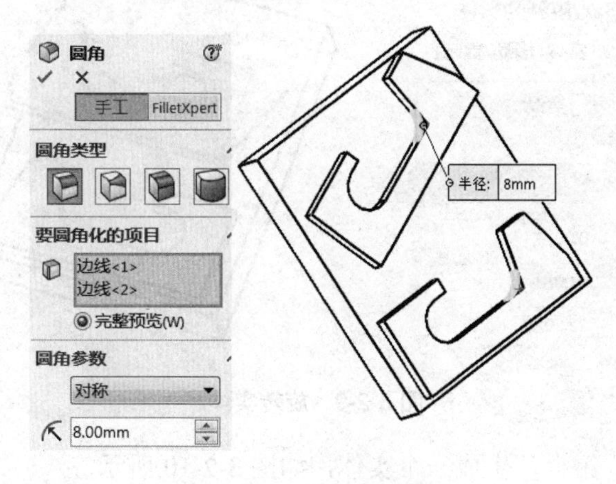

图 3-2-5　实体倒圆角

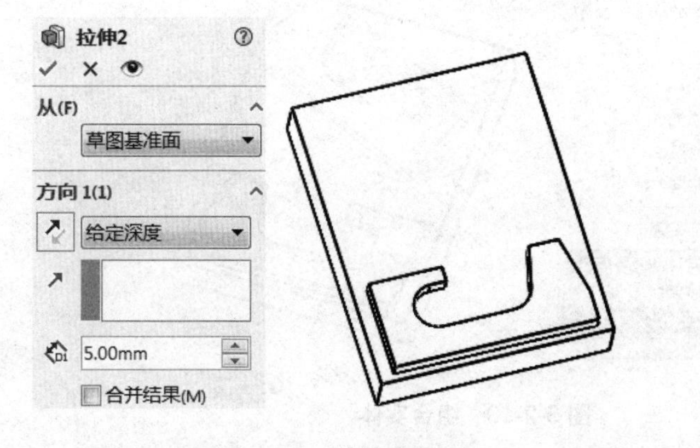

图 3-2-6　拉伸实体

图 3-2-7　状态树显示

(2) 复制实体，如图 3-2-8 所示。

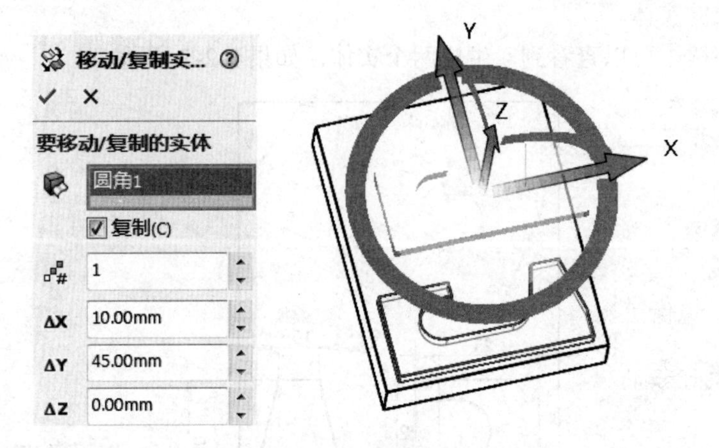

图 3-2-8　复制实体

(3) 旋转实体，如图 3-2-9 所示。

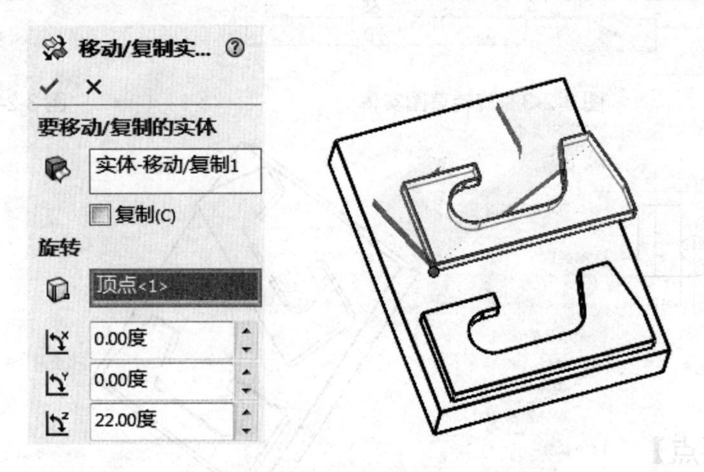

图 3-2-9　旋转实体

(4) 对所有实体，组合，生成一个实体，如图 3-2-10 所示。

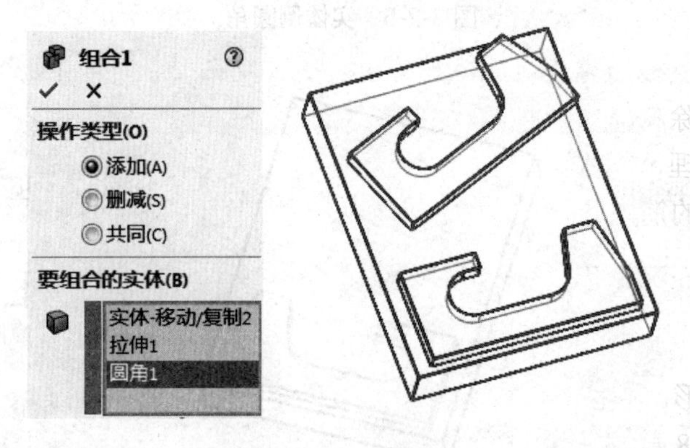

图 3-2-10　组合实体

资料引入 3-2

具体内容请扫描右侧二维码。

项目 3.3 筋 板 造 型

【学习目标】

本项目要完成的图形如图 3-3-1 所示。通过本项目的学习，使读者能熟练掌握绘制草图、拉伸、筋、镜像等基本构图方法，掌握三维建模的基本构图技巧。

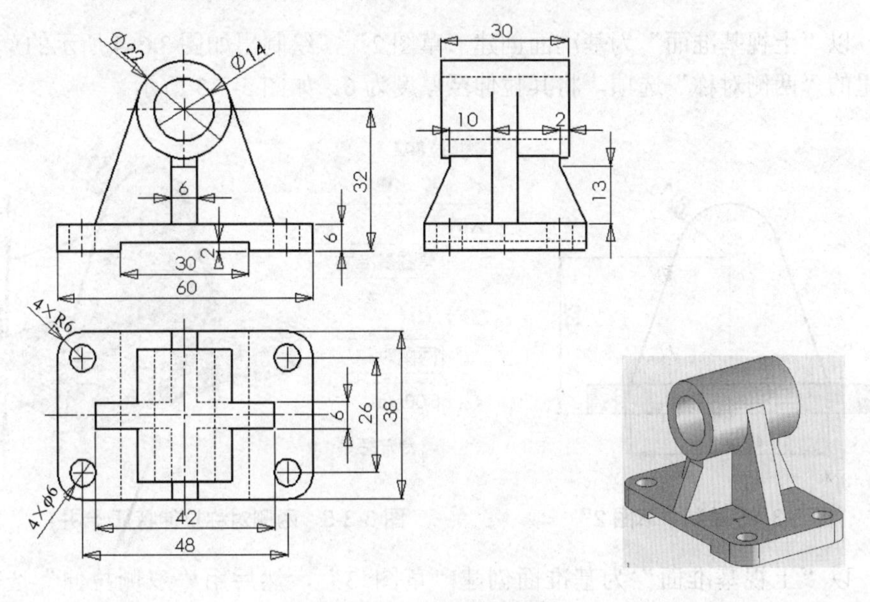

图 3-3-1 筋板造型示例

【学习要点】

绘制草图、拉伸、筋、镜像。

【绘图思路】

本例是一个筋板类的零件造型。首先以“前视基准面”为基准面创建带孔的基座，然后在其底部用拉伸除料作出矩形槽，接着以“上视基准面”为基准面作出三角形中截面，并拉伸出实体。同理，创建出上部的圆柱形体，并作出中间孔，最后以“右视基准面”为基准面，作出一侧的筋，再用镜像命令作出另一侧的筋，完成造型。

【操作步骤】

(1) 新建一个“零件”文件。以“前视基准面”为基准面创建“草图 1”，绘制出如图 3-3-2 所示的图形。然后拉伸增料，距离为“6”，完成基座造型。再以此特征的底面为基准作出矩形 30×38 草图，用“拉伸除料”方式作出底槽，如图 3-3-3 所示。

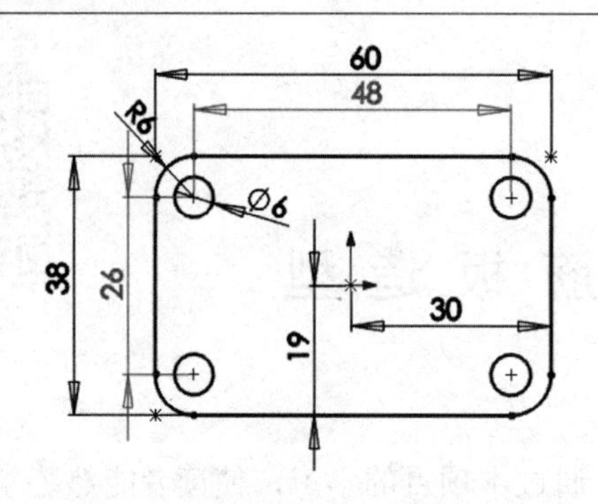

图 3-3-2　绘制出“草图 1”

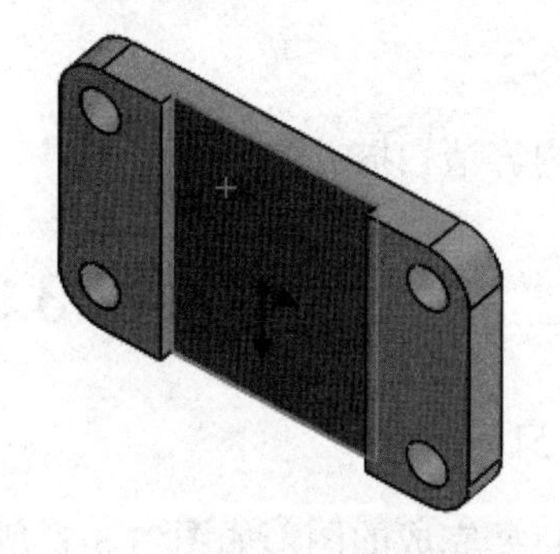

图 3-3-3　用拉伸除料方式作出底槽

(2) 以“上视基准面”为基准面创建“草图 2”，绘制出如图 3-3-4 所示的草图。再应用拉伸里的“两侧对称”选项，将其拉伸至厚度为 6，如图 3-3-5 所示。

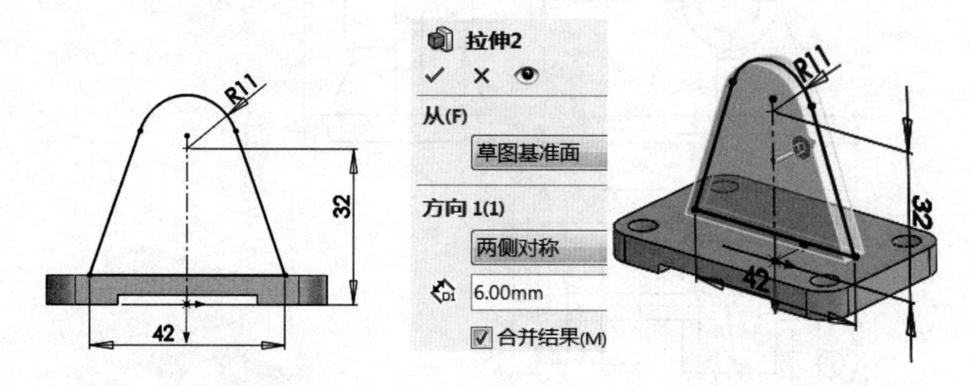

图 3-3-4　绘制“草图 2”

图 3-3-5　两侧对称拉伸特征(合并)

(3) 以“上视基准面”为基准面创建“草图 3”，然后用“双侧拉伸”选项，将其拉伸至厚度为 30，如图 3-3-6 所示；接下来再应用“异型孔向导”指令创建中心孔，如图 3-3-7 所示。注意：孔类型为“孔”，孔的位置要捕捉圆的中心。

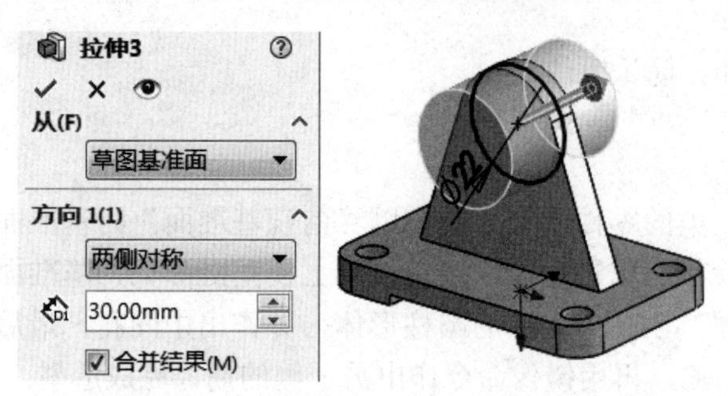

图 3-3-6　绘制“草图 3”并对称拉伸

(4) 以“右视基准面”为基准面创建“草图 4”，绘制出如图 3-3-8 所示草图。单击特征工具栏里的图标，打开“筋”指令对话框，设置“厚度”为两侧，“距离”为 6mm，如图 3-3-9 所示(注意拉伸方向)。

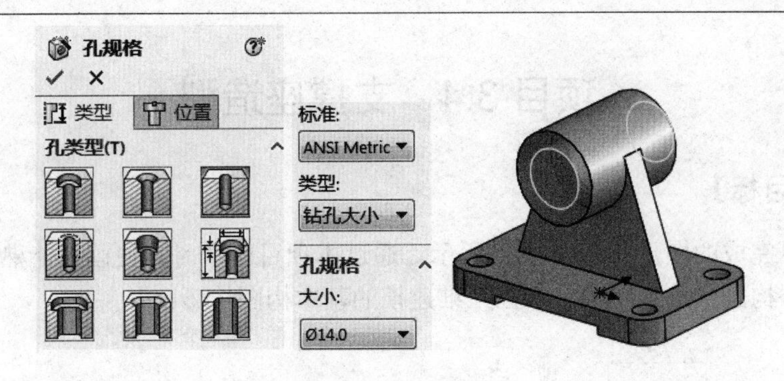

图 3-3-7　做异型孔

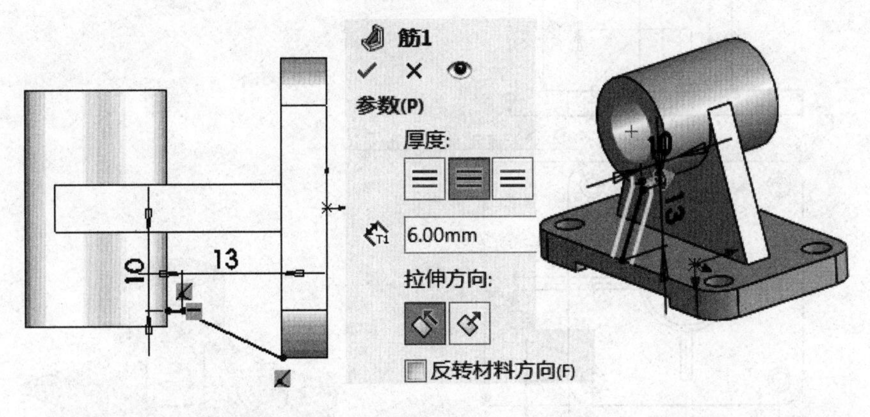

图 3-3-8　绘制“草图 4”　　　　图 3-3-9　设置“筋 1”对话框

(5) 镜像另一侧的筋。先选取“上视基准”面，然后单击特征工具栏里的特征图标，打开“镜向”对话框，按图 3-3-10 所示选取基准面和特征。然后单击“确定”按钮退出，完成造型。

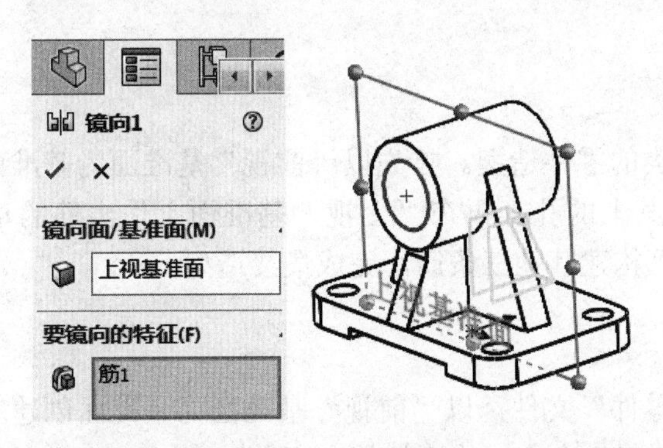

图 3-3-10　镜像特征

提示：可以在状态树里选取要镜像的特征和镜像面/基准面。

资料引入 3-3

具体内容请扫描右侧二维码。

项目 3.4　支撑座造型

【学习目标】

本项目要完成的图形如图 3-4-1 所示。通过本项目的学习，使读者能熟练掌握筋、圆周阵列等基本构图方法的使用，掌握三维建模的基本构图技巧。

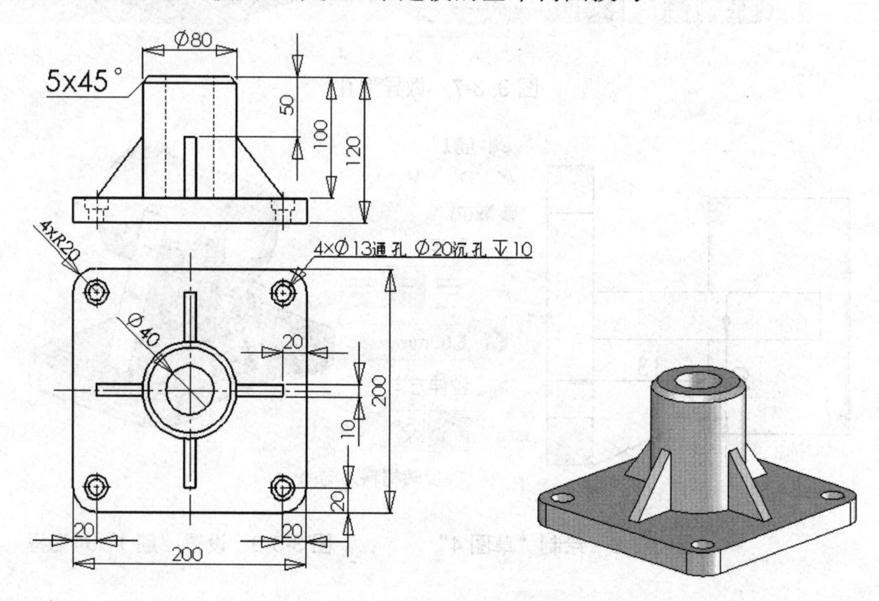

图 3-4-1　圆周阵列示例

【学习要点】

筋、圆周阵列。

【绘图思路】

本例是一个筋板类的零件造型。首先以“前视”基准面为基准面创建带孔的基座，然后在其上作出圆柱及其上的孔，再在“上视”基准面上作出筋的草图，完成一条筋的造型，最后应用圆周阵列构建其他三条筋，完成最终造型。

【操作步骤】

(1) 新建一个“零件”文件，以“前视”基准面为基准面创建“草图 1”，绘制出草图。然后选择“拉伸增料”命令，修正拉伸高度为 20，在“所选轮廓”框内单击，然后在草图内选择最外侧轮廓，如图 3-4-2 所示。

提示：在这一步拉伸增料中，应用“所选轮廓”选项。应用该选项可完成对某一轮廓应用拉伸命令。这样当在一个草图里有多个封闭图形时，可根据需要选择不同轮廓分别应用拉伸指令。

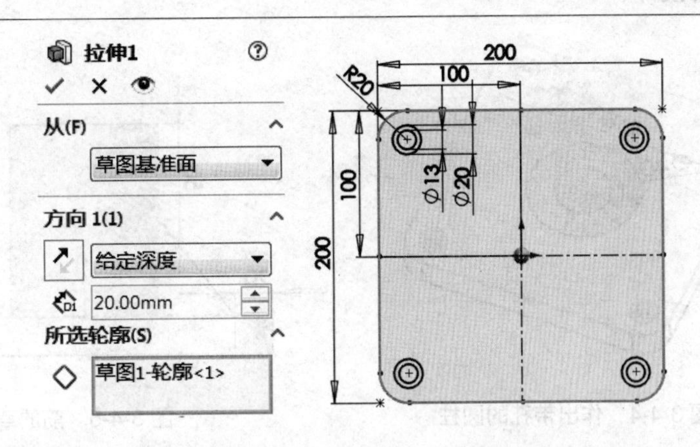

图 3-4-2　绘制“草图 1”，拉伸外轮廓

(2) 应用“拉伸切除”命令，分别作出直径为 20mm 的沉孔和直径为 13mm 的通孔。具体做法如下。

① 单击左上角图标，可在绘图区显示状态树。

② 单击“草图 1”可在绘图区显示。

③ 在“草图 1”中选择孔的轮廓。

ϕ20 圆孔的操作参数如图 3-4-3 所示。

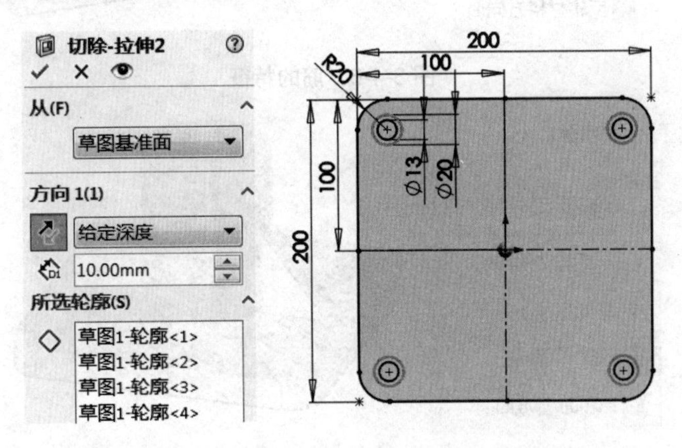

图 3-4-3　“切除-拉伸 2”对话框(Ø20)

注意：此步骤的阶梯孔也可通过特征里面的“异型孔”命令来完成，更方便，参见前一个项目的有关操作过程，此处略过。

(3) 在基体上表面作出带孔的圆柱，如图 3-4-4 所示。

(4) 在“上视基准面”内作出筋的草图，如图 3-4-5 所示。

再应用“筋”命令做出筋的特征，厚度选项选择两侧，结果如图 3-4-6 所示。

(5) 用 圆周阵列，制作另三个筋特征。

首先制作基准轴，单击“基准轴”图标，出现基准轴对话框，再单击圆柱表面，确定后完成，如图 3-4-7 所示。打开 圆周阵列 命令对话框，设置参数，如图 3-4-8 所示。

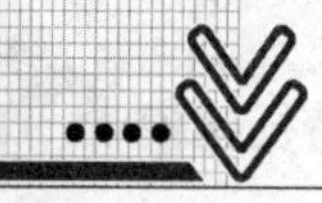

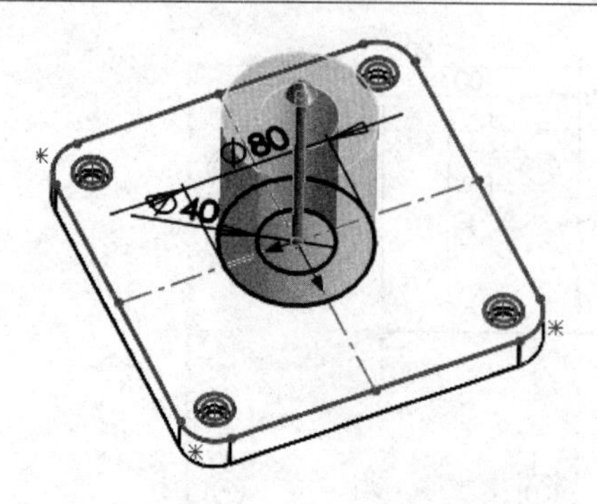

图 3-4-4　作出带孔的圆柱

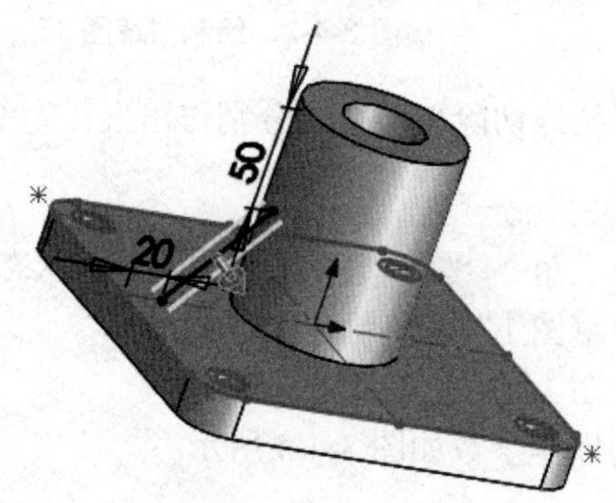

图 3-4-5　筋的草图

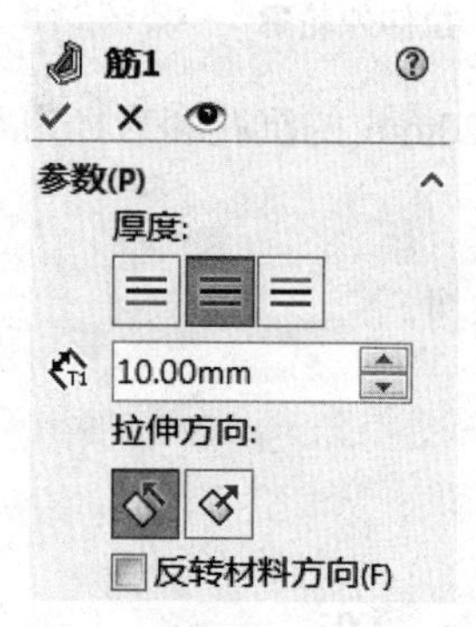

图 3-4-6　筋的特征

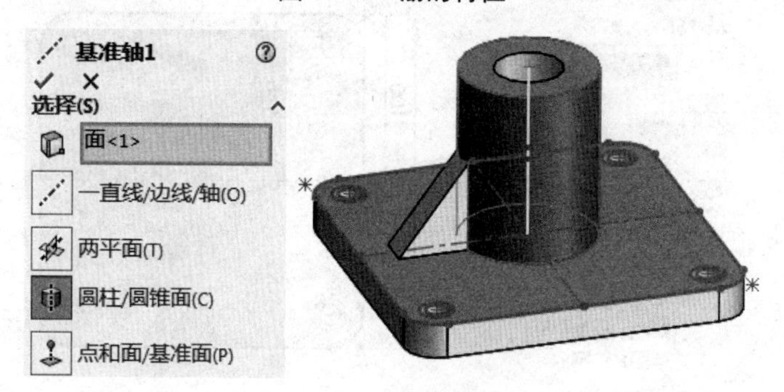

图 3-4-7　制作基准轴

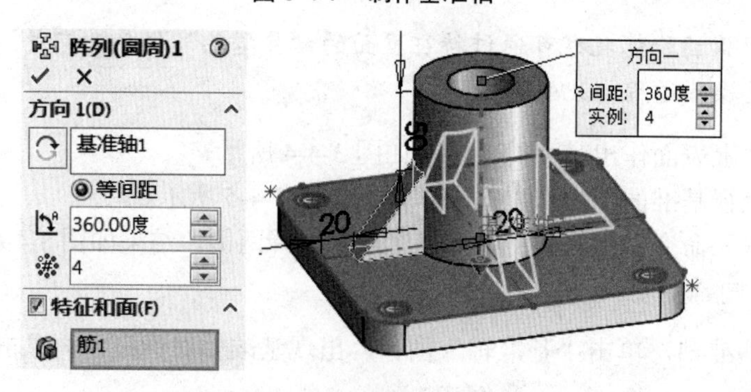

图 3-4-8　圆周阵列特征

(6) 应用“倒角”命令对顶边倒角，完成造型，如图 3-4-9 所示。

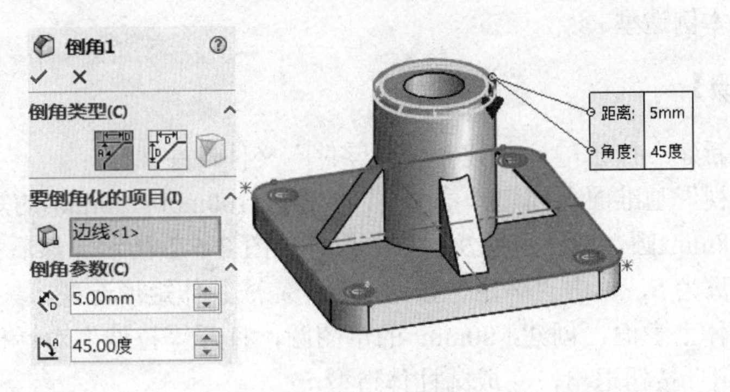

图 3-4-9　倒角

资料引入 3-4

具体内容请扫描右侧二维码。

项目 3.5　叶 轮 造 型

【学习目标】

本项目要完成的图形如图 3-5-1 所示。通过本项目的学习，使读者能熟练掌握草图点、圆、圆弧、圆周阵列、拉伸凸台、拉伸切除等基本构图方法的使用，掌握三维建模的基本构图技巧。

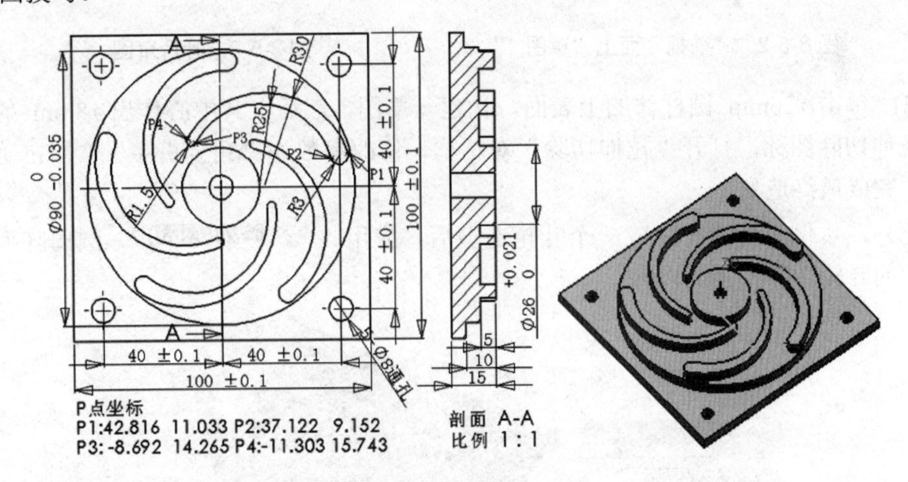

图 3-5-1　叶轮造型示例

【学习要点】

点、圆、圆弧、圆周阵列、拉伸凸台、拉伸切除。

【绘图思路】

首先完成 100mm×100mm 的矩形及周边 4 个直径为 8mm 的圆，并拉伸出实体，然后在其上完成直径为 90mm 的圆柱体，在圆柱体上面再作出叶轮和中间的圆柱体，最后作出中心通孔，完成本例造型。

【操作步骤】

(1) 单击“新建”按钮，新建一个“零件”文件，并保存。

(2) 在“前视”基准面上创建“草图 1”，作出 100mm×100mm 的矩形，再在 4 个顶角处做出 4 个ϕ8mm 圆，标注尺寸及约束关系，如图 3-5-2 所示。然后打开“拉伸”对话框，输入拉伸距离为 5，单击“确定”按钮退出，完成基体矩形造型。

(3) 在矩形体上表面，创建ϕ90mm 的草图圆，打开“拉伸”对话框，输入拉伸距离为 5，单击“确定”按钮退出，完成圆柱体造型。

(4) 单击ϕ90mm 圆柱体上表面，作出ϕ26mm 的圆及一个叶轮草图，然后通过圆周阵列创建出如图 3-5-3 所示图形。然后顺序单击拉伸图标，打开“拉伸”对话框，输入拉伸距离为 5，单击“确定”按钮。

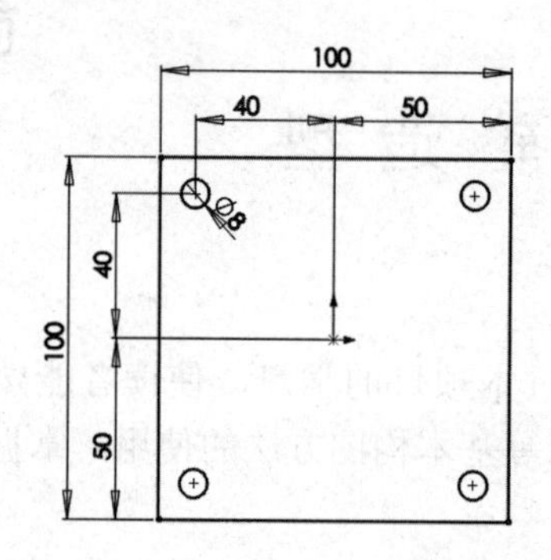

图 3-5-2 “前视”面上“草图 1”

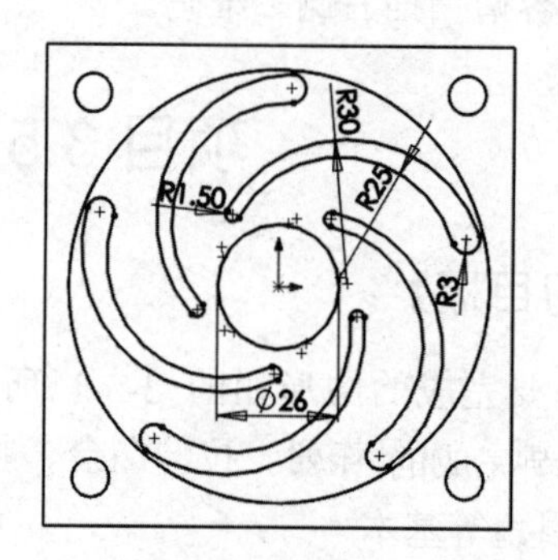

图 3-5-3 叶片草图

(5) 单击ϕ26mm 圆柱体的上表面，构建一草图，然后在其中心作出ϕ8mm 的圆，再单击拉伸切除图标，打开“拉伸切除”对话框，修改参数为“完全贯穿”，单击确定按钮退出，完成最终造型。

此外，本例也可以在完成一个叶轮造型后，应用“**阵列(圆周)**”圆周阵列指令作出其他的叶轮，如图 3-5-4 所示。

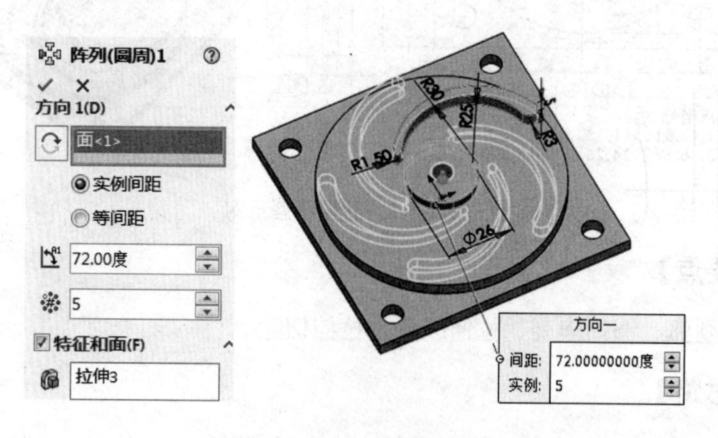

图 3-5-4 利用圆周阵列绘图

注意：如果在拉伸第一个叶轮的时候选择“☑合并结果(M)”，即生成一个特征，那么在圆周阵列时就选择特征；

如果选择“□合并结果(M)”，即生成一个实体，那么在圆周阵列时可以选择实体；

无论“合并结果(M)”选项选择与否，在做圆周阵列时都可以选择“特征和面”选项里的面，如图3-5-5所示。

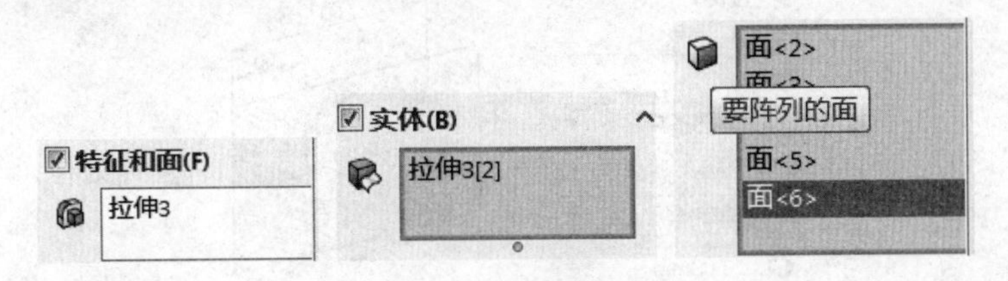

图3-5-5　利用圆周阵列选项

资料引入3-5

具体内容请扫描右侧二维码。

项目3.6　带圆角孔的凸台

【学习目标】

本项目要完成的图形如图3-6-1所示。通过本项目的学习，使读者能熟练掌握拉伸体(等距)、倒圆角等基本构图方法的使用，掌握三维建模的基本构图技巧。

【学习要点】

拉伸体(等距)、倒圆角。

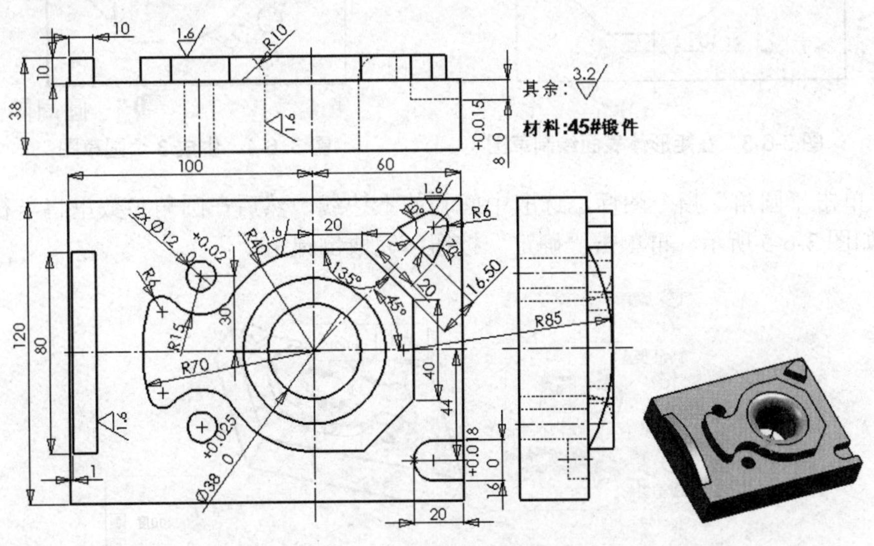

图3-6-1　拉伸凸台示例(1)

【操作步骤】

(1) 新建一个“零件”文件，保存。在“前视”基准面创建“草图 1”，作出160mm×120mm 的矩形(注意坐标原点的选择)，然后打开“拉伸”对话框，修改拉伸距离为 28，单击“确定”按钮，完成矩形基体造型，如图 3-6-2 所示。

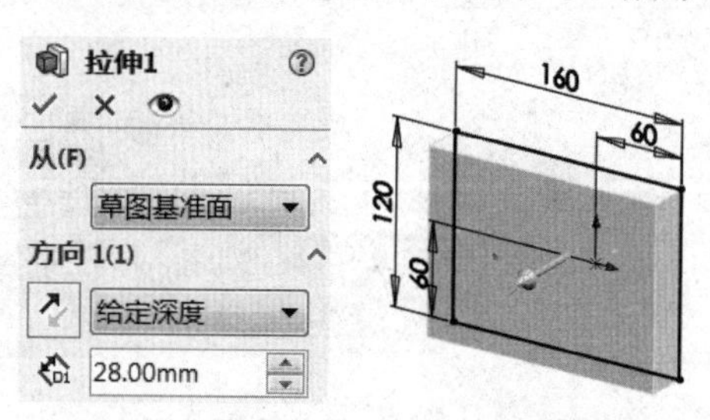

图 3-6-2　矩形基体造型

(2) 在矩形体上表面生成草图，绘出如图 3-6-3 所示图形，再拉伸，修改拉伸距离为 10，单击“确定”按钮，完成造型。

(3) 单击在上一步中生成的特征的上表面，然后顺序单击“圆”图标，生成 3 个圆，如图 3-6-4 所示。完成尺寸及位置要求后，再顺序单击“拉伸切除”图标，打开“拉伸切除”对话框，修改拉伸方向参数为 完全贯穿，单击“确定”按钮退出。

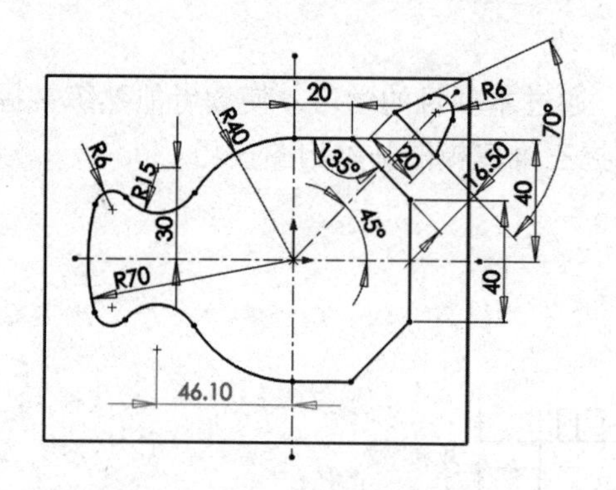

图 3-6-3　在矩形体表面绘制草图

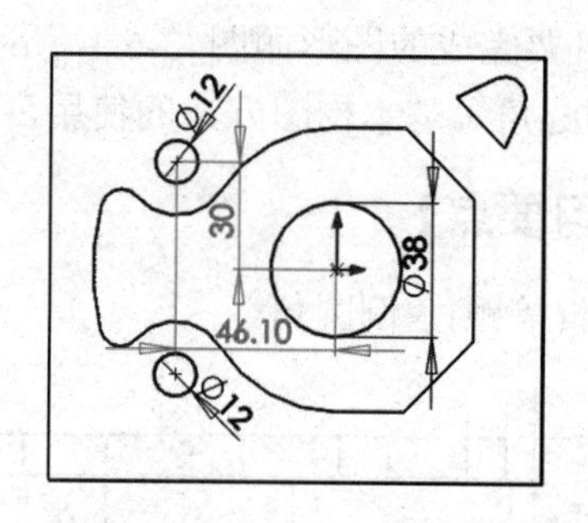

图 3-6-4　生成 3 个圆草图

(4) 单击“圆角”指令图标，选取中间孔的上边线，然后在圆角参数里将半径修改成10mm，如图 3-6-5 所示。再单击“确定”按钮，完成倒圆角。

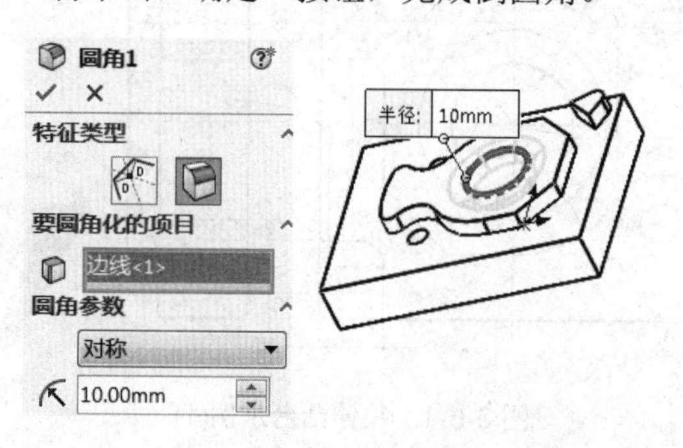

图 3-6-5　修改圆角半径为 10mm

(5) 单击在步骤(1)中生成的矩形体上表面生成草图，并作出右下角的草图图形，然后拉伸除料，深度为 8，完成槽的造型，结果如图 3-6-6 所示。

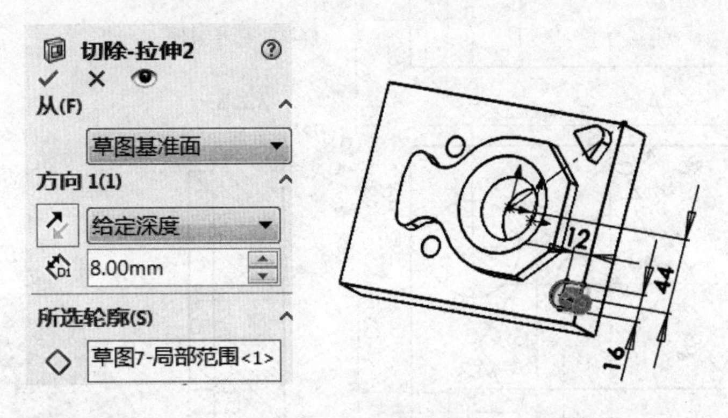

图 3-6-6　拉伸切槽

(6) 单击在步骤(1)中生成的矩形体左侧面并生成草图。在其上绘出草图图形。在“拉伸增料”对话框里填写如图 3-6-7 所示参数。最后单击“确定”按钮，完成造型。

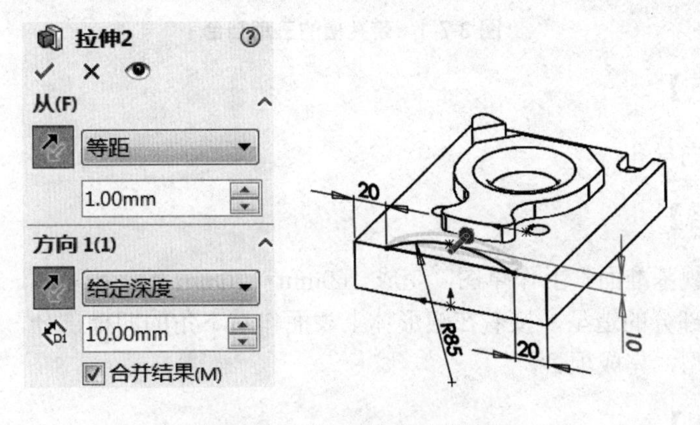

图 3-6-7　侧面草图拉伸造型

提示：在做草图时可直接在侧面做出草图图形，然后通过设置拉伸初始距离来调整拉伸起始位置。也可以做出与侧等距 1mm 的基准平面，并在其上创建草图，再拉伸。

项目 3.7　带孔槽的三角凸台

【学习目标】

本项目要完成的图形如图 3-7-1 所示。通过本项目的学习，使读者能熟练掌握拉伸、异型向导孔等基本构图方法的使用，掌握三维建模的基本构图技巧。

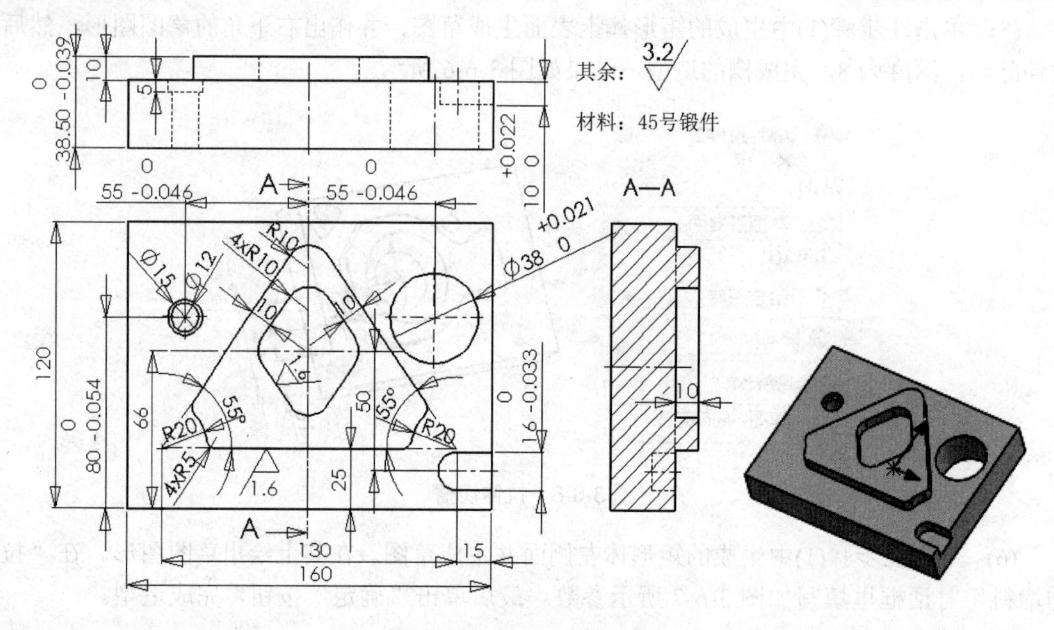

图 3-7-1　带孔槽的三角凸台

【学习要点】

拉伸、异型向导孔。

【绘图思路】

首先在“前视基准面”上作草图，完成 160mm×120mm 的矩形基体。然后在其上完成“三角形”这一部分的造型，接着在矩形体上表面作右下角的凹槽部分，最后在矩形上表面做出沉头孔造型，完成项目。

【操作步骤】

(1) 新建一个“零件”文件，保存。以“前视”为基准面创建“草图 1”，在“草图 1”上作出草图图形，然后打开“拉伸”对话框，修改拉伸距离为 28.5mm，单击“确定”按钮退出，完成矩形基体造型，如图 3-7-2 所示。

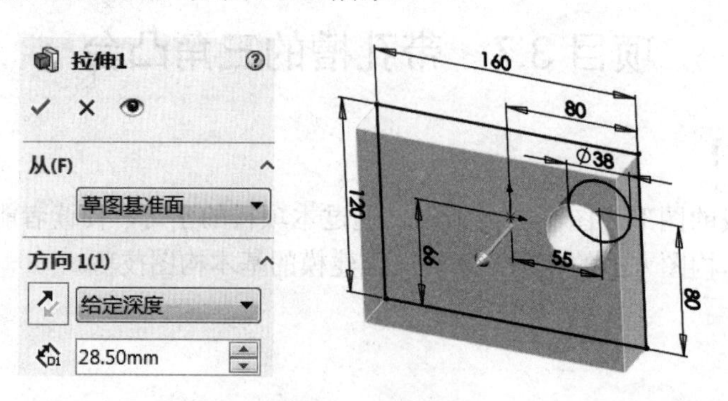

图 3-7-2　拉伸草图 1

(2) 单击矩形体上表面，创建“草图 2”并在其上绘出草图，再打开“拉伸”对话框，修改拉伸距离为 10，单击“确定”按钮退出，完成造型，如图 3-7-3 所示。

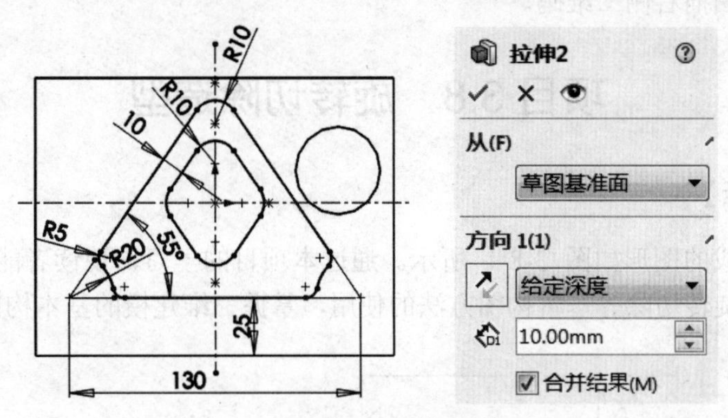

图 3-7-3　拉伸草图 2

(3) 单击在步骤(1)中生成的矩形体上表面，单击异型孔向导图标，弹出“孔规格”对话框，在“类型”里选第一项“柱形沉头孔”，按给定的图形修改数据，自定义孔的尺寸；再单击“位置”选项，并标注出孔的精确位置，最后单击确定按钮完成造型。操作过程及参数如图 3-7-4 所示。

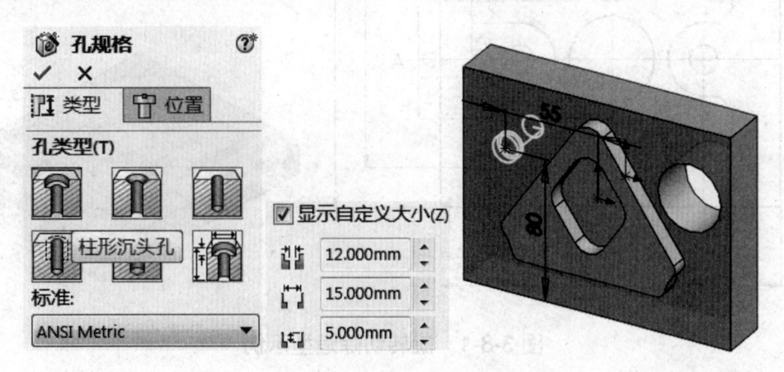

图 3-7-4　创建柱形沉头孔

(4) 单击在步骤(1)中生成的矩形体上表面，生成草图，并作出右下角的图形，然后拉伸除料，深度为 10，完成造型。操作过程及参数如图 3-7-5 所示。

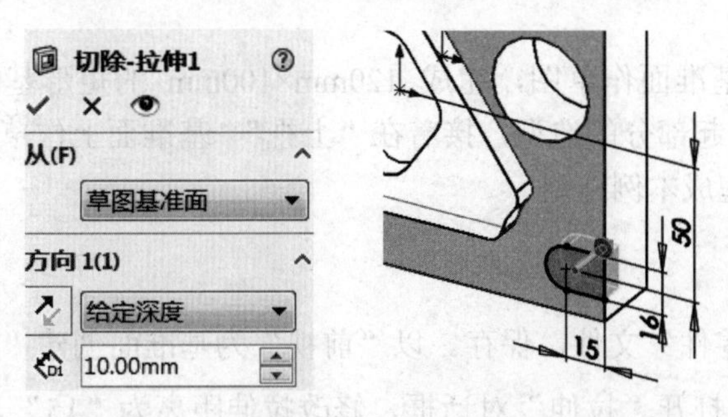

图 3-7-5　拉伸切槽

资料引入 3-7

具体内容请扫描右侧二维码。

项目 3.8　旋转切除造型

【学习目标】

本项目要完成的图形如图 3-8-1 所示。通过本项目的学习，使读者能熟练掌握草图绘制、拉伸基体、旋转切除等基本构图方法的使用，掌握三维建模的基本构图技巧。

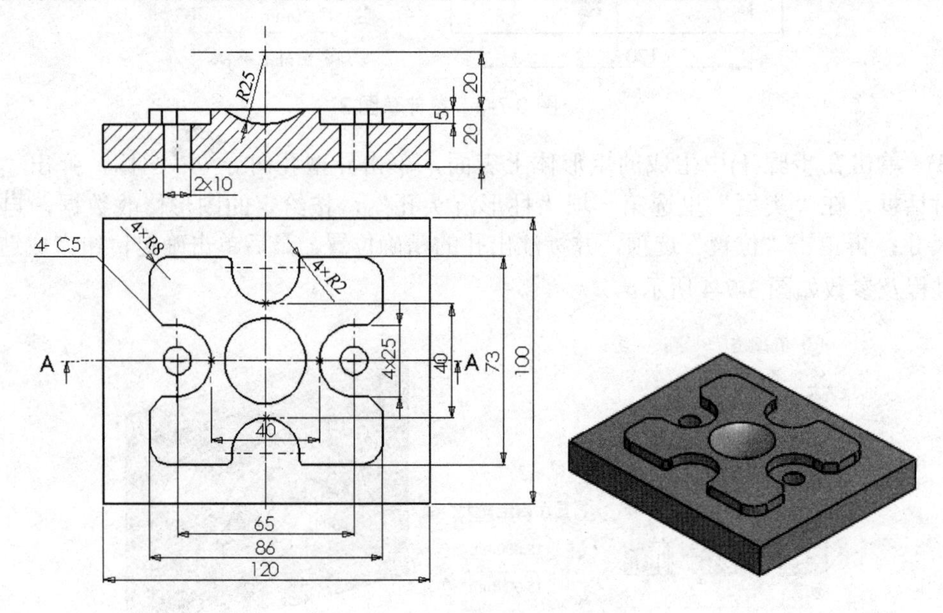

图 3-8-1　旋转切除造型示例

【学习要点】

草图绘制、拉伸基体、旋转切除。

【绘图思路】

首先以“前视”基准面作草图，完成 120mm×100mm 的矩形基体。然后在其上完成 86mm×100mm 这一凸起部分的造型，接着在“上视” 基准面上作草图并用“旋转除料”方式作出凹槽部分，完成本例造型。

【操作步骤】

(1) 新建一个“零件”文件，保存。以“前视”为基准面创建“草图 1”，在“草图 1”上作出草图。然后打开“拉伸”对话框，修改拉伸距离为“15”，单击✔按钮退出，完成矩形基体的造型，如图 3-8-2 所示。

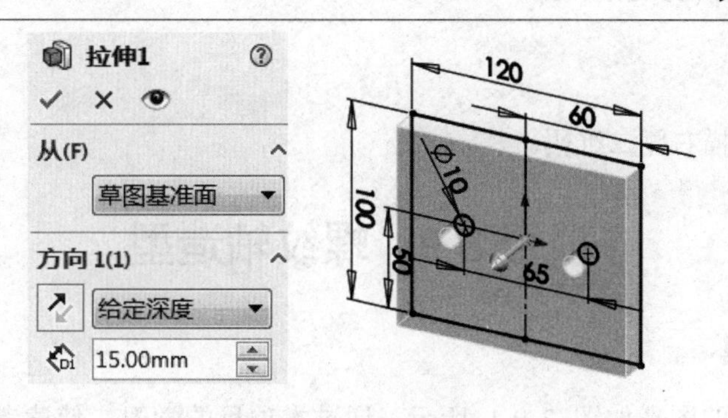

图 3-8-2　拉伸草图 1

(2) 单击矩形体上表面，创建“草图 2”并在其上绘出草图，再打开“拉伸”对话框，修改拉伸距离为 5，单击“确定”按钮退出，完成造型，如图 3-8-3 所示。

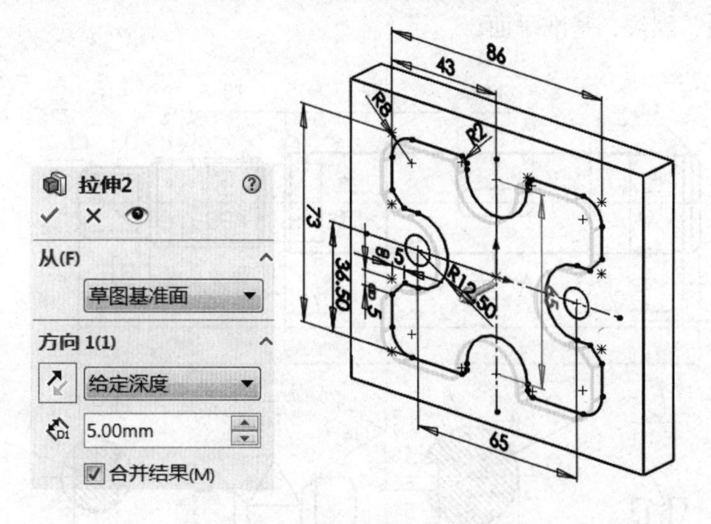

图 3-8-3　绘制“草图 2”并拉伸

(3) 在“上视”为基准面创建“草图 3”，在其上作出草图。然后打开“切除-旋转”对话框，拾取“旋转轴”并将旋转角度改为 360，单击“确定”按钮退出，完成造型，操作及参数如图 3-8-4 所示。

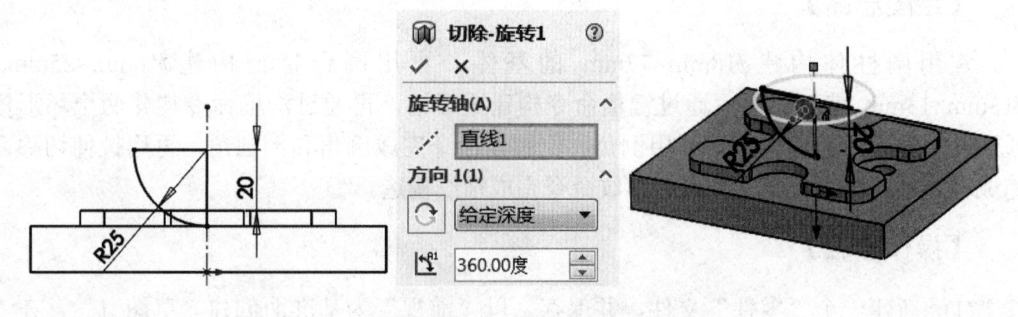

图 3-8-4　切除-旋转

提示：可用“中心线”命令作一个旋转轴，也可以选择草图边线；如果草图不是闭合的，系统会给出“是否自动闭合草图”选项，如选否，可导致特征无法进行下去。

资料引入 3-8

具体内容请扫描右侧二维码。

项目 3.9 螺纹轴造型

【学习目标】

本项目要完成的图形如图 3-9-1 所示。通过本项目的学习，使读者能熟练掌握沟槽、倒角、螺纹、基准平面等基本构图方法的使用，掌握三维建模的基本构图技巧。

【学习要点】

沟槽、倒角、螺纹、基准平面。

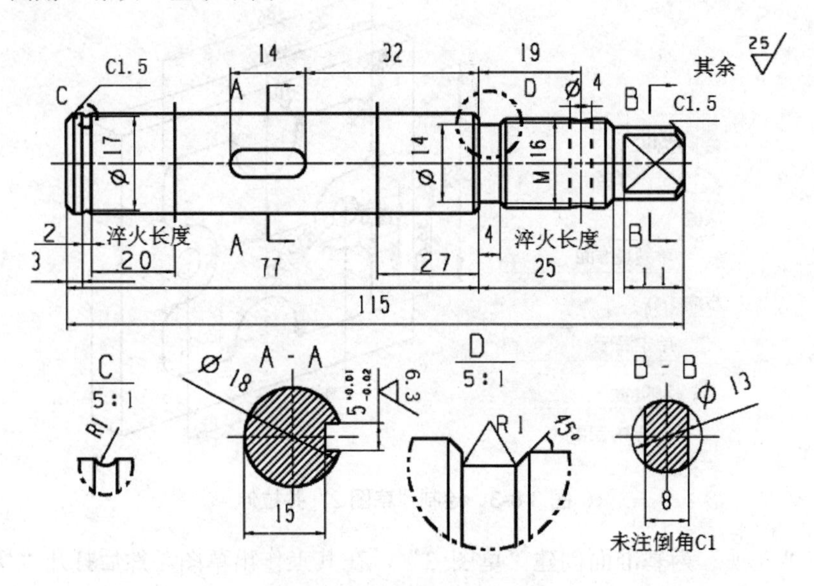

图 3-9-1 螺纹轴造型示例

【绘图思路】

利用圆柱体构建 ϕ18mm×77mm 的基体，再用圆台特征构建 ϕ16mm×25mm 和 ϕ13mm×13mm 特征。然后通过键槽命令构建矩形槽，再通过沟槽命令构建两个环形槽，通过孔命令完成孔的构建，利用倒角、倒圆角命令完成倒角和倒圆角，再用拉伸切除命令完成轴的上顶部的建模，最后用螺纹命令完成螺纹构造。

【操作步骤】

(1) 新建一个“零件”文件，并保存。以“前视”为基准面创建“草图 1”，在“草图 1”上作出零件轴的上半部分的图形，如图 3-9-2 所示。然后顺序单击 “旋转”图标，打开“旋转”对话框，拾取中心线作为回转轴，单击“确定”按钮退出，完成旋转基体造型，如图 3-9-3 所示。

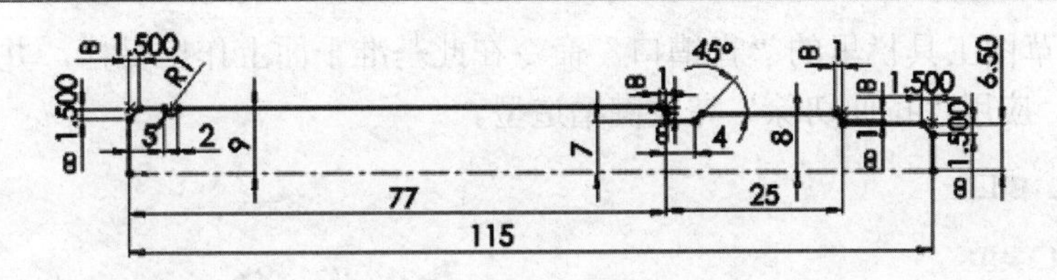

图 3-9-2　绘制“草图 1”

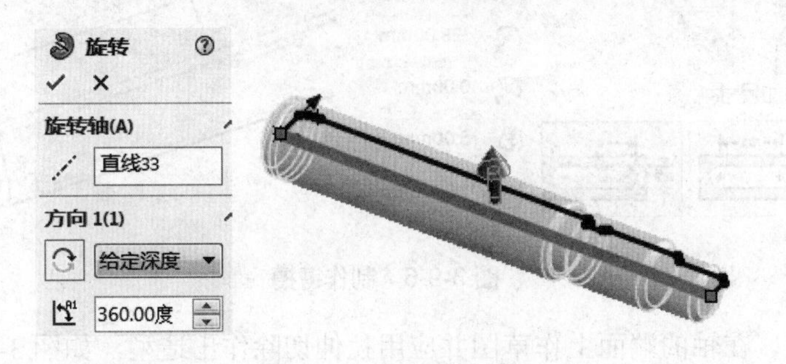

图 3-9-3　完成旋转造型

(2) 对退刀槽部位倒 R1 的圆角两处，如图 3-9-4 所示。

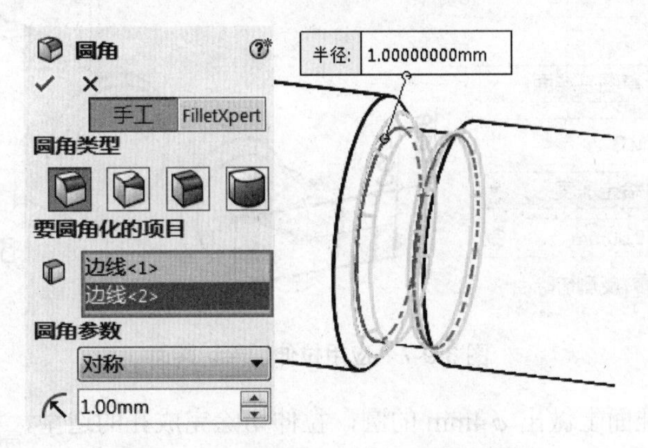

图 3-9-4　对退刀槽倒 R1 的圆角两处

(3) 应用“参考几何体/基准面”制作与圆柱相切的基准平面，如图 3-9-5 所示。可以直接选择轴面来做基准平面，本例使用轴面+点的方式来制作基准面。

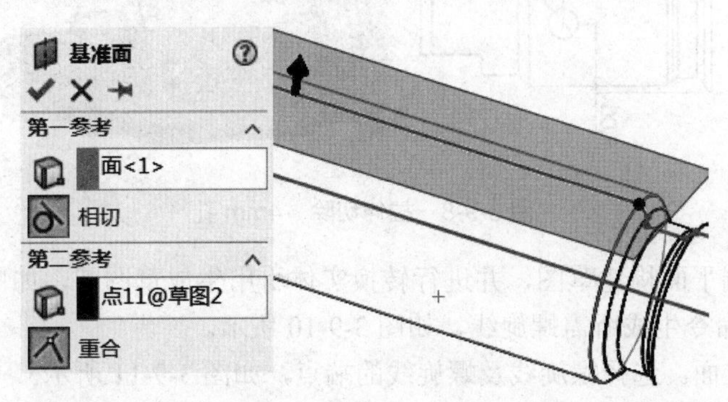

图 3-9-5　制作与圆柱相切的基准面

(4) 应用草图工具栏里的“直槽口”命令在此基准平面上作出键槽，并正确定位，如图 3-9-6 所示。应用“拉伸切除”完成键槽造型。

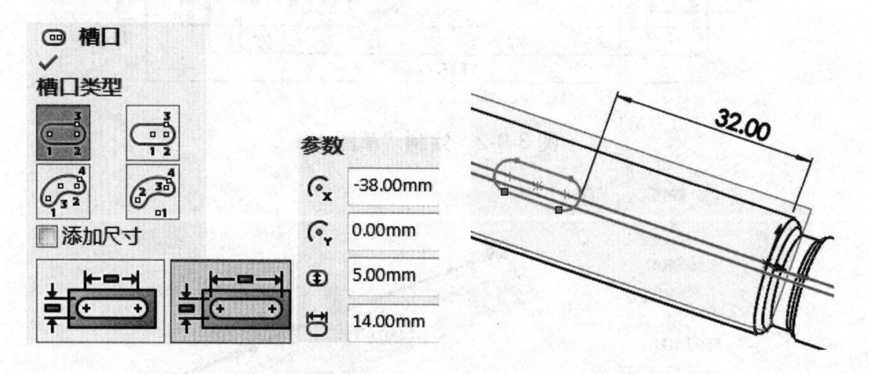

图 3-9-6 制作键槽

(5) 切端面。在轴的端面上作草图并应用拉伸切除作出造型，如图 3-9-7 所示。

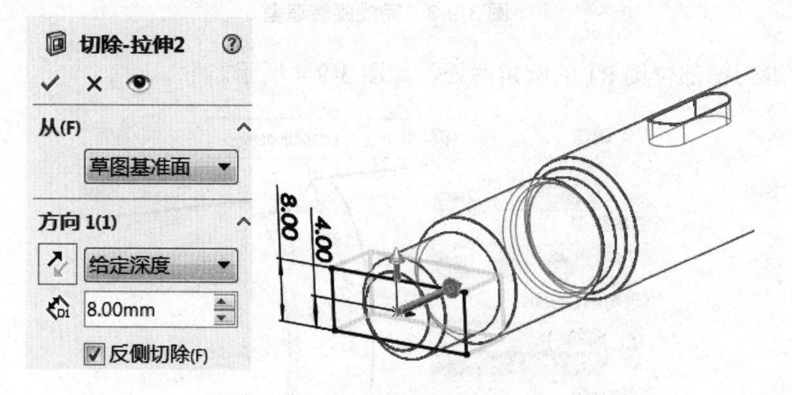

图 3-9-7 应用拉伸切除切端面

(6) 在前视基准面上做出 ϕ4mm 的圆，拉伸切除完成孔的造型，如图 3-9-8 所示。

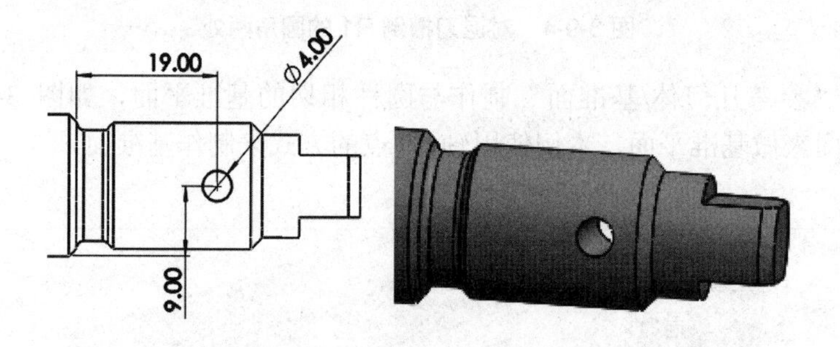

图 3-9-8 拉伸切除 ϕ4mm 孔

(7) 首先在端平面构建草图，并进行转换实体引用生成草图圆，如图 3-9-9 所示。利用螺旋线/涡状线命令生成所需螺旋线，如图 3-9-10 所示。

(8) 创建基准面。选择螺旋线及螺旋线的端点，如图 3-9-11 所示。

(9) 创建草图，如图 3-9-12 所示。

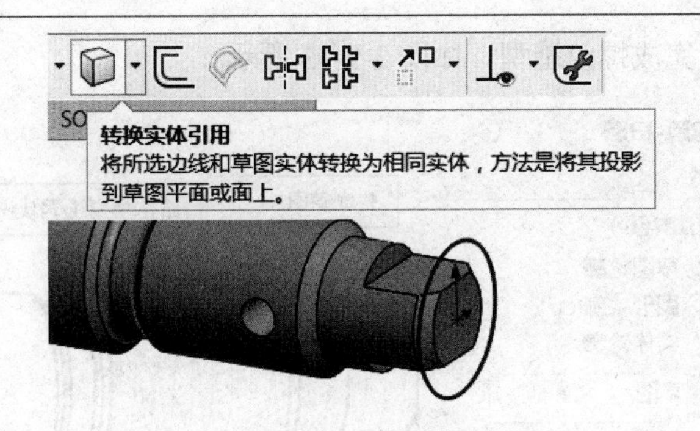

图 3-9-9　转换实体引用生成端面圆

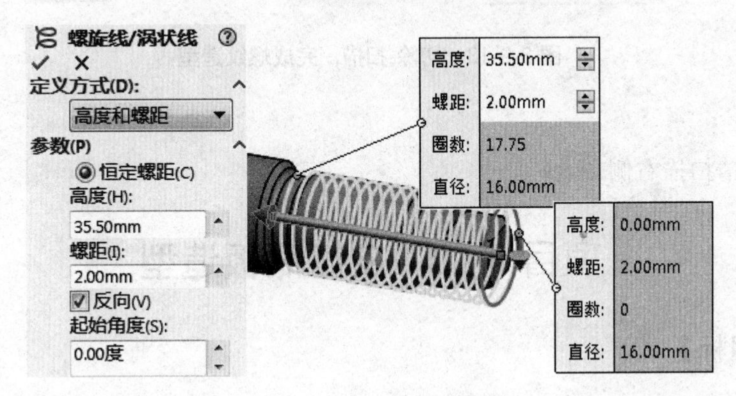

图 3-9-10　制作螺旋线

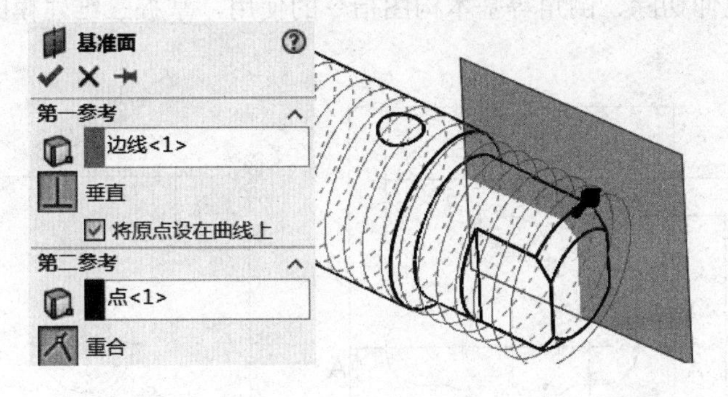

图 3-9-11　创建基准面

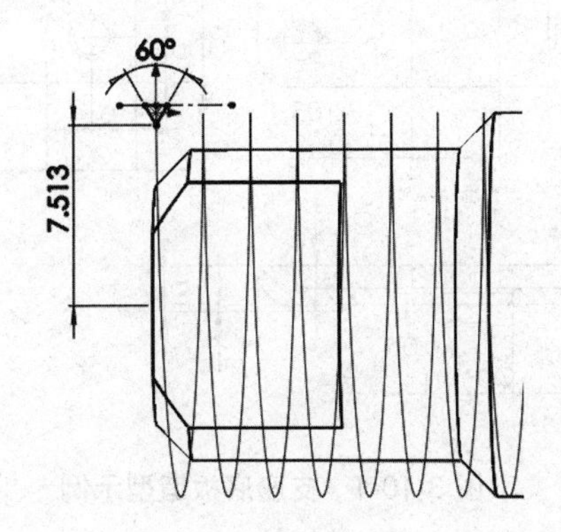

图 3-9-12　创建草图

(10) 切除-扫描，完成螺纹造型，如图 3-9-13 所示。

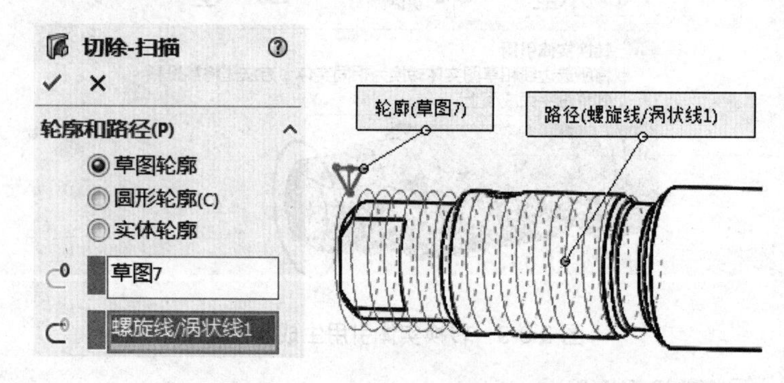

图 3-9-13　切除-扫描，完成螺纹造型

资料引入 3-9

具体内容请扫描右侧二维码。

项目 3.10　支座底板造型

【学习目标】

本项目要完成的图形如图 3-10-1 所示。通过本项目的学习，使读者能熟练掌握草图绘制、拉伸基体、拉伸切除、倒角等基本构图指令的使用，掌握三维建模的基本构图技巧。

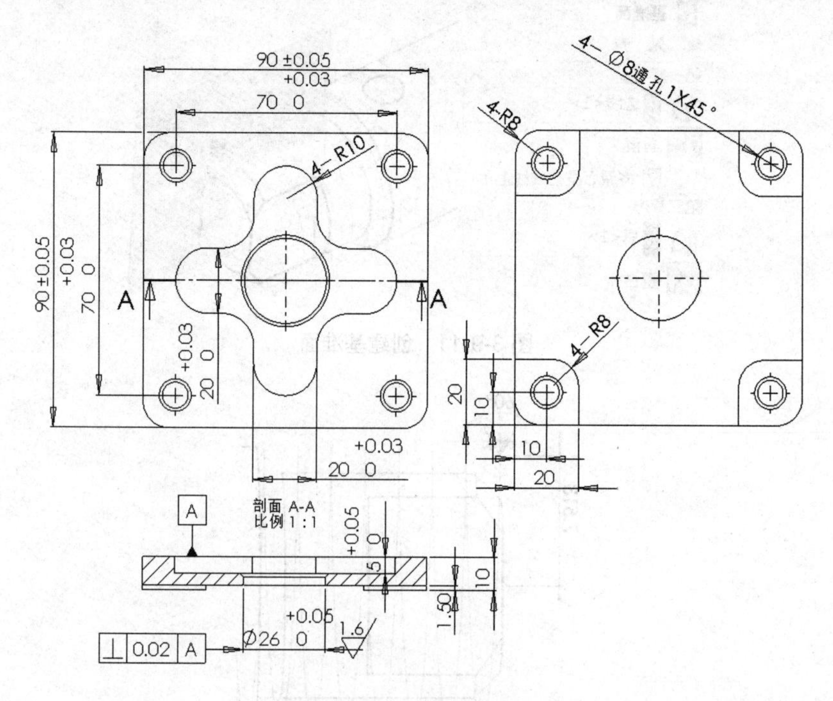

图 3-10-1　支座底板造型示例

【学习要点】

草图绘制、拉伸基体、拉伸切除、倒角。

【绘图思路】

首先完成 90mm×90mm 的基体，其次在其上部完成十字形槽的造型，接着在其下部完成 4 个柱角的造型，然后在基体的上表面再建立草图，绘出边角上的 4 个直径为 8mm 的圆，再用“拉伸除料”完成孔的造型，最后为各锐边倒角，完成本例的全部造型。

【操作步骤】

(1) 新建一个“零件”文件，并保存。以“前视”为基准面创建“草图 1”，在“草图 1”上作出一个 90mm×90mm 的矩形，并倒圆角。然后打开“拉伸”对话框，修改拉伸距离为“8.5”，完成基体造型，如图 3-10-2 所示。

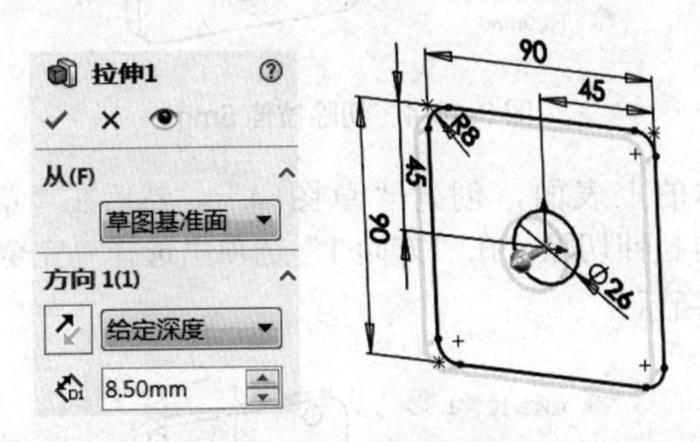

图 3-10-2　拉伸草图

提示：在制作有圆角或例角的造型时，一般在最后对实体倒圆角或直角，目的是便于在设计过程中更改实体特征，这和零件的加工顺序一致。当然也可以在草图中进行倒圆角或直角的操作。本例采用后者。

(2) 选取刚生成的基体下表面，创建一个新的草图，即“草图 2”，将其拉伸至高度为 1.5mm。注意拉伸方向，完成造型，如图 3-10-3 所示。

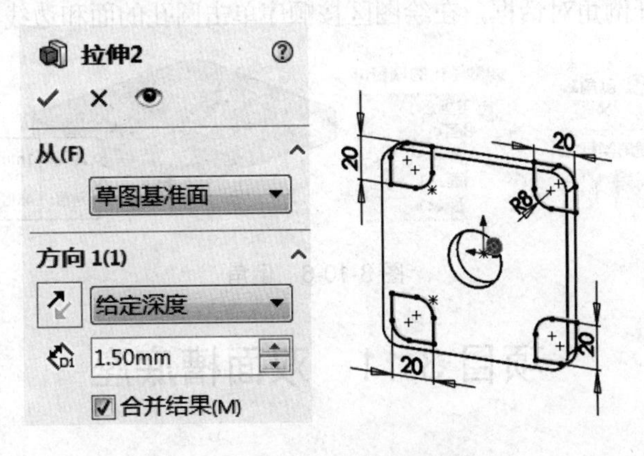

图 3-10-3　完成柱角形造型

提示：绘制这个草图时，用“实体引用”命令将实体的四个边框引用到当前草图里。这样当引用的基体发生变化时，被引用的草图就会随着改变，这样就能很好地表现设计意图，而不会因前一步的变化而引起整个构图的歧义。

(3) 选取基体的上表面，创建“草图 3”，然后在“草图 3”里绘出十字形草图。再将其拉伸切除至深度 5mm，完成造型，如图 3-10-4 所示。

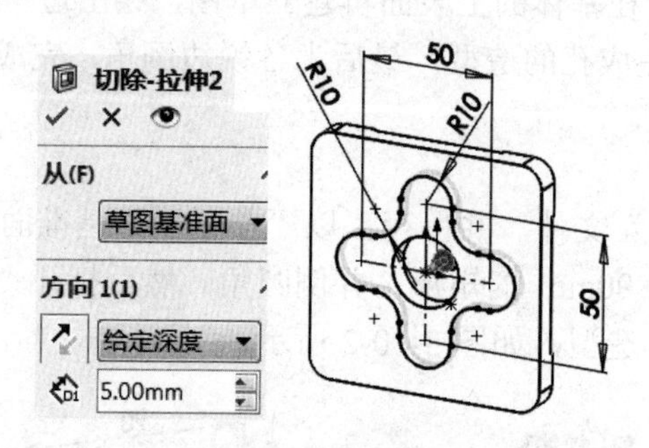

图 3-10-4　切除拉伸 5mm

(4) 再次选取基体的上表面，创建“草图 4”，然后在“草图 4”里绘出边角上 4 个直径为 8mm 的圆，再拉伸切除，在“方向 1”选项里选择“完全贯穿”，单击确定按钮完成造型，如图 3-10-5 所示。

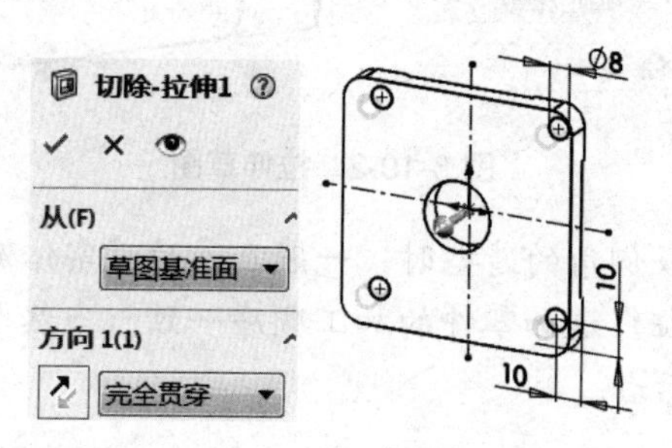

图 3-10-5　切除贯穿

(5) 倒角。打开倒角对话框，在绘图区按顺序单击圆孔的面和边线，如图 3-10-6 所示。

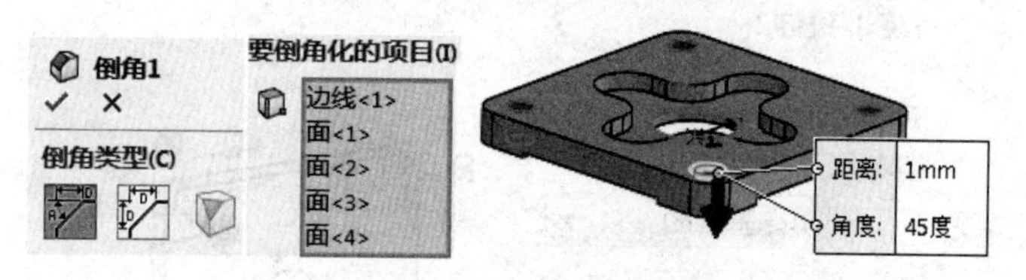

图 3-10-6　倒角

项目 3.11　双面槽底座

【学习目标】

本项目要完成的图形如图 3-11-1 所示。通过本项目的学习，使读者能熟练掌握草图绘制、拉伸基体、拉伸切除、旋转切除、圆角等基本构图指令的使用，掌握三维建模的基本构图技巧。

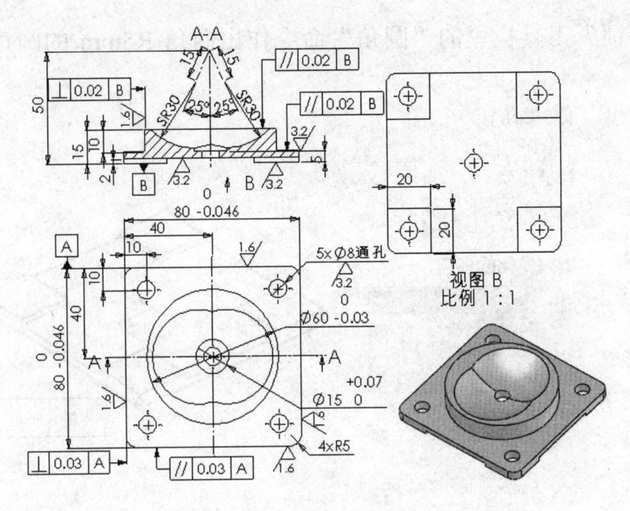

图 3-11-1　双面槽底座示例

【学习要点】

草图绘制、拉伸基体、拉伸切除、旋转切除、圆角。

【绘图思路】

先作出 80mm×80mm 厚度为 3mm 的基体，然后作出 4 个柱角，再作出 5 个直径为 8mm 的通孔并对四角倒出 R5mm 的圆角。接着在基体的另一侧作出直径 60mm 高度为 10mm 并带直径 15mm 孔的圆柱，最后用两次“旋转-切除”作出凹腔，完成本例造型。

【操作步骤】

(1) 新建一个“零件”文件，单击保存。在“前视”基准面上创建“草图 1”，绘制 80mm×80 mm 的矩形图形，然后将其拉伸至高度为 3mm，完成基体造型。

以基体下表面为基准面创建“草图 2”，然后将其拉伸至高度为 2mm，完成 4 个柱角造型，如图 3-11-2 所示。

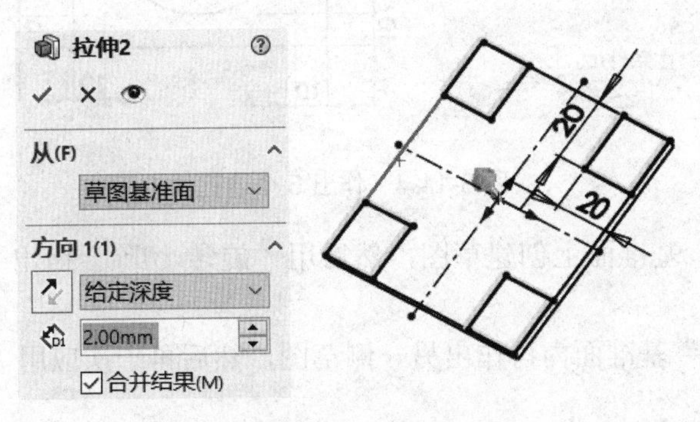

图 3-11-2　绘制矩形

提示：用“转换实体引用”命令将基体的 4 边作为草图线，然后绘出其他的线并剪裁出 4 个正方形图形。这样，当基体改变时，柱角造型也会随其变化，可保证其尺寸不变。

(2) 使用“特征”工具栏里的“圆角”命令作出四角 R5mm 的圆角。具体操作过程如图 3-11-3 所示。

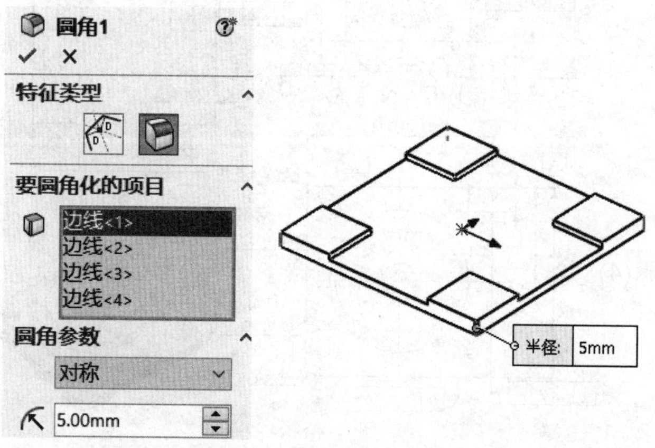

图 3-11-3　作四角 R5mm 的圆角

(3) 在基体上表面作出ϕ60mm 的草图圆，并拉伸出高度为 10mm 的圆柱体；再应用异型孔向导指令作出 5 个通孔，如图 3-11-4 所示。

孔类型：孔；标准：GB；终止条件：完全贯穿。

在确定位置时，按提示先选择放置面，再放置孔中心点，然后通过智能尺寸标注出位置；对于圆柱中心的孔，只需要捕捉圆的中心即可。

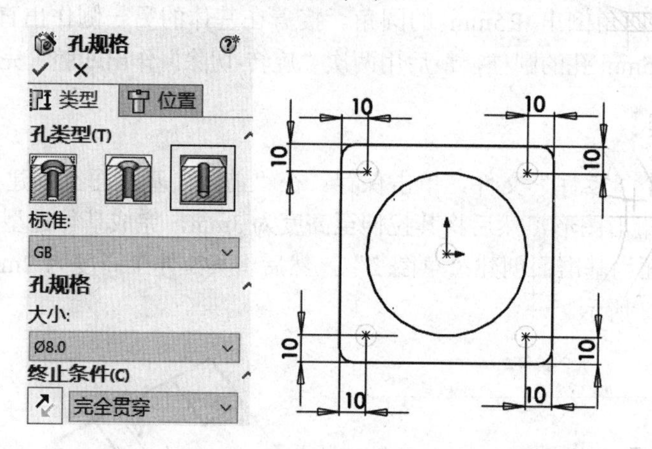

图 3-11-4　作出 5 个通孔

(4) 在“上视” 基准面上创建草图，然后用“旋转-切除”做出一侧的内腔，参数如图 3-11-5 所示。

同理，在“上视”基准面内再作出另一侧草图，然后再一次应用“旋转-切除”做出另一侧的内腔。

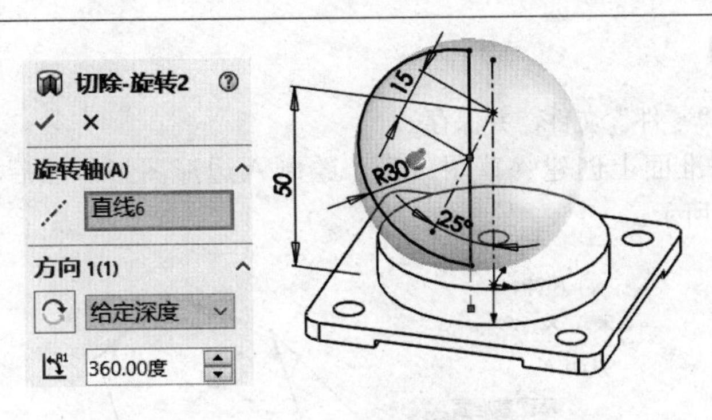

图 3-11-5　设置造型参数

提示：在步骤(4)中所作的草图要封闭，并且只要满足能够切除圆柱即可，可不必拘泥于草图的外形。

项目 3.12　旋钮造型

【学习目标】

本项目要完成的图形如图 3-12-1 所示。通过本项目的学习，使读者能熟练掌握草图绘制、拉伸基体、旋转基体、圆角等基本构图命令的使用，掌握三维建模的基本构图技巧。

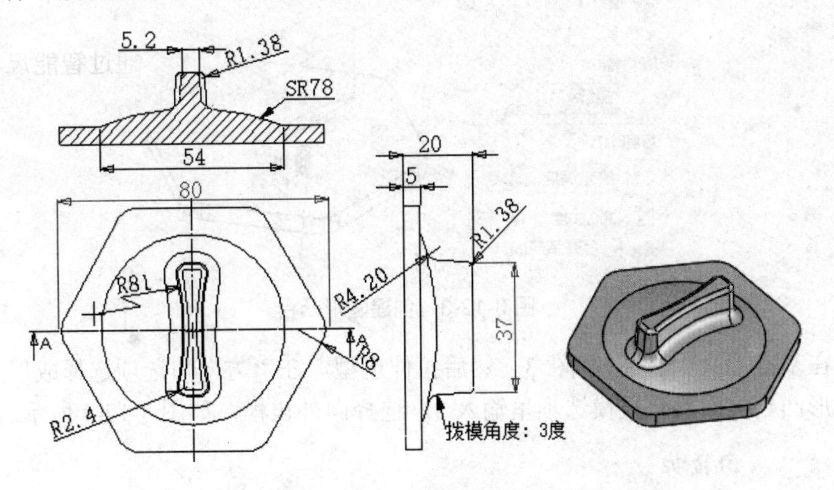

图 3-12-1　旋钮造型

【学习要点】

草图绘制、拉伸基体、旋转基体、圆角。

【绘图思路】

先用“拉伸增料”作出六边形基体，然后用“旋转增料”作出圆凸台，再作圆台上的凸台，最后倒圆角，完成本例造型。

【操作步骤】

(1) 新建一个“零件”文件，并保存。

在“前视”基准面上创建“草图 1”，绘制六边形图形，然后将其拉伸至高度为5mm，如图 3-12-2 所示。

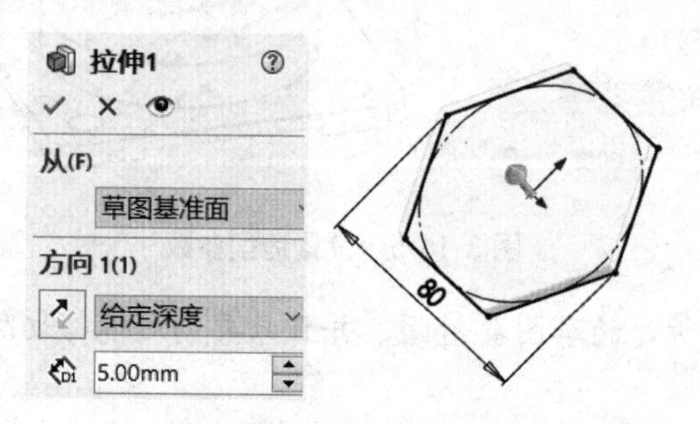

图 3-12-2 绘制六边形并拉伸

(2) 对六边体倒圆角。

(3) 在“上视”基准面内作草图 2。

然后用“旋转-增料”方式作出圆形凸台，如图 3-12-3 所示。

(4) 作出距“前视”基准面 20mm 的“基准面 1”。

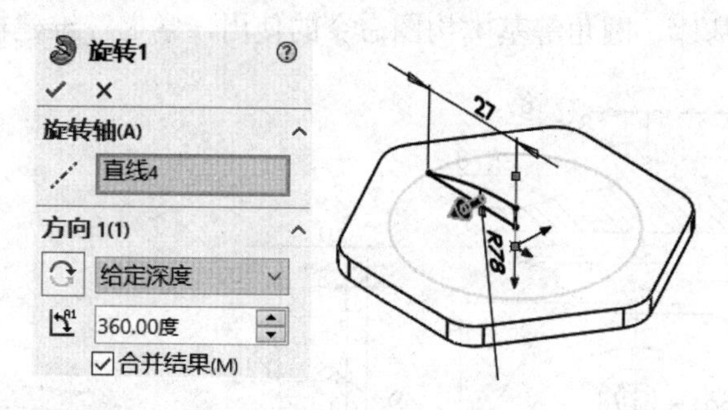

图 3-12-3 创建圆形凸台

(5) 在基准面 1 上作出草图 3。然后拉伸造型。在“方向”选项选择成形到一面，然后选择圆形凸台曲面。在拔模选项里输入 3，选择向外拔模，如图 3-12-4 所示。

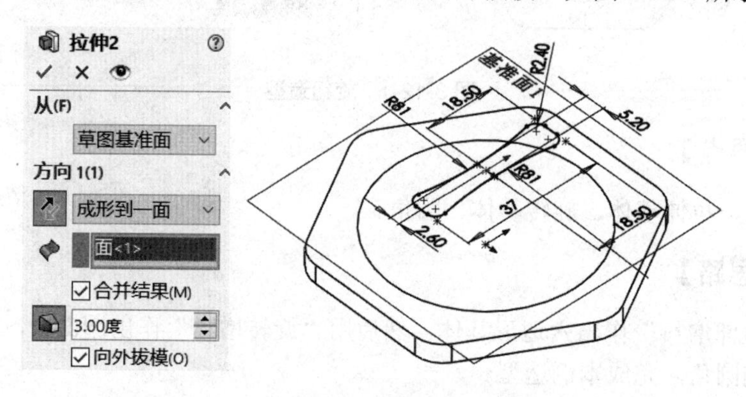

图 3-12-4 拉伸草图 3

(6) 对模型倒圆角。分别选择(5)生成特征的顶边和底边倒 R1.38 和 R4.2 的圆角。

项目 3.13　支架造型

【学习目标】

本项目要完成的图形如图 3-13-1 所示。通过学习，使读者能熟练掌握草图绘制、拉伸基体、拉伸切除、圆角、倒角等基本构图命令的使用，掌握三维建模的基本构图技巧。

【学习要点】

草图绘制、拉伸基体、拉伸切除、圆角、倒角。

【绘图思路】

先在前视面上拉伸出方形基体，然后再在上视面上拉伸出 R140mm 的弯形体，接着在其两侧作出筋，再作出上面的柱体，最后作出柱体上的凸起和孔。

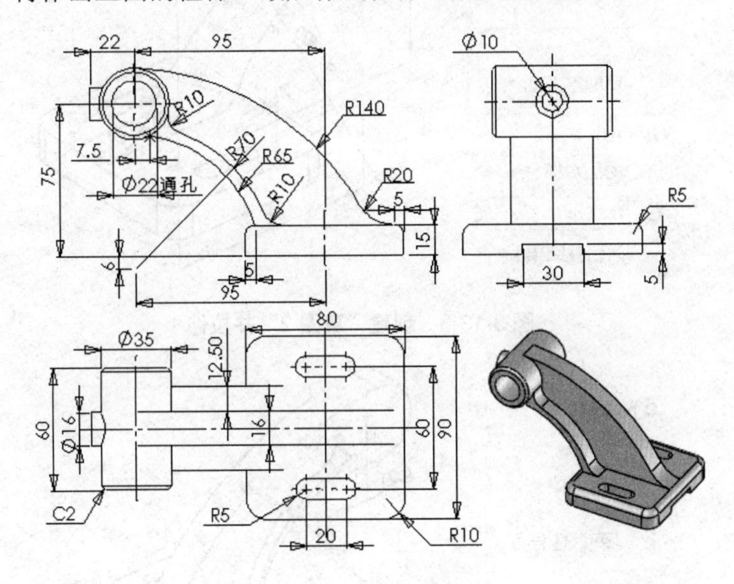

图 3-13-1　支架造型示例

【操作步骤】

(1) 新建一个“零件”文件，并保存。

在“前视” 基准面上创建“草图 1”，绘制图形，然后将其拉伸至高度为 15mm，完成基体造型，如图 3-13-2 所示。

(2) 在“上视”基准面上创建“草图 2”，绘制图形，然后采用“两侧对称”方式将其拉伸至高度为 16mm，完成基体造型，如图 3-13-3 所示。

(3) 在“上视”基准面上创建“草图 3”，绘制图形，然后采用“两侧对称”将其拉伸至高度为 41mm，完成侧方肋板造型，如图 3-13-4 所示。

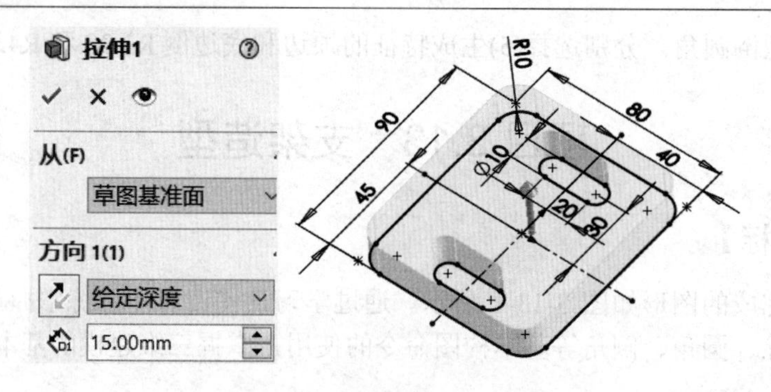

图 3-13-2　创建“草图 1”并拉伸

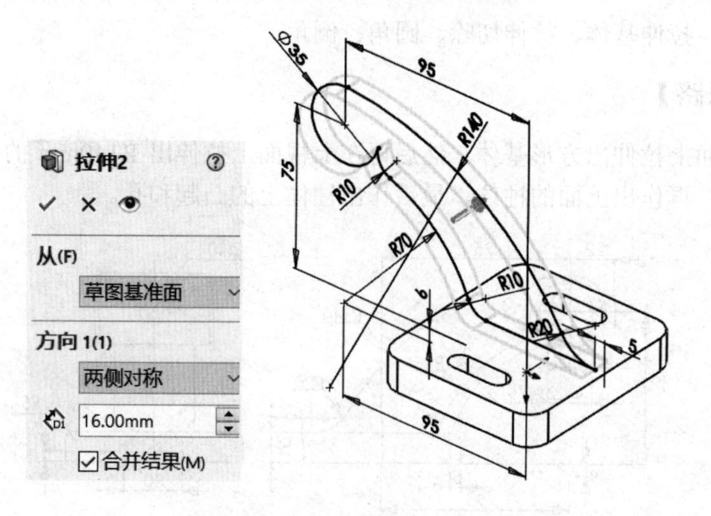

图 3-13-3　创建“草图 2”并拉伸

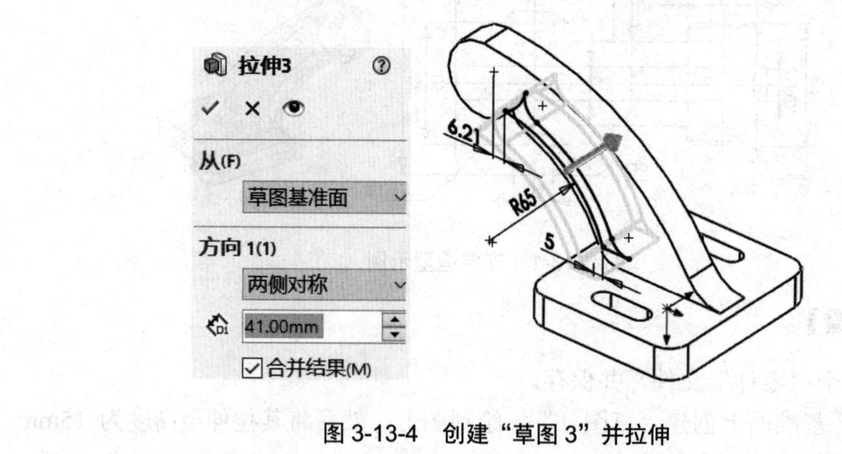

图 3-13-4　创建“草图 3”并拉伸

(4)　在“上视”基准面上创建“草图 4”，绘制图形，然后采用“两侧对称”将其拉伸至高度为 60mm，完成圆柱造型，如图 3-13-5 所示。

(5)　在上一步作好的柱体上表面作草图圆，直径为 22mm，然后用“拉伸-除料”里的“完全贯穿”作出ϕ22mm 通孔。也可以通过异型孔向导指令做出ϕ22mm 孔的造型。再应用倒角指令倒出 C2 的倒角。

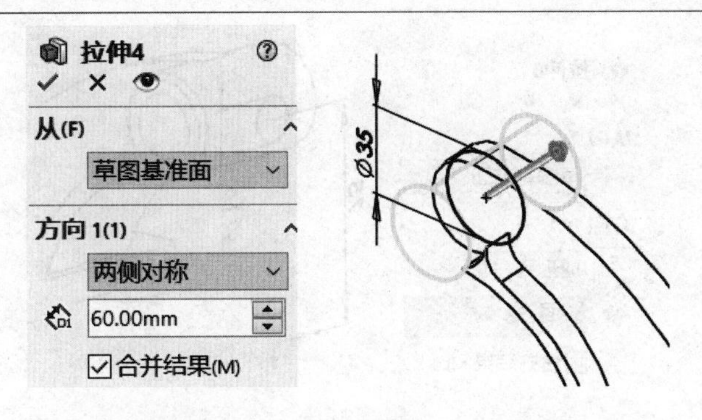

图 3-13-5　创建“草图 4”　并拉伸

(6)　作基座上的矩形槽。创建“草图 5”，绘制图形，拉伸切除，如图 3-13-6 所示。

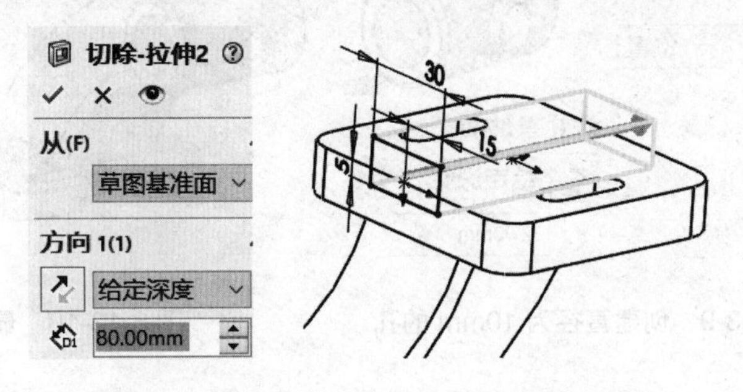

图 3-13-6　创建“草图 5”　并拉伸切除

(7)　创建“基准面 1”，使其与“右视”基准面相距 117mm，如图 3-13-7 所示。

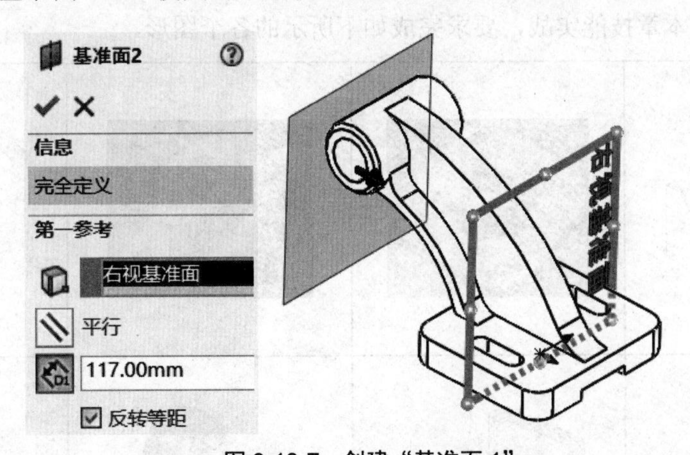

图 3-13-7　创建“基准面 1”

(8)　在“基准面 1”上创建草图圆，然后用拉伸增料作出凸台，如图 3-13-8 所示。

(9)　在凸台上创建直径为 10mm 的孔，应用异型孔向导指令做出ϕ10mm 孔的造型，如图 3-13-9 所示。

(10) 最后做出 R5 圆角，过程略。最终造型如图 3-13-10 所示。

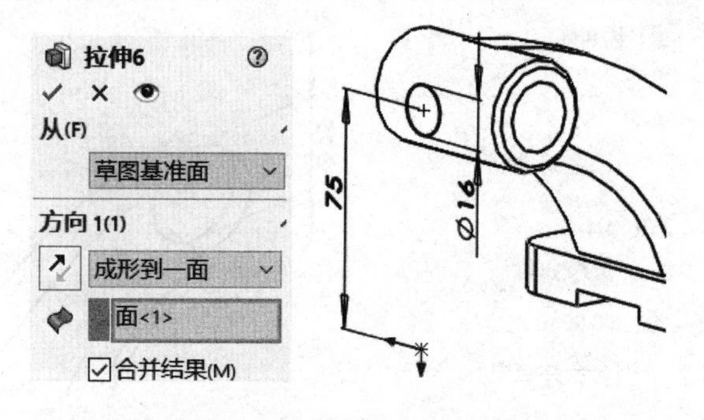

图 3-13-8　创建草图圆并拉伸成凸台

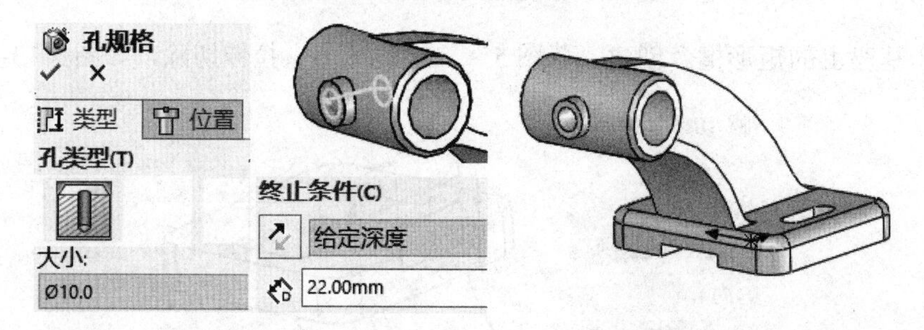

图 3-13-9　创建直径为 10mm 的孔　　　　图 3-13-10　最终造型

项目 3.14　技 能 实 战

本项目作为本章技能实战，要求完成如下所示的各个图形。

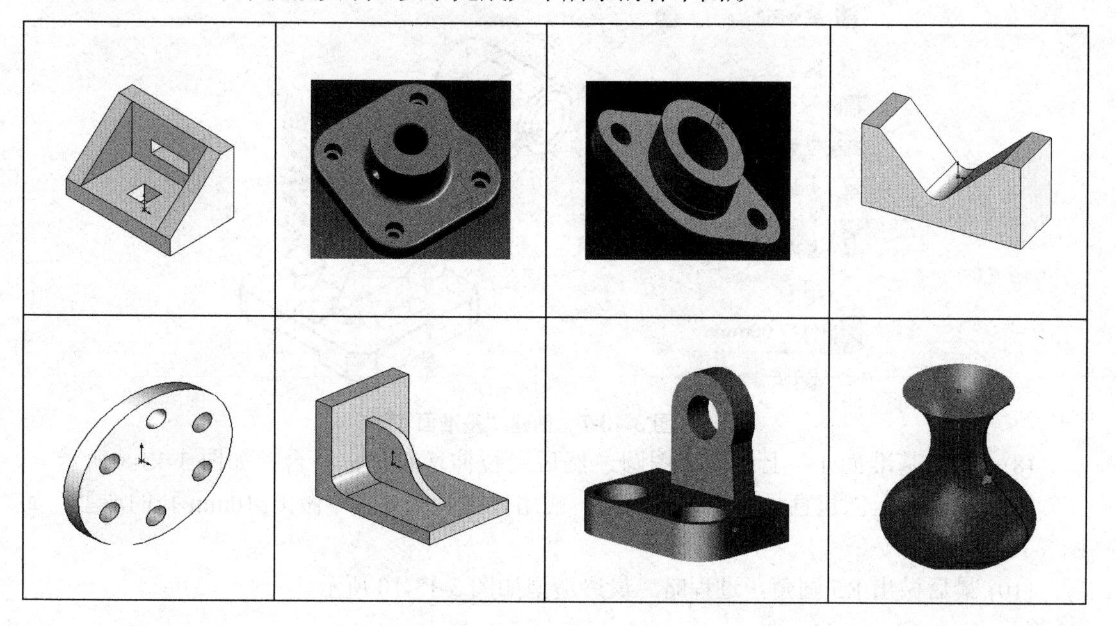

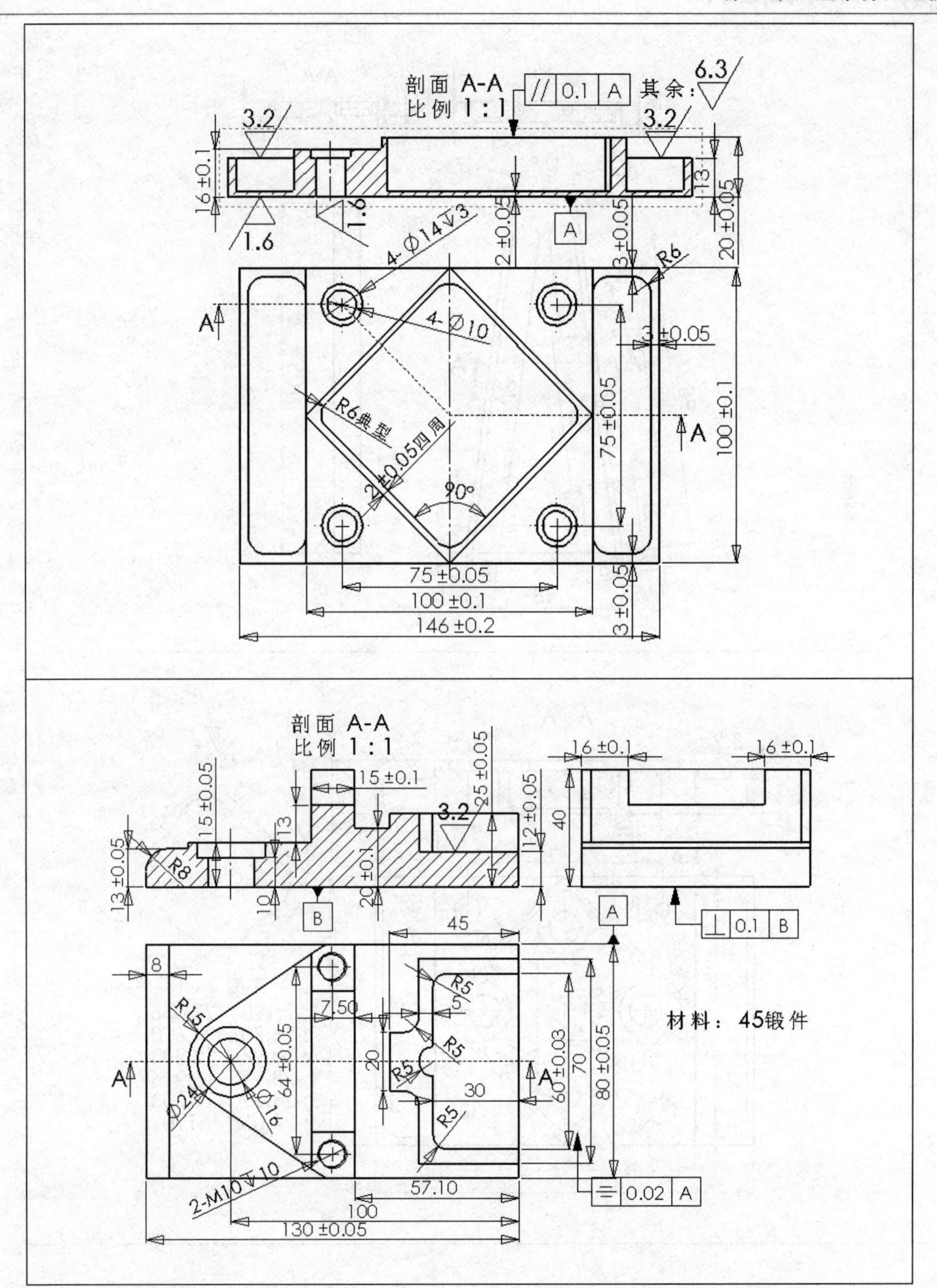
剖面 A-A
比例 1:1
// 0.1 A
其余:
6.3
3.2
3.2
16 ±0.1
1.6
1.6
13
20 ±0.05
2 ±0.05
3 ±0.05
A
4-Ø14 ▽3
4-Ø10
R6
3 ±0.05
R6典型
2 ±0.05四周
90°
75 ±0.05
100 ±0.1
75 ±0.05
100 ±0.1
146 ±0.2
3 ±0.05
A
A
剖面 A-A
比例 1:1
15 ±0.05
15 ±0.1
25 ±0.05
12 ±0.05
13 ±0.05
13
3.2
R8
10
20 ±0.1
B
16 ±0.1
16 ±0.1
40
A
⊥ 0.1 B
45
8
R5
R15
7.50
5
64 ±0.05
20
R5
R5
70
60 ±0.03
80 ±0.05
30
R5
Ø24
Ø16
2-M10 ▽10
57.10
100
130 ±0.05
= 0.02 A
材料：45锻件

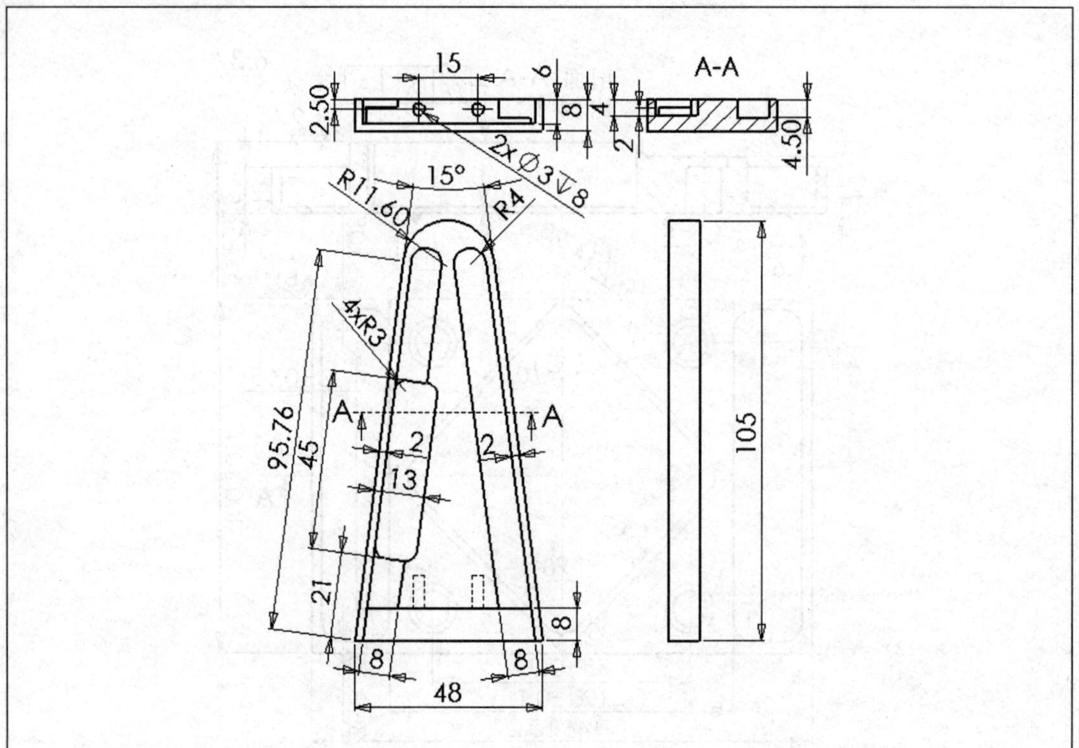
A-A
15
6
2.50
8
4
2
4.50
2xØ3 ▽8
15°
R11.60
R4
4xR3
A
A
95.76
45
2
2
13
21
8
8
8
48
105

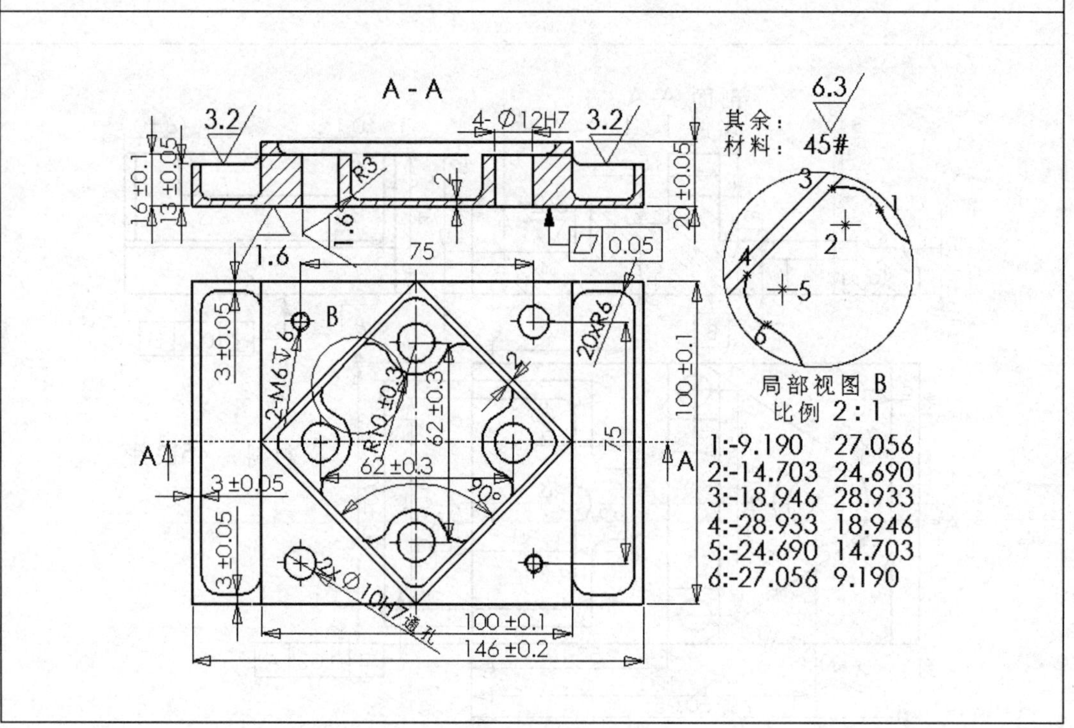
A - A
3.2
4- Ø12H7
3.2
6.3
其余：
材料：45#
16 ±0.1
13 ±0.05
R3
2
1.6
1.6
20 ±0.05
0.05
75
B
2-M6 ▽6
20xR6
3 ±0.05
R10 ±0.3
62 ±0.3
2
100 ±0.1
75
A
A
62 ±0.3
3 ±0.05
90°
3 ±0.05
2xØ10H7通孔
100 ±0.1
146 ±0.2
局部视图 B
比例 2 : 1
1:-9.190 27.056
2:-14.703 24.690
3:-18.946 28.933
4:-28.933 18.946
5:-24.690 14.703
6:-27.056 9.190

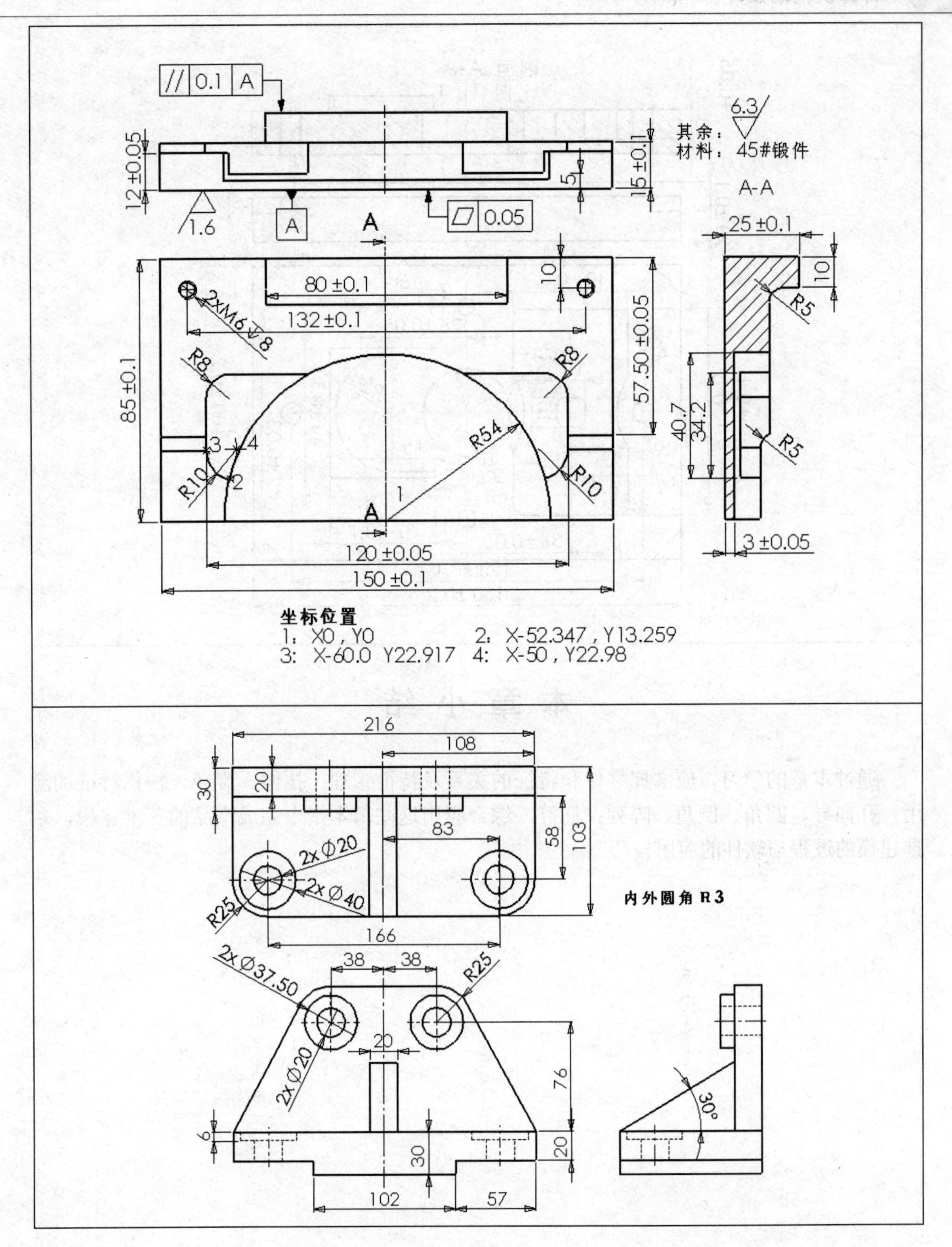

// 0.1 A
12 ±0.05
1.6
A
A
0.05
5
15 ±0.1
6.3
其余：
材料：45#锻件
A-A
25 ±0.1
10
R5
80 ±0.1
10
2xM6 ▽8
132 ±0.1
85 ±0.1
R8
R8
57.50 ±0.05
R54
R10
R10
40.7
34.2
R5
3 ±0.05
120 ±0.05
150 ±0.1
坐标位置
1: X0 , Y0
2: X-52.347 , Y13.259
3: X-60.0 Y22.917
4: X-50 , Y22.98
216
108
30
20
83
58
103
2x Ø20
2x Ø40
R25
166
内外圆角 R3
2x Ø37.50
38
38
R25
20
2x Ø20
76
30°
6
30
20
102
57

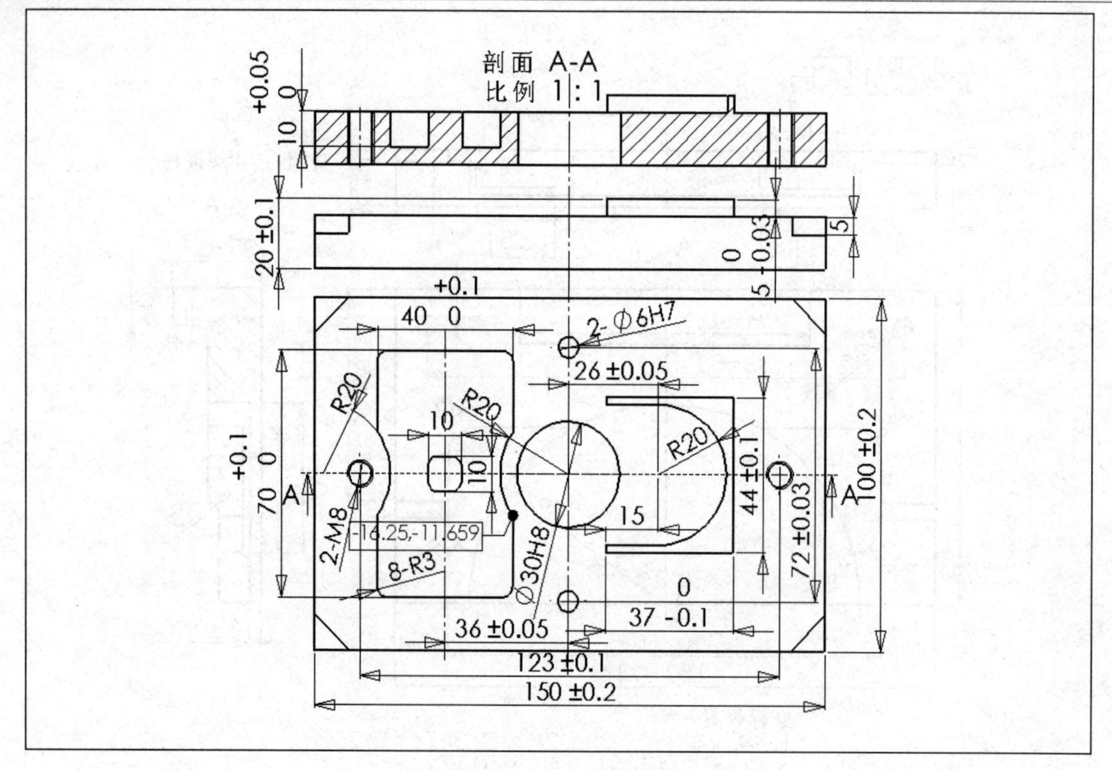

本 章 小 结

通过本章的学习，应掌握零件和特征的关系及特征管理；拉伸、旋转、扫描特征的应用；孔向导、圆角、倒角、阵列、筋等。综合应用这些基本指令完成产品的三维建模，掌握建模的过程与软件的应用技巧。

第 4 章　曲线-曲面建模

本章要点

- 螺旋线、组合曲线、投影曲线、分割线
- 拉伸曲面、直纹曲面、放样曲面
- 扫描曲面、边界曲面、填充曲面
- 平面区域、等距曲面、缝合曲面
- 延伸曲面、裁剪曲面、替换面

现代产品中的曲面设计一般是仿形设计，设计师广泛采用真实比例的木制或泥塑做出真实的三维模型，来评估设计的美学效果，然后由建模师根据产品的造型效果，进行曲面的数据采样、曲线拟合、曲面构造，最终生成计算机三维实体模型，并对其进行编辑和修改。

创建曲面特征的方法和创建实体特征的方法基本相同，如拉伸、旋转、扫描、放样。曲面的创建方法主要有拉伸曲面、直纹曲面、放样曲面、扫描曲面、边界曲面、填充曲面、平面区域、等距曲面、缝合曲面、延伸曲面、裁剪曲面和替换面等命令。因为对于封闭的曲面实体，也可以将其加厚或是缝合变成实体特征。

本章主要内容是曲面的创建，同时也通过范例介绍各种曲线的创建方法，如螺旋线、组合曲线、投影曲线、分割线等，培养学生曲线、曲面建模的设计思维。

项目 4.1　花 形 曲 面

【学习目标】

本项目要完成的图形如图 4-1-1 所示。通过本项目的学习，使读者能够熟练掌握草图点、圆、圆弧、基准平面、放样曲面等命令的使用方法，掌握三维建模技巧。

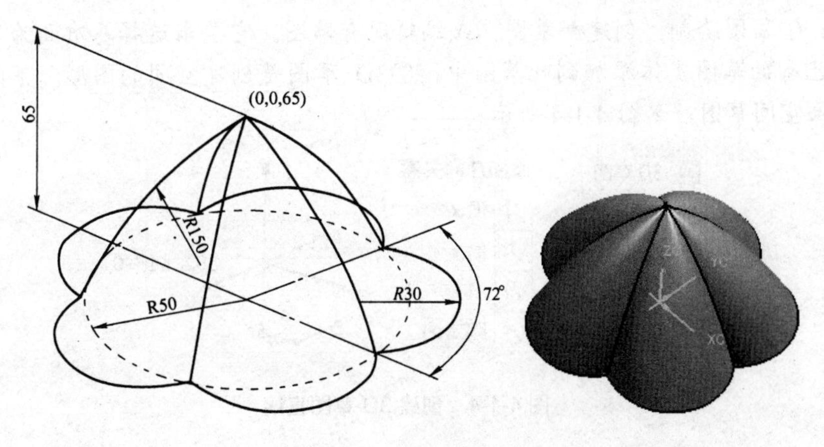

图 4-1-1　花形曲面示例

【学习要点】

草图点、圆、圆弧、基准平面、放样曲面。

【绘图思路】

本例应用曲面放样进行零件造型。首先在“前视”基准面创建“草图 1”，绘出具有 5 个 R30mm 的图形；接着创建一个距“前视”基准面 65mm 的新基准面并创建“草图 2”，绘制一个“点”；然后再创建垂直前视基准面并过“草图 1”顶点的 5 个基准面，并在其上分别作出 R150mm 的草图圆弧。最后以“草图 1”和“草图 2”作为放样截面，以 5 个 R150mm 的草图圆弧作为放样的引导线，进行曲面放样，完成造型。

【操作步骤】

(1) 新建一个“零件”文件，并保存。在“前视”基准面上创建“草图 1”，绘制出如图 4-1-2 所示的图形。

注意：草图 1 中心应落在坐标原点上，这样有利于后续图形的制作。

(2) 创建一个距离“前视”基准面 65mm 的新基准面——“基准面 1”，并创建“3D 草图 1”，然后在其上绘制一个“点”。此点应落在坐标原点上，如图 4-1-3 所示。

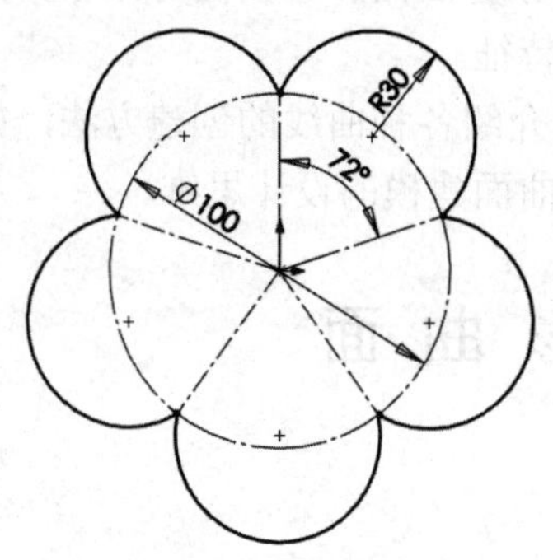

图 4-1-2 绘制草图 1

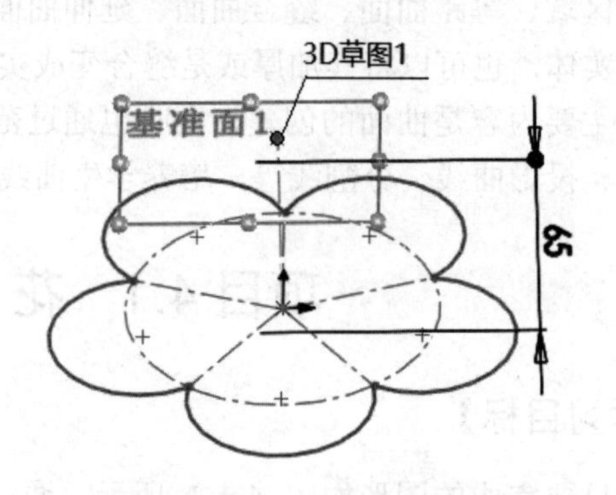

图 4-1-3 创建基准平面并绘制 3D 草图点

提示：①草图绘制：创建新草图，或编辑现有草图。它要求选择基准面为实体生成草图或是将已有的草图实体添加到此草图中。②3D 草图是创建空间的图形。下面以直线命令为例，画空间草图，如图 4-1-4 所示。

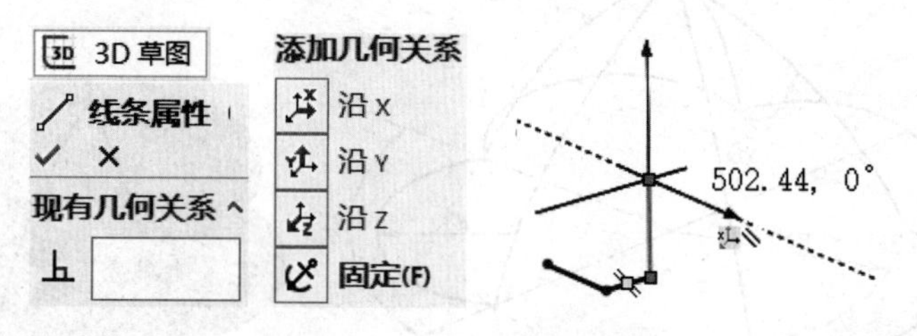

图 4-1-4 创建 3D 草图直线

(3) 创建一新的基准面——“基准面 2”。过程如图 4-1-5 所示。

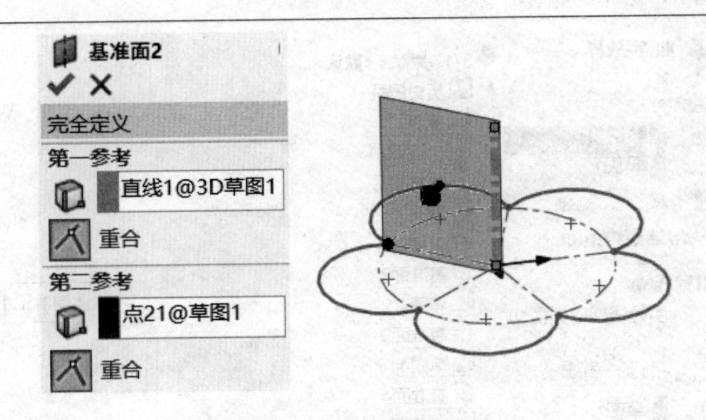

图 4-1-5　创建“基准面 2”

(4)　在“基准面 2”上作草图，绘出 R150mm 的圆弧线，如图 4-1-6 所示。

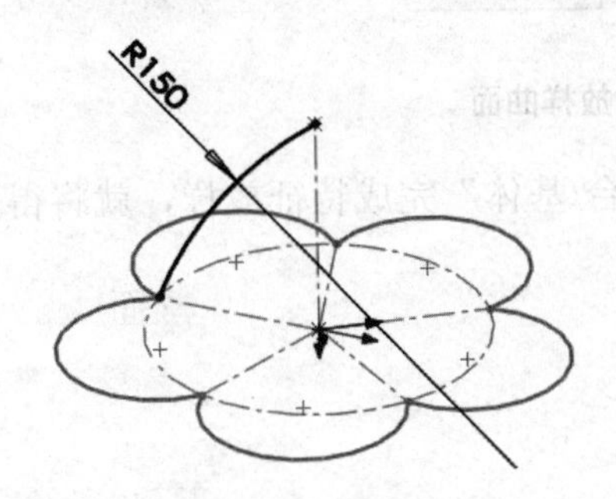

提示：在绘制圆弧时，应在草图工具栏里选择“3 点圆弧”，第一点和第二点分别捕捉“草图 1”和“草图 2”上的点，绘制第三点时，只要大概绘出即可，然后通过尺寸驱动，完成草图

图 4-1-6　绘制 R150mm 圆弧线

(5)　创建其他基准面和草图，过程同步骤(3)和(4)，结果如图 4-1-7 所示。

提示： 要创建不同的草图作引导线和截面线。引导线的端点要与作截面的草图之间有“穿透”关系(穿透(P))或是“重合”关系(重合(D))，如图 4-1-8 所示。

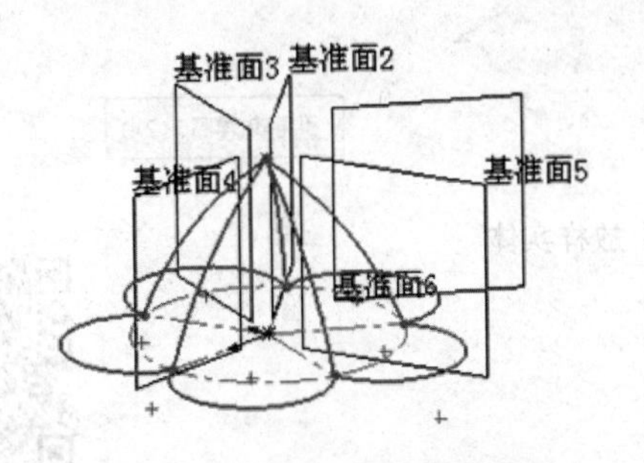

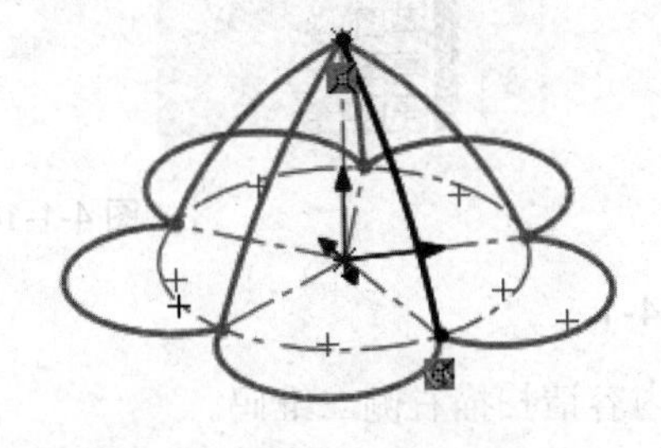

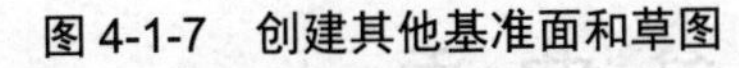

图 4-1-7　创建其他基准面和草图　　　　图 4-1-8　草图点的重合或穿透关系

(6)　单击选曲面工具栏中的“放样曲面” 图标，打开“曲面-放样”对话框，选择轮廓及引导线，设置参数，单击“确定”按钮后完成造型，如图 4-1-9 所示。

提示： 在选择轮廓线或引导线的时候，可以在草图中选择，也可以打开特征管理器，在特征管理器里选择。

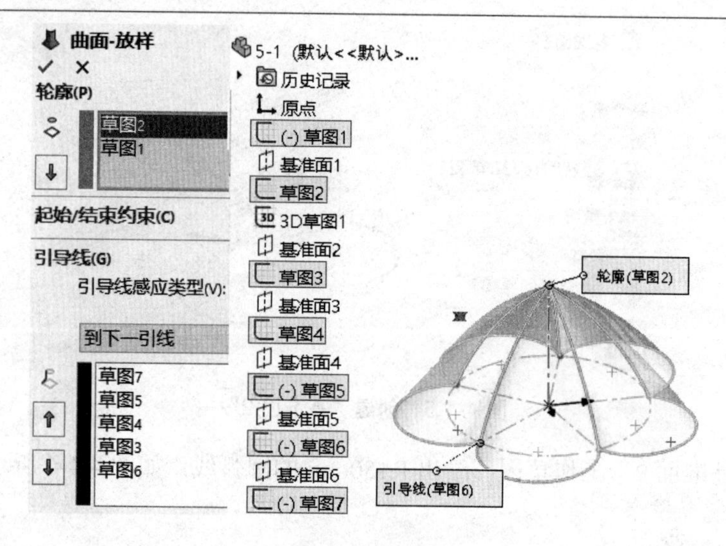

图 4-1-9　放样曲面

(7) 如果应用特征工具栏中的“放样-凸台/基体”完成特征放样，就将得到实体，如图 4-1-10 所示。

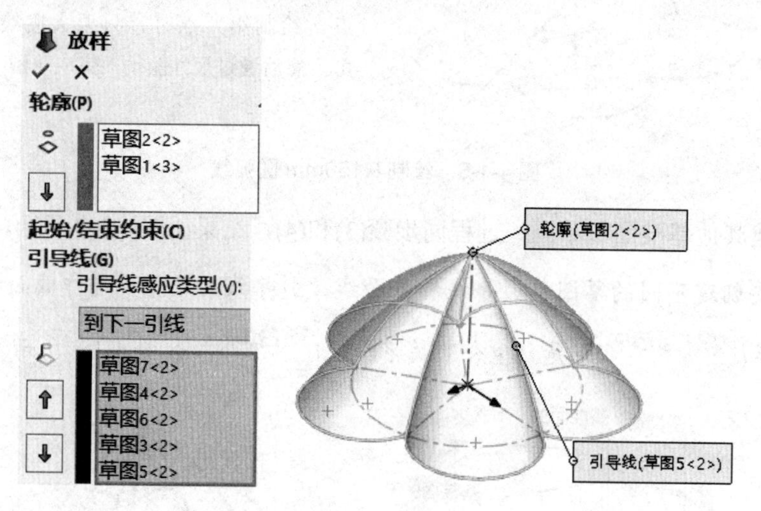

图 4-1-10　放样实体

资料引入 4-1

具体内容请扫描右侧二维码。

项目 4.2　浴 盆 曲 面

【学习目标】

本项目要完成的图形如图 4-2-1 所示。通过本项目的学习，应能熟练掌握草图绘制工具，通过放样曲面、实体镜像等命令的使用方法，掌握三维建模技巧。

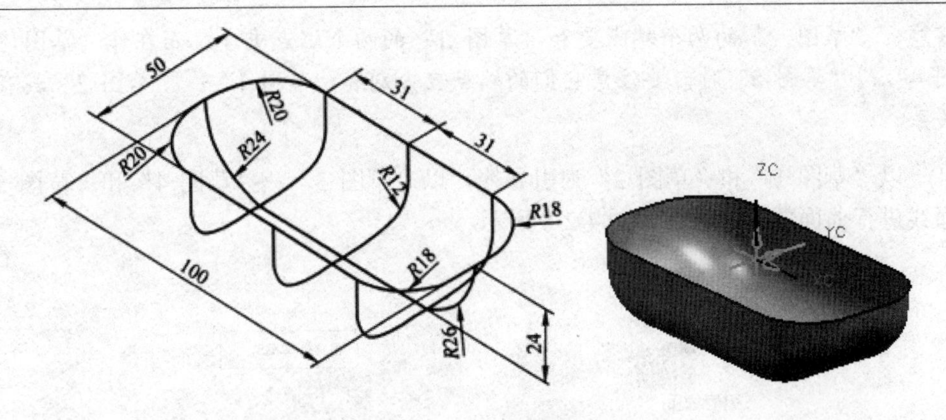

图 4-2-1　浴盆曲面示例

【学习要点】

草图绘制工具、通过放样曲面、实体镜像。

【绘图思路】

利用“曲面-放样”作出半个曲面造型，再用镜像功能作出另一半部。

【操作步骤】

(1) 新建一个“零件”文件，并保存。在“前视”基准面上创建“草图 1”，绘制如图 4-2-2 所示的图形。在“上视”基准面上创建“草图 2”，绘制如图 4-2-3 所示的图形。

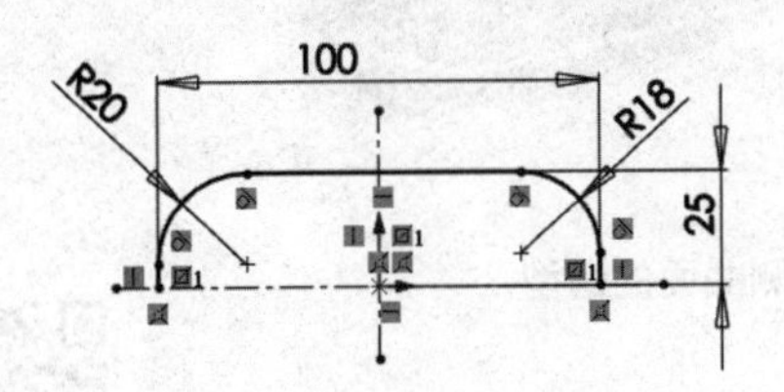

图 4-2-2　创建“草图 1”

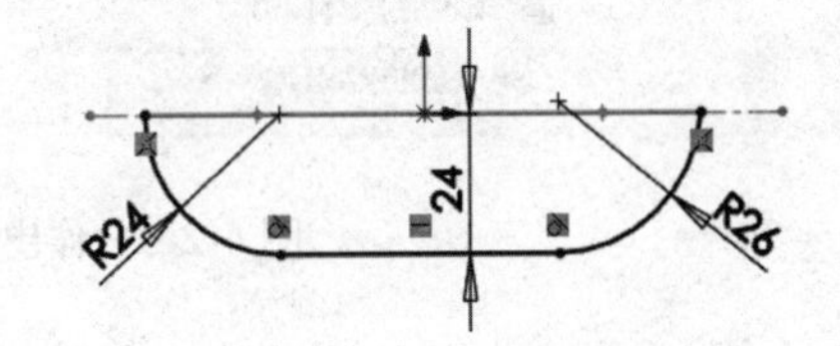

图 4-2-3　创建“草图 2”

(2) 在“右视”基准面上创建“草图 3”，绘制出如图 4-2-4 所示的图形。

(3) 在“右视”基准面两侧创建“基准面 1”和”“基准面 2”，其间距均为 31mm，如图 4-2-5 所示。然后分别在“基准面 1”和“基准面 2”上作“草图 4”和“草图 5”，如图 4-2-6、图 4-2-7 所示。

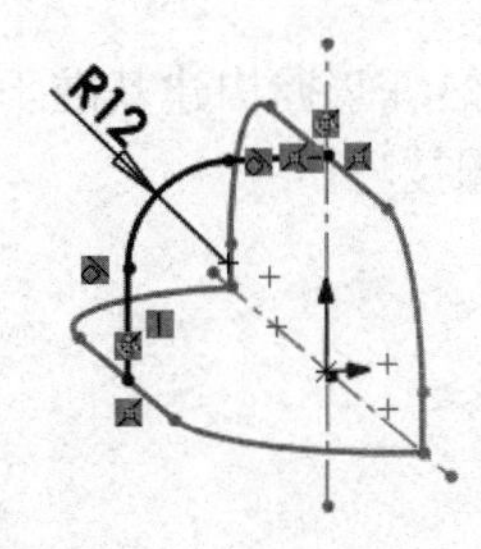

图 4-2-4　创建“草图 3”

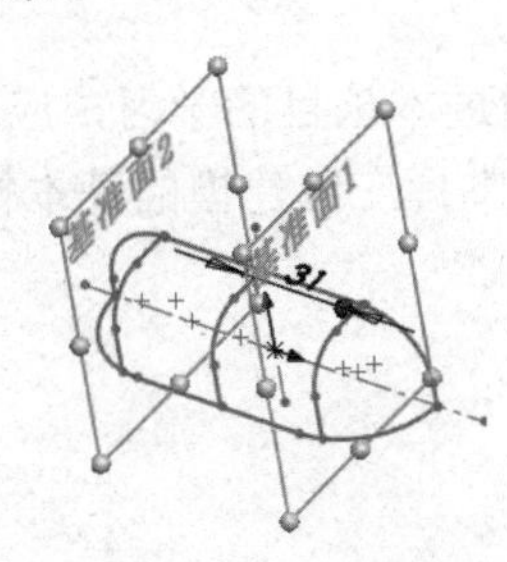

图 4-2-5　创建基准面

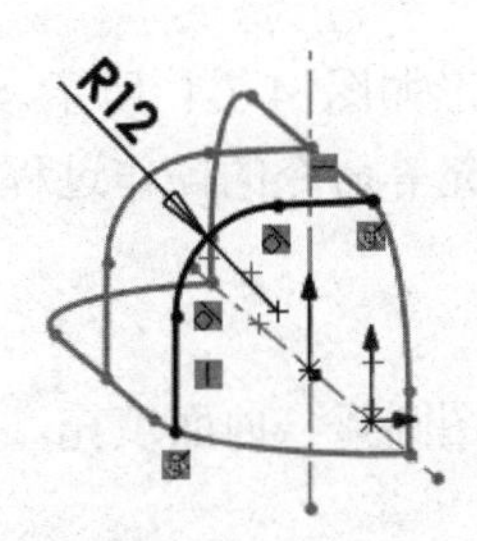

图 4-2-6　作“草图 4”

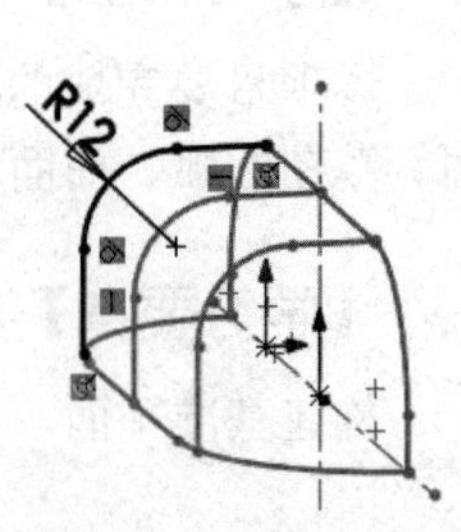

图 4-2-7　作“草图 5”

注意："草图 2"的两个端点要和"草图 1"的两个端点重合；而在作"草图 3"、"草图 4"、"草图 5"时，要注意它们的端点应分别和"草图 1"、"草图 2"具有"穿透"关系。

(4) 以"草图 1"和"草图 2"为引导线，以"草图 3"、"草图 4"和"草图 5"作为截面线进行曲面放样，结果如图 4-2-8 所示。

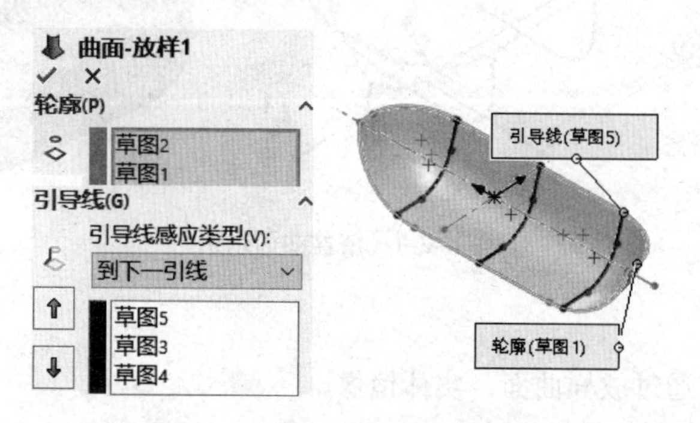

图 4-2-8　曲面放样结果

(5) 使用特征工具栏中的"镜像"命令，作出另一侧的曲面，如图 4-2-9 所示。

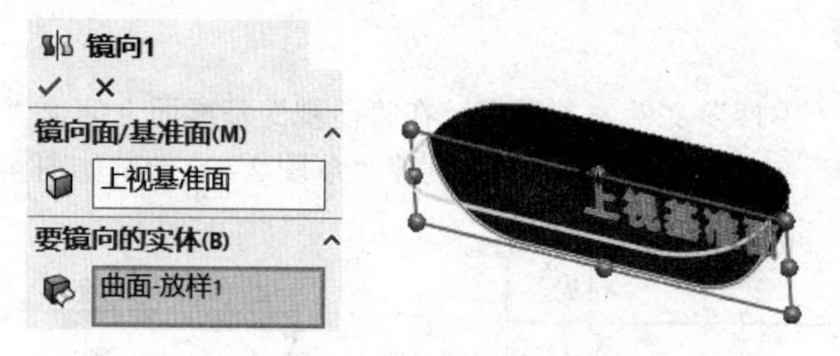

图 4-2-9　作出另一侧曲面的造型

资料引入 4-2

具体内容请扫描右侧二维码。

项目 4.3　填 充 曲 面

【学习目标】

本项目要完成的图形如图 4-3-1 所示。通过本项目的学习，应能熟练掌握构建基准平面、草图圆弧、曲面填充等命令的操作过程，掌握三维建模的基本构图技巧。

【学习要点】

构建基准平面、草图圆弧、曲面填充。

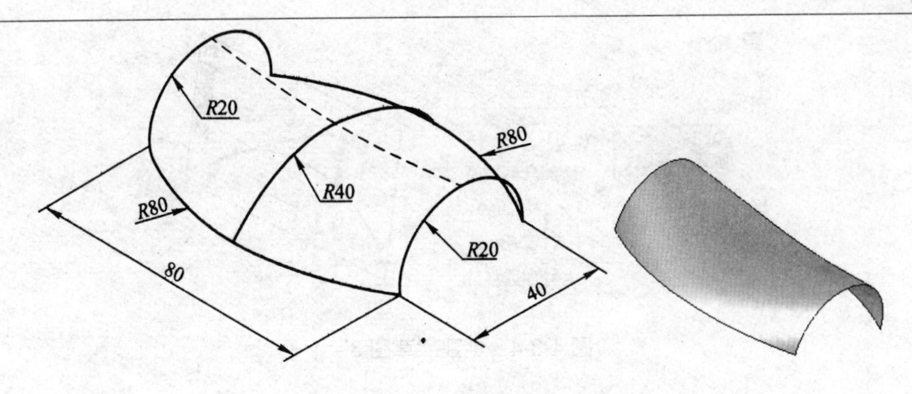

图 4-3-1　填充曲面示例

【绘图思路】

本例应用曲面填充进行零件造型。首先在“前视”基准面上创建“草图 1”，绘出一侧 R80mm 的图形；接着在“前视”基准面上创建“草图 2”，绘出另一侧 R80mm 的图形；然后在“上视”基准面上作出 R40mm 的草图圆弧。创建与“上视”基准面距离 40mm 的两个基准面，在其上绘制 R20mm 的草图圆弧，最后应用“曲面填充”完成造型。

【操作步骤】

(1) 单击“新建”按钮，新建一个“零件”文件，并单击“保存”按钮进行保存。

(2) 在“前视”基准面上创建“草图 1”，绘制出如图 4-3-2 所示的图形。再一次在“前视”基准面上创建“草图 2”，绘制图形(添加对称关系)，如图 4-3-3 所示。

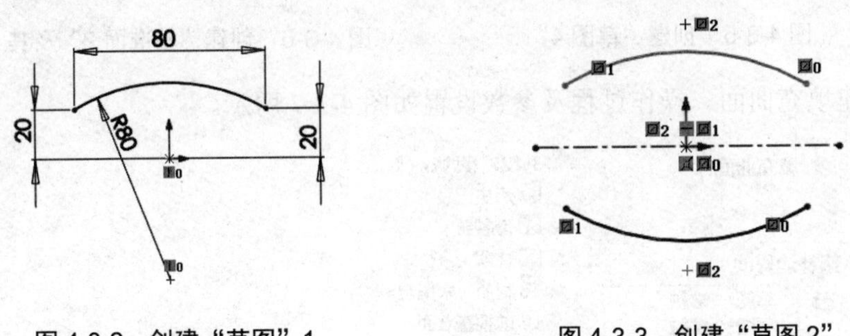

图 4-3-2　创建“草图”1　　图 4-3-3　创建“草图 2”

操作过程：可先用 转换实体引用 指令，将“草图 1”中的线投影到“草图 2”中，然后绘出中心线，用 镜向实体 指令绘出另一侧的圆弧线，再将刚才转换过来的草图线删除，即可得到草图 2 上的圆弧线。

注意：圆弧两端为要与原点“对称” 添加几何关系 对称(S) 的几何关系。

(3) 在“右视”基准面上创建“草图 3”，绘制出如图 4-3-4 所示的图形。注意，圆弧两端与草图 1 和草图 2 要添加穿透关系。

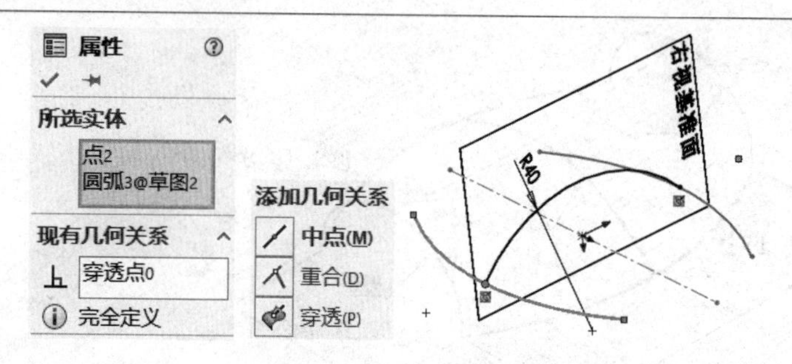

图 4-3-4　创建“草图 3”

(4) 创建距离“右视”基准面 40mm 的“基准面 1”；在“基准面 1”上创建“草图 4”，并绘出草图圆弧，具体过程如图 4-3-5 所示。

(5) 参考上例，创建“基准面 2”及其上的草图，结果如图 4-3-6 所示。此处的草图是直接使用“转换实体引用”指令将上一步所创建的草图投影而得到。

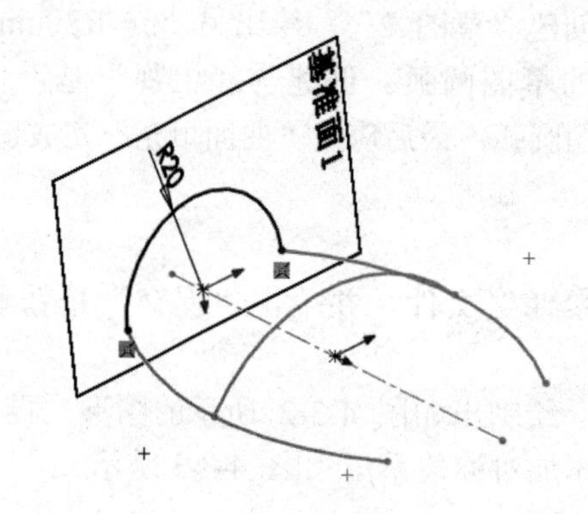

图 4-3-5　创建“草图 4”

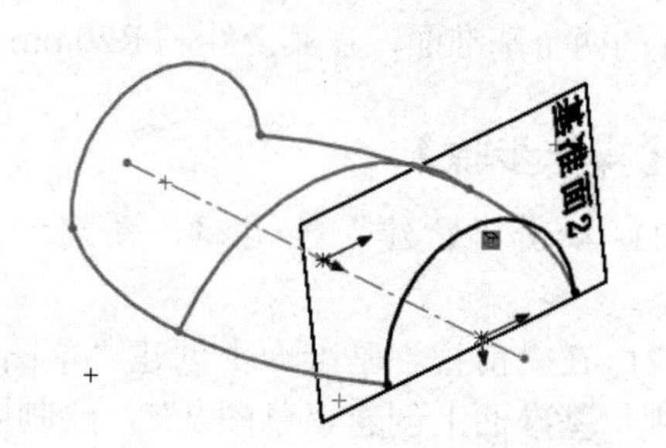

图 4-3-6　创建“基准面 2”及其上的草图

(6) 构建填充曲面。操作过程及参数设置如图 4-3-7 所示。

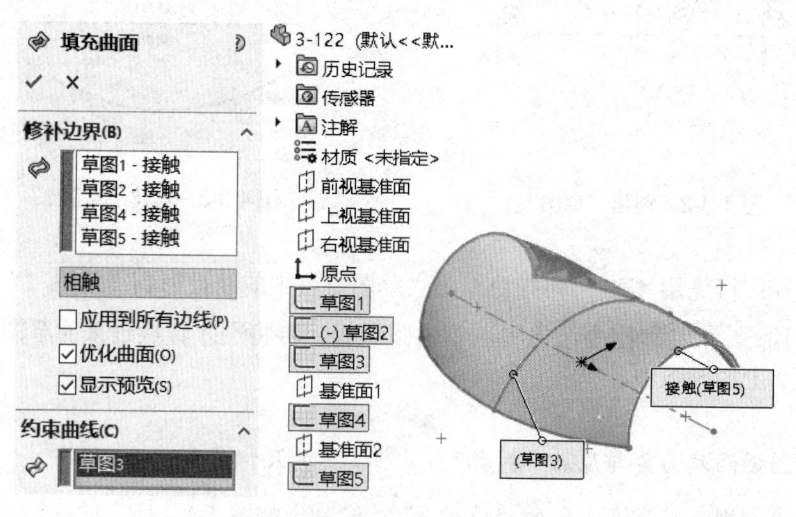

图 4-3-7　构建填充曲面

资料引入 4-3

具体内容请扫描右侧二维码。

项目 4.4　放 样 曲 面

【学习目标】

本项目要完成的图形如图 4-4-1 所示。通过本项目的学习，应能熟练掌握放样曲面、构建基准平面的操作过程，掌握三维建模的基本构图技巧。

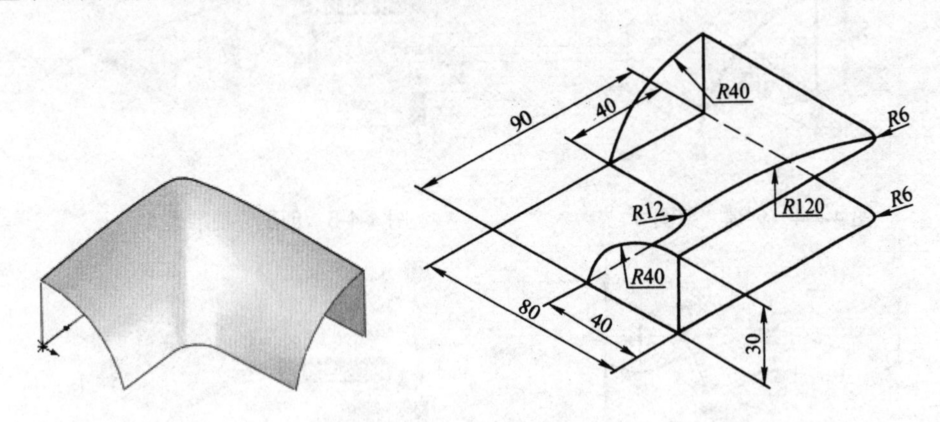

图 4-4-1　放样曲面示例

【学习要点】

放样曲面、构建基准平面。

【绘图思路】

首先在“前视”基准面上分别创建“草图 1”和“草图 2”，绘出宽 40mm 的两条曲线；接着在“上视”基准面上创建“草图 3”，绘出 R40mm 的圆弧及直线；然后在与“右视”基准面等距 80mm 的平面上绘制 R40mm 的草图圆弧及直线；再作 R120mm 处的基准平面并完成 R120mm 的草图圆弧及直线，最后应用放样曲面命令完成曲面造型。

【操作步骤】

(1) 新建一个“零件”文件，保存。在“前视”基准面上创建“草图 1”，绘制出如图 4-4-2 所示的图形。在“前视”基准面上创建“草图 2”，绘制出如图 4-4-3 所示的图形。

(2) 在“上视”基准面上创建“草图 3”，绘制出如图 4-4-4 所示的图形。

(3) 创建“基准面 1”，如图 4-4-5 所示。在“基准面 1”上作“草图 4”，如图 4-4-6 所示。

(4) 作出与“前视”基准面相距 30mm 的“基准面 2”，如图 4-4-7 所示，以此平面创建“草图 5”，将“草图 1”“转换实体引用”完成绘图，如图 4-4-8 所示。

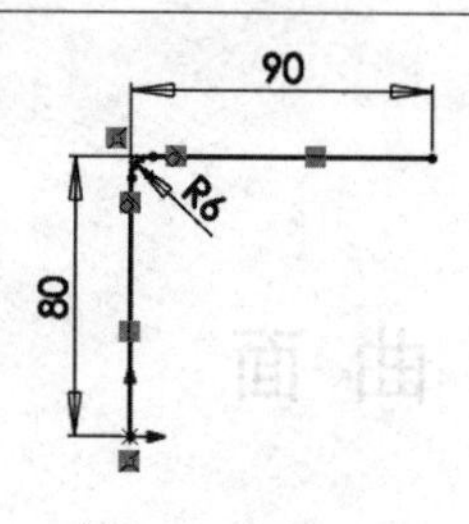

图 4-4-2 创建“草图 1”

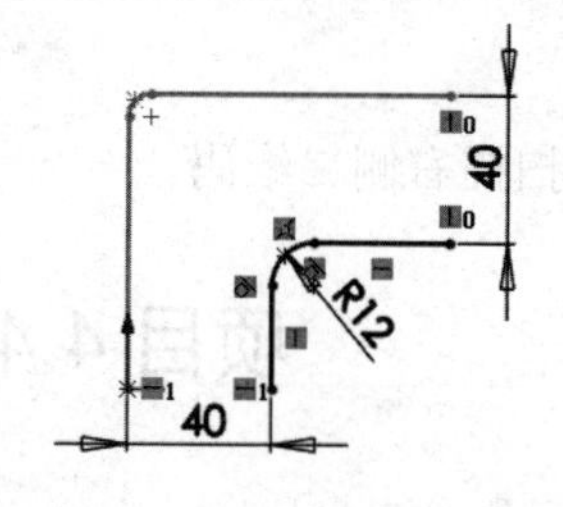

图 4-4-3 创建“草图 2”

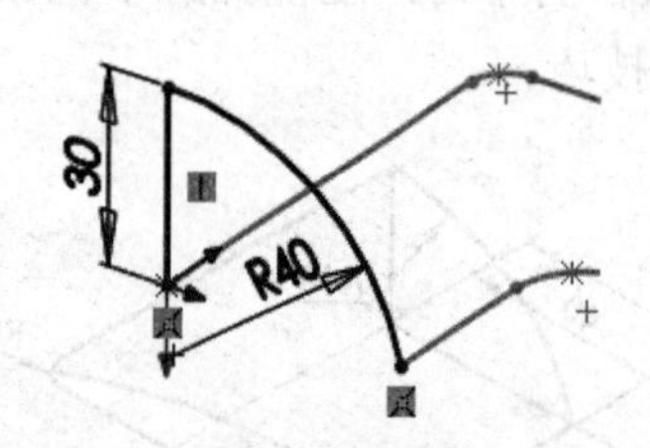

图 4-4-4 创建“草图 3”

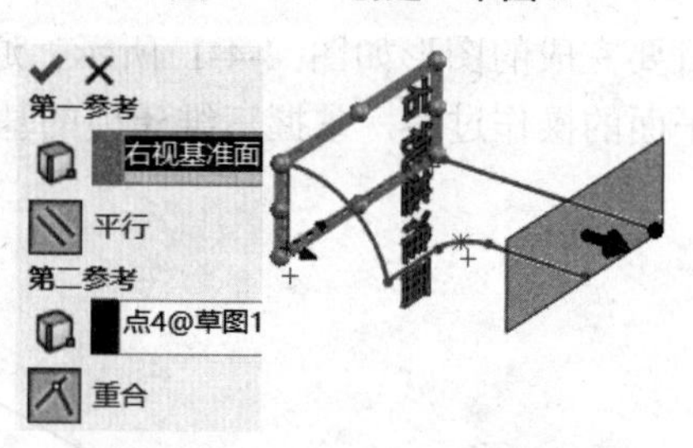

图 4-4-5 创建“基准面 1”

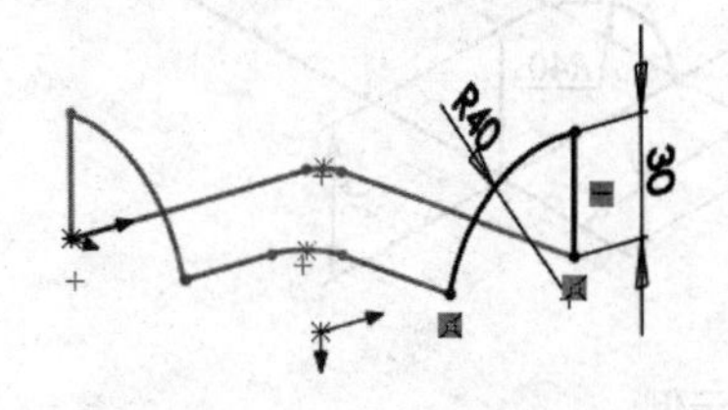

图 4-4-6 创建“草图 4”

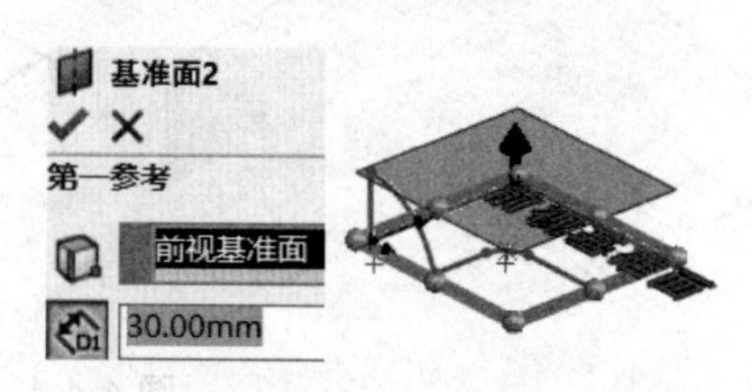

图 4-4-7 创建“基准面 2”

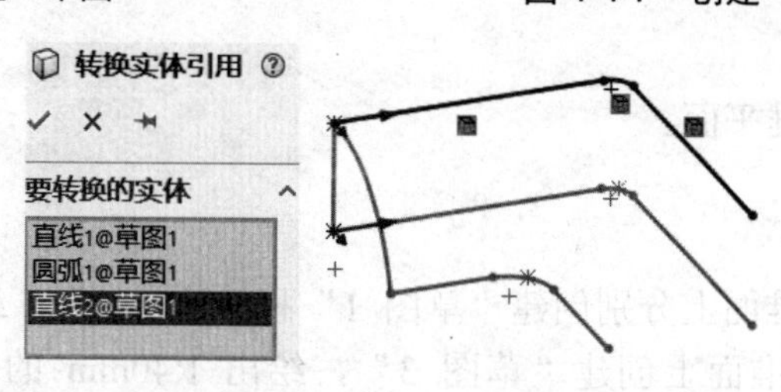

图 4-4-8 完成“草图 5”

(5) 用三点方式创建“基准面 3”，如图 4-4-9 所示；在基准面 3 上创建“草图 6”，如图 4-4-10 所示。

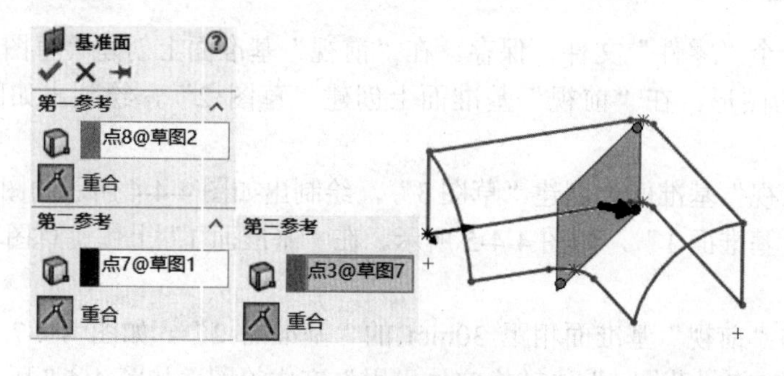

图 4-4-9 创建“基准面 3”

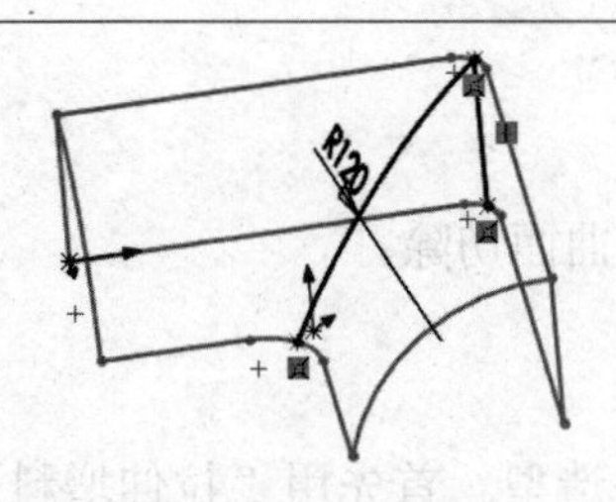

图 4-4-10　完成“草图 6”

(6)　利用曲面-放样指令创建曲面，如图 4-4-11 所示。

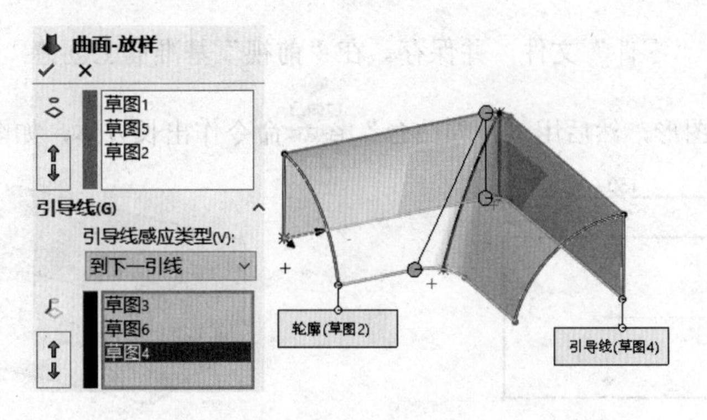

图 4-4-11　利用放样曲面完成造型

提示：选择轮廓曲线和引导曲线时要按照顺序选取。本例也可以将轮廓线和引导线互换，生成放样曲面。

项目 4.5　曲面修剪实体

【学习目标】

本项目要完成的图形如图 4-5-1 所示。通过本项目的学习，使读者能熟练掌握拉伸基体、曲面填充、使用曲面切除等命令的操作过程，掌握三维建模的基本构图技巧。

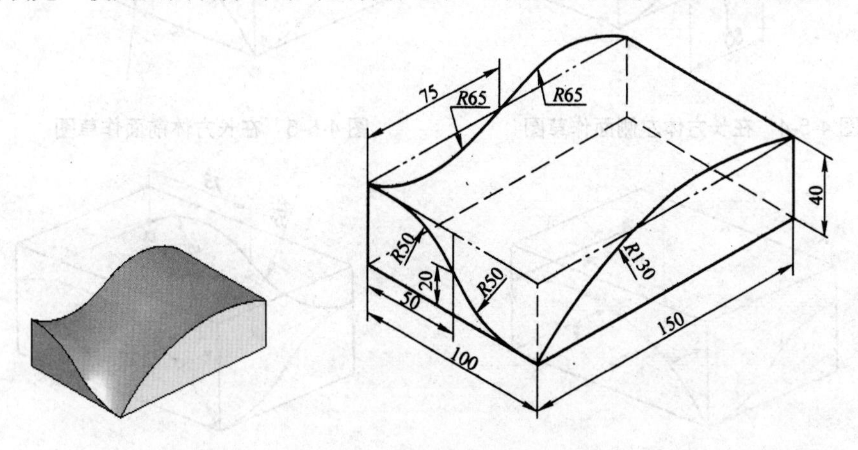

图 4-5-1　曲面修剪实体示例

【学习要点】

拉伸基体、曲面填充、使用曲面切除。

【绘图思路】

本例应用曲面裁剪进行零件造型。首先用“拉伸增料”命令作出长方体，再用“曲面填充”作出曲面，然后用“切除-使用曲面”完成造型。

【操作步骤】

(1) 新建一个“零件”文件，并保存。在“前视”基准面上创建“草图 1”，绘制出如图 4-5-2 所示的图形，然后用“拉伸凸台/基体”命令作出长方体，如图 4-5-3 所示。

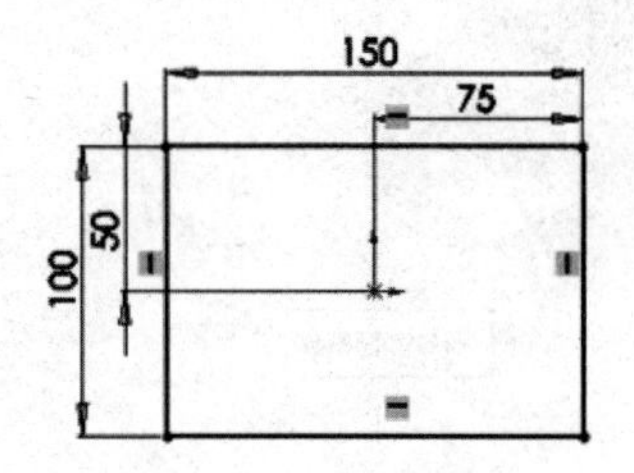

图 4-5-2 创建“草图 1”

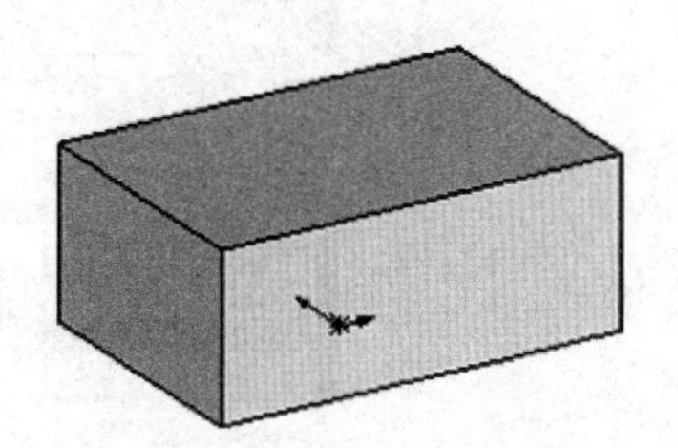

图 4-5-3 作出长方体

(2) 以长方体左侧面为基准面作草图，结果如图 4-5-4 所示。以长方体前面为基准面作草图，结果如图 4-5-5 所示。

以同样方式绘出其他两面上的草图线。结果如图 4-5-6、图 4-5-7 所示。

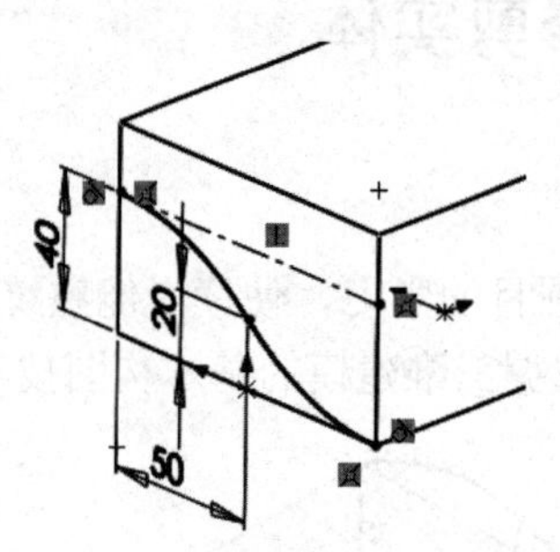

图 4-5-4 在长方体左侧面作草图

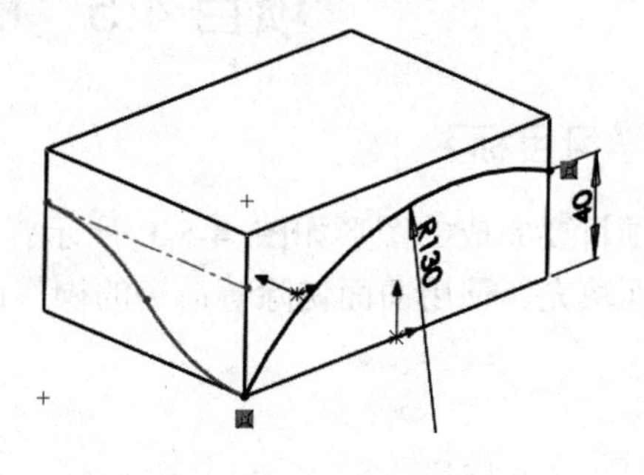

图 4-5-5 在长方体前面作草图

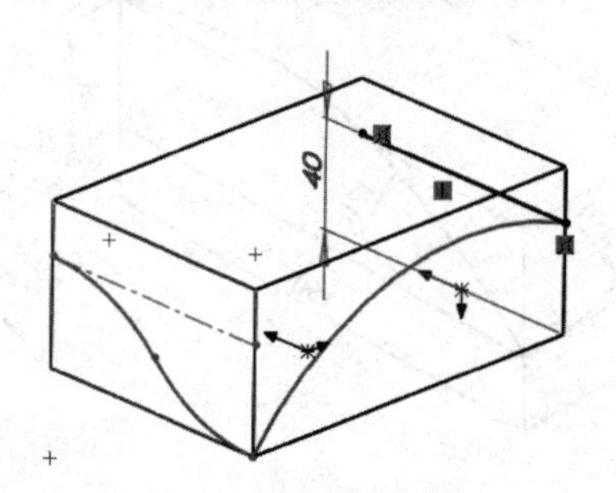

图 4-5-6 绘制右侧面的草图

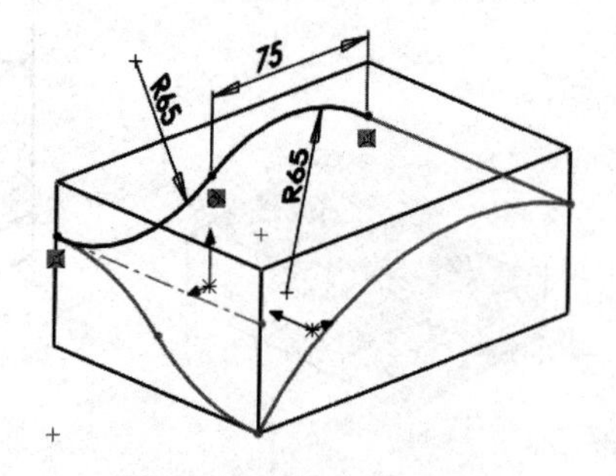

图 4-5-7 绘制后面的草图

(3) 可以使用“放样曲面”来作出曲面，也可以使用“填充曲面”来完成，本例使用填充曲面指令。单击“填充曲面”图标 填充曲面，打开如图 4-5-8 所示的对话框。依次选择草图线，在图 4-5-9 中显示预览结果。

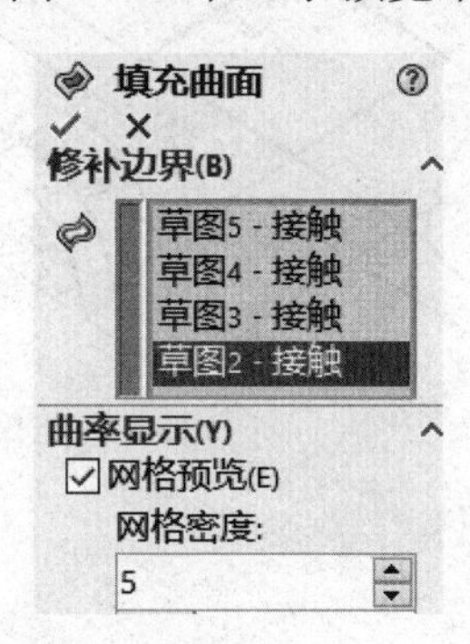

图 4-5-8　“填充曲面”对话框

图 4-5-9　预览结果

(4) 应用“切除/使用曲面”命令，完成用曲面对长方体的切除，得到最终造型。

单击“插入”菜单中的“切除-使用曲面”或单击 使用曲面切除 命令图标，打开如图 4-5-10 所示的对话框，在特征管理器里选择填充曲面，修正切除方向，单击✓按钮。

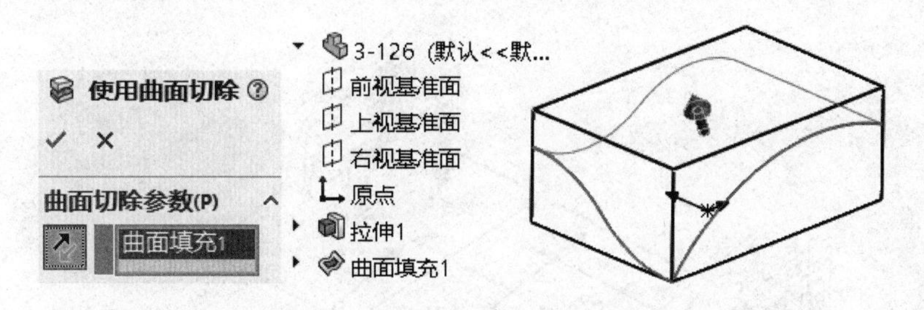

图 4-5-10　使用曲面切除实体

资料引入 4-5

具体内容请扫描右侧二维码。

项目 4.6　十字形曲面

【学习目标】

本项目要完成的图形如图 4-6-1 所示。通过本项目的学习，应能够熟练掌握曲面-放样、圆周阵列、剪裁曲面等命令的使用方法，掌握三维建模的基本构图技巧。

【学习要点】

曲面-放样、圆周阵列、剪裁曲面。

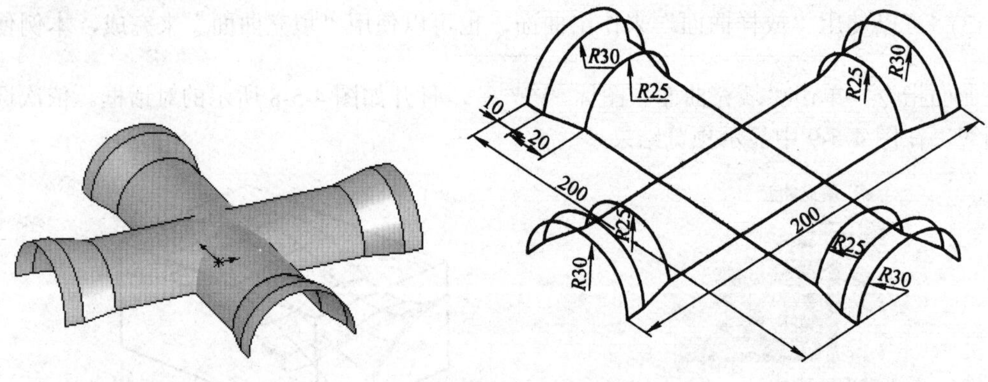

图 4-6-1　十字形曲面示例

【绘图思路】

先用“曲面-放样”作出一个曲面，再用“圆周阵列”作出另一个曲面，完成造型。

【操作步骤】

(1)　新建一个“零件”文件，并保存。在前视基准面上分别绘出草图 1 和草图 2；再创建基准面 1 至基准面 6，并分别在其上绘出草图 3 至草图 8，结果如图 4-6-2 所示。

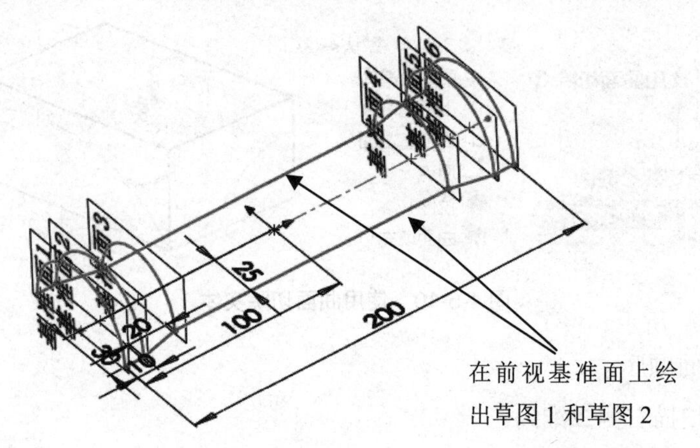

图 4-6-2　创建基准面 1~6 并绘出草图 1~草图 8

(2)　曲面放样：应用曲面-放样作出放样面，如图 4-6-3 所示。

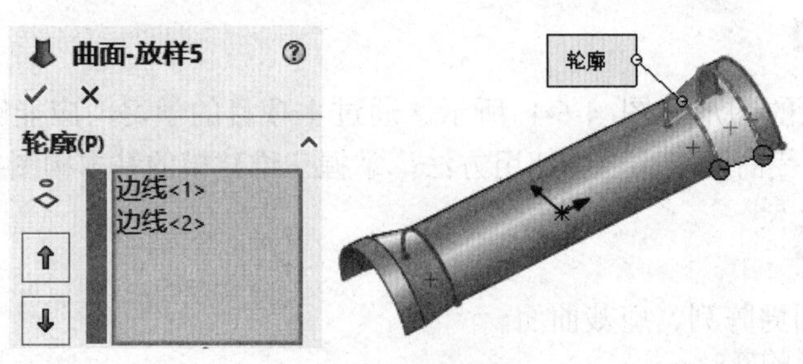

图 4-6-3　曲面放样

注意：每相邻两个草图要单独放样，即要应用 5 次曲面-放样命令，这样可以得到符合要求的曲面。

(3) 制作“圆周阵列”所用的基准轴，如图 4-6-4 所示。

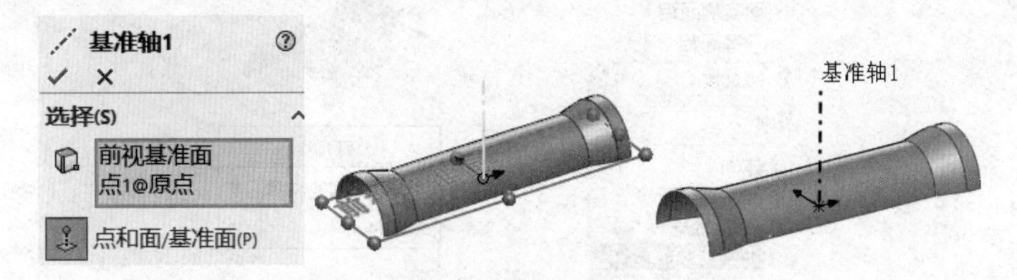

图 4-6-4　制作基准轴

(4) 使用特征工具栏中的“圆周阵列” 圆周阵列 命令，实体选择 5 个放样曲面，方向指定基准轴 1，确定后生成阵列曲面，如图 4-6-5 所示。

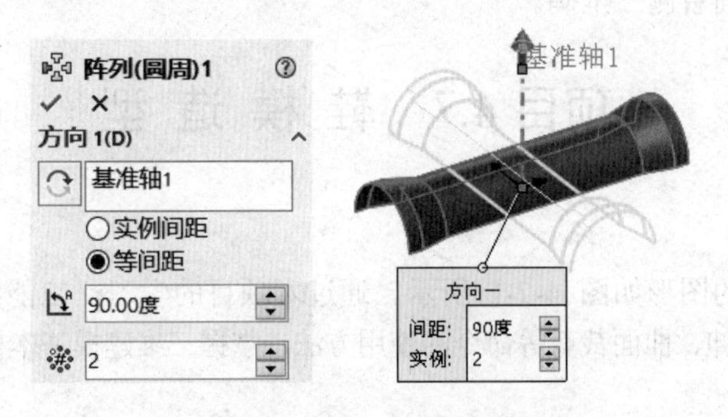

图 4-6-5　“圆周阵列”生成曲面

(5) 修剪壳体内容相交部分的曲面。应用剪裁曲面指令对放样曲面内部进行剪裁，具体过程如图 4-6-6 所示。两次应用这样的剪裁可完成四分之一部分，但要注意选择裁剪工具与要剪裁的曲面顺序。

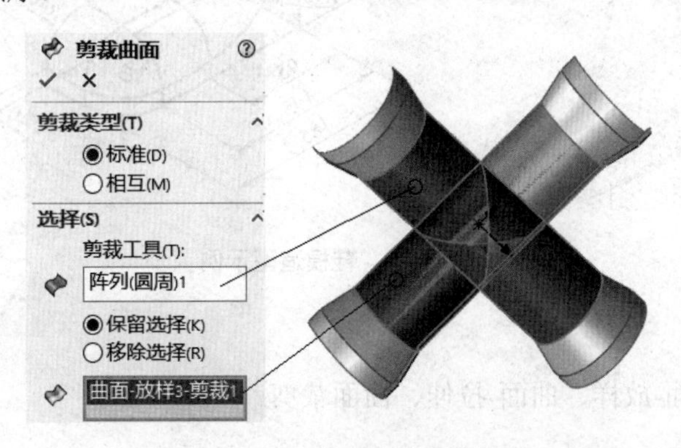

图 4-6-6　修剪壳体的具体过程

(6) 将不需要的实体面隐藏，然后再次应用“圆周阵列”命令得到最终模型，结果如图 4-6-7 所示。

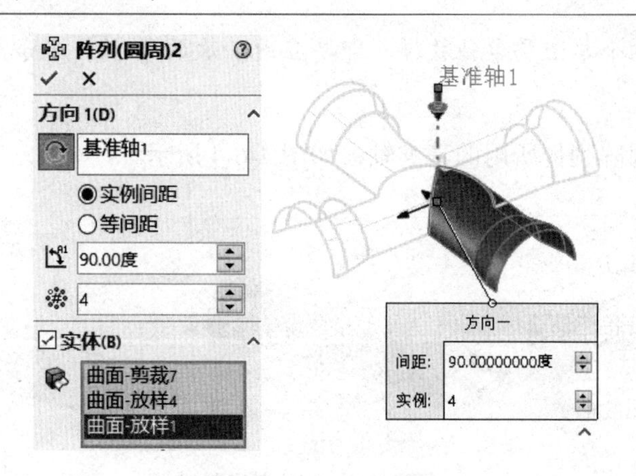

图 4-6-7　最终结果

资料引入 4-6

具体内容请扫描右侧二维码。

项目 4.7　鞋 模 造 型

【学习目标】

本项目要完成的图形如图 4-7-1 所示。通过本项目的学习，应能熟练掌握曲面-填充、曲面-放样、曲面-拉伸、曲面裁剪等命令的使用方法，掌握三维建模基本构图技巧。

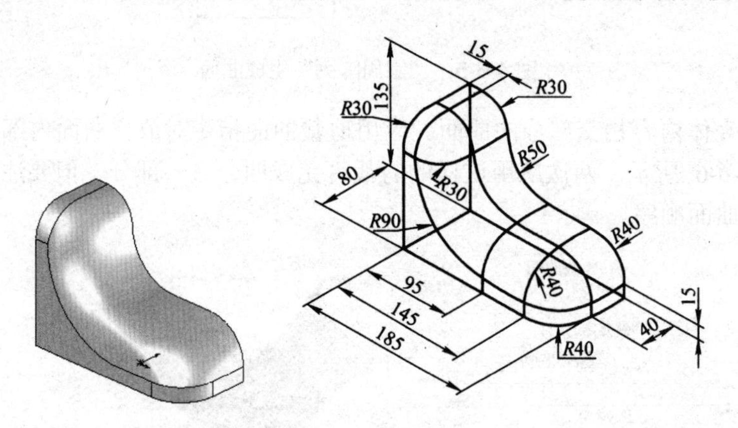

图 4-7-1　鞋模造型示例

【学习要点】

曲面-填充、曲面-放样、曲面-拉伸、曲面裁剪。

【绘图思路】

本题综合应用各种曲面工具。主要有“曲面-填充”“曲面-放样”“曲面-拉伸”及“曲面-剪裁”，具体请见绘图步骤。

【操作步骤】

(1) 新建一个“零件”文件，并保存。在“前视”基准面上创建“草图 1”，绘制出图形；将“草图 1”高度拉伸至 135mm，如图 4-7-2 所示。

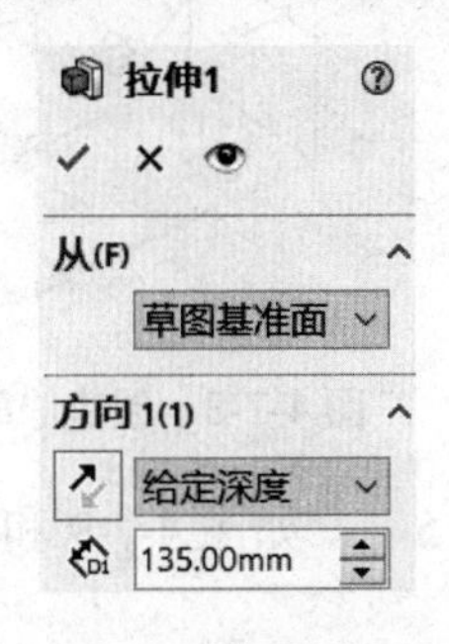

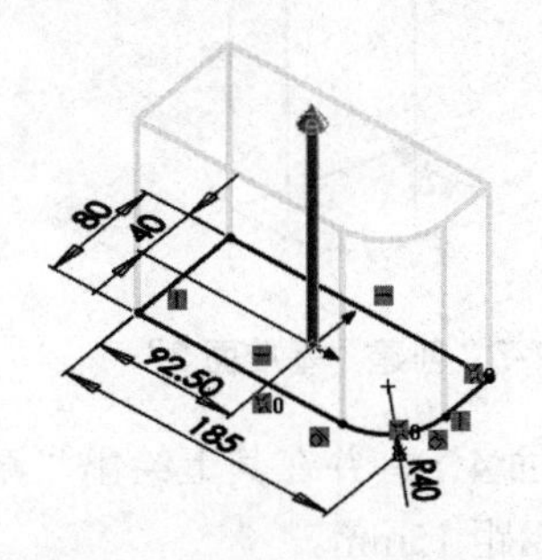

图 4-7-2　创建“草图 1”并拉伸

(2) 创建“基准面 1”，并在其上绘出“草图 2”，如图 4-7-3 和图 4-7-4 所示。“基准面 1”与右侧平面相距 40mm。

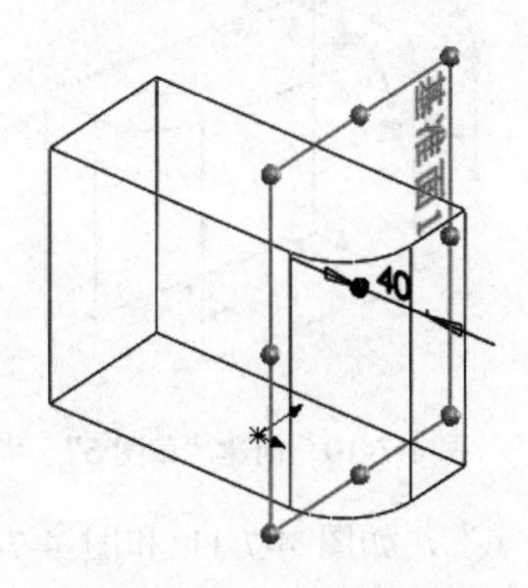

图 4-7-3　创建“基准面 1”

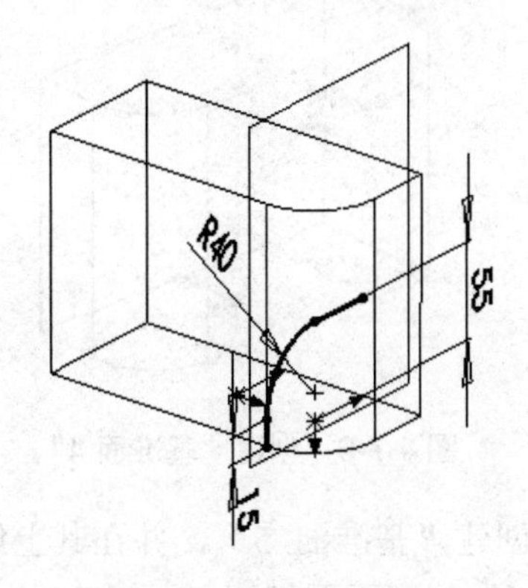

图 4-7-4　创建“草图 2”

(3) 创建“基准面 2”，并应用“转换实体引用”指令在其上投影得到“草图 3”，如图 4-7-5 和图 4-7-6 所示。“基准面 2”与左侧平面相距 95mm。

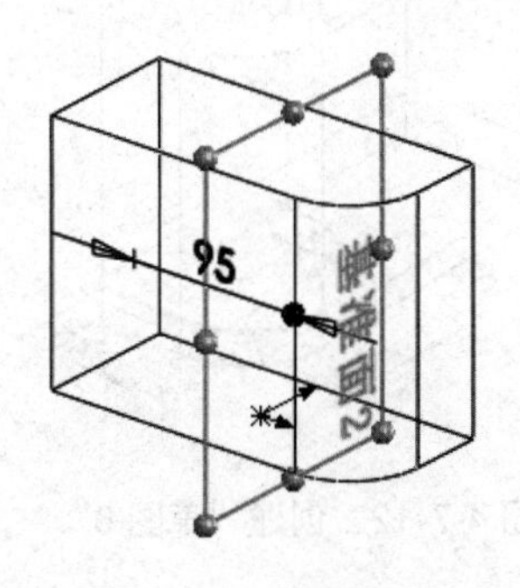

图 4-7-5　创建“基准面 2”

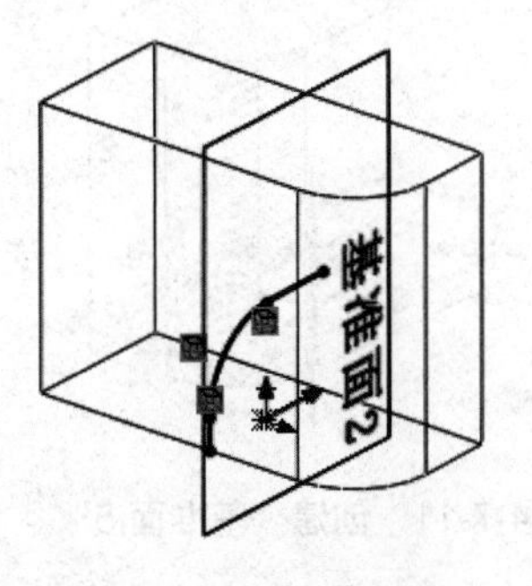

图 4-7-6　创建“草图 3”

(4) 创建“基准面 3”，并在其上绘出“草图 4”，如图 4-7-7 和图 4-7-8 所示。“基准面 3”与上表面相距 30mm。

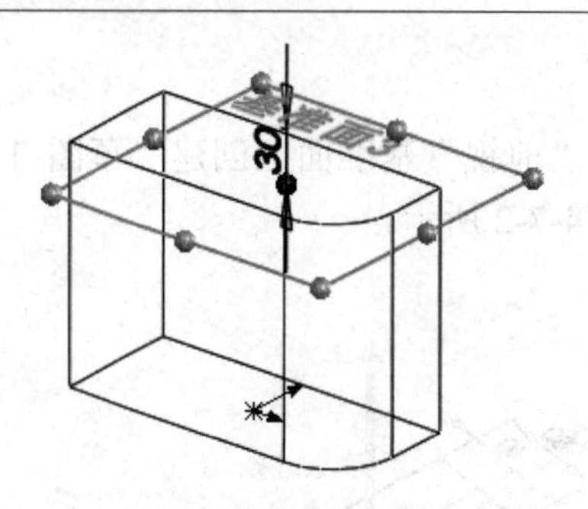

图 4-7-7　创建“基准面 3”

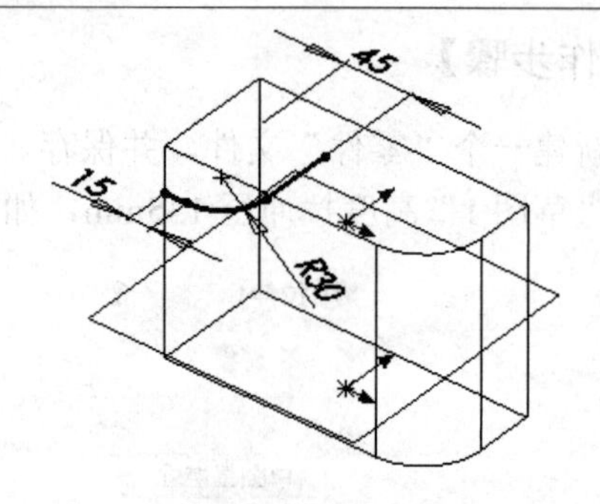

图 4-7-8　创建“草图 4”

(5) 创建“基准面 4”，并在其上绘出“草图 5”，如图 4-7-9 和图 4-7-10 所示。“基准面 4”与左侧平面相距 15mm。

注意：添加相切关系及重合关系。

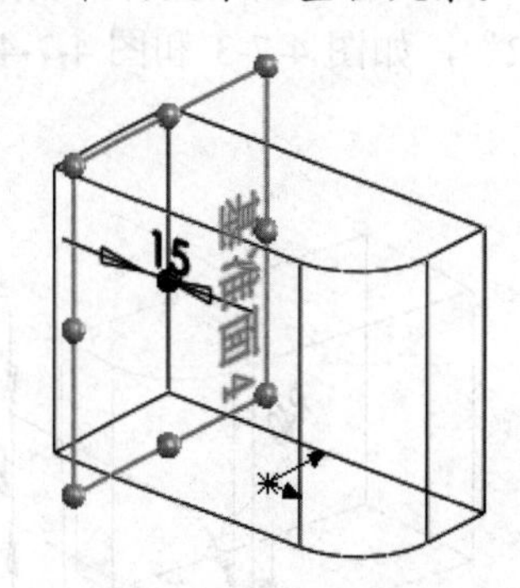

图 4-7-9　创建“基准面 4”

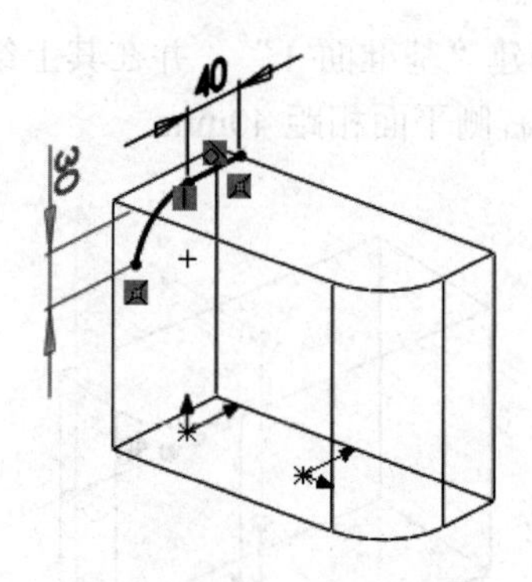

图 4-7-10　创建“草图 5”

(6) 创建“基准面 5”，并在其上绘出“草图 6”，如图 4-7-11 和图 4-7-12 所示。“基准面 5”与底平面相距 15mm。

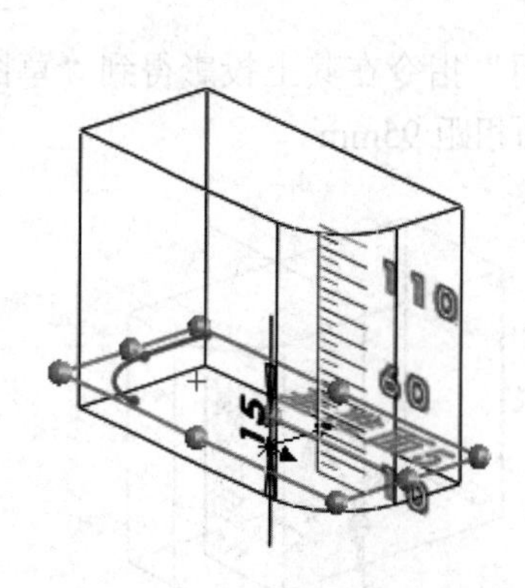

图 4-7-11　创建“基准面 5”

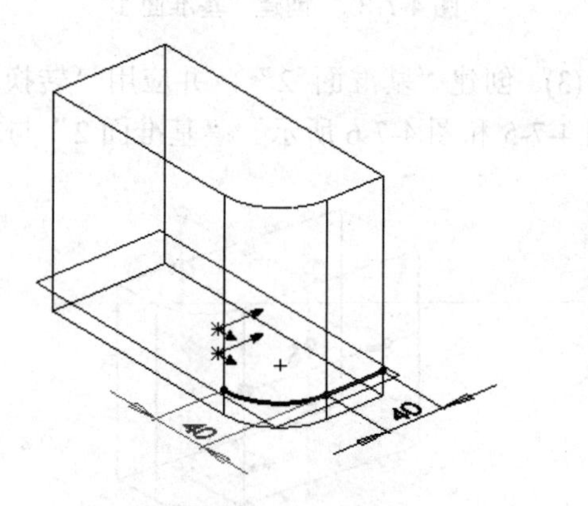

图 4-7-12　创建“草图 6”

注意：添加相切关系及重合关系。

(7) 在拉伸体的后平面上创建“草图 7”，如图 4-7-13 所示。在拉伸体的前平面上创建“草图 8”，如图 4-7-14 所示。

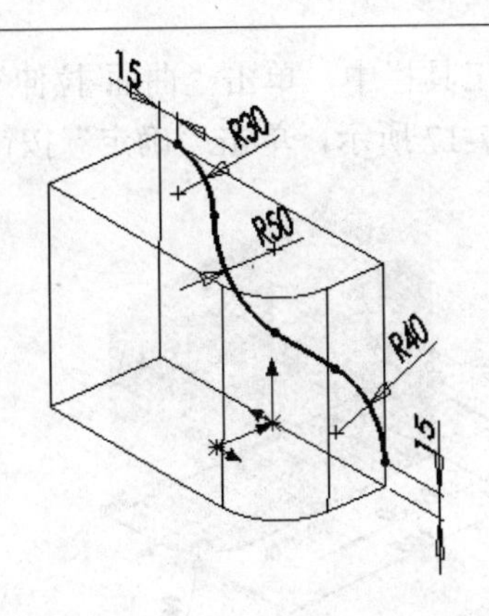

图 4-7-13　创建“草图 7”

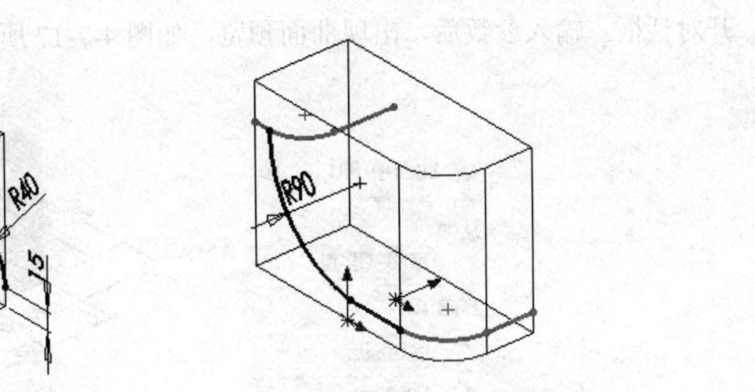

图 4-7-14　创建“草图 8”

注意：要添加相切关系及重合关系。

(8) 说明：创建各基准平面和“草图 2”、“草图 3”及“草图 4”是创建“草图 5”“草图 6”“草图 7”和“草图 8”的基础，如图 4-7-15 所示。

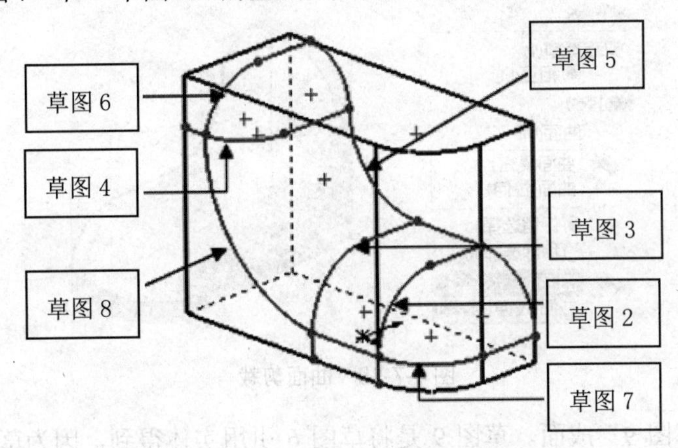

图 4-7-15　“草图 2”至“草图 8”的连接

注意：请注意草图 5 至草图 8 之间的连接，要确保组成一个封闭的轮廓。

(9) 在曲面工具栏内，选择“曲面-填充”命令，打开对话框，如图 4-7-16 所示。在绘图区依次单击草图 5~8，此时出现预览曲面，单击“确定”按钮完成绘制。

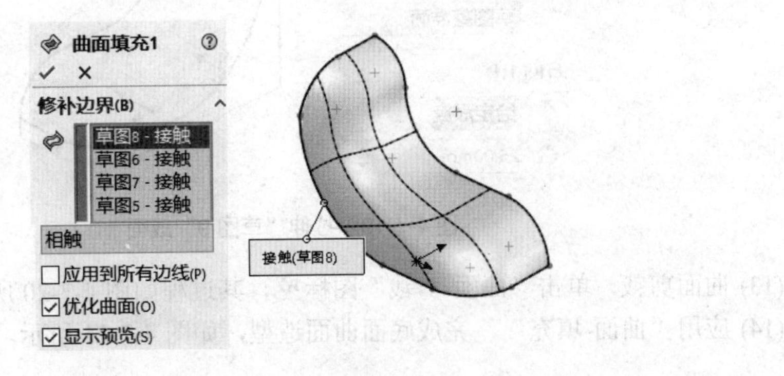

图 4-7-16　曲面填充

(10) 使用曲面方式拉伸“草图 1”。在曲面工具栏中，单击“曲面-拉伸”图标，打开对话框。输入参数后，出现曲面预览，如图 4-7-17 所示，单击“确定”按钮完成。

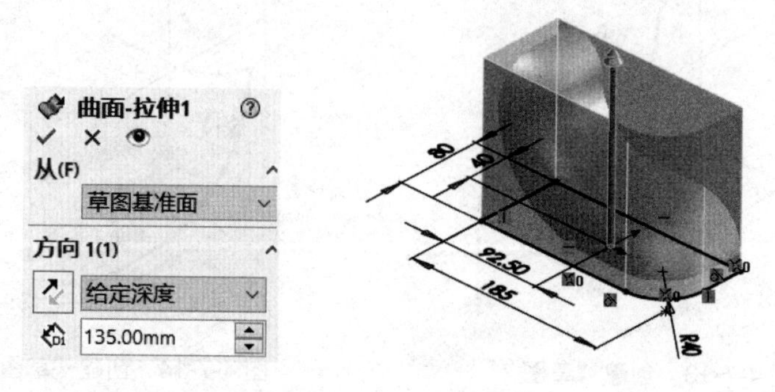

图 4-7-17　曲面预览

(11) 曲面剪裁，单击“曲面-剪裁”图标，其过程如图 4-7-18 所示。

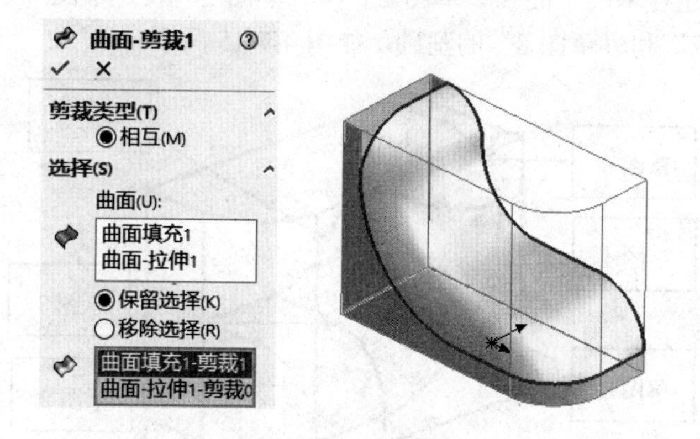

图 4-7-18　曲面剪裁

(12) 拉伸“草图 9”成面。草图 9 是将草图 6 引用实体得到，因为草图 6 在“曲面填充”时已使用，所以还要再生成草图 9(也可通过管理器选择草图 6)。如图 4-7-19 所示。

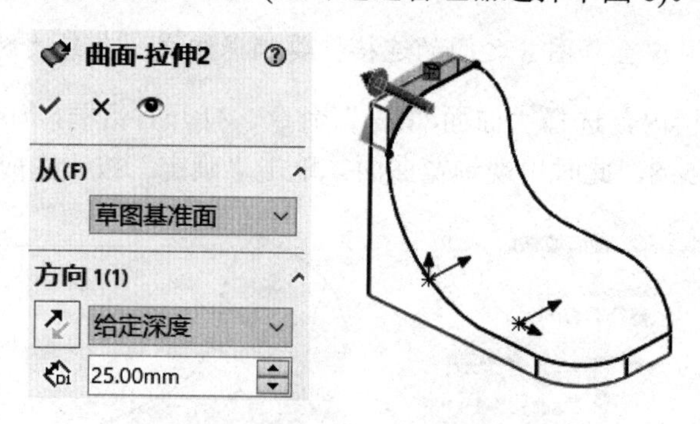

图 4-7-19　拉伸“草图 9”成面

(13) 曲面剪裁，单击“曲面-剪裁”图标，其过程如图 4-7-20 所示。

(14) 应用“曲面-填充”，完成底面曲面造型，如图 4-7-21 所示。

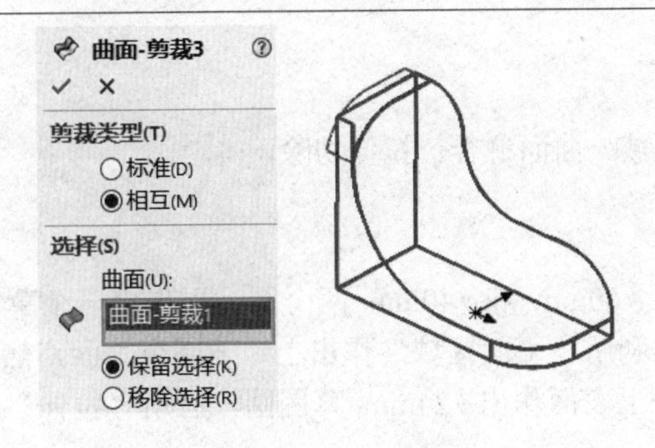

图 4-7-20　曲面剪裁

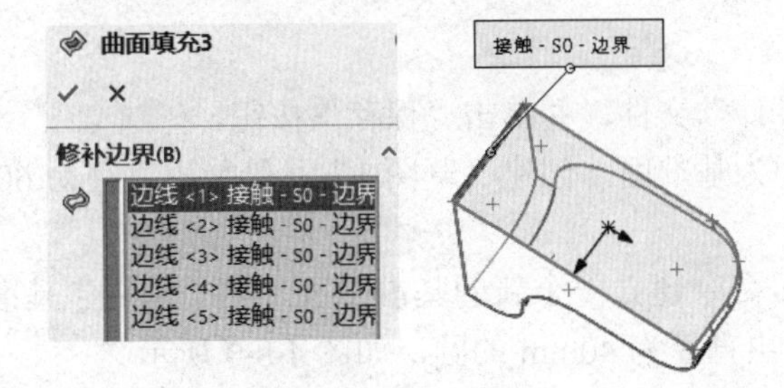

图 4-7-21　曲面-填充

资料引入 4-7

具体内容请扫描右侧二维码。

项目 4.8　碗 形 曲 面

【学习目标】

本项目要完成的图形如图 4-8-1 所示。通过本项目的学习，应能熟练掌握曲面扫描、平面区域、曲面缝合、拉伸切除等基本构图方法的使用，掌握三维建模的基本构图技巧。

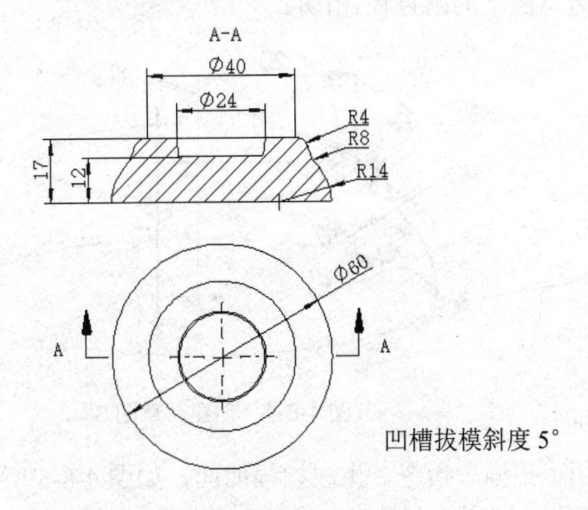

图 4-8-1　碗形曲面示例

【学习要点】

曲面扫描、平面区域、曲面缝合、拉伸切除。

【绘图思路】

利用基本曲线建立ϕ60mm 和ϕ40mm 两个圆，再作出一个草图弧连接线，利用“扫描”作出扫描曲面，再利用“平面区域”作出上、下两个平面，然后用“曲面缝合”命令完成实体造型，最后在上表面作出ϕ24mm 草图圆，应用“拉伸”及其“拔模角”选项完成凹槽造型。

【操作步骤】

(1) 新建一个“零件”文件，并单击“保存”按钮。

以“前视”基准面为基准面，创建“草图 1”，绘制出直径为 60mm 的圆，如图 4-8-2 所示。

(2) 用“基准面”命令建立一个新的基准平面，距“前视”基准面 17mm。然后以此建立“草图 2”，绘制出直径为 40mm 的圆，如图 4-8-3 所示。

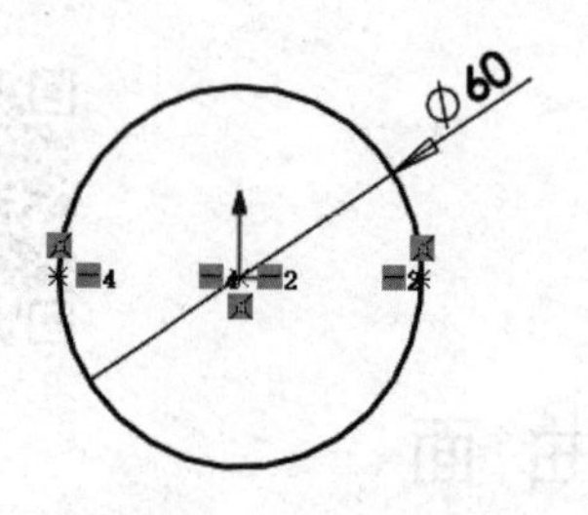

图 4-8-2 创建“草图 1”

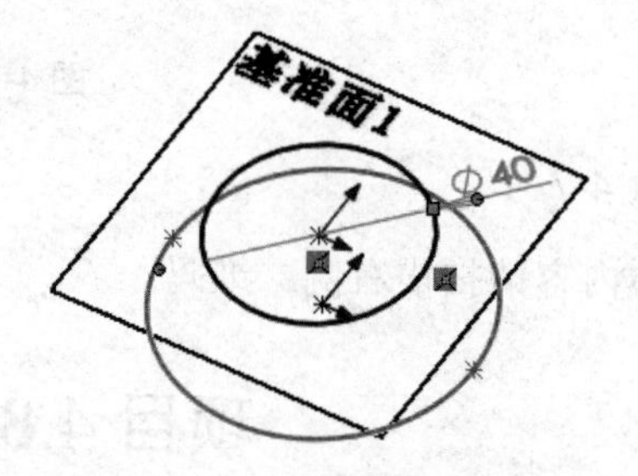

图 4-8-3 建立基准面，创建“草图 2”

(3) 以“上视”基准面为基准平面创建“草图 3”，并绘出如图 4-8-4 所示的图形。草图 3 上的 R14 圆弧和 R4 圆弧上的端点要与草图 1 和草图 2 具有穿透关系或重合关系；R4 圆弧要与水平线(草图 2 的圆直径)相切。

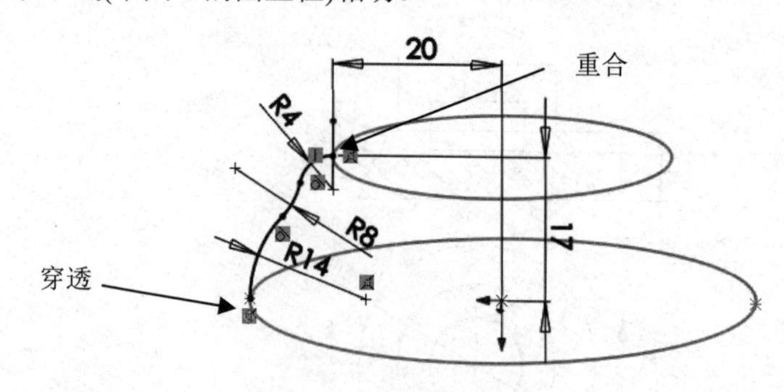

图 4-8-4 创建“草图 3”

(4) 用“曲面-扫描”指令，生成扫描曲面，如图 4-8-5 所示。

(5) 用“平面区域”为扫描造型制作上、下底面，如图 4-8-6 所示。

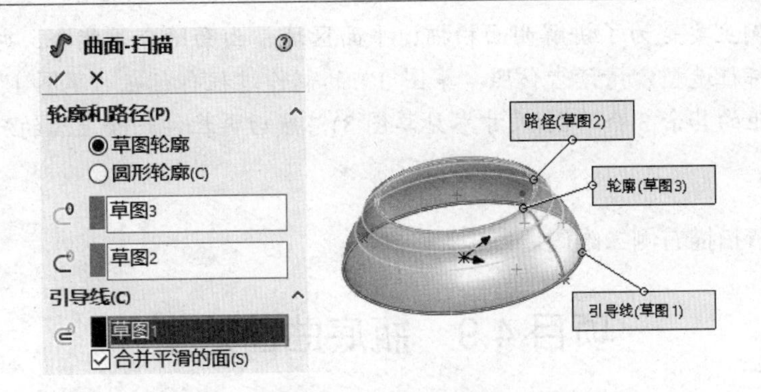

图 4-8-5　曲面-扫描

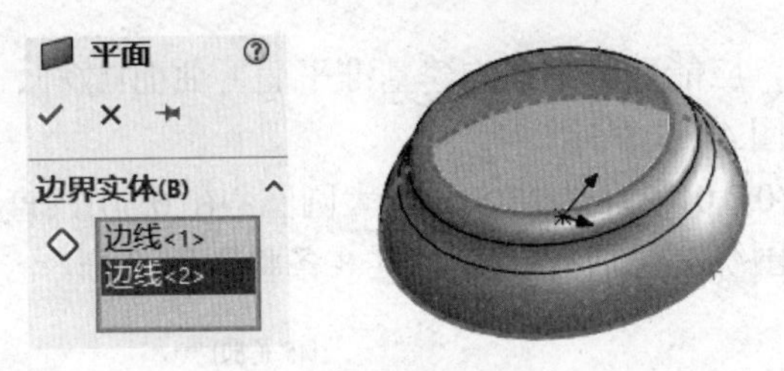

图 4-8-6　生成底面

(6) 应用“曲面-缝合”命令，将 3 个曲面缝合成一个实体，可通过特征管理器查看，如图 4-8-7 所示。

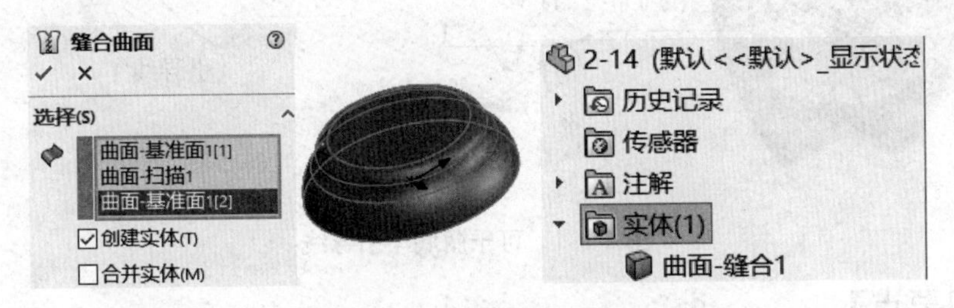

图 4-8-7　缝合后的实体

(7) 在缝合实体的上表面创建草图并绘出直径为 24mm 的圆，然后用拉伸切除完成操作，如图 4-8-8 所示。

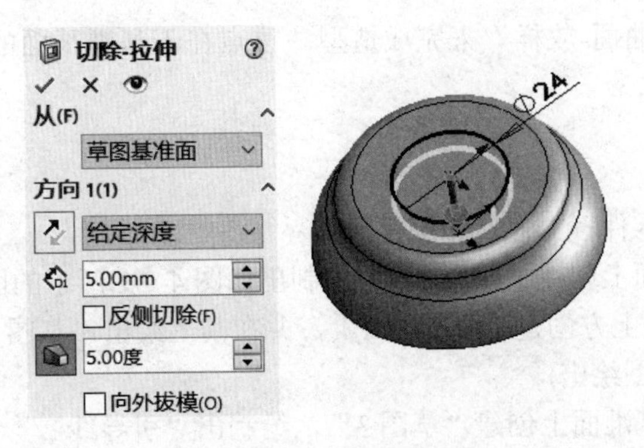

图 4-8-8　拉伸切除

说明：本例主要是为了讲解曲面扫描、平面区域、曲面缝合等指令。也可以通过特征放样完成实体特征造型。请读者仿照“草图 3”的制作过程自行在“草图 1”和“草图 2”的周围完成等距的其余 3 个草图(尺寸参见草图 3)，然后再拉伸切除上面的沉孔。

资料引入 4-8

具体内容请扫描右侧二维码。

项目 4.9　瓶底曲面造型

【学习目标】

通过本项目的学习，应能熟练掌握构建基准平面、曲面-放样、加厚曲面等命令的使用方法。瓶底曲面造型如图 4-9-1 所示。

截面线：小圆圆心(0,0,0)，直径ϕ20mm，大圆圆心(0,0,50)，直径ϕ90mm。

引导线：两引导线围绕 Z 轴成 45° 角，共 8 条将圆周平分。

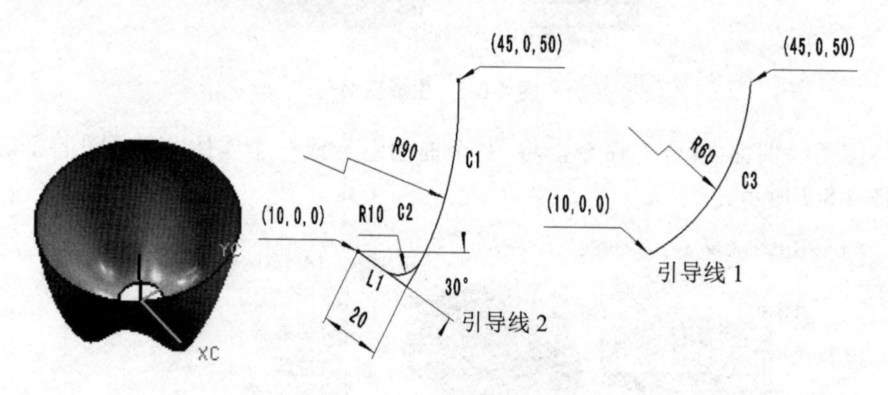

图 4-9-1　可乐瓶底与引导线

【学习要点】

构建基准平面、曲面-放样、加厚曲面。

【绘图思路】

本题主要应用“曲面-放样”来完成造型。重点在于基准平面的构建，具体请见绘图步骤。

【操作步骤】

(1) 新建一个“零件”文件，并保存。

在“前视”基准面上创建“草图 1”，绘制出如图 4-9-2 所示的图形。在距“前视”基准面 50mm 的 Z 轴正上方创建“基准面 1”，并在其上绘出“草图 2”，如图 4-9-3 所示(草图上的中心线请按图绘出)。

(2) 在“上视”基准面上创建“草图 3”，绘制出“引导线 2”，如图 4-9-4 所示。

同理，在“上视”基准面和“右视”基准面上绘出“引导线 2”的其他草图线，如

图 4-9-5 所示。作草图时可以直接捕捉在前面已作出的中心线上的交点。

(3) 用“三点方式”创建“基准面 2”；并在其上创建“草图 7”，绘制出“引导线 1”，如图 4-9-6 所示。

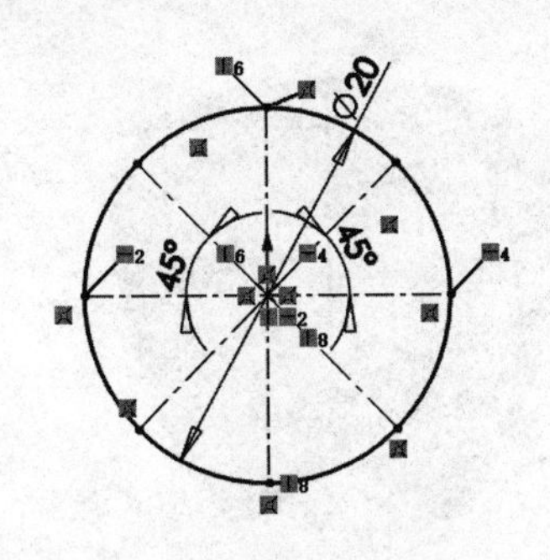

图 4-9-2　创建“草图 1”

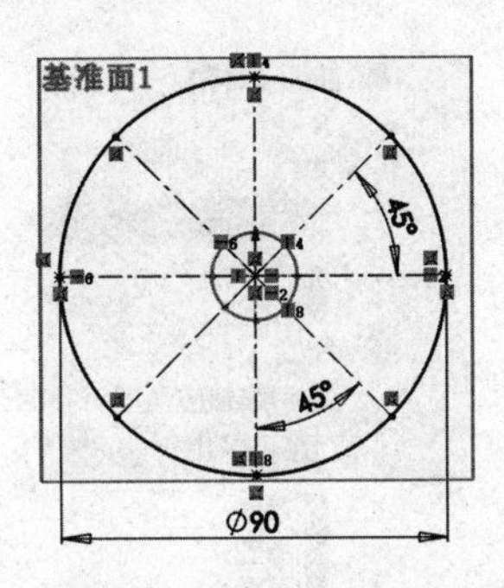

图 4-9-3　绘制“草图 2”

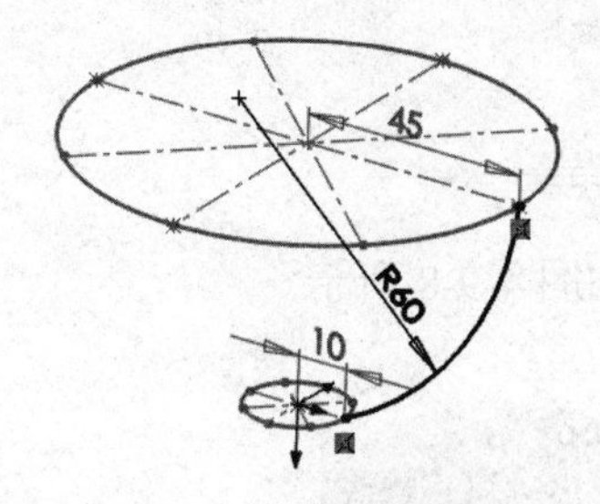

图 4-9-4　绘制“引导线 2”

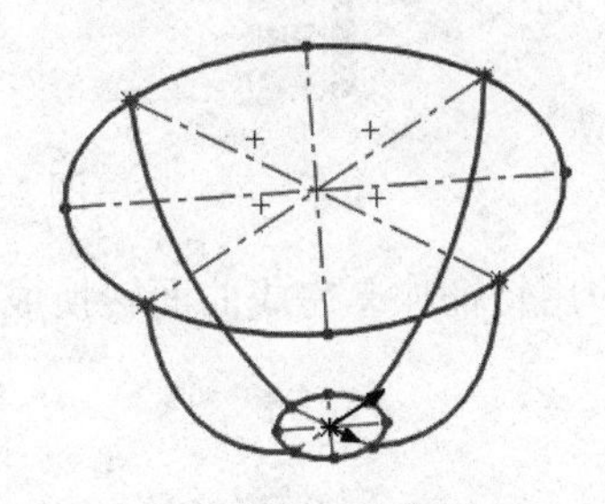

图 4-9-5　绘制“引导线 2”的其他草图线

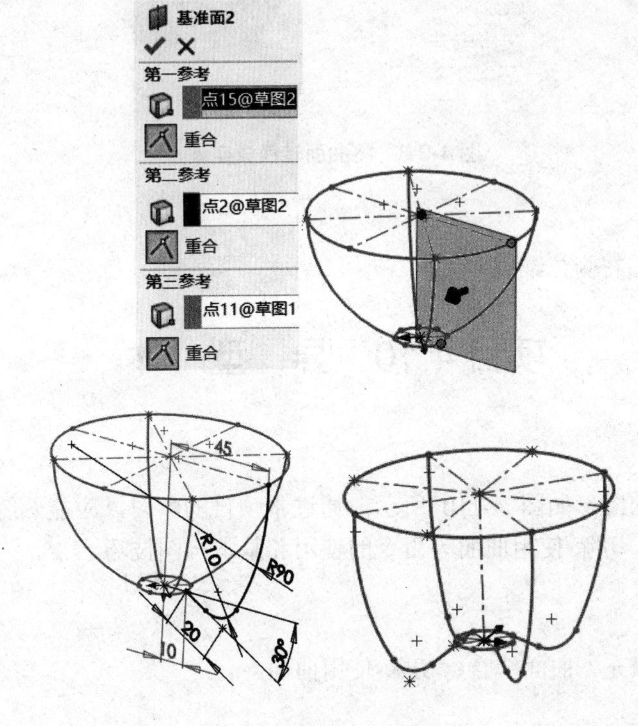

图 4-9-6　绘制“引导线 1”

同理，绘出“引导线 1”的其他草图线。

(4) 以“草图 1”和“草图 2”为截面线，以草图 3 至草图 10 作为引导线，进行曲面放样，单击“确定”按钮后的结果如图 4-9-7 所示。

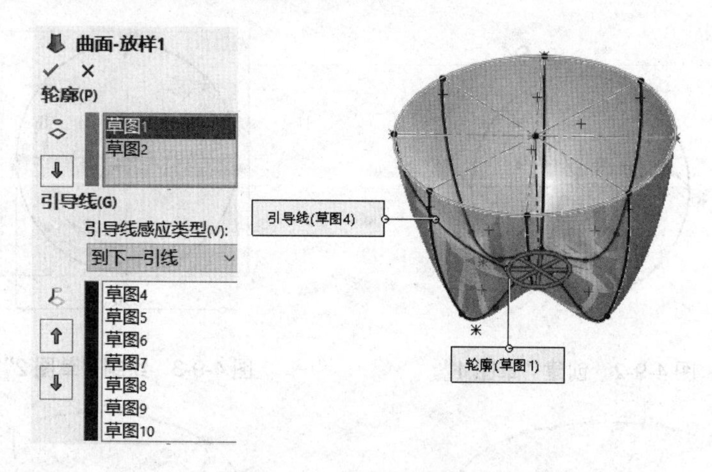

图 4-9-7　放样曲面结果

(5) 应用特征加厚完成曲面转换成实体，过程如图 4-9-8 所示。

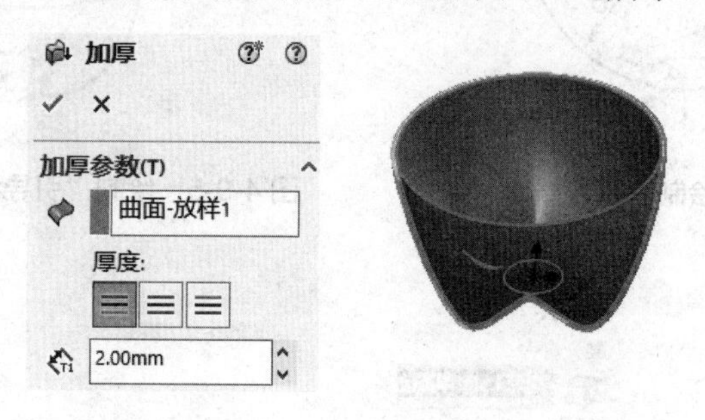

图 4-9-8　将曲面转换成实体

资料引入 4-9

具体内容请扫描右侧二维码。

项目 4.10　异　型　体

【学习目标】

本项目要完成的图形如图 4-110 所示。通过本项目的学习，应能熟练掌握拉伸体、曲面填充、曲面缝合、切除-使用曲面等命令的使用和基本构图技巧。

【学习要点】

拉伸体、曲面填充、曲面缝合、切除-使用曲面。

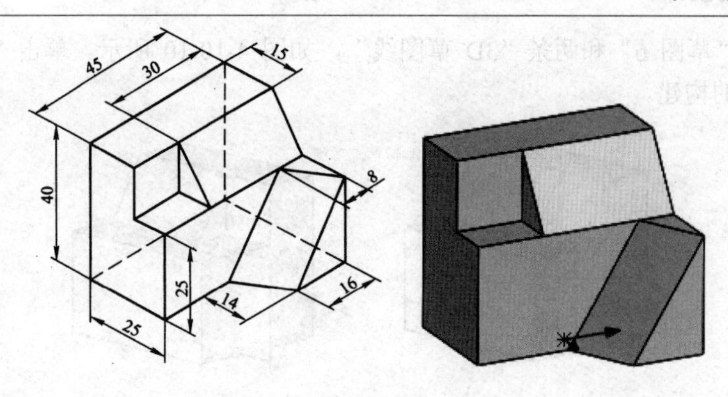

图 4-10-1 异型体示例

【绘图思路】

本题综合运用各种曲面和实体工具。主要有“拉伸基体”、“拉伸切除”、“曲面填充”、“曲面缝合”及“切除-使用曲面”，具体请见绘图步骤。

【操作步骤】

(1) 新建一个“零件”文件，并单击“保存”按钮。

(2) 创建实体。

① 在“前视”基准面上创建“草图 1”，绘制出如图 4-10-2 所示的图形，然后用特征工具栏中的 **拉伸** 图标，将其沿 Z 轴正向拉伸 40mm。

② 在拉伸体的左侧面上创建“草图 2”，绘制出如图 4-10-3 所示的图形，然后用特征工具栏中的 **切除-拉伸** 图标，将其沿 Y 轴正向拉伸 45mm。

③ 在拉伸体的左侧面上创建“草图 3”，绘制出如图 4-10-4 所示的图形，然后用特征工具栏中的 **切除-拉伸** 图标，将其沿 Y 轴正向拉伸 15mm。

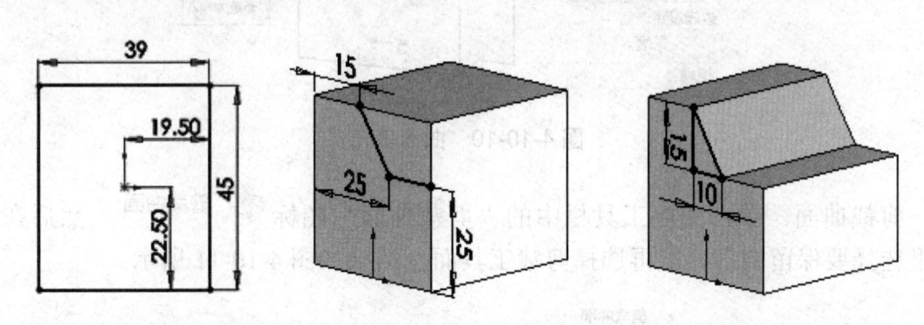

图 4-10-2 创建“草图 1” 图 4-10-3 创建“草图 2” 图 4-10-4 创建“草图 3”

④ 在拉伸体的左侧面上创建“草图 4”，绘制出如图 4-10-5 所示的图形，然后用曲面工具栏中的 **曲面-拉伸** 拉伸命令，将其沿 Y 轴正向拉伸 60mm。如图 4-10-6 所示。

⑤ 创建“草图 5”，如图 4-10-7 所示；在底面上创建“草图 6”，如图 4-10-8 所示。

⑥ 单击 3D 草图 按钮，再单击 按钮，将“草图 5”和“草图 6”对应的端点连起来，结果如图 4-10-9 所示。

(3) 单击曲面工具栏中的“曲面-填充”图标 **曲面填充**，然后在绘图区分别单击

“草图 5”、“草图 6”和两条“3D 草图线”，如图 4-10-10 所示。单击“确定”按钮，完成填充曲面的构建。

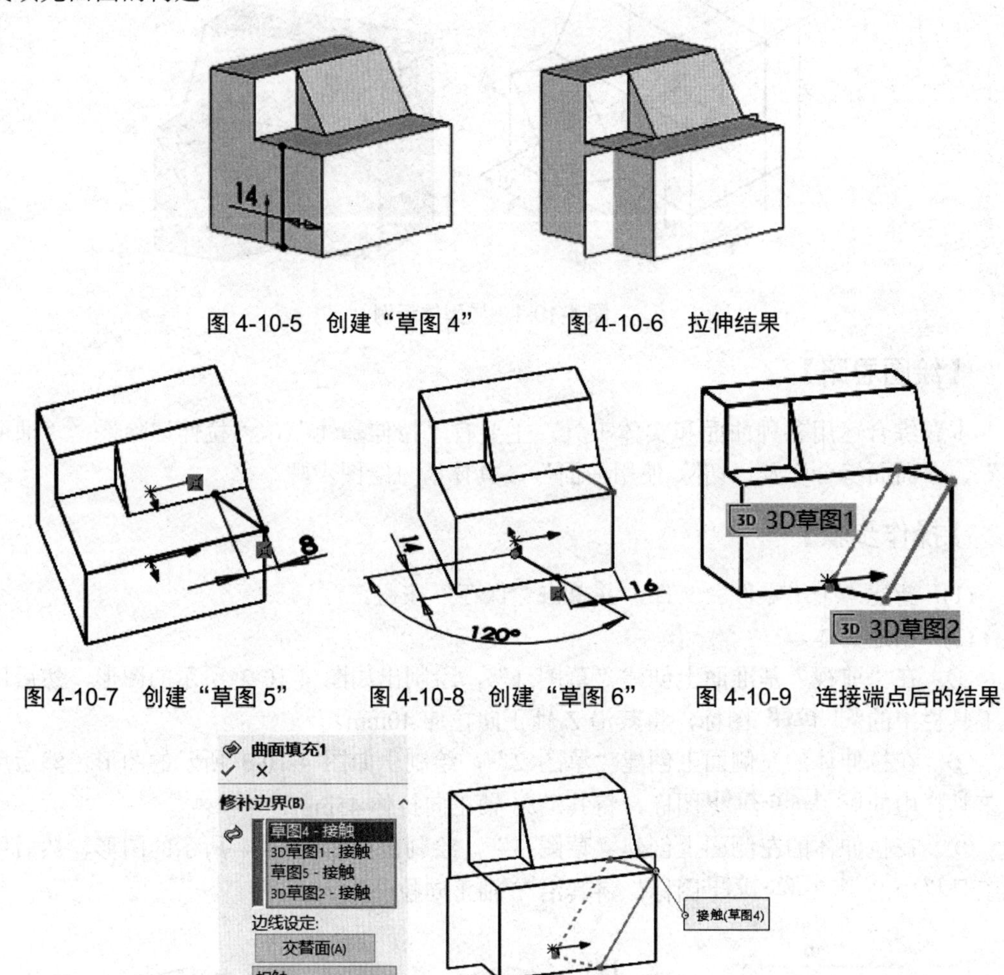

图 4-10-5　创建“草图 4”　　图 4-10-6　拉伸结果

图 4-10-7　创建“草图 5”　　图 4-10-8　创建“草图 6”　　图 4-10-9　连接端点后的结果

图 4-10-10　曲面填充

(4) 剪裁曲面。单击曲面工具栏中的“剪裁曲面”图标 剪裁曲面，然后在弹出的对话框里选择要保留的部分，再选择剪裁工具面，结果如图 4-10-11 所示。

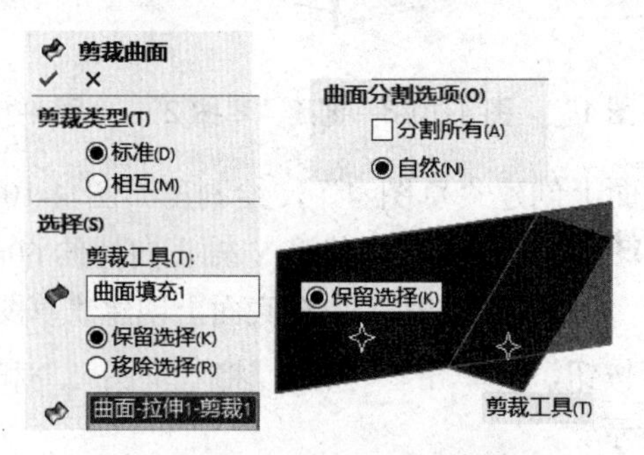

图 4-10-11　剪裁曲面的结果

(5) 缝合曲面。单击曲面工具栏中的“曲面-缝合”图标 曲面-缝合 ，然后在绘图区分别单击两个曲面，单击“确定”按钮完成，如图 4-10-12 所示。

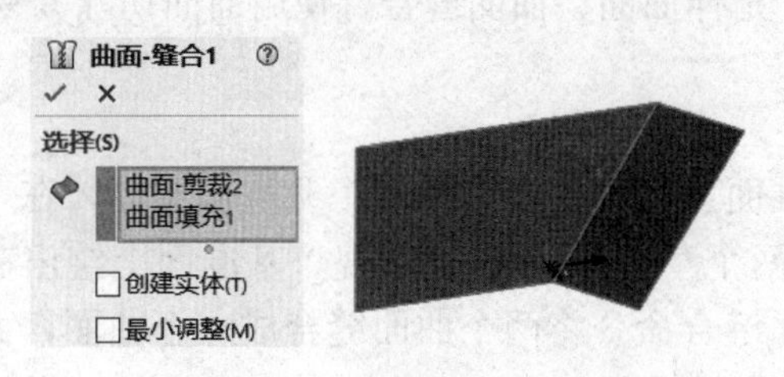

图 4-10-12 缝合曲面的结果

(6) 使用曲面切除实体。显示出实体，然后选择“插入”菜单中的“切除”命令下的 **使用曲面切除** 命令，单击缝合曲面，单击“确定”按钮完成，如图 4-10-13 所示。

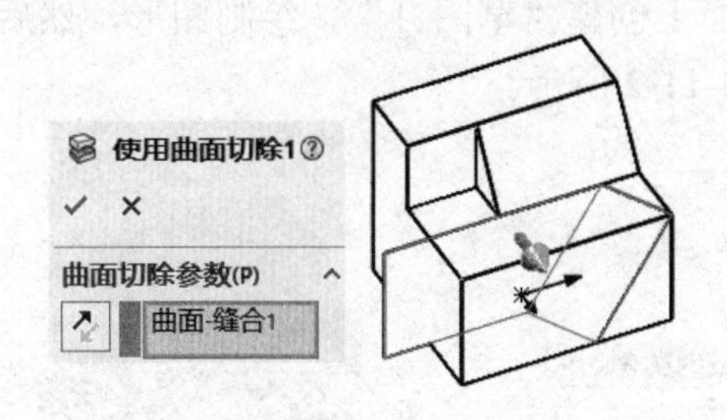

图 4-10-13 使用曲面切除实体

资料引入 4-10

具体内容请扫描右侧二维码。

项目 4.11 鼠 标

【学习目标】

本项目要完成的图形如图 4-11-1 所示。通过本项目的学习，应能熟练掌握拉伸体、扫描曲面、延伸曲面、曲面缝合、使用曲面切除、变半径倒圆角等命令的应用技巧。

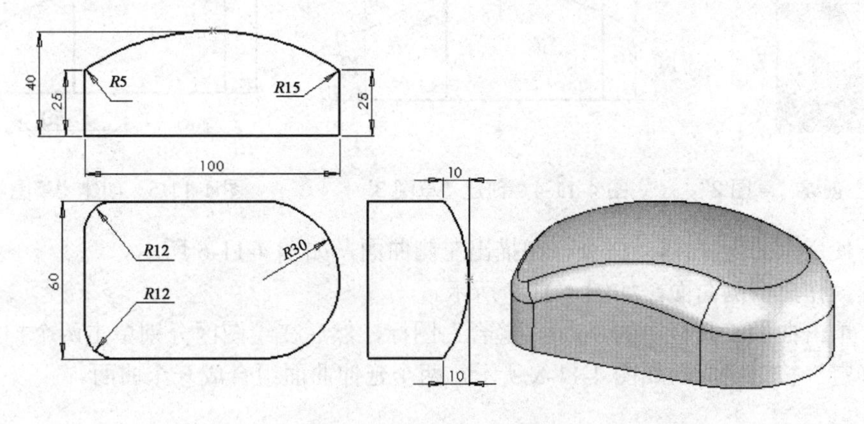

图 4-11-1 鼠标示例

【学习要点】

拉伸体、扫描曲面、延伸曲面、曲面缝合、使用曲面切除、变半径倒圆角。

【绘图思路】

首先在“前视”基准面上绘出主视图草图，并拉伸实体，在“上视”基准面上绘出扫描引导线草图(分开作为两个草图)，再在“右视”基准面上绘出截面草图，应用两次扫描生成扫描曲面，使用曲面缝合命令将两个曲面缝合成一个曲面，并用它去裁剪拉伸体，最后应用变半径倒圆角命令完成造型。

【操作步骤】

(1) 新建一个“零件”文件，并保存。

(2) 在“前视”基准面上创建“草图 1”，绘制图形，然后应用拉伸命令，将其沿 Z 轴正向拉伸 50mm，如图 4-11-2 所示。

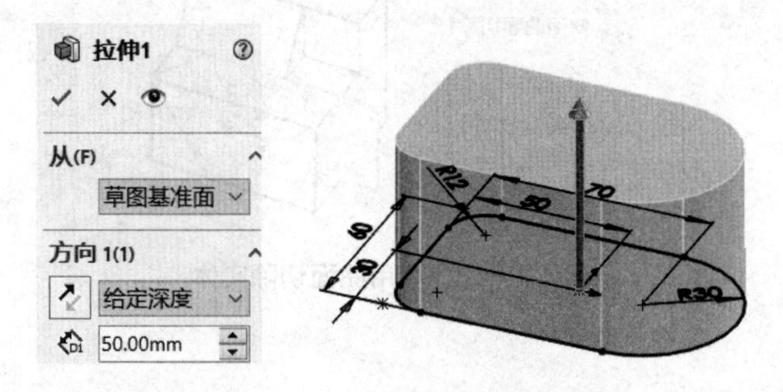

图 4-11-2 创建“草图 1”并拉伸

(3) 在“右视”基准面上创建“草图 2”，绘制出如图 4-11-3 所示的图形(两端点添加垂直关系)；在“上视”基准面上创建“草图 3”，绘制出如图 4-11-4 所示的图形(与虚线圆弧添加等圆关系)；在“上视”基准面上创建“草图 4”，绘制出如图 4-11-5 所示的图形(上端点要添加穿透及相切关系)。

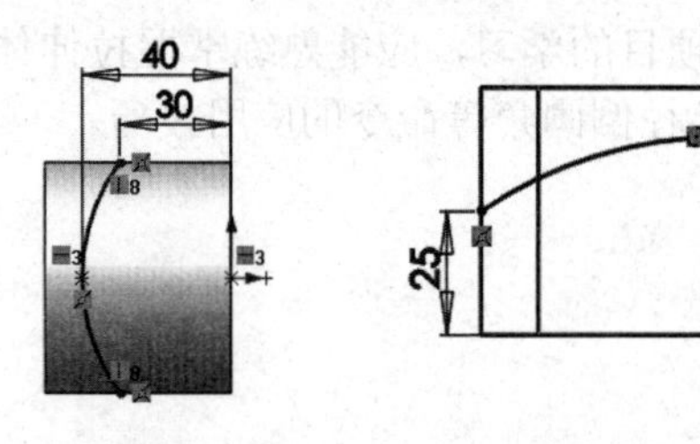

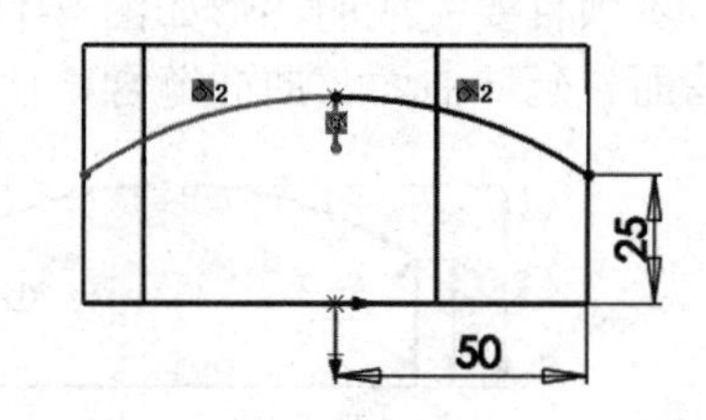

图 4-11-3 创建“草图 2” 图 4-11-4 创建“草图 3” 图 4-11-5 创建“草图 4”

(4) 使用“曲面-扫描”命令，扫描出左侧曲面，如图 4-11-6 所示。

同理，作出右侧曲面，如图 4-11-7 所示。

(5) 单击曲面工具栏中的“曲面-缝合”图标，然后在绘图区分别单击两个扫描曲面，单击“确定”按钮完成。如图 4-11-8 所示，两个延伸曲面组合成一个曲面。

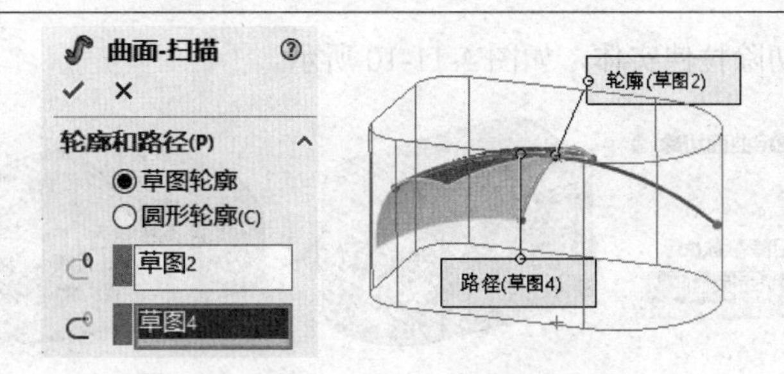

图 4-11-6　曲面-扫描左侧曲面

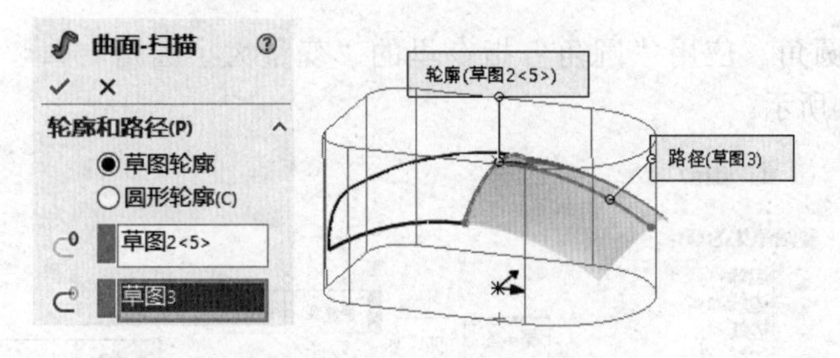

图 4-11-7　曲面-扫描右侧曲面

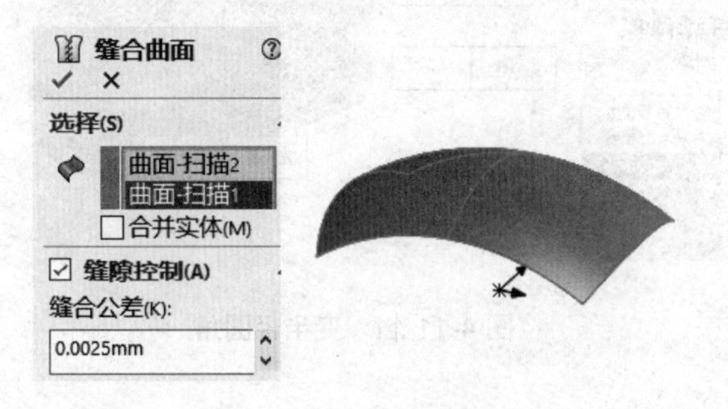

图 4-11-8　曲面-缝合

(6) 延伸曲面。使用“延伸曲面”命令，对缝合曲面进行延伸，使曲面超过拉伸体，如图 4-11-9 所示。

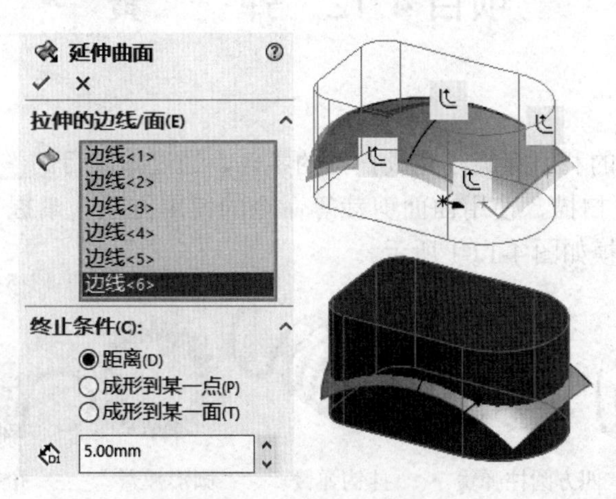

图 4-11-9　对曲面进行延伸

(7) 使用曲面切除拉伸实体，如图 4-11-10 所示。

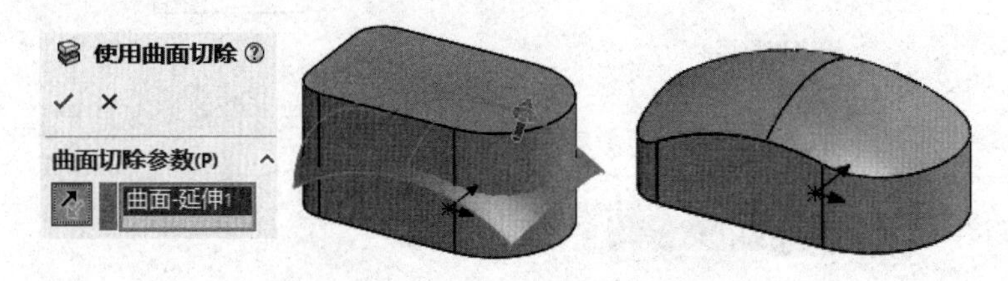

图 4-11-10 使用曲面切除拉伸实体

(8) 变半径圆角。应用“圆角”指令里的“变量大小圆角”，完成变半径倒圆角，如图 4-11-11 所示。

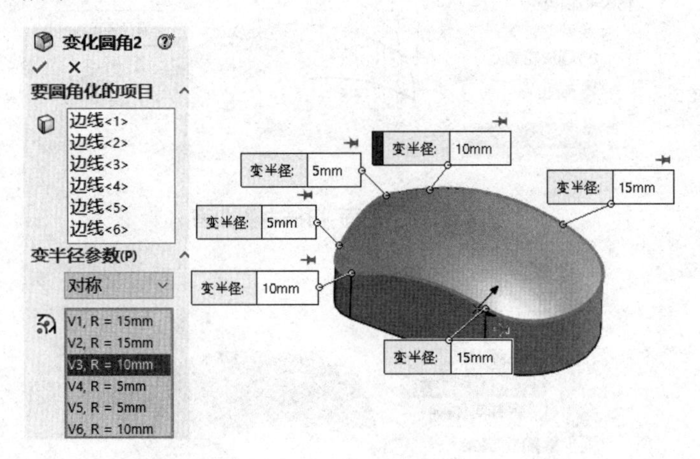

图 4-11-11 变半径圆角

资料引入 4-11

具体内容请扫描右侧二维码。

项目 4.12 弹 簧

【学习目标】

弹簧零件是典型的利用螺旋线完成扫描的零件，通过本项目的学习，应能熟练掌握螺旋曲线、交叉曲线、扫描、使用曲面剪裁等命令的使用方法，掌握三维建模的基本构图技巧。常见的弹簧建模如图 4-12-1 所示。

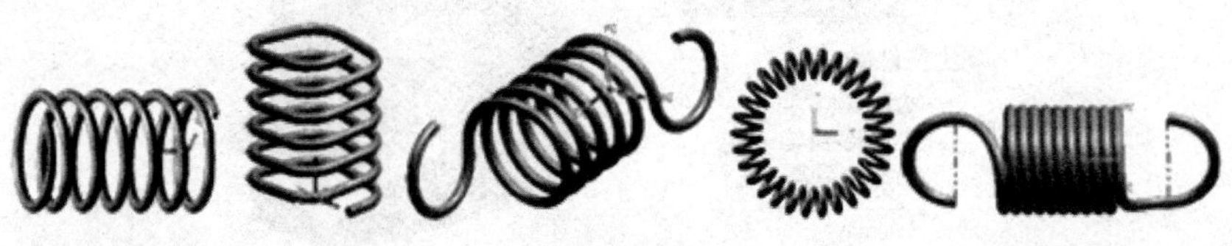

图 4-12-1 弹簧建模图

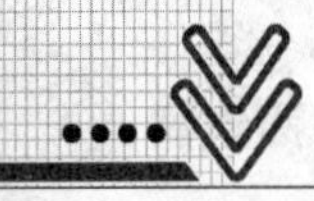

【学习要点】

螺旋曲线、交叉曲线、扫描、使用曲面剪裁。

1. 平顶弹簧

绘图思路如下。

首先必须完成一条螺旋线，然后使用螺旋线作为扫描路径完成扫描。压缩弹簧应该是中间螺距大，两端螺距小，因此本例使用变螺距螺旋线来实现，如图 4-12-2 所示。

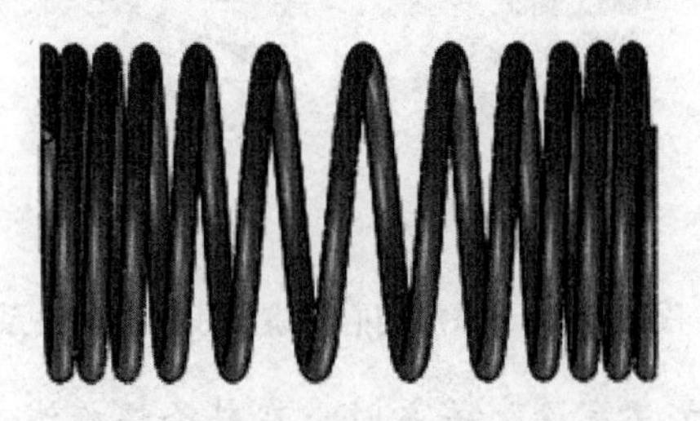

图 4-12-2　变螺距螺旋线表示的弹簧

操作步骤如下。

(1) 在“前视”基准面上绘出直径 15mm 的草图圆；然后再制作可变螺距的螺旋线，如图 4-12-3 和图 4-12-4 所示。

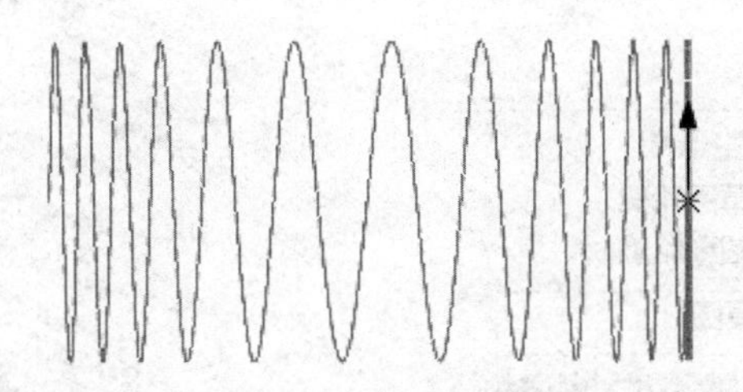

图 4-12-3　螺旋线结果图

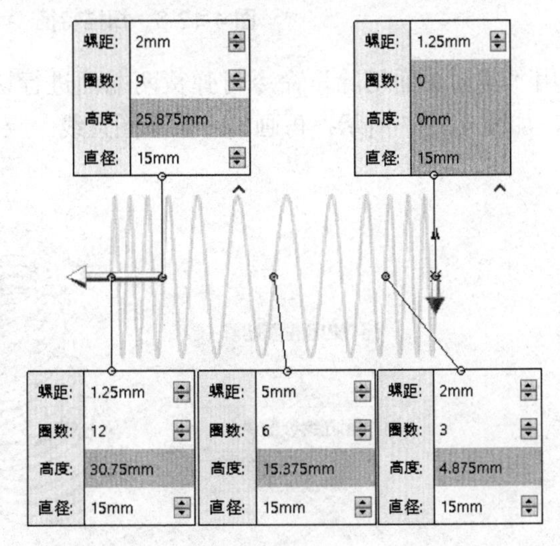

图 4-12-4　绘制螺旋线参数设置

(2) 在“上视”基准面上绘制草图圆，并添加圆心与螺旋线的“穿透”关系。

建立“穿透”关系：选择圆心，然后按住 Ctrl 键，在靠近螺旋线起点的位置单击螺旋线，在弹出的对话框中选择“穿透”几何关系，使圆心与螺旋线穿透，如图 4-12-5 所示。

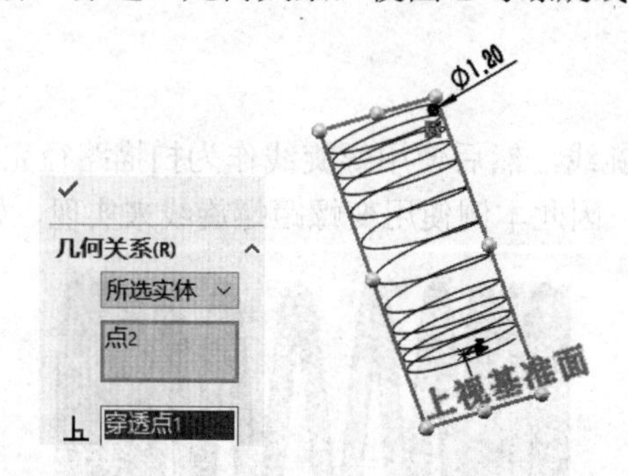

图 4-12-5 添加圆心与螺旋线的穿透关系

注意：螺旋线和点建立“穿透”关系时，在整条螺旋线上可以使圆心重合于多个位置。所以在“靠近螺旋线起点的位置”选择螺旋线，其目的是使圆心与螺旋线起点重合。

(3) 扫描特征。应用扫描指令生成实体特征，如图 4-12-6 所示。

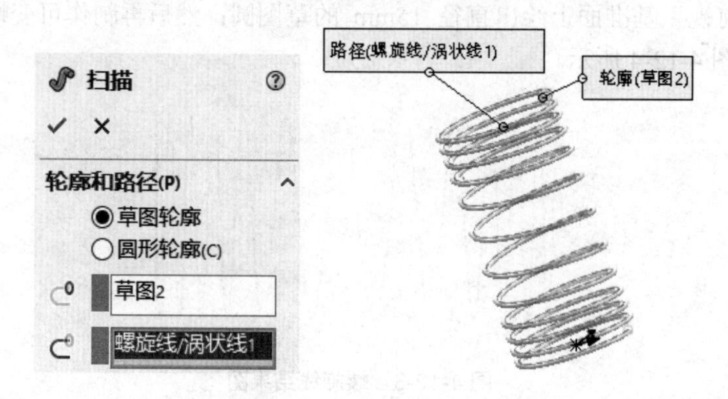

图 4-12-6 扫描特征

(4) 应用“使用曲面切除”命令对弹簧两端面进行切除。首先使用前视基准面将实体下端面切除，如图 4-12-7 所示；再画出一条草图直线，应用草图线切除上端面，如图 4-12-8 所示。

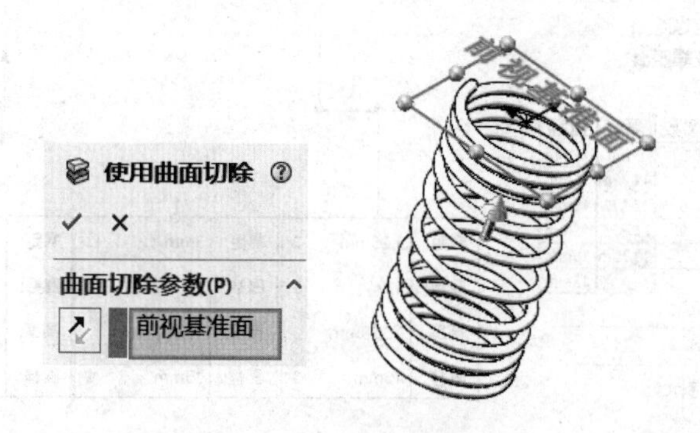

图 4-12-7 使用基面切除扫描实体

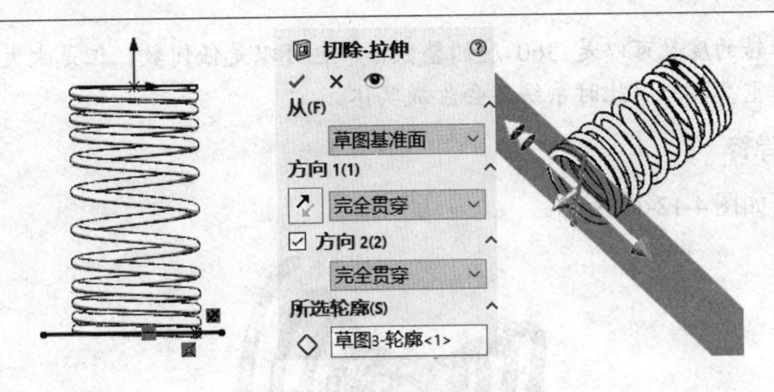

图 4-12-8　使用开环草图切除

2. 圆形弹簧

圆形弹簧如图 4-12-9 所示。

绘图思路：

(1) 创建两个草图圆。

(2) “扫描/沿路径扭转”造型。

操作步骤如下。

(1) 在“前视”基准面上创建两个草图，如图 4-12-10 所示。

(2) 在“扫描”对话框中选择“沿路径扭转”选项完成造型，具体过程参数如图 4-12-11 所示。

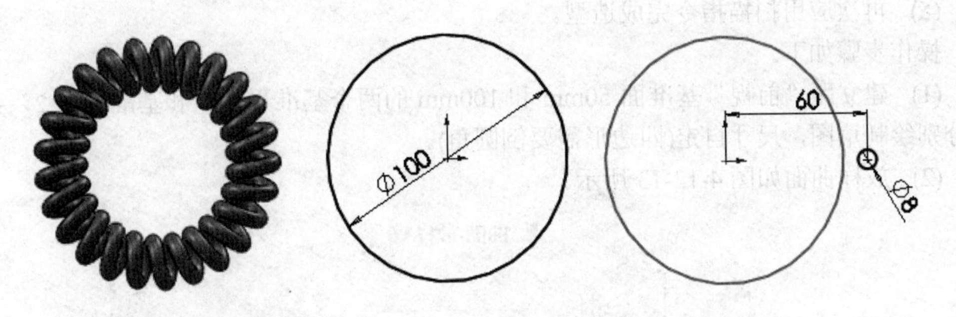

图 4-12-9　圆形弹簧　　　　图 4-12-10　创建两个草图

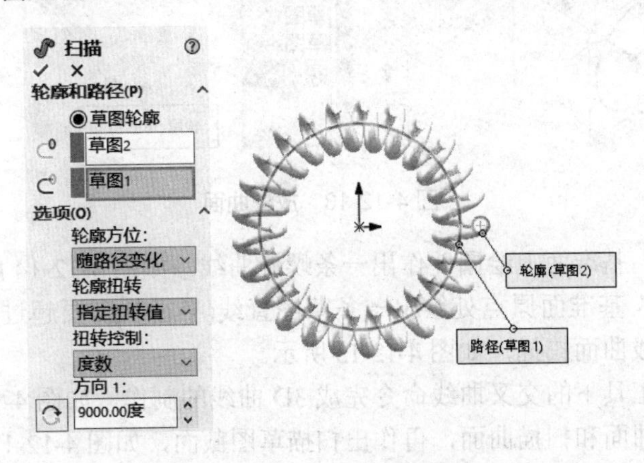

图 4-12-11　完成的造型

注意：扭转的度数可以是 360 度的整数倍，也可以是任何数，但是太大的数值将导致欲生成的实体重叠，所以此时系统不会生成实体。

3. 变形弹簧

变形弹簧如图 4-12-12 所示。

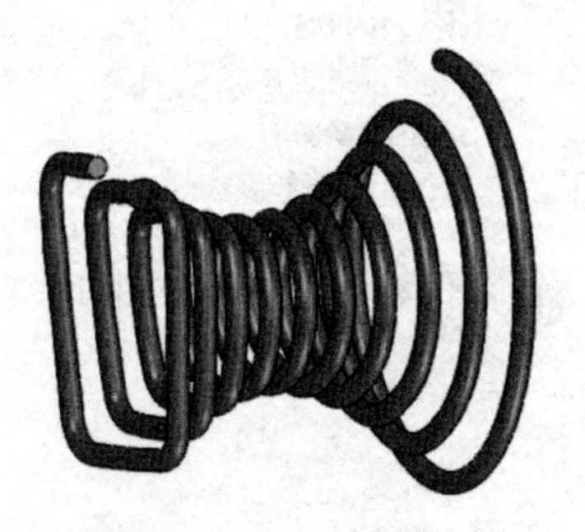

图 4-12-12　变形弹簧

绘图思路：

(1) 绘出 3 个草图。

(2) 利用曲面放样，由 3 个草图放样出曲面。

(3) 生成扫描曲面。

(4) 制作交叉曲线。

(5) 再次应用扫描指令完成造型。

操作步骤如下。

(1) 建立距“前视”基准面 50mm 和 100mm 的两个基准平面 1 和基准平面 2，并在其上分别绘制草图，尺寸自定(四边形需要倒圆角)。

(2) 放样曲面如图 4-12-13 所示。

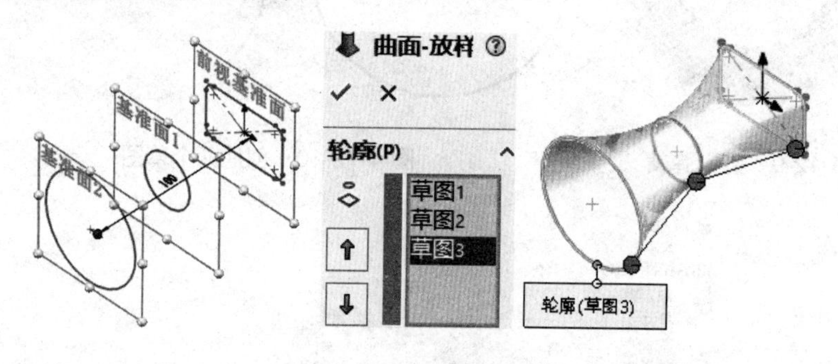

图 4-12-13　放样曲面

(3) 在“前视”基准面上绘圆并作出一条螺旋曲线，如图 4-12-14 所示。

(4) 在“前视”基准面原点处绘出一条草图直线(半径长度要超过放样曲面)，然后利用螺旋线和直线完成曲面扫描，如图 4-12-15 所示。

(5) 利用草图工具下的交叉曲线命令完成 3D 曲线的制作，如图 4-12-16 所示。

(6) 隐藏放样曲面和扫描曲面，再作出扫描草图截面，如图 4-12-17 所示。

(7) 扫描。通过扫描特征指令，完成造型，如图 4-12-18 所示。

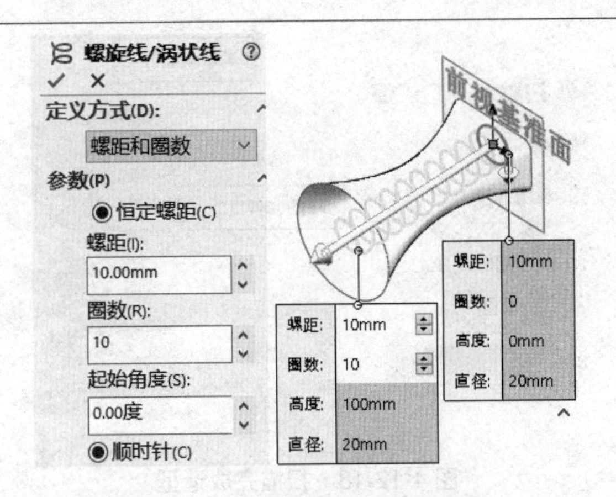

图 4-12-14　作出一条螺旋曲线

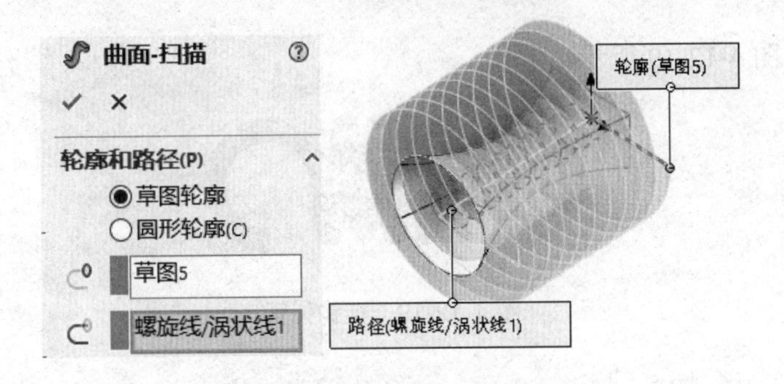

图 4-12-15　完成的曲面扫描

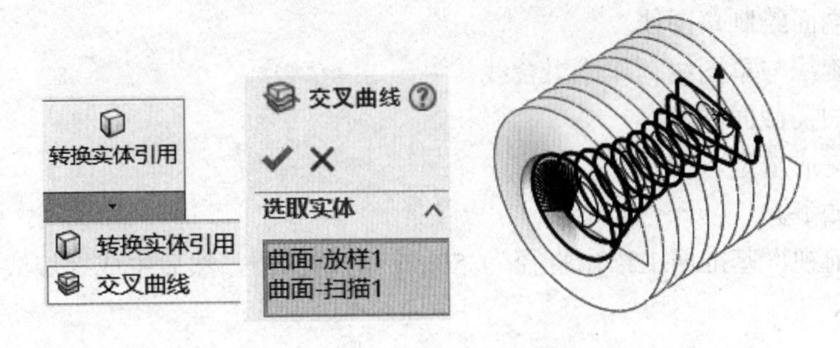

图 4-12-16　完成 3D 曲线的制作

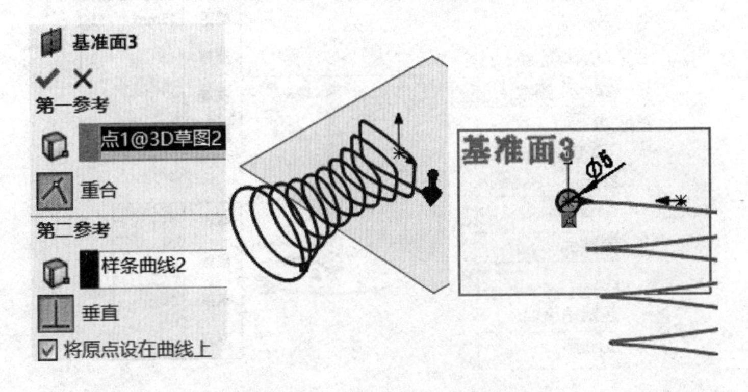

图 4-12-17　作出扫描草图截面

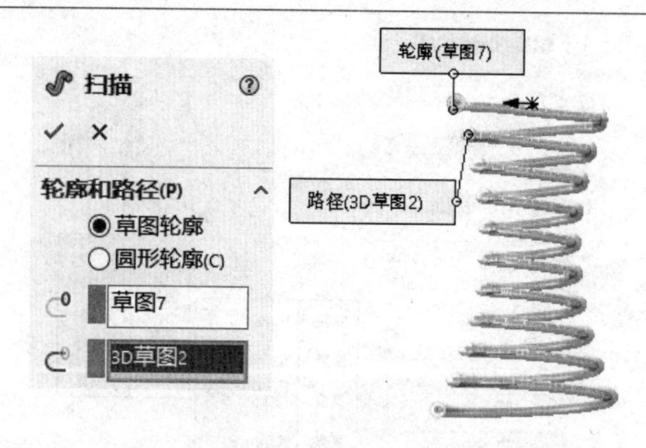

图 4-12-18　扫描完成造型

4. 挂钩弹簧

挂钩弹簧如图 4-12-19 所示。

图 4-12-19　挂钩弹簧

绘图思路：

(1) 绘出螺旋线。

(2) 在两端面绘制草图线。

(3) 将螺旋线与草图线制作成组合线。

(4) 制作扫描截面圆。

(5) 扫描完成造型。

操作步骤如下。

(1) 在“前视”基准面上绘出直径为 50mm 的草图圆，然后生成螺旋线，参数设置如图 4-12-20 所示。

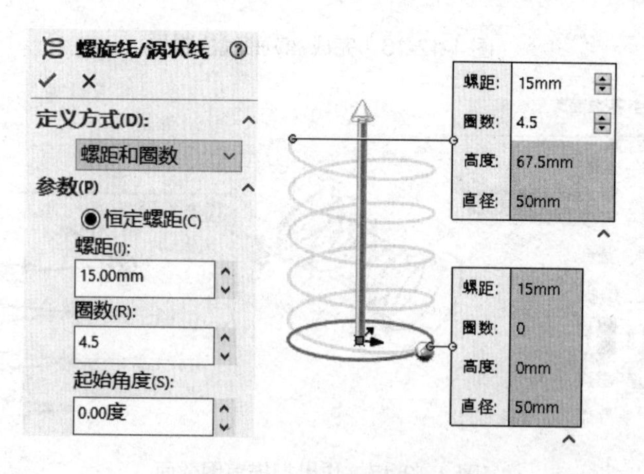

图 4-12-20　螺旋线参数设置

(2) 创建基准平面，基准面 1 距“右视”基准面向左等距 25mm，基准面 2 距“右视”基准面向右等距 25mm，如图 4-12-21 所示。

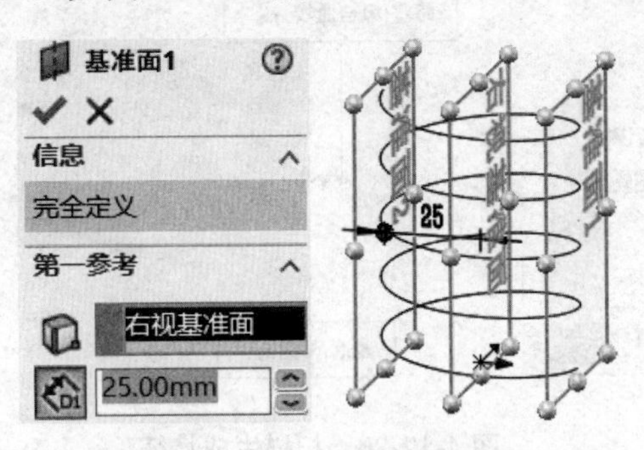

图 4-12-21 创建基准平面

(3) 在基准面 1 和基准面 2 上分别创建草图 2 和草图 3，如图 4-12-22 所示。

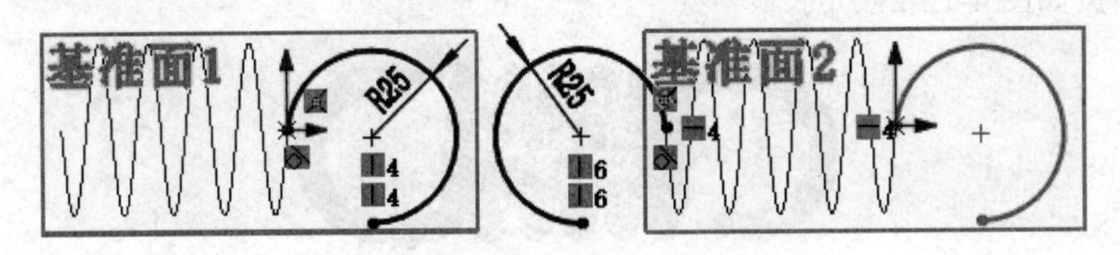

图 4-12-22 在基准平面上创建草图

(4) 通过组合曲线指令创建组合曲线，如图 4-12-23 所示。

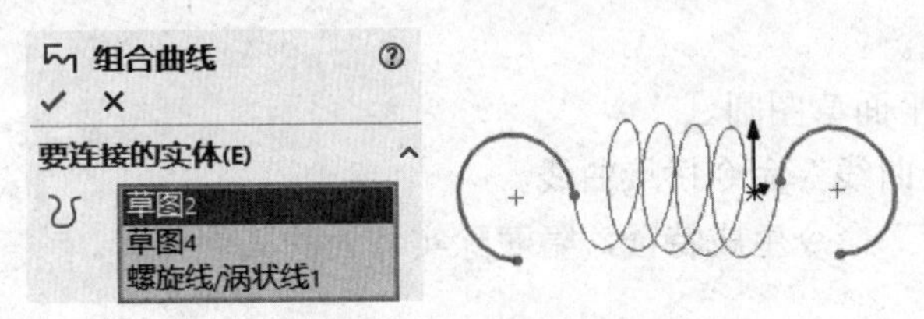

图 4-12-23 组合曲线

(5) 创建过组合线端点且垂直曲线的基准平面 3，如图 4-12-24 所示。
(6) 在基准平面 3 上作扫描截面草图圆，如图 4-12-25 所示。

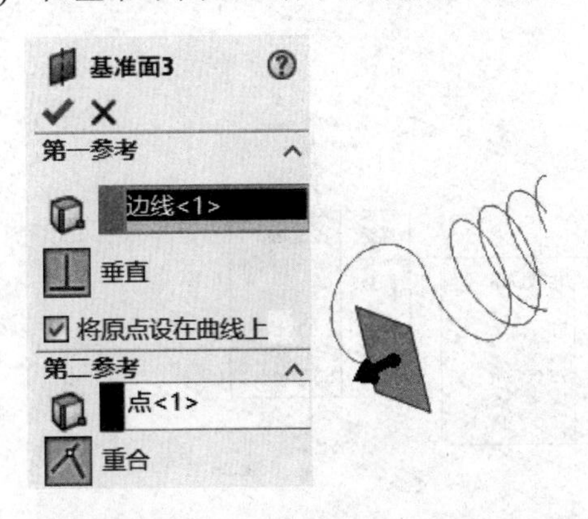

图 4-12-24 创建基准平面 3

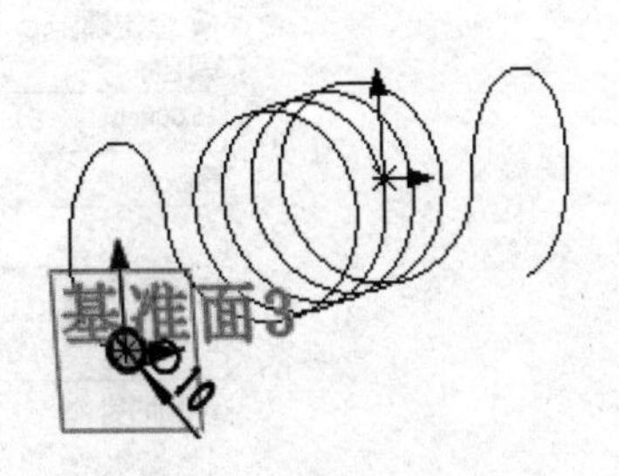

图 4-12-25 创建草图圆

(7) 扫描生成特征如图 4-12-26 所示。

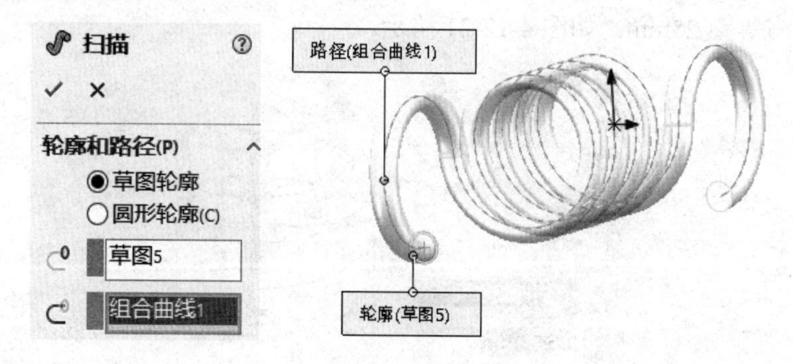

图 4-12-26 扫描生成特征

5. 扭钩弹簧

扭钩弹簧如图 4-12-27 所示。

图 4-12-27 扭钩弹簧

绘图思路：

(1) 绘出螺旋线。

(2) 绘出 YOZ 平面草图圆。

(3) 利用“桥接曲线”命令桥接曲线。

(4) 利用“软管”命令生成特征，隐藏除实体处的其他图素。

操作步骤如下。

(1) 在“前视”基准面上绘出直径为 50mm 的圆，然后生成螺旋线，参数如图 4-12-28 所示。

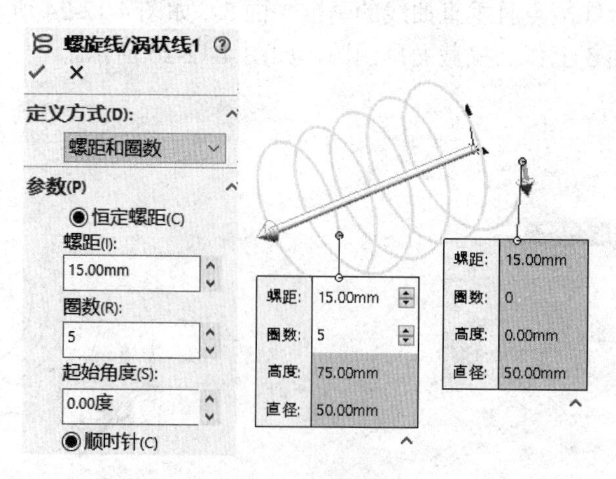

图 4-12-28 生成螺旋线

(2) 在“上视”基准面上创建“草图 2”，如图 4-12-29 所示。再由“草图 2”及“前视”基准面创建基准面 1，如图 4-12-30 所示。

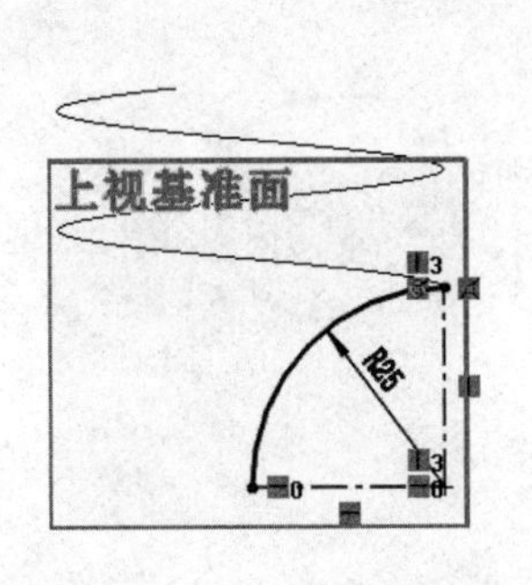

图 4-12-29　创建“草图 2”

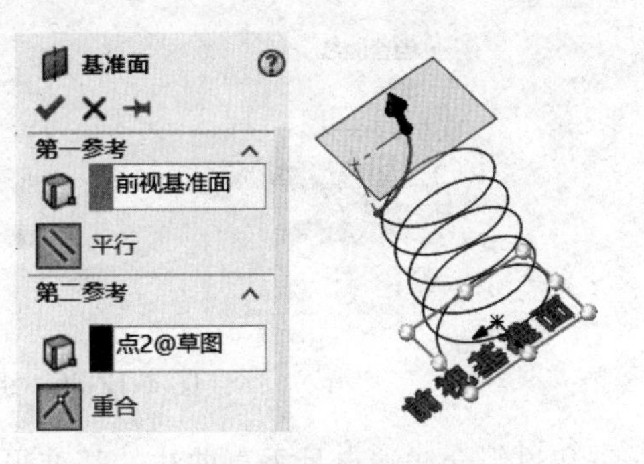

图 4-12-30　创建基准平面 1

(3) 在基准面 1 上作草图 3，如图 4-12-31 所示；然后应用曲线工具栏中的“投影曲线”命令作出如图 4-12-32 所示的曲线图形。

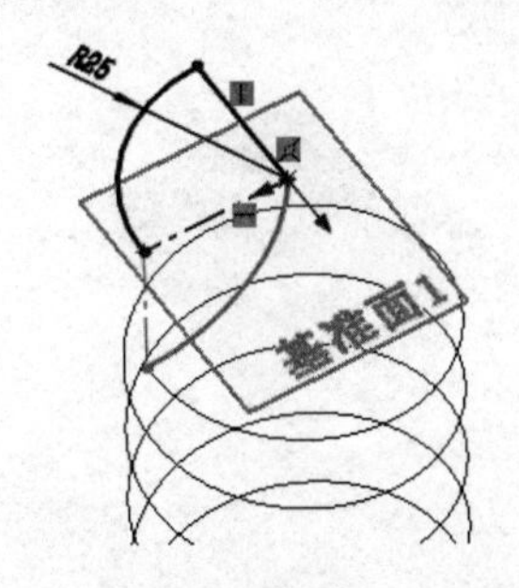

图 4-12-31　在基准面 1 上作“草图 3”

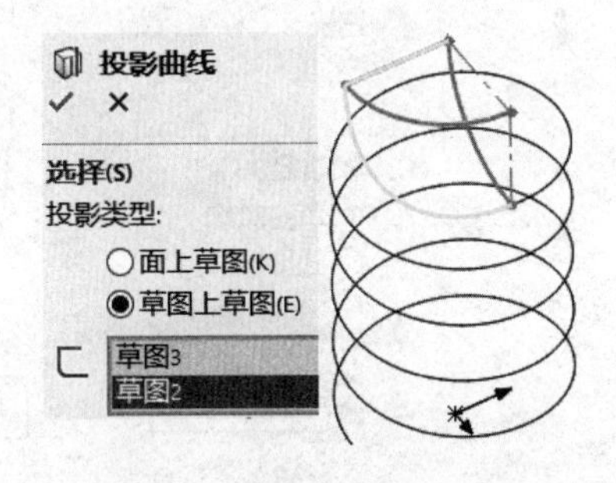

图 4-12-32　作投影曲线

(4) 在“右视”基准面上创建“草图 4”，如图 4-12-33 所示。

提示：在作草图时要合理添加草图与投影线的穿透及相切关系。

(5) 同理，作出螺旋线下端面处的草图 5 和草图 6，并生成投影曲线，如图 4-12-34 所示。在“右视”基准面上创建“草图 7”(过程同草图 4)。

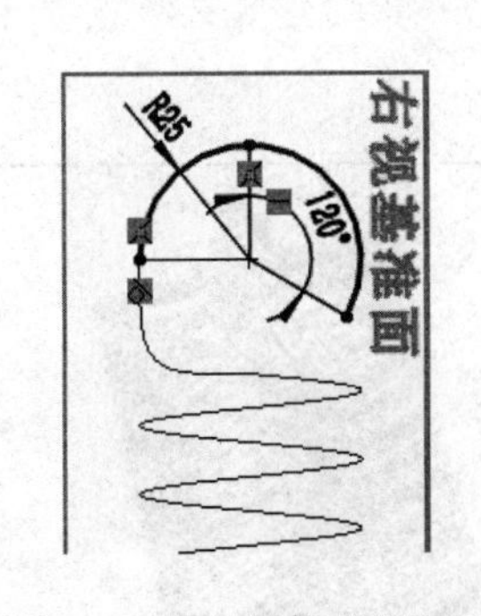

图 4-12-33　创建“草图 4”

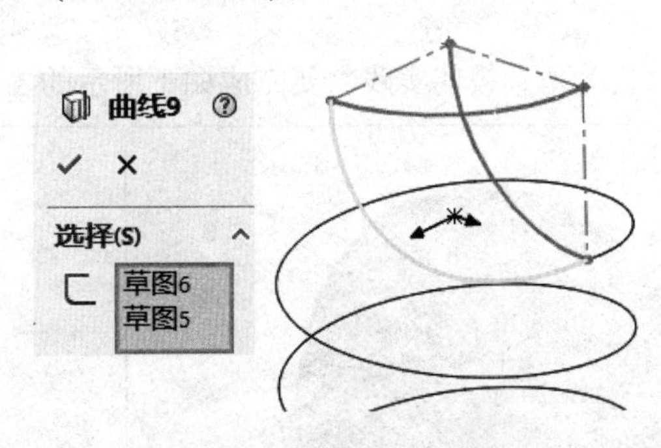

图 4-12-34　再次生成投影曲线

提示：在作草图时合理添加草图与投影线的穿透及相切关系，并把“草图 3”、“草图 4”的圆弧设为“全等关系”。

(6) 将螺旋线、两条投影曲线及草图 4 和草图 7，应用“组合曲线”组合成一条曲线，如图 4-12-35 所示。

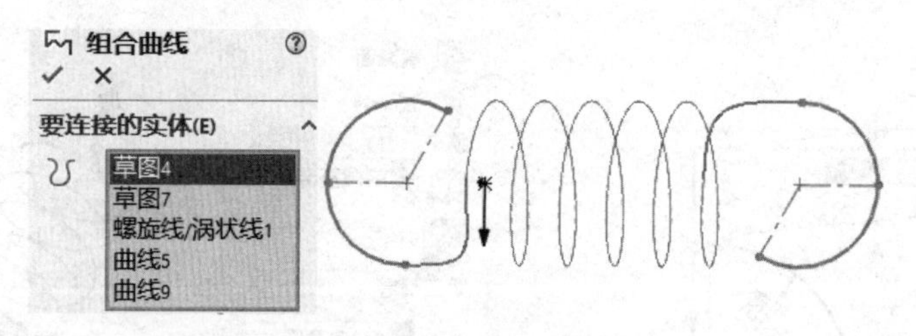

图 4-12-35 组合曲线

(7) 创建过组合线端点且垂直曲线的基准平面。

在基准平面上作扫描截面草图圆；扫描生成特征，如图 4-12-36 所示。

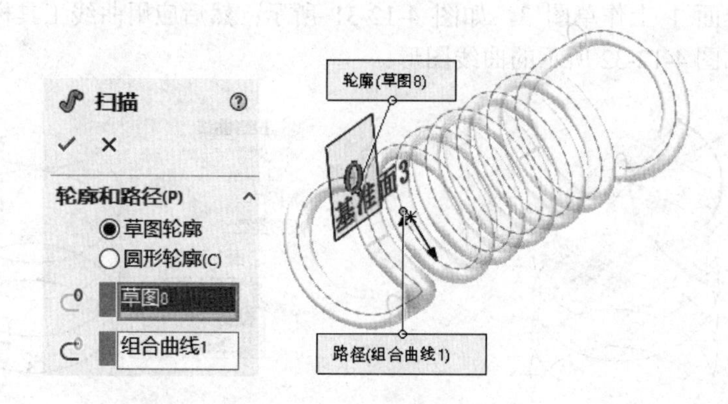

图 4-12-36 扫描生成特征

资料引入 4-12

具体内容请扫描右侧二维码。

项目 4.13 技 能 实 战

本项目作为本章技能实践，要完成如下所示的各个图形。

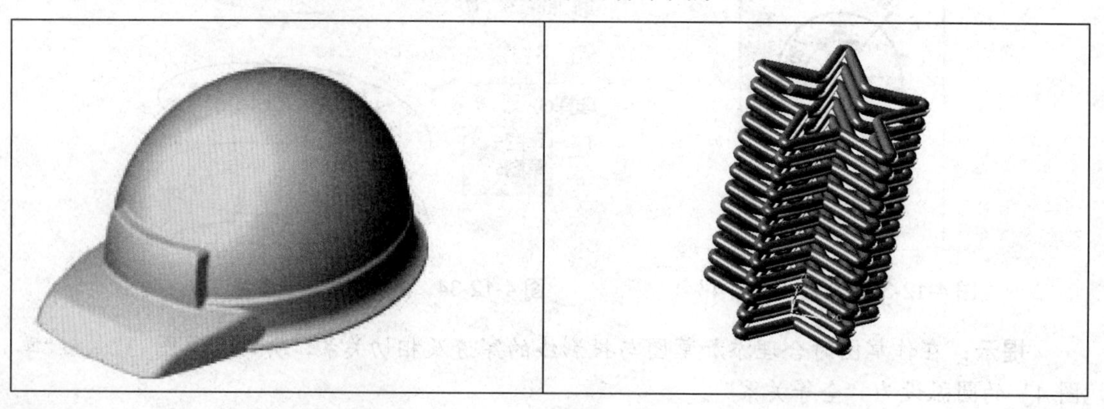

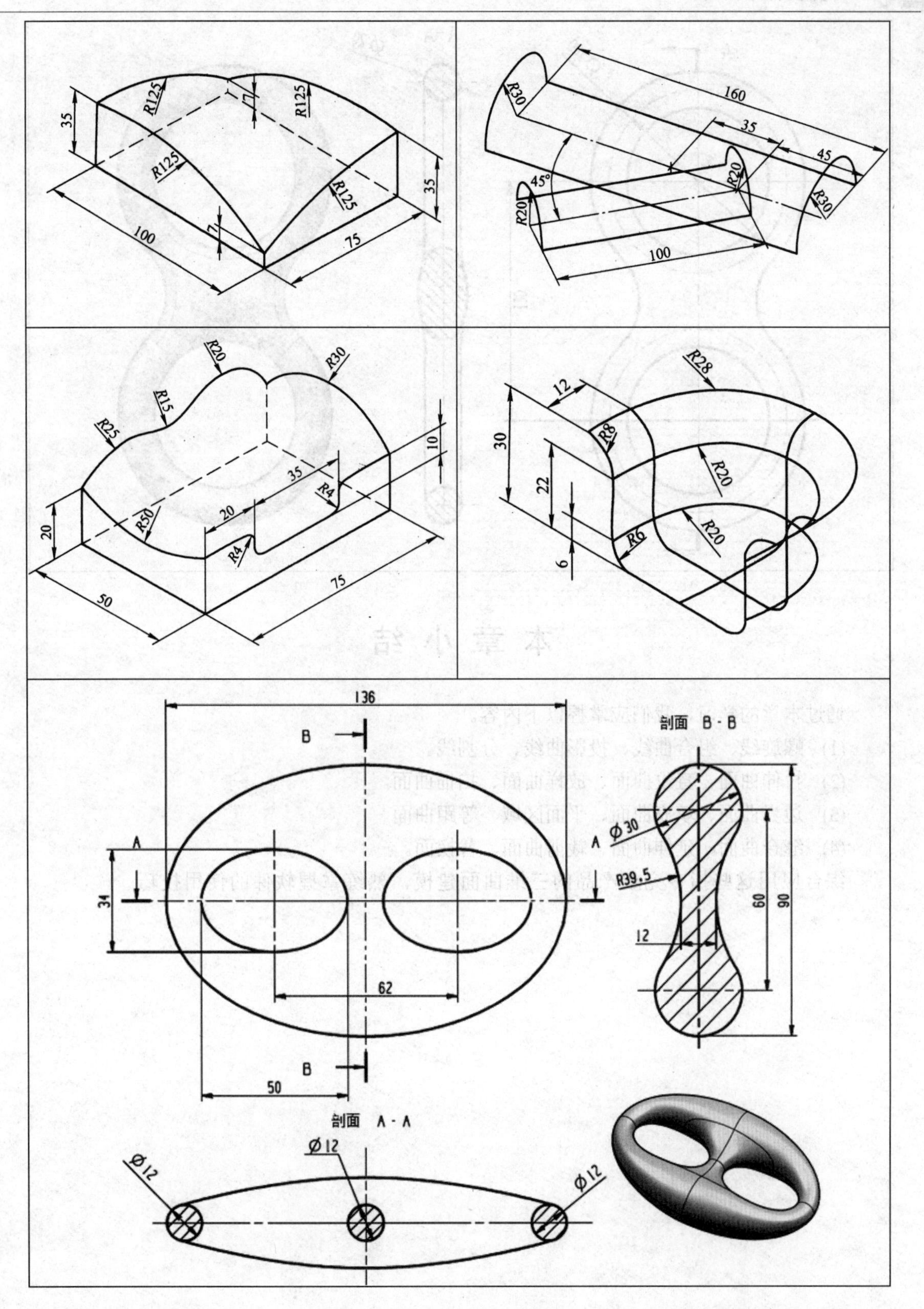

R125
35
R125
R125
R125
7
7
35
100
75
R30
160
35
45
45°
R20
R20
R30
100
R20
R30
R15
R25
10
35
R4
20
R50
20
R4
50
75
R28
12
R8
30
22
R20
R20
R6
6
136
B
剖面　B - B
A
A
Ø 30
R39.5
34
60
90
12
62
B
50
剖面　A - A
Ø 12
Ø 12
Ø 12

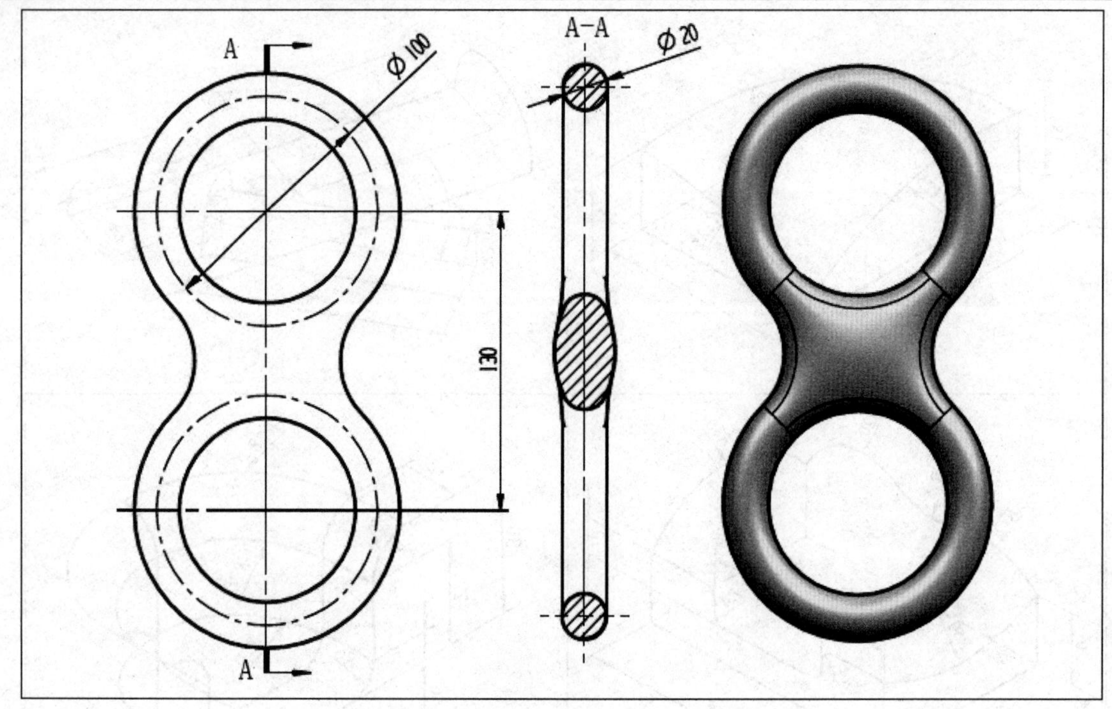

本 章 小 结

通过本章的学习，我们应掌握以下内容。

(1) 螺旋线、组合曲线、投影曲线、分割线。

(2) 拉伸曲面、直纹曲面、放样曲面、扫描曲面。

(3) 边界曲面、填充曲面、平面区域、等距曲面。

(4) 缝合曲面、延伸曲面、裁剪曲面、替换面。

综合应用这些指令完成产品的三维曲面建模，熟练掌握软件的使用技巧。

第5章　复杂特征-曲面建模

本章要点

- 交叉线、分割线、组合线、投影线、螺旋线
- 拉伸、旋转、扫描、放样特征/曲面
- 孔向导、圆角、倒角、阵列、镜像、抽壳
- 筋、分割、圆顶、包覆、组合
- 多实体的设计方法和应用

通过本书前面章节的学习，读者已经掌握了三维设计中绘制草图和常用特征建立的方法，可以完成简单的三维零件建模。

本章将综合应用前面所学知识，进一步学习繁杂零件的三维建模方法。这些方法将指导读者应用 Solidworks 构建复杂模型，提高设计效率，完成特殊零件的设计。

项目5.1　流　线　槽

【学习目标】

本项目要完成的图形如图 5-1-1 所示。通过本项目的学习，应能熟练掌握拉伸基体、放样切除等命令的使用方法及操作过程，掌握三维建模的构图技巧。

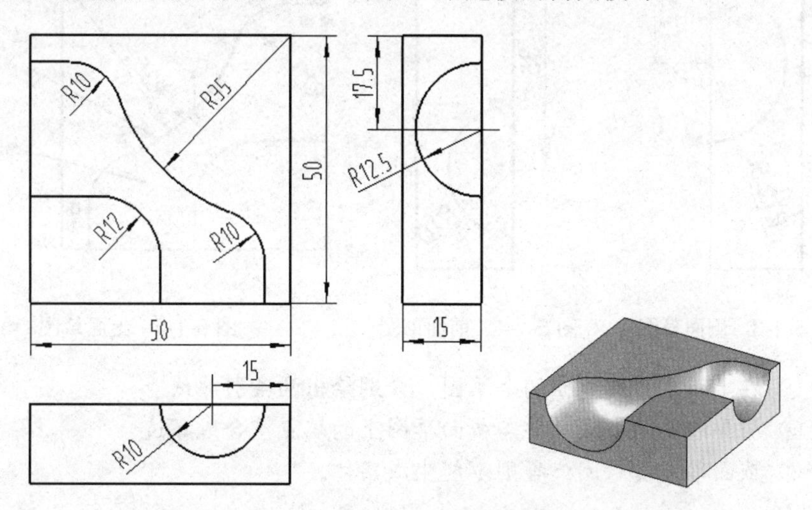

图 5-1-1　流线槽建模示例

【学习要点】

拉伸基体、放样切除、曲面放样、使用曲面切除等指令。

【绘图思路】

首先绘出草图并拉伸长方体，再利用放样切除命令完成对长方体的修剪。

【操作步骤】

(1) 新建一个“零件”文件，并保存。

(2) 以“前视”基准面为基准面创建“草图 1”，绘制出 50mm×50mm 的正方形。然后选择“拉伸增料”命令，修正拉伸高度为 15，单击✔(确定)按钮，完成基座造型，如图 5-1-2 所示。

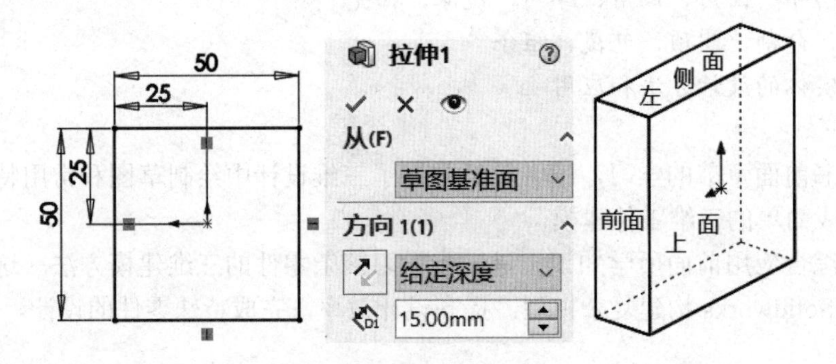

图 5-1-2　完成基座造型

(3) 在左侧面绘出如图 5-1-3 所示的草图(半圆弧草图不封闭)；在前面绘出如图 5-1-4 所示的草图(半圆弧草图不封闭)；在上面绘出如图 5-1-5 所示的草图。

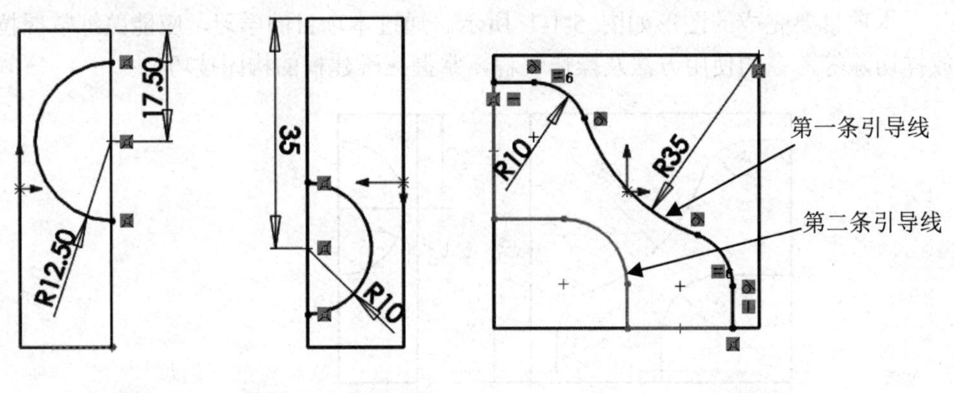

图 5-1-3　侧面草图　　图 5-1-4　前面草图　　图 5-1-5　上面草图

注意：① 在上面要分别建立两个草图，分别绘出两条引导线。

② 引导线的两个端点要与截面草图上的端点重合或穿透。

③ 截面草图要封闭；否则不能生成实体。

(4) 选择“曲面-放样” **曲面-放样** 命令，弹出对话框，分别选择轮廓线和引导线，如图 5-1-6 所示。单击“确定”按钮，完成造型。

(5) 选择“使用曲面切除”命令，选择放样曲面，切除实体。单击“确定”按钮，完成造型，如图 5-1-7 所示。

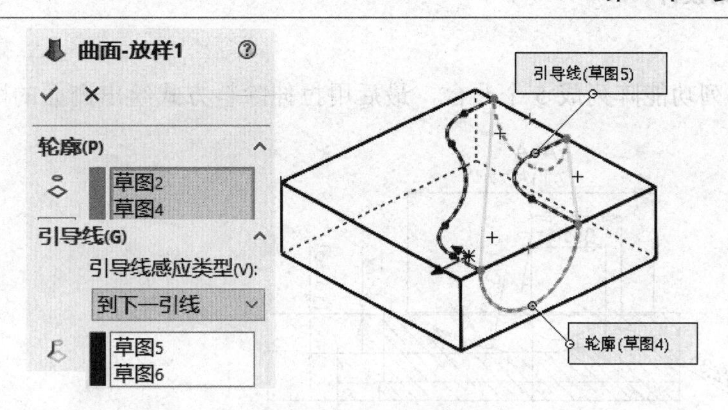

图 5-1-6　曲面-放样

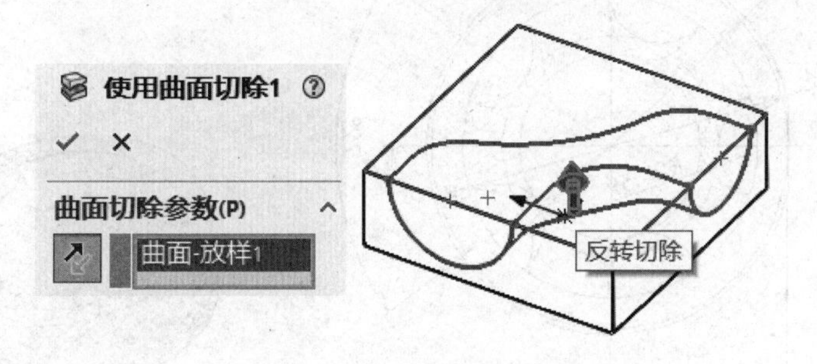

图 5-1-7　使用曲面切除

【建模提示】

在绘制图 5-1-3 和图 5-1-4 所示的草图时，如果在绘制圆弧时将两端点连接绘出封闭直线，此时可以使用特征工具栏里的“切除-放样” 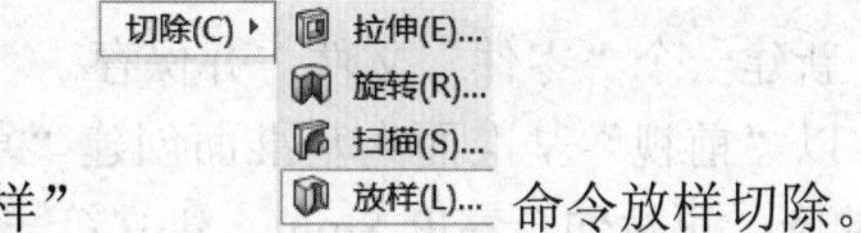 命令放样切除。

项目 5.2　摩擦圆盘压铸模

【学习目标】

本项目要完成的图形如图 5-2-1 所示。通过本项目的学习，应能熟练掌握拉伸基体、旋转切除、旋转凸台、拉伸切除、圆周阵列等命令的使用方法及操作过程，掌握三维建模的构图技巧。

【学习要点】

拉伸基体、旋转切除、旋转凸台、圆周阵列、拉伸切除。

【绘图思路】

首先创建直径为 144mm 和直径为 140mm 的两个阶梯圆柱，并用拉伸除料方式绘出 0.77mm 的止口，然后用旋转除料方式切出 R103.9mm 的底型腔。再绘制凸台截面，旋转

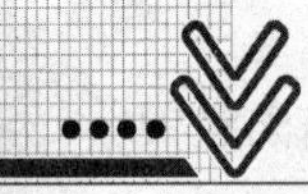

成凸台实体。

用特征阵列功能阵列成5个凸台，最后用拉伸除料方式绘出侧面的削边平面。

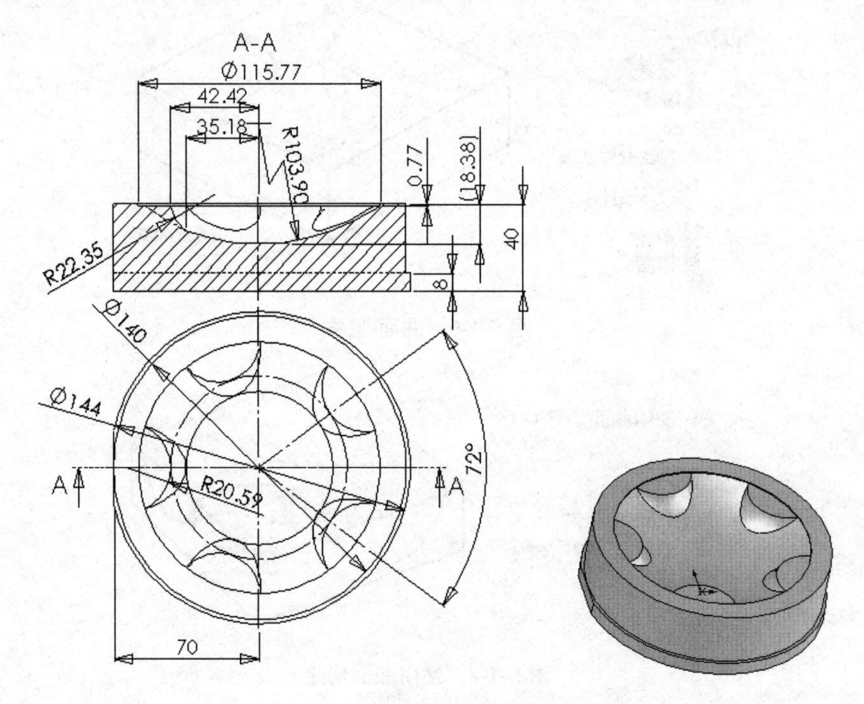

图 5-2-1　摩擦圆盘压铸模建模示例

【操作步骤】

(1)　新建一个“零件”文件，并保存。

(2)　以“前视”基准面为基准面创建“草图 1”，并以坐标原点为圆心绘制出直径为144mm的圆，再拉伸至高度8mm，建立第一个圆柱体。

以“前视”基准面为基准面创建“草图 2”，并以坐标原点为圆心绘制出直径为140mm的圆，再拉伸至高度40mm，建立第二个圆柱体，如图5-2-2所示。

再绘出侧边直线。在“前视”基准面建立草图绘出直线，并进行切边约束；长度自定，但要保证削边所用的长度。然后应用特征工具栏中的“切除-拉伸”命令拉伸切除形成侧切边，如图5-2-2右图所示。

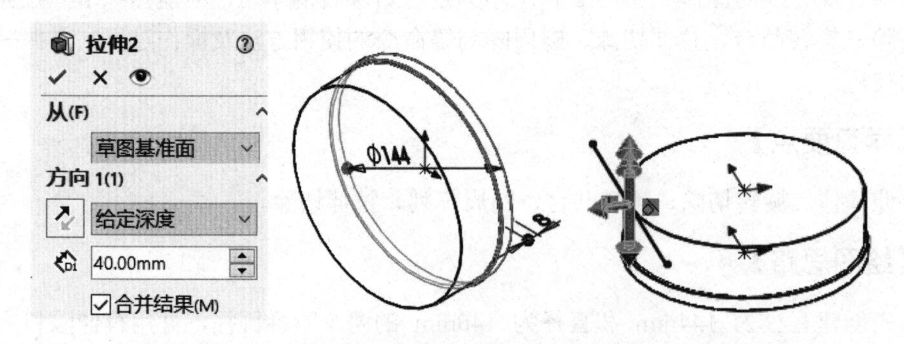

图 5-2-2　拉伸出两个圆柱体及侧切边

(3) 绘制 0.77mm 的止口。以第二个圆柱体的上表面为基准面创建“草图 3”，并以坐标原点为圆心绘制出直径为 115.77mm 的圆，再用“拉伸-除料”方式，绘出深度为 0.77mm 的止口，结果如图 5-2-3 所示。

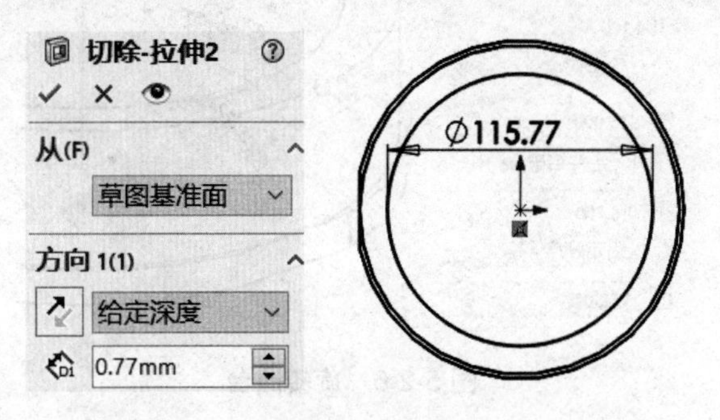

图 5-2-3　绘制深度为 0.77mm 的止口

(4) 应用“旋转”命令绘制出球形底腔。以“上视”基准面为基准作“草图 4”，然后单击 切除-旋转 按钮，在弹出的对话框中选择与 Z 轴重合的直线作为“旋转轴线”，设定 360 度旋转，如图 5-2-4 所示。

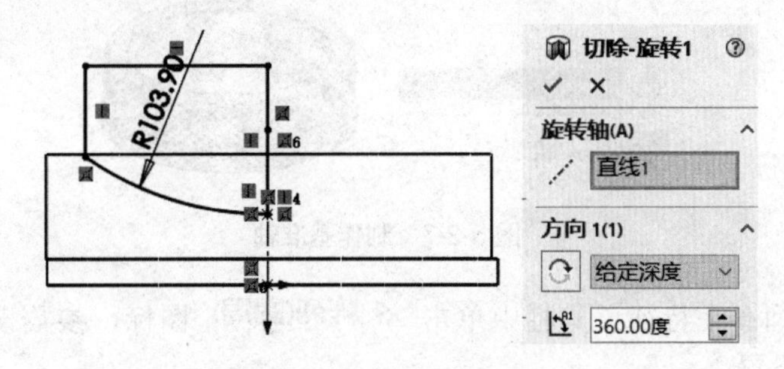

图 5-2-4　旋转切除实体

(5) 制作凸台特征。

以“上视”基准面为基准绘制“草图 5”，如图 5-2-5 所示。

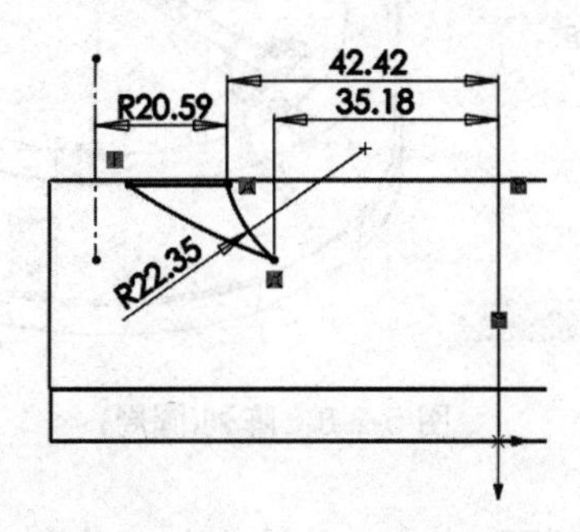

图 5-2-5　绘制草图 5

然后单击 旋转 按钮，在弹出的对话框中选择与 Z 轴重合的直线作为“旋转轴线”，并设置左、右各旋转 75 度(以生成的旋转体不超过圆柱体且完全被它包含来设定旋转角度)，单击“确定”按钮完成造型，结果如图 5-2-6 所示。

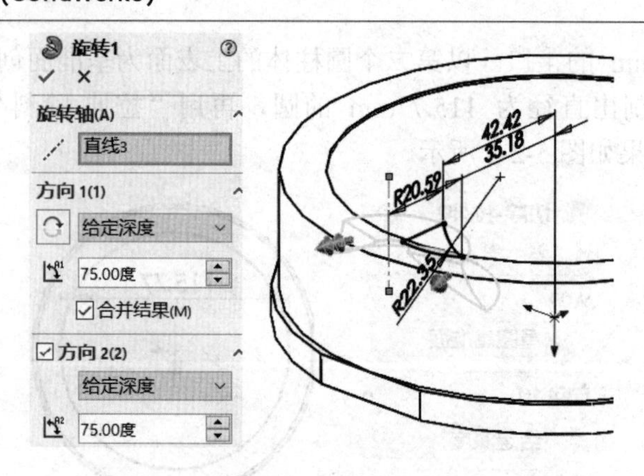

图 5-2-6　旋转凸台

(6) 阵列成 5 个凸台。

① 完成基准轴：在“参考几何体”工具栏内选择 基准轴 命令，弹出如图 5-2-7 所示的对话框，选择圆柱面，确定后完成基准轴的制作。

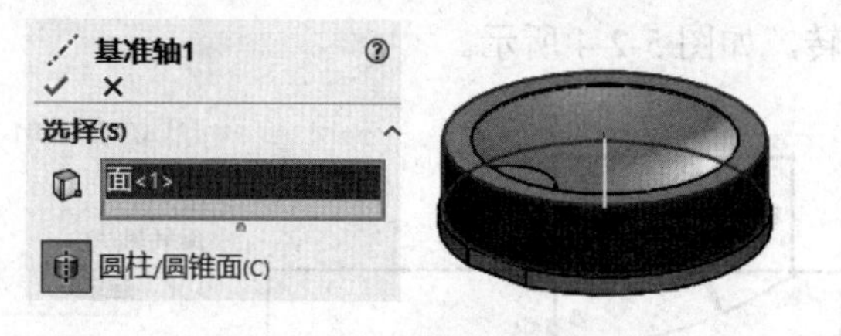

图 5-2-7　制作基准轴

② 特征阵列：在特征工具栏中单击 阵列(圆周) 图标，参数设置如图 5-2-8 所示。确定后完成设置。

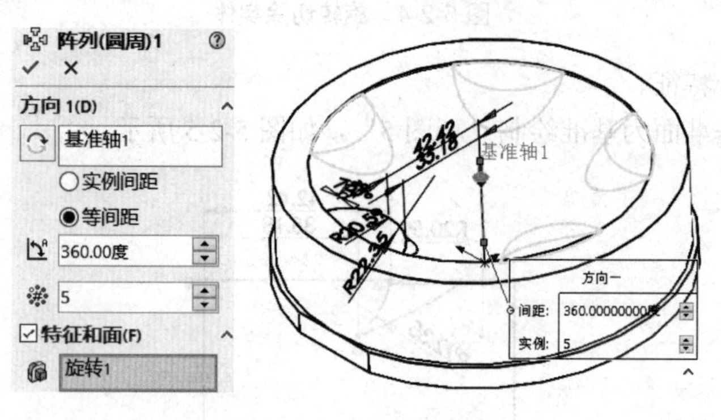

图 5-2-8　阵列(圆周)

项目 5.3　旋 钮 模 型

【学习目标】

本项目要完成的图形如图 5-3-1 所示。通过本项目的学习，应能熟练掌握拉伸基体、旋转切除等命令的使用方法及操作过程，掌握三维建模的构图技巧。

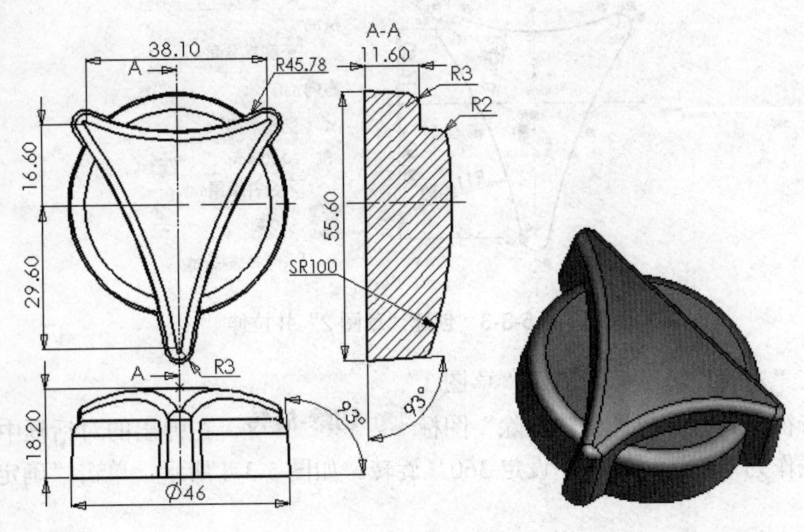

图 5-3-1　旋钮模型建模示例

【学习要点】

拉伸基体、旋转切除。

【绘图思路】

在“前视”基准面上分别绘出带拔模斜度的圆柱体和三角形体，然后用旋转除料的方式切出顶面，最后倒圆角，完成造型。

【操作步骤】

(1) 新建一个“零件”文件，并保存。

(2) 在“前视”基准面上创建“草图 1”，绘制出直径为 46mm 的圆。确定“草图 1”的圆心与坐标原点重合。拉伸“草图 1”，参数设置如图 5-3-2 所示。

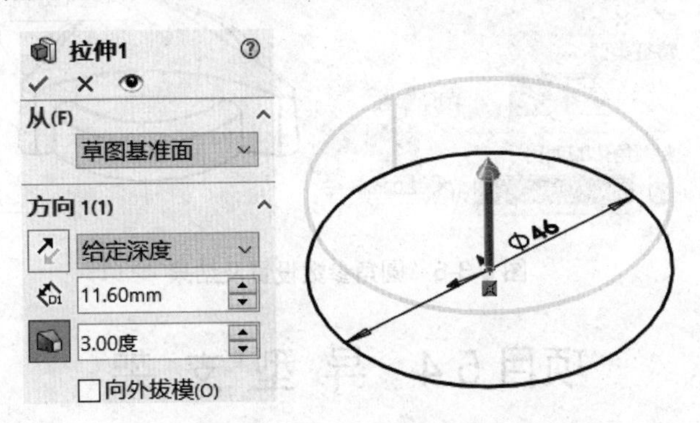

图 5-3-2　创建“草图 1”并拉伸

(3) 在“前视”基准面上创建“草图 2”，并拉伸。参数设置如图 5-3-3 所示，单击“确定”按钮完成造型。

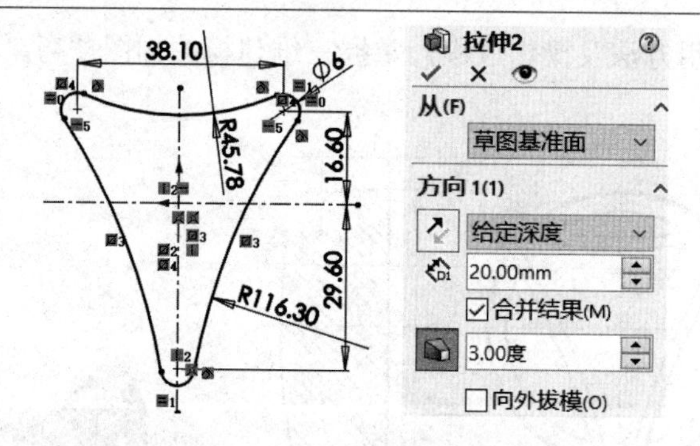

图 5-3-3　创建“草图 2”并拉伸

(4) 在“右视”基准面上创建“草图 3”。

单击特征工具栏中的“旋转切除”图标 **切除-旋转**，在弹出的对话框中选择与 *Z* 轴重合的直线作为“旋转轴线”，设定 360° 旋转。如图 5-3-4 所示，单击“确定”按钮完成切除造型。

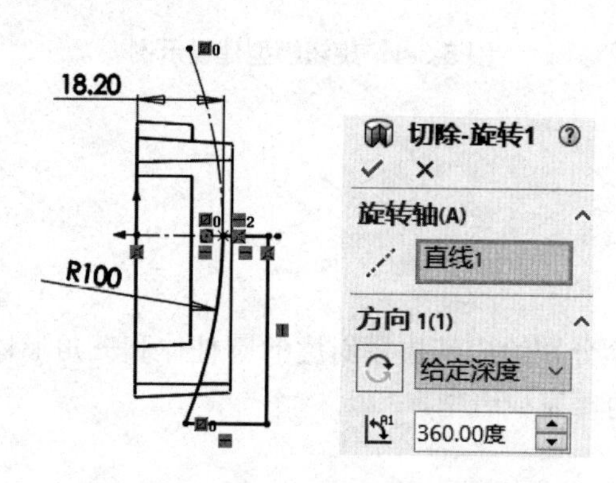

图 5-3-4　创建“草图 3”并旋转切除

(5) 两次应用“圆角”命令对实体边及面倒圆角，具体过程参考图 5-3-5。

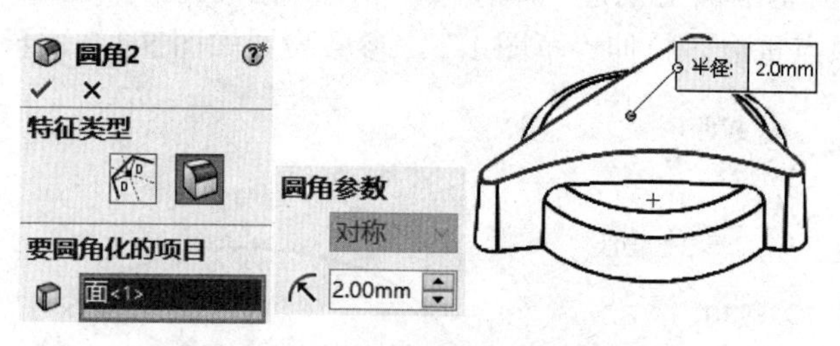

图 5-3-5　圆角参数设置及结果

项目 5.4　异 型 支 架

【学习目标】

本项目要完成的图形如图 5-4-1 所示。通过本项目的学习，应能熟练掌握拉伸-基体、拉伸-切除、分割、组合、曲面-填充与曲面切除等命令的使用方法及操作过程，掌握三维建模的构图技巧。

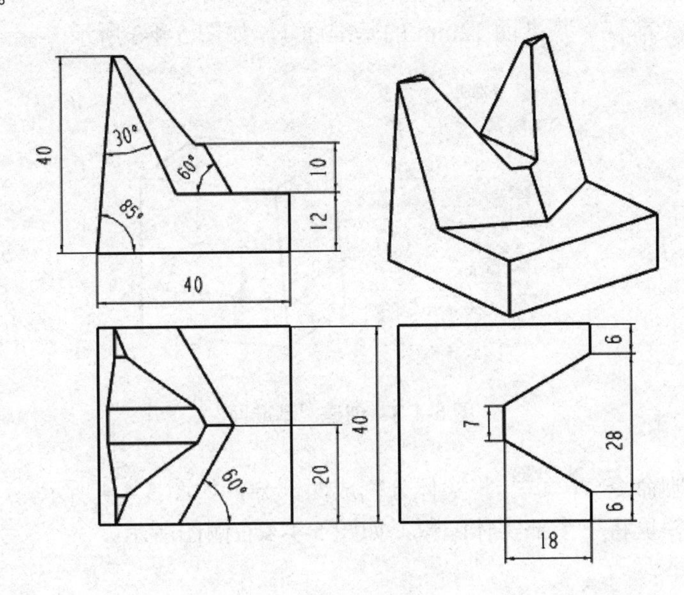

图 5-4-1　异型支架建模示例

【学习要点】

拉伸-基体、拉伸-切除、分割、组合、曲面-填充、使用曲面切除。

【绘图思路】

本例主要使用“拉伸-基体”“拉伸-切除”“分割”“组合”“曲面-填充”“使用曲面切除”等命令对正方体进行裁切，具体过程如下。

【操作步骤】

(1) 新建一个“零件”文件，并保存。

(2) 拉伸完成正方体并制作斜面，操作步骤如下。

① 在“前视”基准面上绘出“草图 1”，即 40mm×40mm 的正方形，并拉伸至高度 40mm。此时“草图 1”中心在坐标原点。

② 在方体的左侧面绘制“草图 2”直线，然后使用特征工具栏中的“拉伸-切除”命令绘制倾斜面，如图 5-4-2 所示。

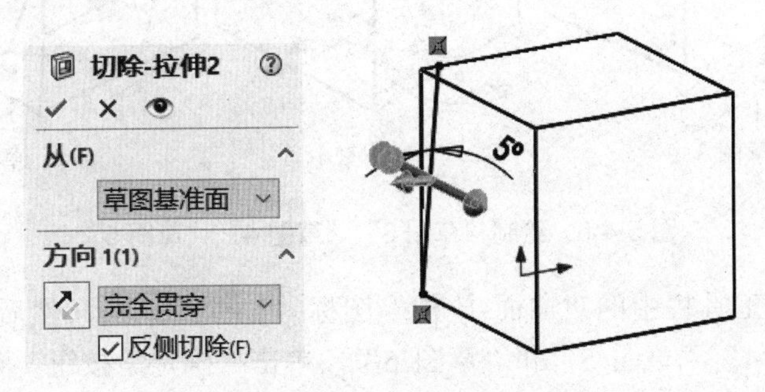

图 5-4-2　拉伸-切除倾斜面

(3) 创建平面并将实体分割成两部分，操作步骤如下。

① 创建距“前视”基准面 12mm 的基准面 1，如图 5-4-3 所示。

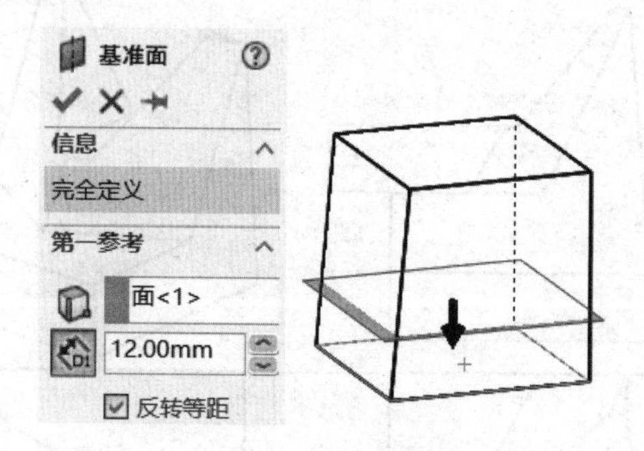

图 5-4-3 创建“基准面”

② 应用分割命令 分割 将实体分割成两部分，如图 5-4-4 所示。

③ 在导航栏里将下半部实体隐藏，如图 5-4-4 右侧图所示。

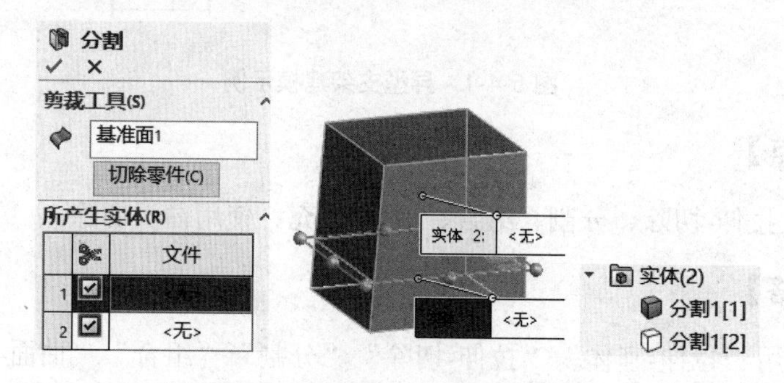

图 5-4-4 将实体分割成两部分

(4) 作出切割用的曲面，操作步骤如下。

① 绘制“草图 3”“草图 4”和“草图 5”，如图 5-4-5 所示。再绘出“草图 6”，即将“草图 3”和“草图 5”首尾相连。

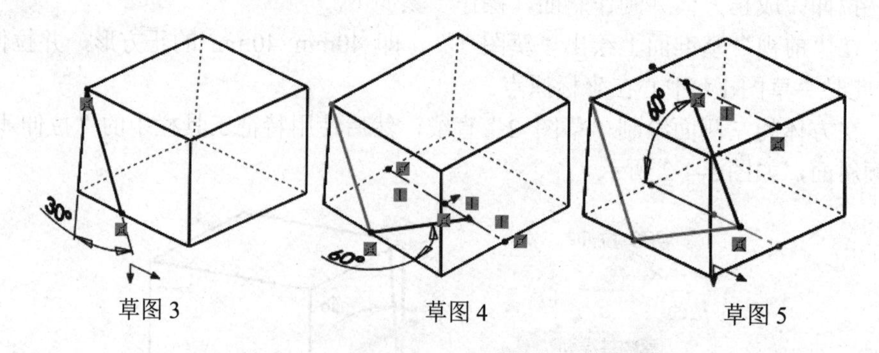

图 5-4-5 绘制“草图 3”“草图 4”“草图 5”

② 单击曲面工具栏中的“曲面-放样”图标 **曲面-放样**，然后在绘图区分别单击“草图 3”“草图 4”“草图 5”和“草图 6”，单击“确定”按钮 ✓，完成放样曲面的构建，过程及参数设置如图 5-4-6 所示。

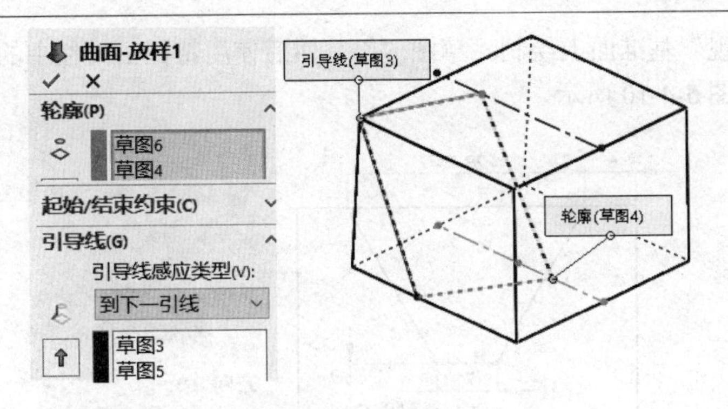

图 5-4-6　曲面放样

(5) 延伸曲面并修剪实体，操作步骤如下。

① 曲面延伸。过程如图 5-4-7 所示。延伸后的曲面要超过实体。

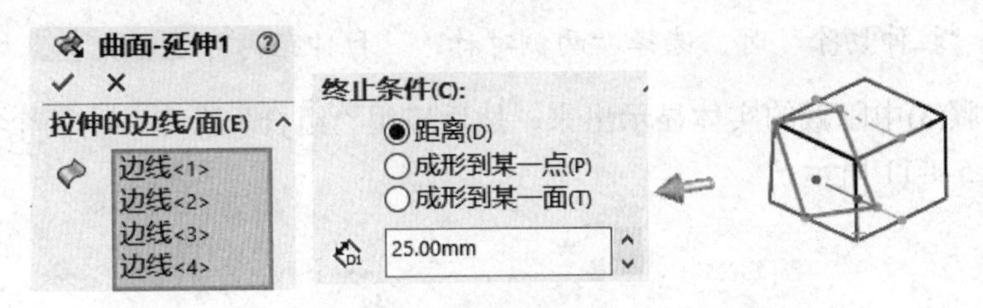

图 5-4-7　曲面延伸

② 使用曲面切除实体。过程如图 5-4-8 所示(隐藏了延伸曲面)。

图 5-4-8　使用曲面切除实体

③ 镜像“使用曲面切除 1”特征。使用特征工具栏中的“镜像”命令 **镜向**，打开对话框，将右视基准面设置为镜像面并选取要镜像的特征，单击“确定”按钮 ✓，完成如图 5-4-9 所示的造型。

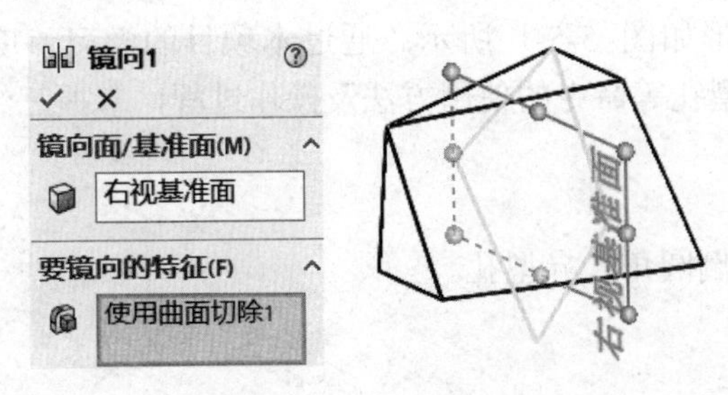

图 5-4-9　镜像特征

(6) 在“上视”基准面上绘制“草图 7”。然后使用特征工具栏中的“拉伸-切除”命令作出斜槽，如图 5-4-10 所示。

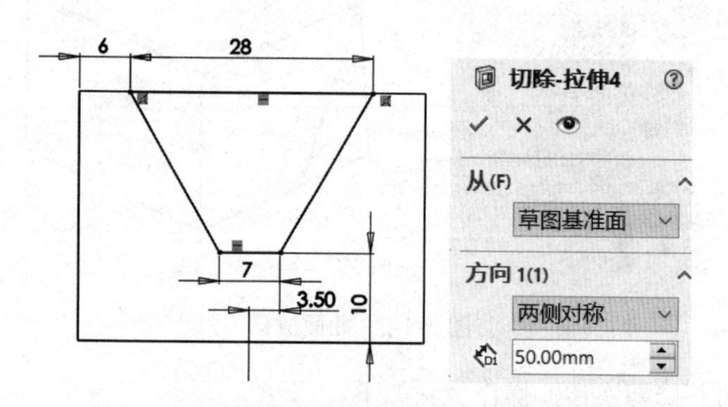

图 5-4-10 绘制“草图 7”并拉伸-切除斜槽

提示：在“拉伸切除”时，选择“两侧对称”，拉伸距离可适当大些。

(7) 将步骤(3)中隐藏的实体显示出来，然后应用“组合”命令，将两个实体合并为一个实体，如图 5-4-11 所示。

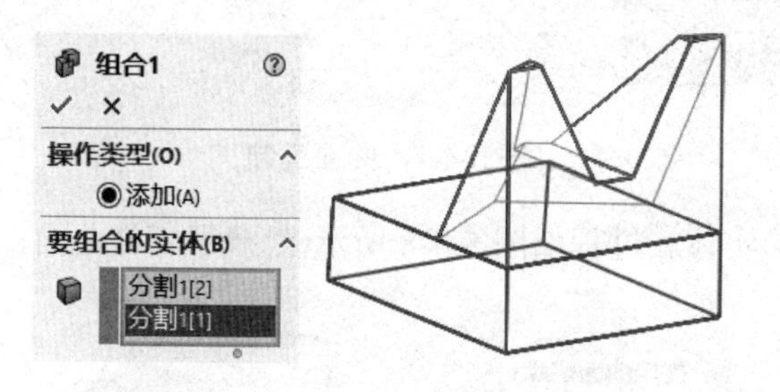

图 5-4-11 将两个实体合并为一个实体

资料引入 5-4

具体内容请扫描右侧二维码。

项目 5.5 型 腔 模 具

【学习目标】

本项目要完成的图形如图 5-5-1 所示。通过本项目的学习，应能够熟练掌握拉伸-增料、抽壳、倒圆角、异型孔等命令的使用方法及操作过程，掌握三维建模的构图技巧。

【学习要点】

拉伸-增料、抽壳、倒圆角、异型孔。

【绘图思路】

本例主要使用“拉伸-增料”“抽壳”“倒圆角”“异型孔”等命令完成造型。

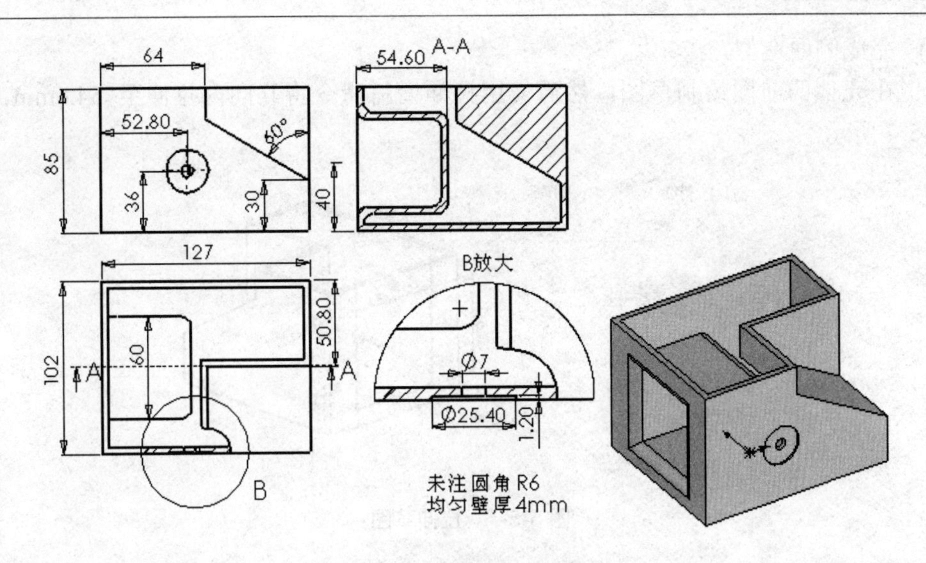

图 5-5-1　型腔模具建模示例

【操作步骤】

(1)　新建一个“零件”文件，并保存。

(2)　制作箱体模型。

①　在“前视”基准面绘出“草图 1”，然后将其拉伸至高度 85mm。

②　在拉伸体的左侧面绘制草图，然后使用拉伸除料命令将其拉伸至 51.20mm，结果如图 5-5-2 所示。

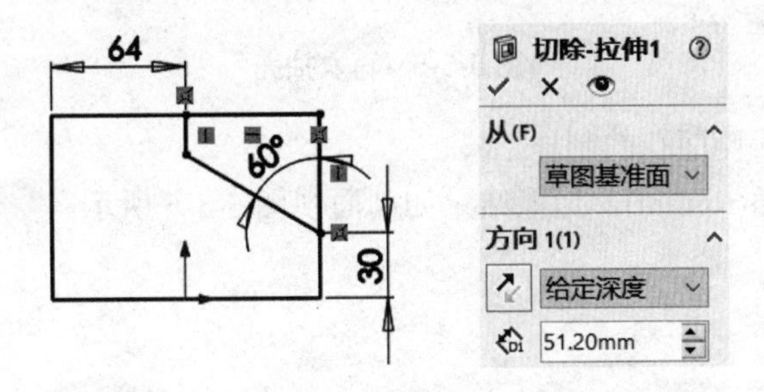

图 5-5-2　在左侧面绘制草图并拉伸切除

③　使用特征工具栏中的“抽壳” 抽壳命令，设置厚度，选取要去除的顶面，单击✓按钮完成造型，如图 5-5-3 所示。

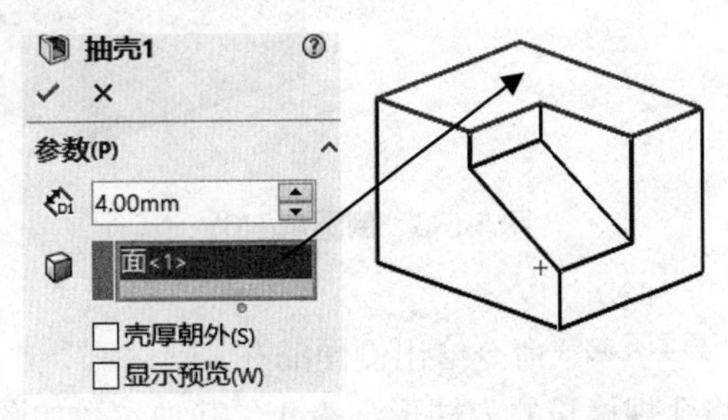

图 5-5-3　抽壳

(3) 完成侧面造型。

① 在壳体的前面绘制草图，然后使用拉伸增料命令将其向内拉伸至 54.6mm，结果如图 5-5-4 所示。

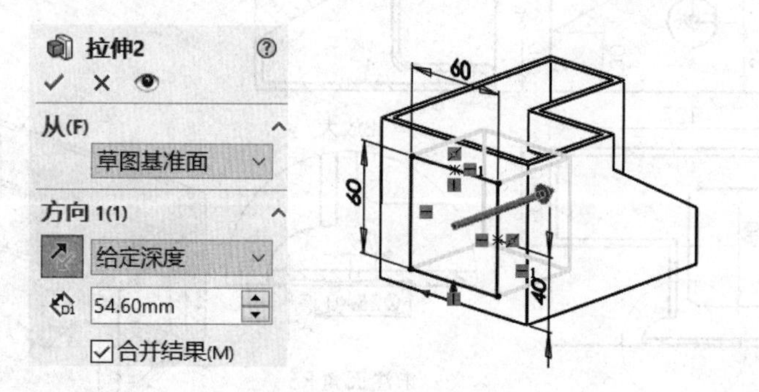

图 5-5-4 拉伸草图

② 再一次使用“抽壳”命令，如图 5-5-5 所示。

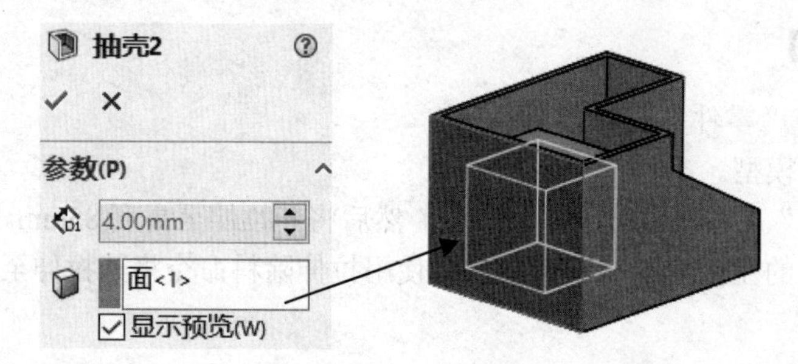

图 5-5-5 再次抽壳

(4) 倒圆角并完成侧面孔的制作。

① 对实体倒圆角(R6mm)，造型结果如剖面视图 5-5-6 所示。

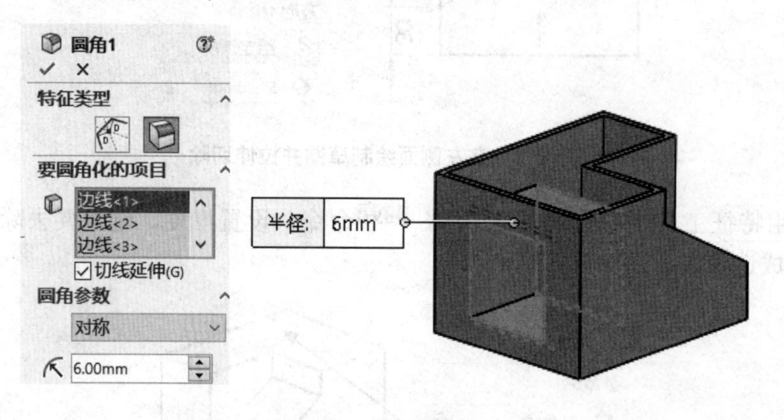

图 5-5-6 倒圆角(R6)

② 使用“异型孔” 异型孔向导 命令给出侧面的孔。

孔位置见图 5-5-7；将孔规格设置为柱形沉头孔，其他参数如图 5-5-8 所示。

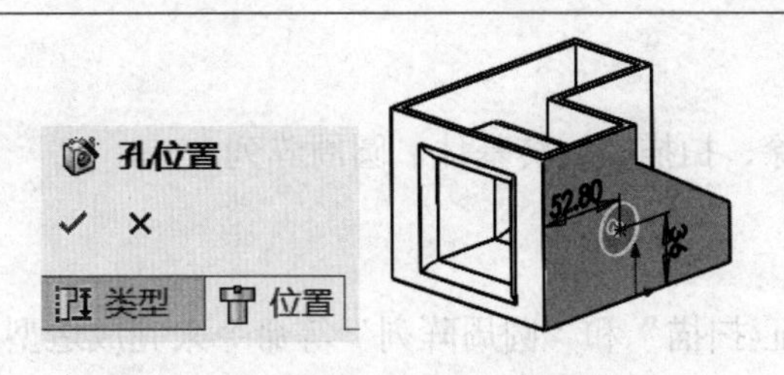

图 5-5-7　异型孔位置

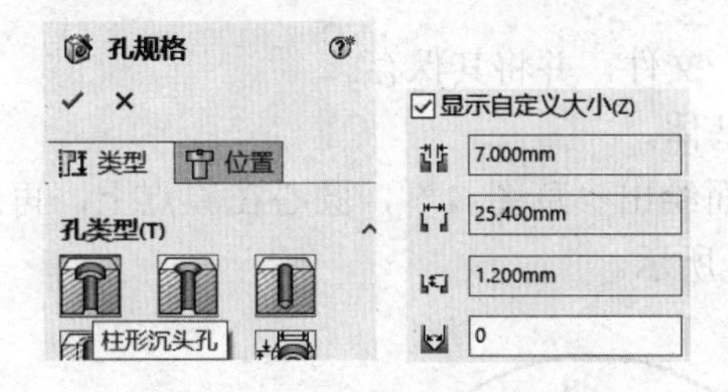

图 5-5-8　设置孔的规格

资料引入 5-5

具体内容请扫描右侧二维码。

项目 5.6　手　　轮

【学习目标】

本项目要完成的图形如图 5-6-1 所示。通过本项目的学习，应能熟练掌握拉伸基体、拉伸切除、扫描、旋转基体、圆周阵列等命令的使用方法及操作过程，掌握三维建模的构图技巧。

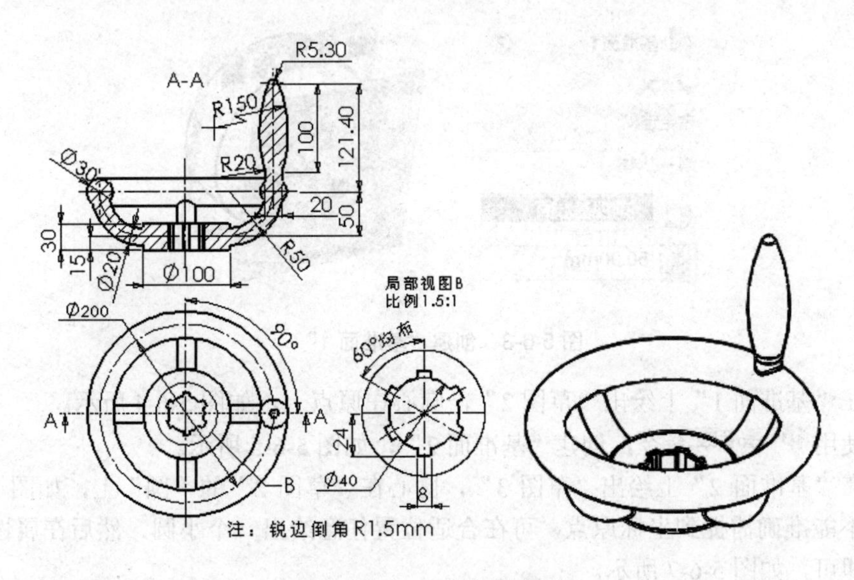

图 5-6-1　手轮建模示例

【学习要点】

拉伸基体、拉伸切除、扫描、旋转基体、圆周阵列。

【绘图思路】

本例主要使用“特征-扫描”和“圆周阵列”等命令来完成造型。

【操作步骤】

(1) 新建一个“零件”文件，并将其保存。

(2) 创建圆柱及圆环基体。

① 在“前视”基准面绘出“草图 1”，圆心在原点上，再通过拉伸指令，将其拉伸至 30mm 高度，如图 5-6-2 所示。

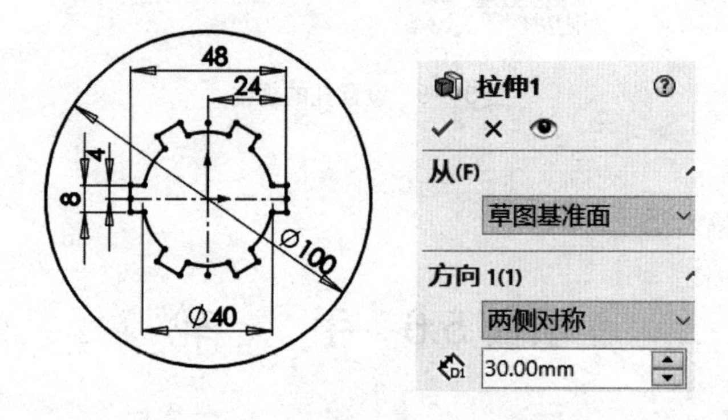

图 5-6-2 创建“草图 1”并拉伸

② 使用 基准面 命令，创建距“前视”基准面 50mm 的“基准面 1”，如图 5-6-3 所示。

图 5-6-3 创建“基准面 1”

③ 在“基准面 1”上绘出“草图 2”，圆心在原点上，如图 5-6-4 所示。

④ 使用 基准面 命令，创建“基准面 2”，如图 5-6-5 所示。

⑤ 在“基准面 2”上绘出“草图 3”，圆心在“草图 2”的“圆”上，如图 5-6-6 所示。如果不能准确捕捉到坐标原点，可在合适位置任意绘出一个小圆，然后在属性框中修改其参数即可，如图 5-6-7 所示。

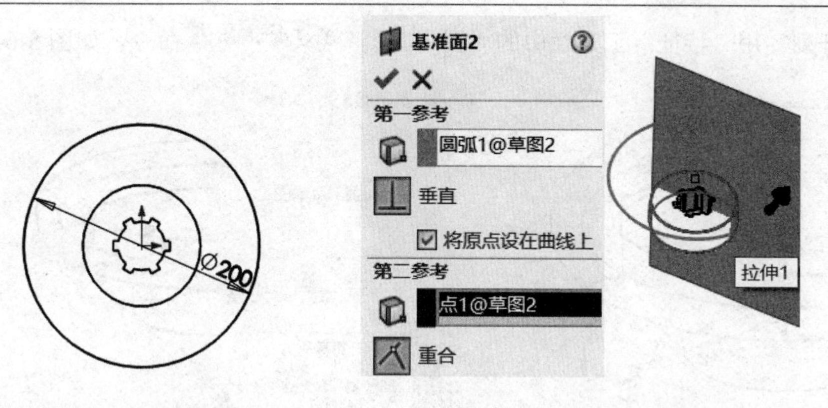

图 5-6-4　创建“草图 2”　　　　图 5-6-5　创建“基准面 2”

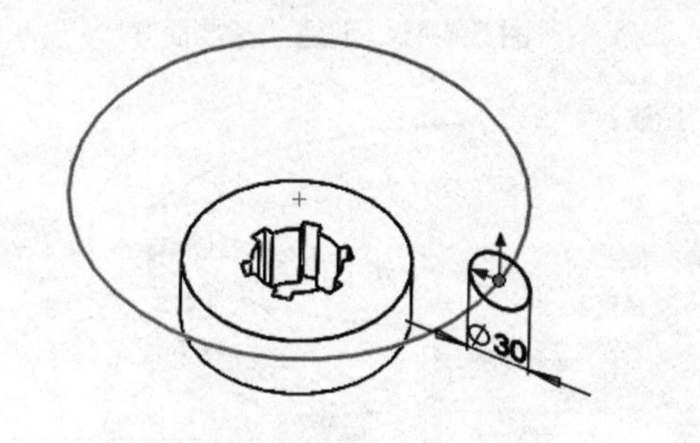

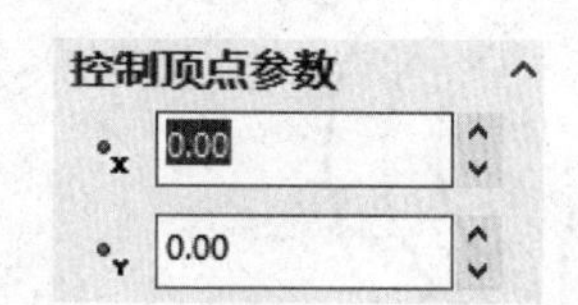

图 5-6-6　创建“草图 3”　　　　图 5-6-7　“草图 3”的参数设置

⑥　使用扫描 扫描命令，扫描生成实体。过程如图 5-6-8 所示。

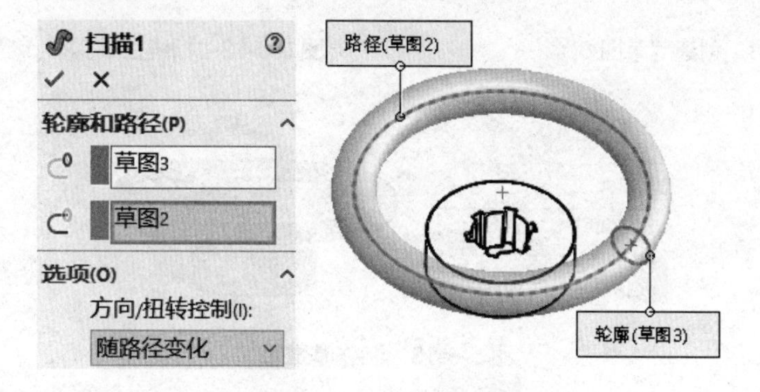

图 5-6-8　扫描生成实体

(3)　完成辐条的造型。

①　在“右视”基准面上绘出“草图 4”，如图 5-6-9 所示。

②　使用 基准面命令，创建“基准面 3”，如图 5-6-10 所示。

③　在“基准面 3”上绘出“草图 5”，如图 5-6-11 所示。

④　使用“扫描” 扫描命令，扫描生成实体。如图 5-6-12 所示。

(4)　对上一步生成的扫描实体进行圆周阵列。

①　制作基准轴。使用“参考几何体”工具栏中的“基准轴” 基准轴命令完成，如图 5-6-13 所示。

② 阵列。用“特征”工具栏中的“圆周阵列” 圆周阵列 命令，如图 5-6-14 所示。

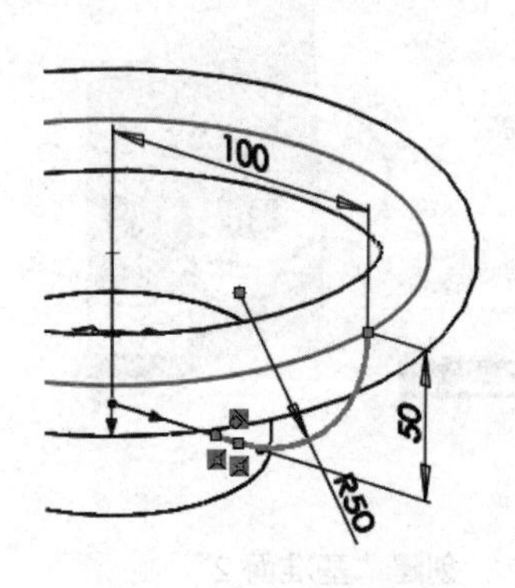

图 5-6-9 创建“草图 4”

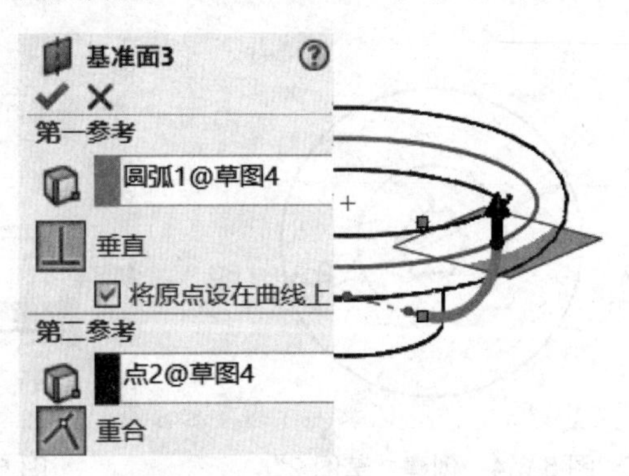

图 5-6-10 创建“基准面 3”

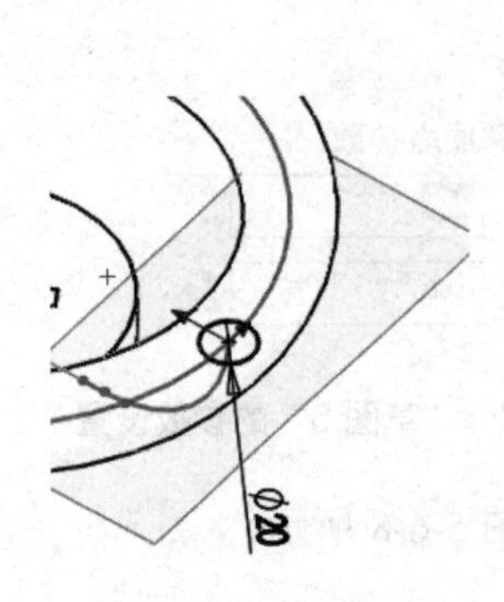

图 5-6-11 创建“草图 5”

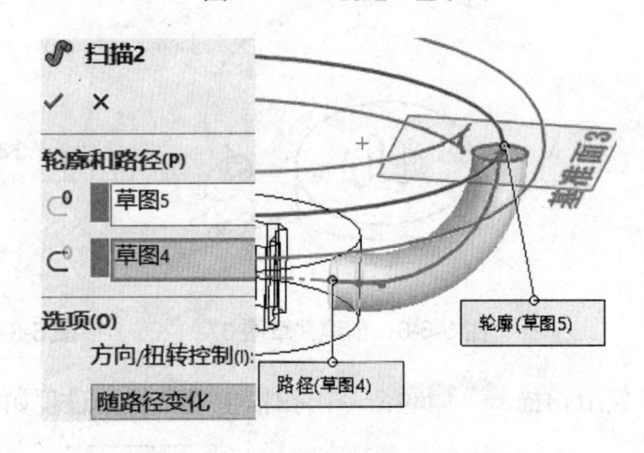

图 5-6-12 扫描生成实体

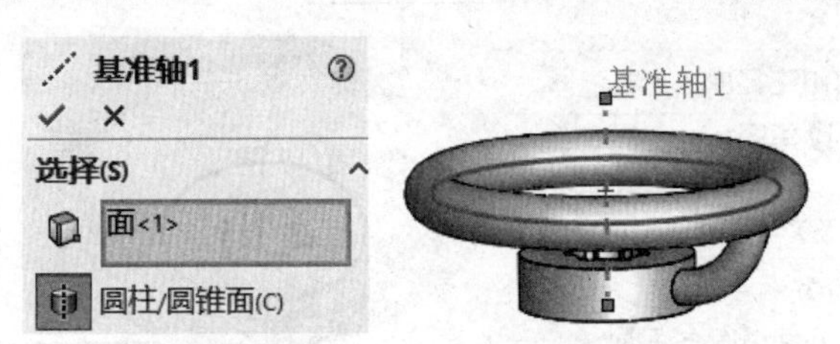

图 5-6-13 制作基准轴

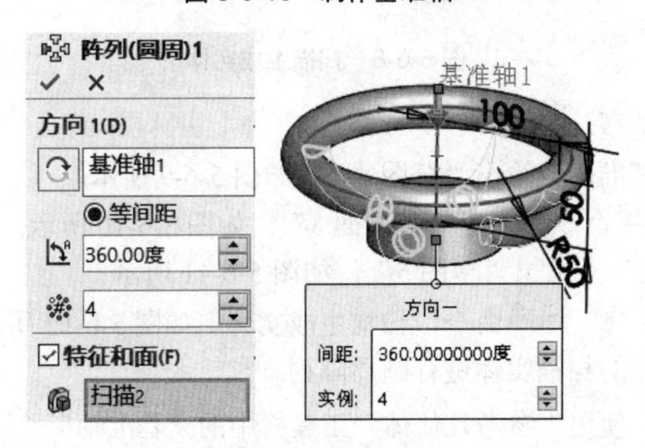

图 5-6-14 圆周阵列

(5) 旋转生成手柄。在“右视”基准面上绘出“草图 6”。使用“旋转” 旋转命令生成实体(草图轴线为旋转轴)，参数设置如图 5-6-15 所示。

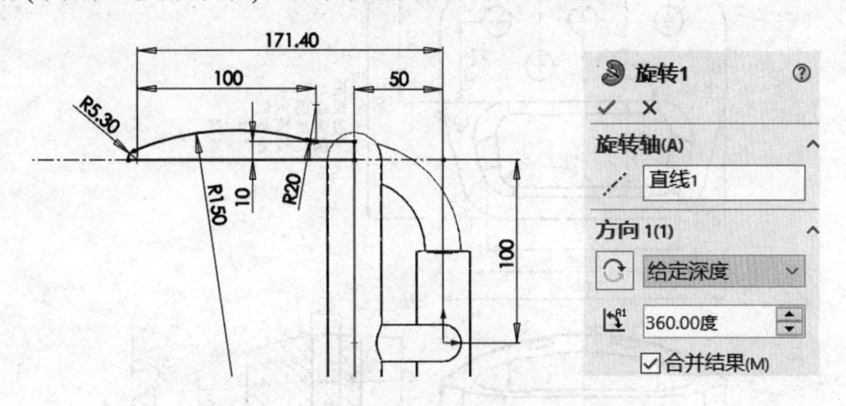

图 5-6-15　创建“草图 6”并旋转生成实体

(6) 单击“特征”工具栏中的“圆角”图标 圆角，进行锐边倒圆角，参数设置如图 5-6-16 所示，单击“确定”按钮完成造型。

图 5-6-16　倒圆角及最终造型

项目 5.7　孔腔异型座

【学习目标】

本项目要完成的图形如图 5-7-1 所示。通过本项目的学习，应能熟练掌握拉伸基体、异型向导孔、曲面填充、使用曲面修剪、组合/求差、拔模角、倒角等命令的使用方法及其操作过程，掌握三维建模的构图技巧。

【学习要点】

拉伸基体、异型向导孔、曲面填充、使用曲面修剪、组合/求差、拔模角、倒角。

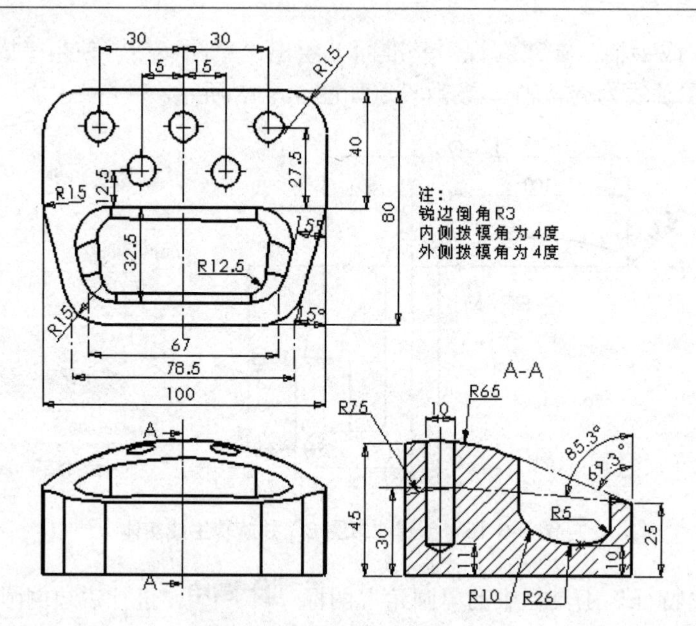

注：锐边倒角 R3mm，内、外侧拔模角均为 4°。

图 5-7-1　孔腔异型座建模示例

【绘图思路】

利用“拉伸基体”生成基体，应用“异型向导孔”命令完成孔的制作，再用“曲面填充”命令制作曲面并对基体进行修剪，然后绘出内腔拉伸体并修剪，最后应用“组合/求差”命令完成布尔运算，并应用“拔模角”“倒角”命令完成最终造型。

【操作步骤】

(1) 新建一个“零件”文件，并保存。

(2) 创建草图并拉伸成实体，再创建曲面剪裁实体。

① 在“前视”基准面上绘出“草图 1”，中心在坐标原点上，将其拉伸至 60mm，如图 5-7-2 所示。

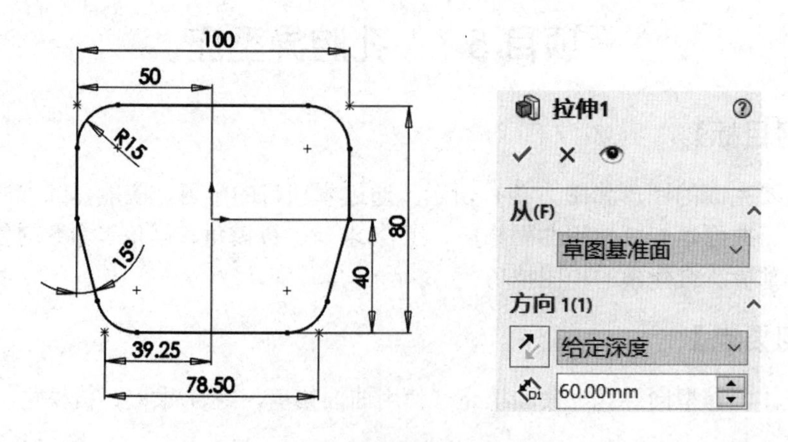

图 5-7-2　绘制“草图 1”并拉伸

② 在“右视”基准面绘出“草图 2”，如图 5-7-3 所示，此时两端点与实体边线上重合。

③ 首先在图 5-7-4 中定义“左侧平面”和“前平面”；同理，在另一侧定义“右侧平面”和“后平面”。

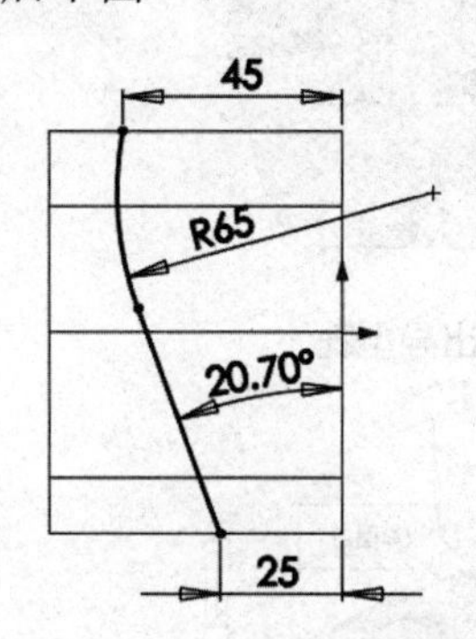

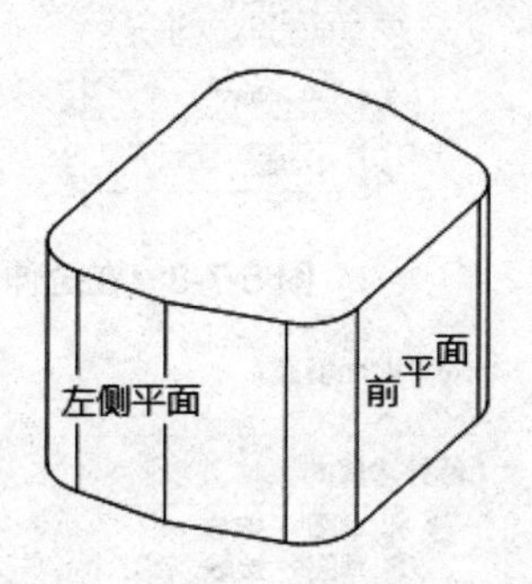

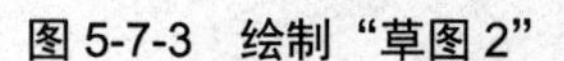
图 5-7-3　绘制“草图 2”　　图 5-7-4　定义“左侧平面”和“前平面”

④ 在“左侧平面”上绘出“草图 3”，然后在“右侧平面”上绘制“草图 4”，参见图 5-7-5；再在“后平面”上绘制“草图 5”，如图 5-7-6 所示；最后在“前平面”上绘制“草图 6”，如图 5-7-7 所示。

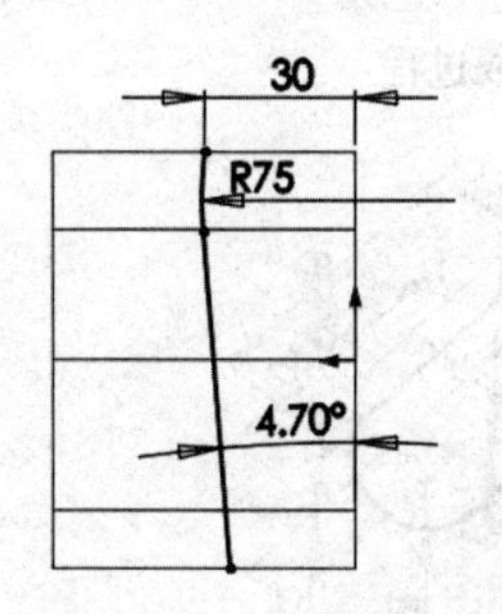

图 5-7-5　绘制“草图 3”和“草图 4”

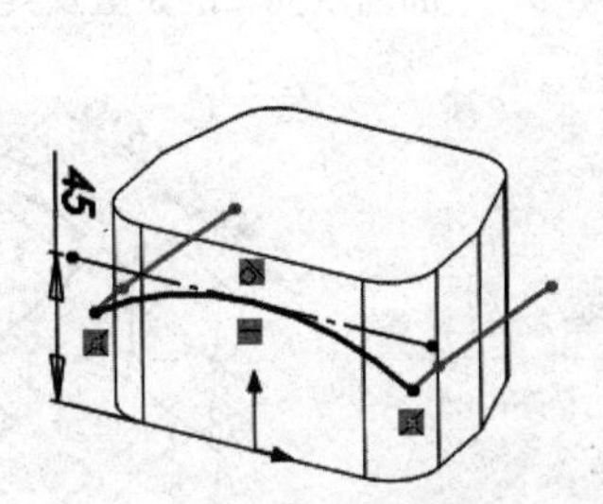

图 5-7-6　绘制“草图 5”

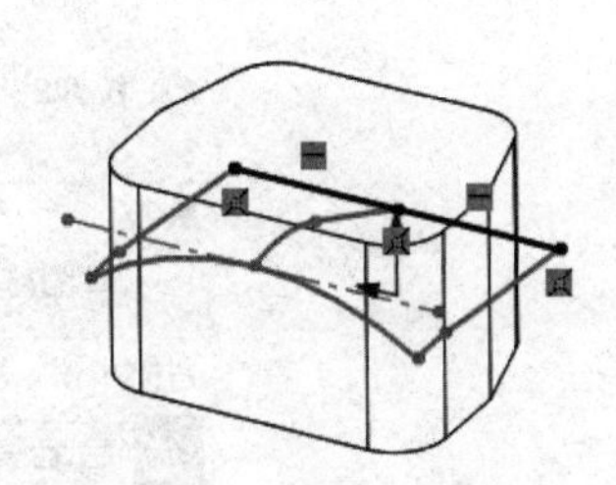

图 5-7-7　绘制“草图 6”

提示：“草图 4”是“草图 3”用“实体引用”得到。在作“草图 5”时，要注意与底面相距 45mm 的中心线应与“草图 2”的 45 端点处具有“重合”关系。绘一条与中心线相切的弧线，并使用其端点与“草图 3”和“草图 4”上的对应点分别重合。在绘制“草图 6”时，只要用直线将“草图 3”和“草图 4”上的对应点连起来即可。

(3) 利用“特征”工具栏中的“异型孔向导”**异型孔向导**命令，在拉伸基体的上表面绘出孔造型，如图 5-7-8 所示。

(4) 使用“曲面填充”将“草图 2”～“草图 6”生成曲面。具体参数设置及其过程如图 5-7-9 所示。

(5) 在拉伸基体的上表面建立“草图 7”，使用“拉伸-凸台”方式，向内拉伸，其高度拉伸至 40mm。添加拔模斜度 4 度，方向为向内；再取消合并结果选项，使其拉伸生成一个独立的实体，具体参数设置如图 5-7-10 所示。

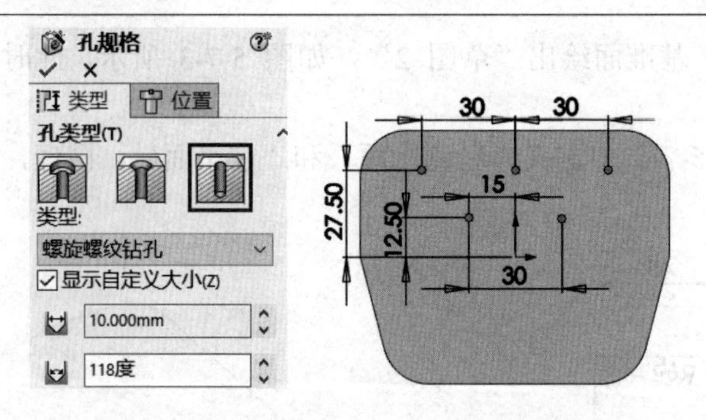

图 5-7-8　在拉伸基体的上表面作出异型孔

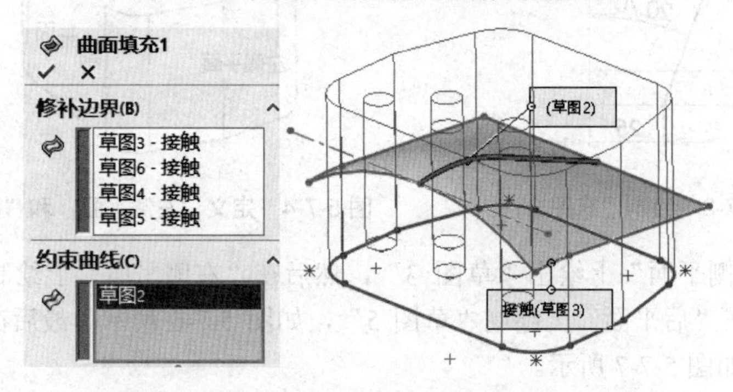

图 5-7-9　“曲面填充”的设置及其完成过程

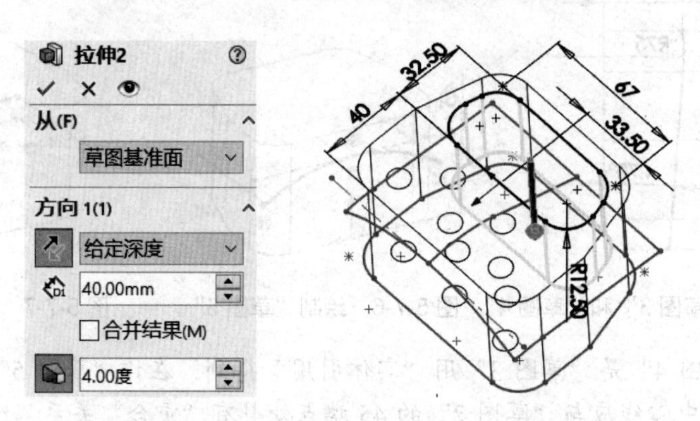

图 5-7-10　绘制“草图 7”并拉伸成独立实体

(6) 使用“插入”菜单中的“切除”命令下的“使用曲面”子命令将实体上面部分切除，并隐藏曲面，如图 5-7-11 所示。

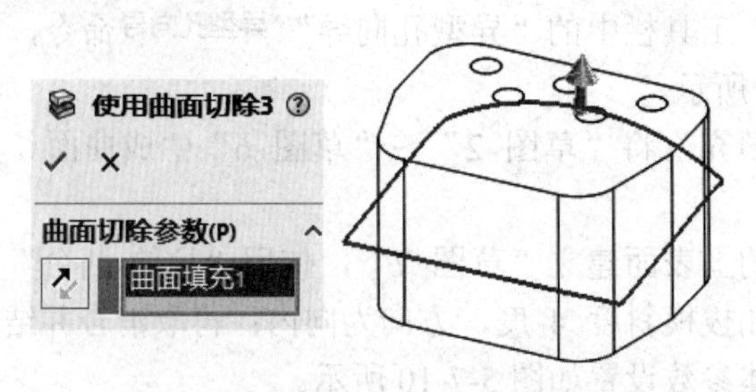

图 5-7-11　切除实体上部并隐藏曲面

(7) 隐藏“M10 螺旋的螺纹孔钻头 1” 实体，如图 5-7-12 所示。在绘图时只显示在上步绘出的实体“拉伸 2”，并确定“左侧平面”和“右侧平面”。

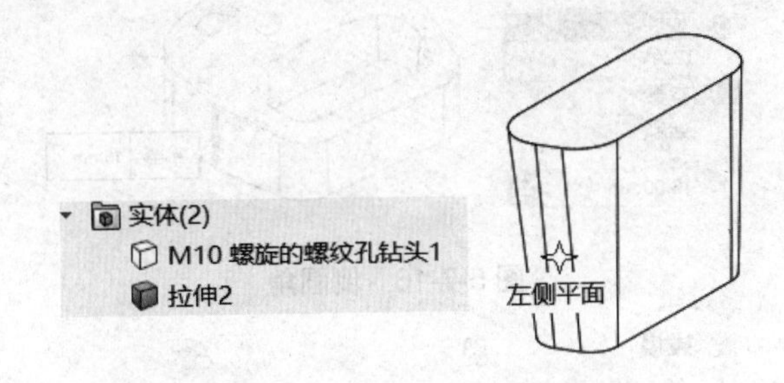

图 5-7-12　隐藏“钻头 1”实体

(8) 在实体“拉伸 2”的左侧平面上绘出“草图 8”，如图 5-7-13 所示。要注意中心线的绘制，它是平面的中心线。草图弧的端点位置还要超过实体“拉伸 2”。

再使用“拉伸切除”命令将实体“拉伸 2”下部切除，设置参数过程如图 5-7-14 所示。

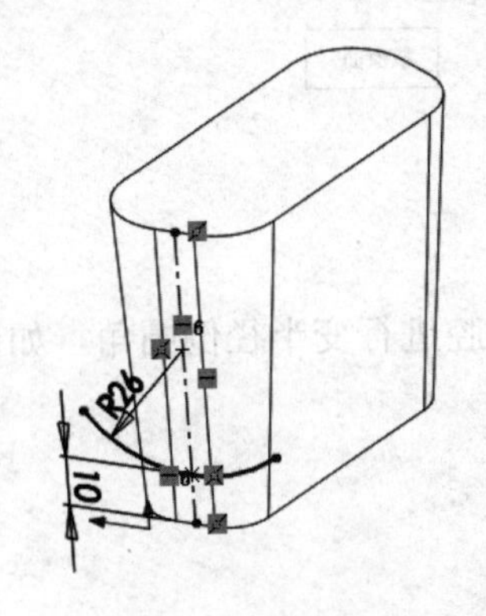

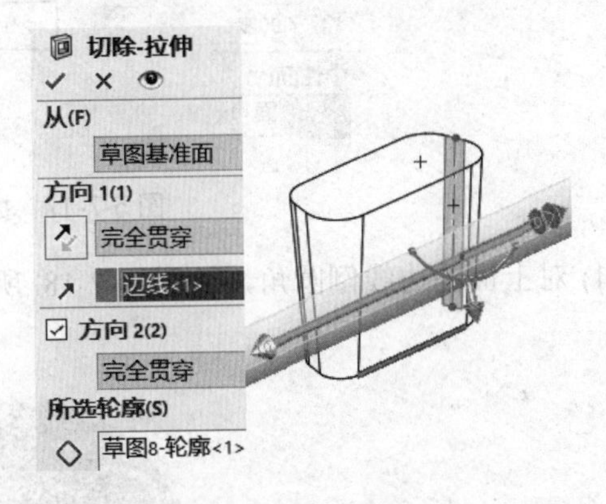

图 5-7-13　绘制“草图 8”　　图 5-7-14　设置拉伸切除参数及其完成过程

(9) 使用“组合”命令将“拉伸体 2”从“孔钻头 1”实体中删减，得到如图 5-7-15 所示的图形。

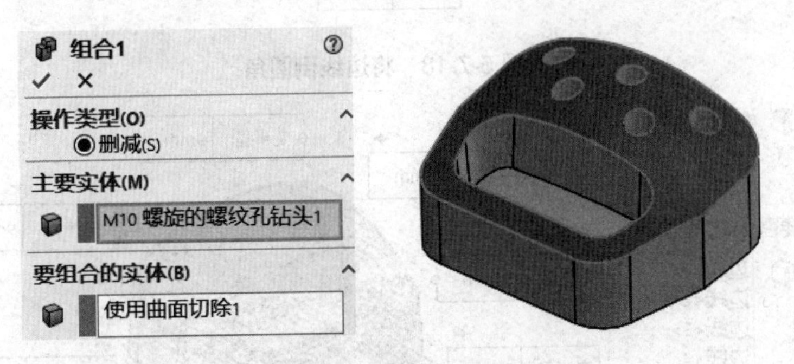

图 5-7-15　删减实体得到图形

(10) 倒圆角及拔模。

① 对侧面的两个边线倒 R15mm 的圆角，如图 5-7-16 所示。

② 对侧面(整个侧面为拔模面)拔模。具体操作及参数设置如图 5-7-17 所示。

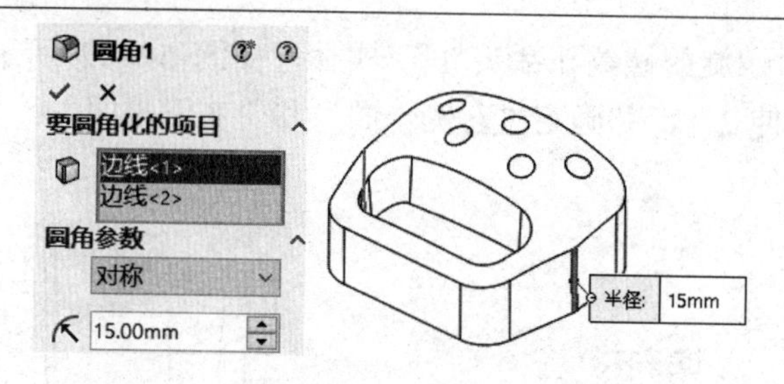

图 5-7-16 倒圆角

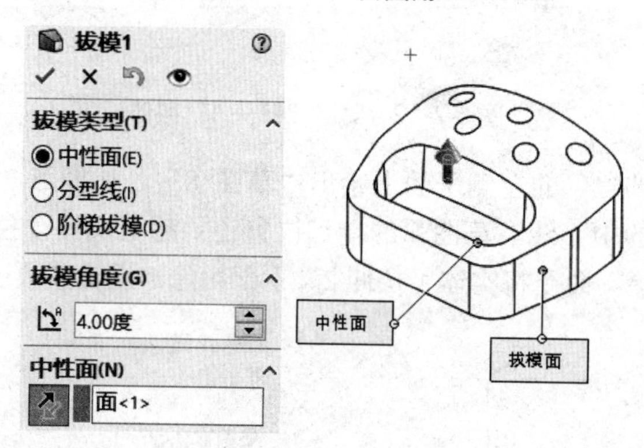

图 5-7-17 拔模侧面

(11) 对上面的边线倒圆角，如图 5-7-18 所示；内腔进行变半径倒圆角，如图 5-7-19 所示。

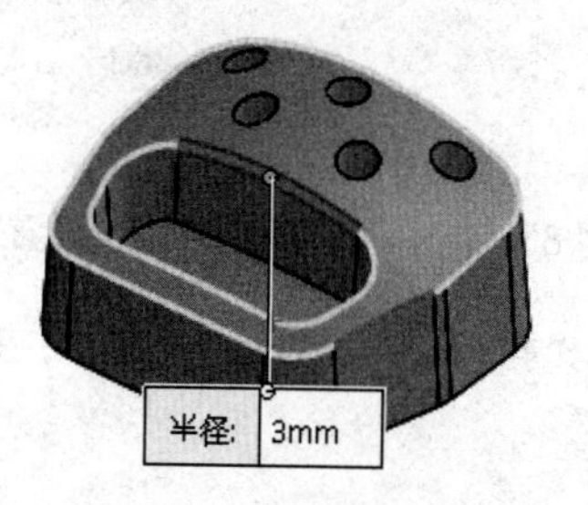

图 5-7-18 将边线倒圆角

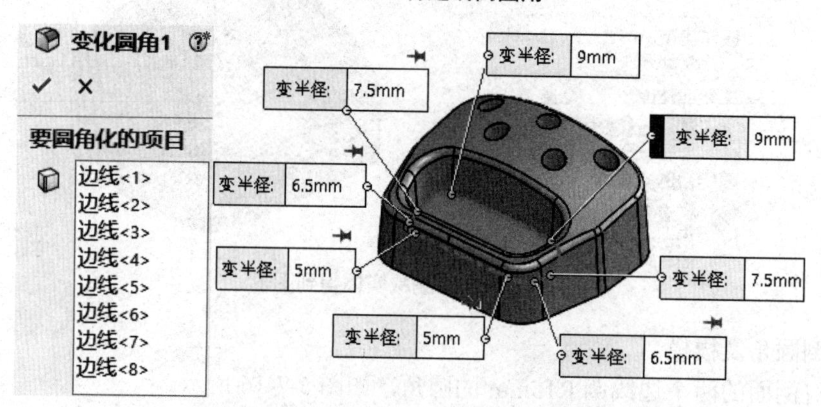

图 5-7-19 内腔进行变半径倒圆角

提示："变半径倒圆角"操作过程基本同圆角操作一样，需要在"圆角类型"中选择"变半径"，然后选择边线，并在"未指定"框内，输入半径值，可直观预览。

项目 5.8　限 位 支 座

【学习目标】

本项目要完成的图形如图 5-8-1 所示。通过本项目的学习，应能熟练掌握长方体、曲线组曲面、修剪体、拉伸体等命令的使用方法及操作过程，掌握三维建模的构图技巧。

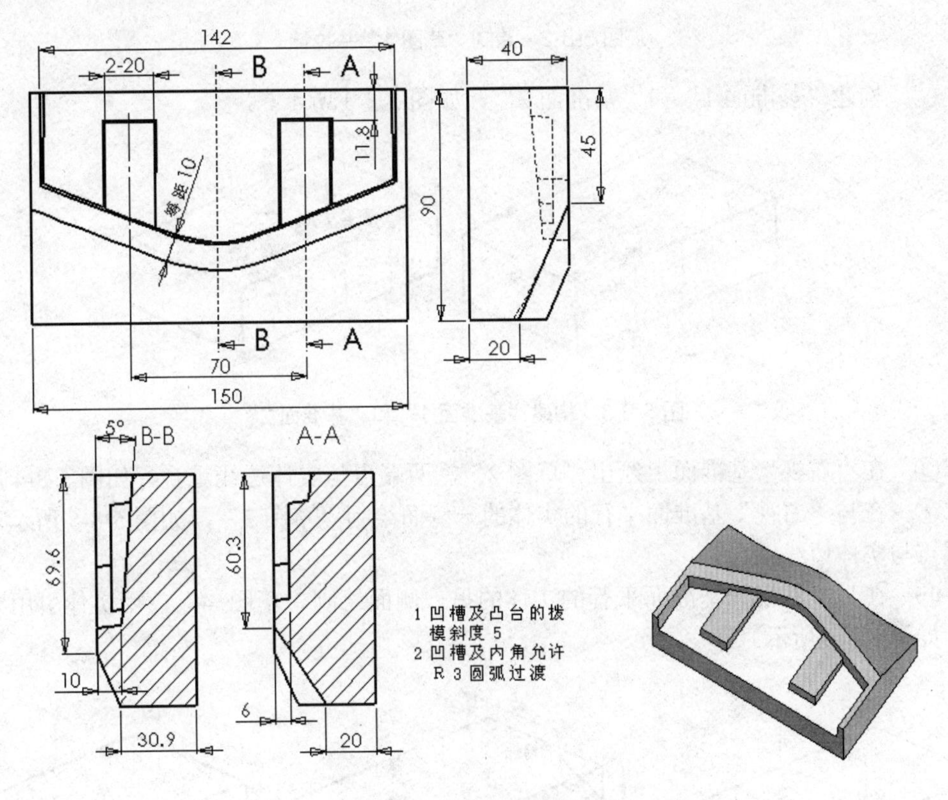

图 5-8-1　限位支座建模示例

【学习要点】

长方体、曲线组曲面、修剪体、拉伸体等命令的正确使用。

【绘图思路】

依次绘出长方体、曲线组曲面，再利用修剪体命令完成对长方体的修剪；然后再利用拉伸体命令完成对内腔及凸台的拉伸。

【操作步骤】

(1) 新建一个"零件"文件，单击"保存"按钮保存。

(2) 创建基体及基体上的草图。

① 在“前视”基准面上绘出“草图 1”，中心在坐标原点上，然后将其高度拉伸至40mm，如图 5-8-2 所示。

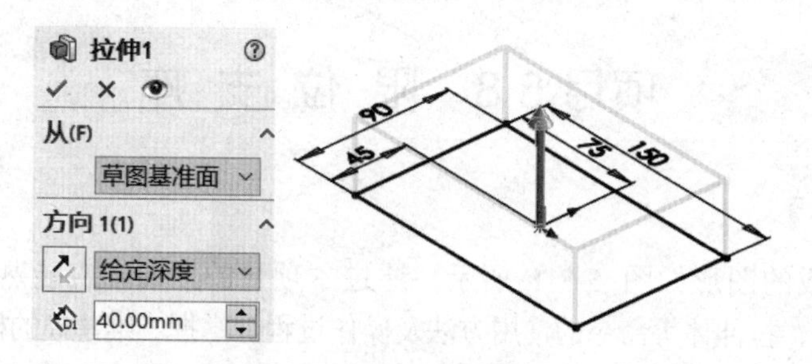

图 5-8-2 绘制“草图 1”并拉伸

② 构建“基准面 1”和“基准面 2”，如图 5-8-3 所示。

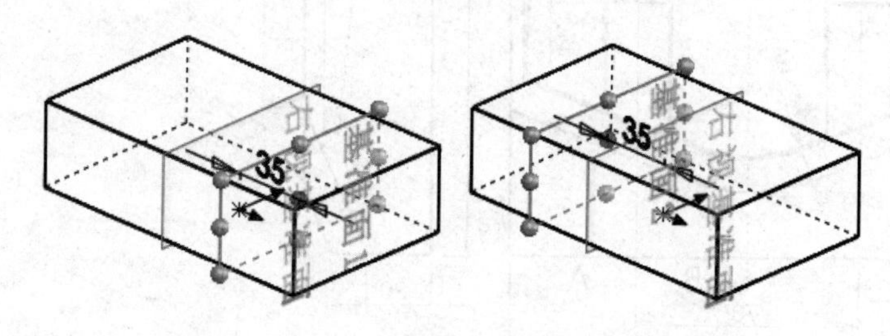

图 5-8-3 构建“基准面 1”和“基准面 2”

③ 在“右视”基准面上绘出“草图 2”，两端点与实体边线重合，如图 5-8-4 所示。

④ 在与“右视”基准面平行的实体的一侧面绘制“草图 3”，如图 5-8-5 所示。注意两端点与实体边线重合。

⑤ 在与“右视”基准面平行的实体的另一侧面绘制“草图 4”，用实体引用方式作出，如图 5-8-6 所示。

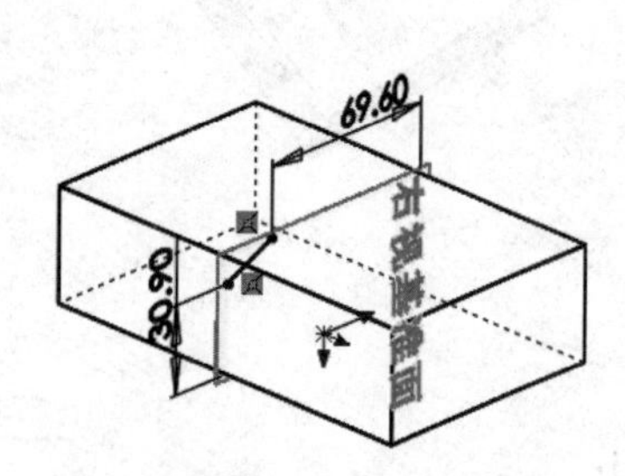

图 5-8-4 绘制“草图 2”

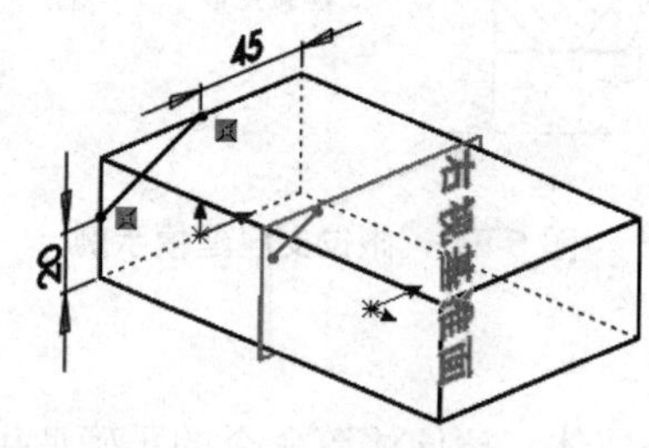

图 5-8-5 绘制“草图 3”

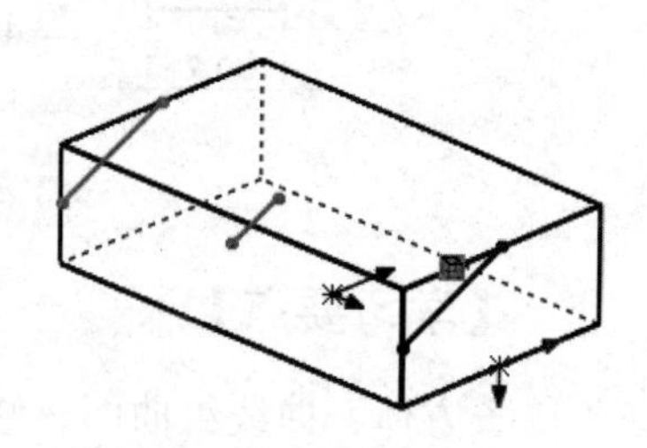

图 5-8-6 绘制“草图 4”

⑥ 在“基准面 1”上绘制“草图 5”，两端点与实体边线重合，如图 5-8-7 所示。

⑦ 在“基准面 2”上绘制“草图 6”，用实体引用方式绘制，如图 5-8-8 所示。

(3) 构建曲面并切除实体。

① 对“草图 2”“草图 3”“草图 4”“草图 5”和“草图 6”进行曲面放样，过程如图 5-8-9 所示。

② 用“使用曲面切除”命令完成对基体的切除，如图 5-8-10 所示。

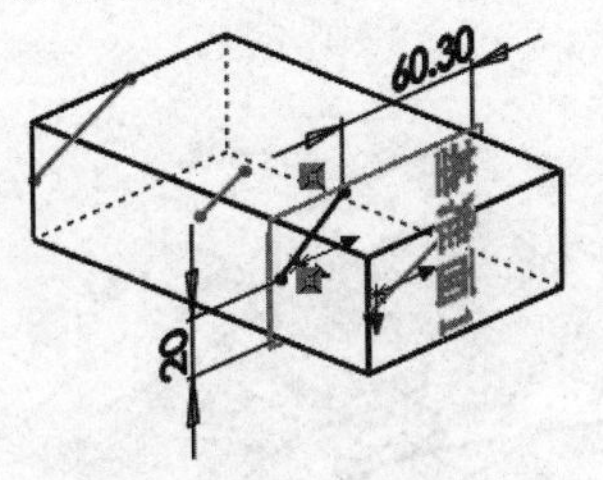

图 5-8-7　绘制“草图 5”

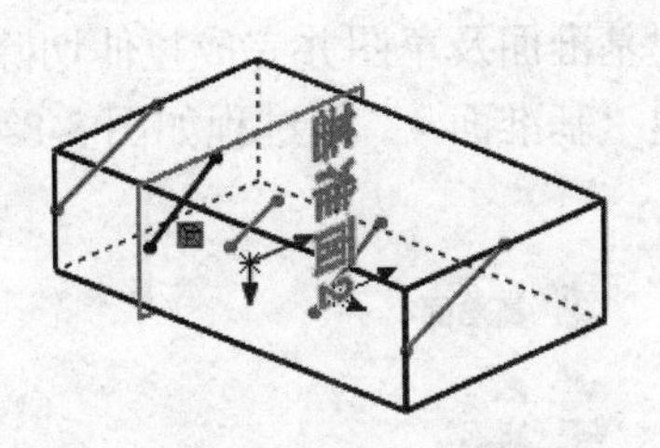

图 5-8-8　绘制“草图 6”

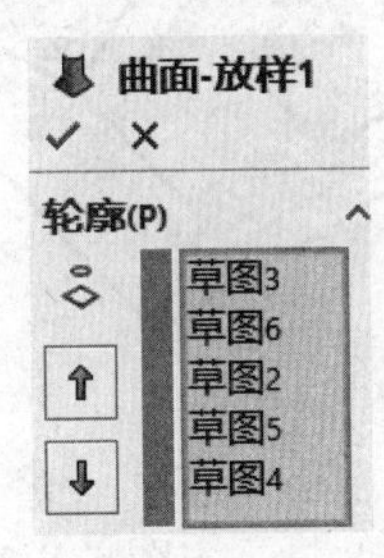

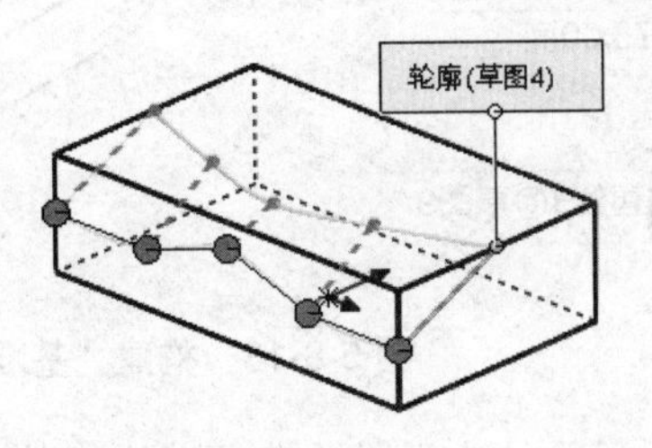

图 5-8-9　曲面-放样

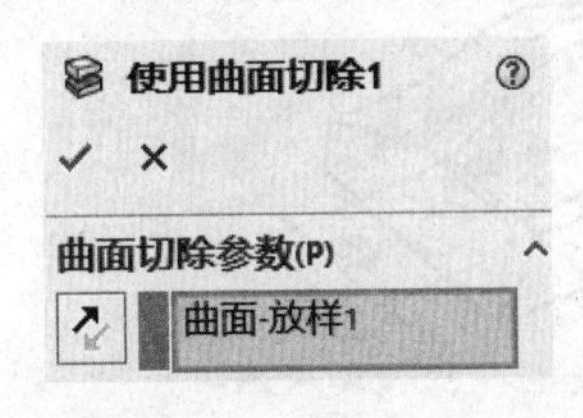

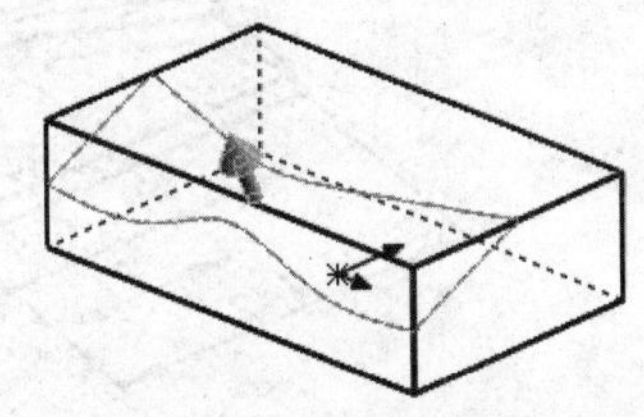

图 5-8-10　对基体切除

(4) 构建“基准面 3”，如图 5-8-11 所示；并在其上绘出“草图 7”，如图 5-8-12 所示。

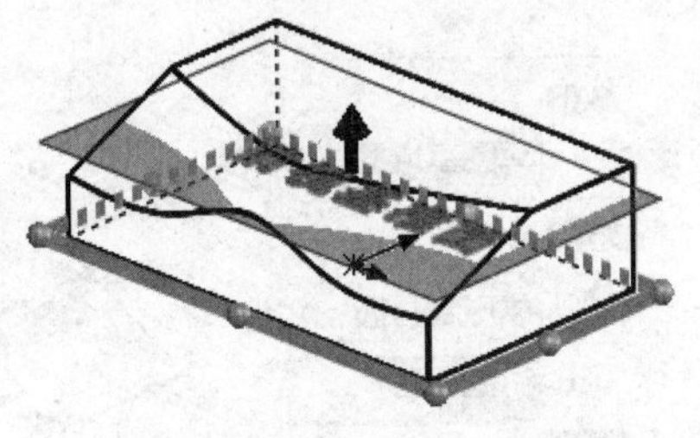

图 5-8-11　构建“基准面 3”

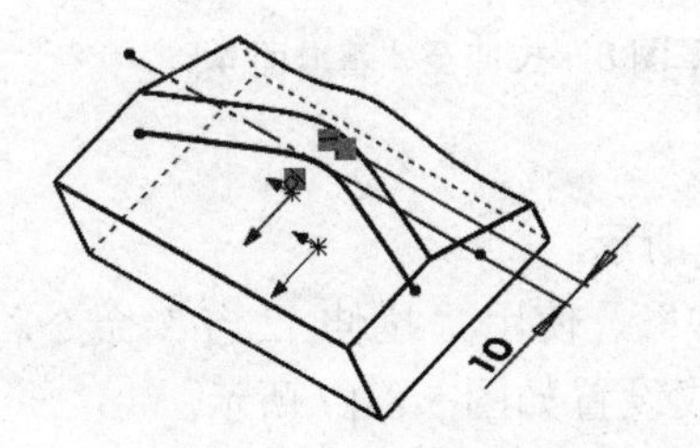

此草图实线可用“等距线”指令画出，目的是画出中心线

图 5-8-12　绘制“草图 7”

(5) 构建基准面及草图并完成拉伸切除。

① 构建“基准面 4”，过程如图 5-8-13 所示。

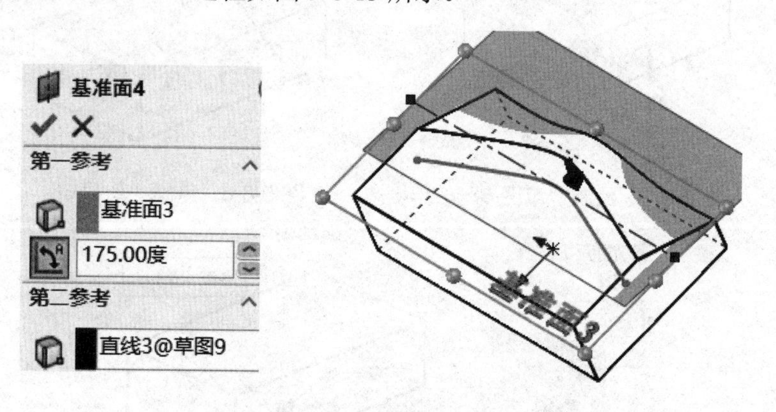

图 5-8-13 构建“基准面 4”

② 在图 5-8-2 所示拉伸实体的上表面绘制“草图 8”，如图 5-8-14 所示。

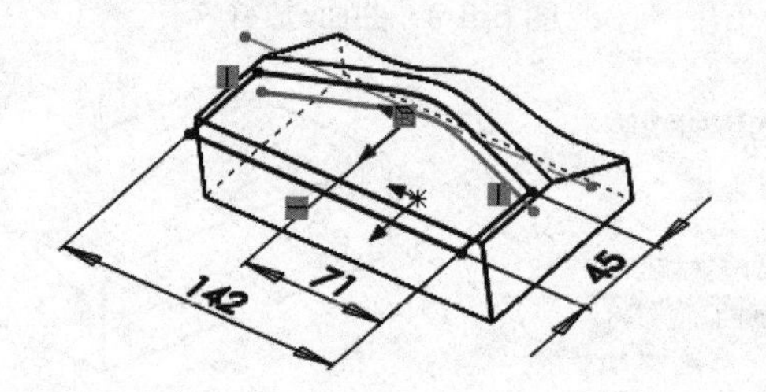

图 5-8-14 绘制“草图 8”

③ 使用“拉伸-切除”命令将“草图 8”拉伸至“基准面 4”，参数如图 5-8-15 所示。

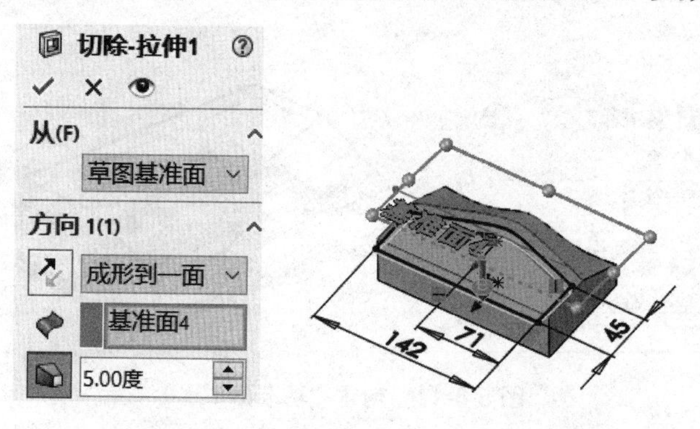

图 5-8-15 将“草图 8”拉伸至“基准面 4”

(6) 制作两个凸台。

① 构建“基准面 5”，如图 5-8-16 所示。

② 在“基准面 5”上绘出“草图 9”，使用“拉伸-凸台”命令将“草图 9”拉伸至“基准面 4”，即实体内腔底面，参数设置如图 5-8-17 所示。

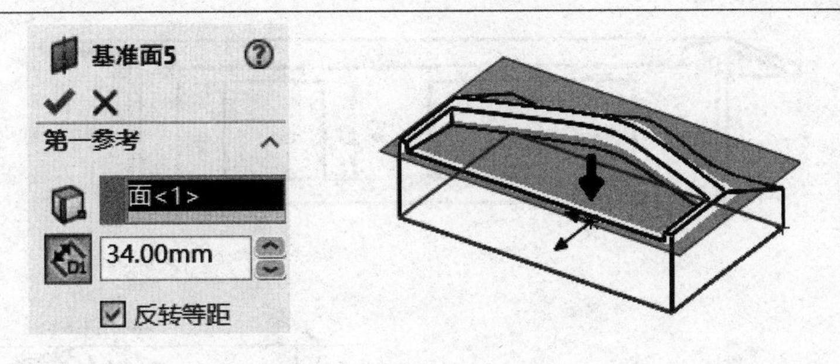

图 5-8-16　构建“基准面 5”

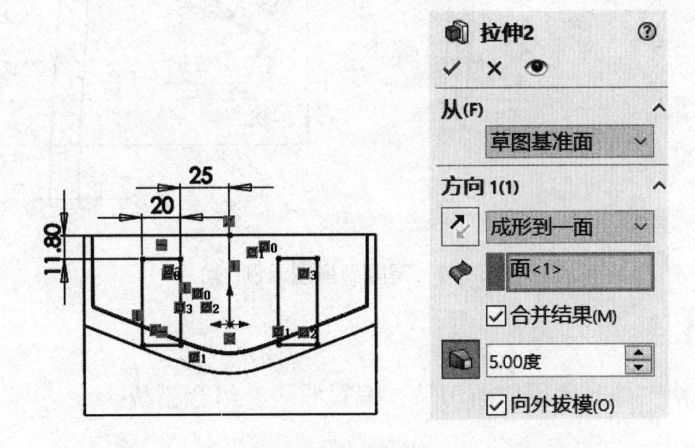

图 5-8-17　绘制“草图 9”并拉伸至内腔底面

项目 5.9　穹　隆　架

【学习目标】

本项目要完成的图形如图 5-9-1 所示。通过本项目的学习，应能熟练掌握特征放样、拉伸实体、使用曲面切除、偏置曲面、组合删减等命令的使用方法及操作过程，掌握三维建模的构图技巧。

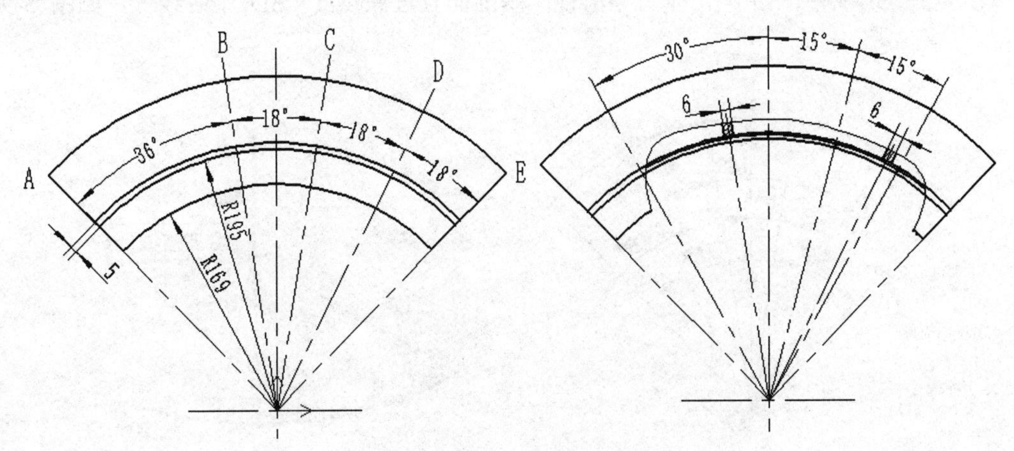

图 5-9-1　穹隆架模型示例

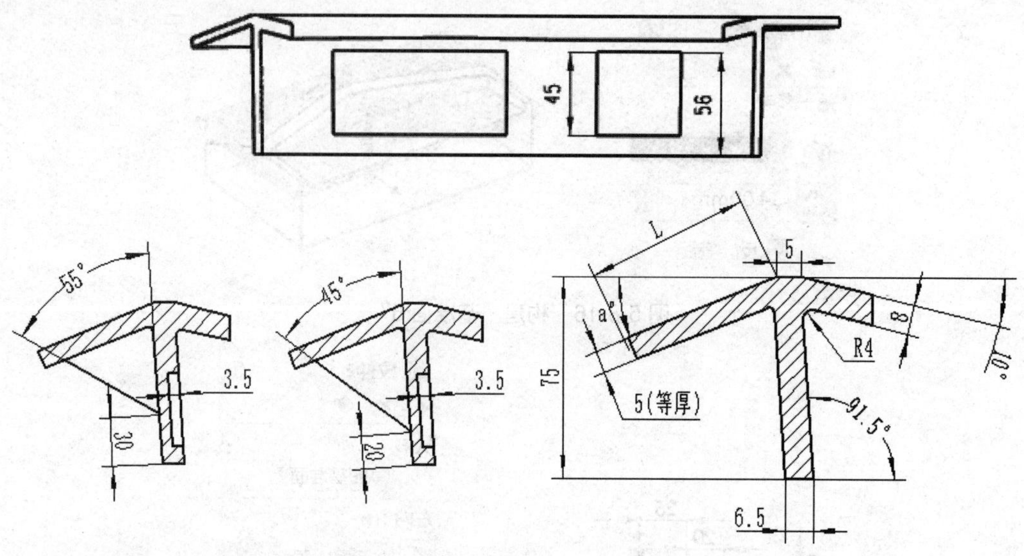

图 5-9-1　穹隆架模型示例(续)

【学习要点】

特征放样、拉伸实体、使用曲面切除、偏置曲面、组合删减。

【绘图思路】

依次绘出各截面草图，利用特征放样成基体，利用拉伸体命令完成后面两个筋造型；作出两个窗口的拉伸体并用偏置面进行修剪，最后再利用组合删减命令完成窗口造型。

【操作步骤】

(1) 新建一个“零件”文件，并保存。

(2) 绘草图及 3D 中心线。

① 在“前视”基准面上绘出“草图 1”，圆心在坐标原点上，如图 5-9-2 所示。

② 在“3D-草图”上绘出垂直“前视”基准面且过原点的“3D 中心线”，如图 5-9-3 所示。

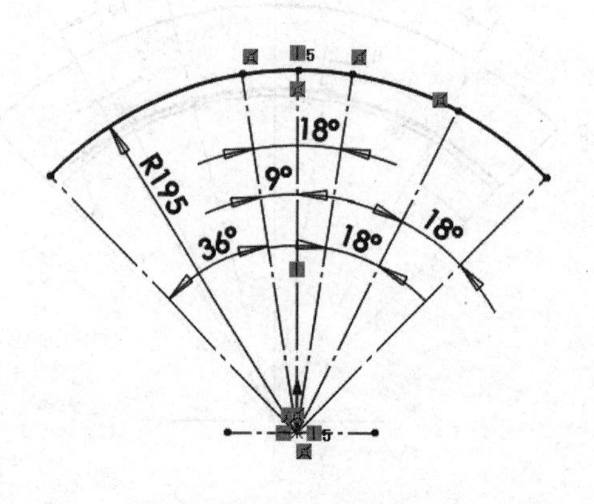

图 5-9-2　绘制“草图 1”

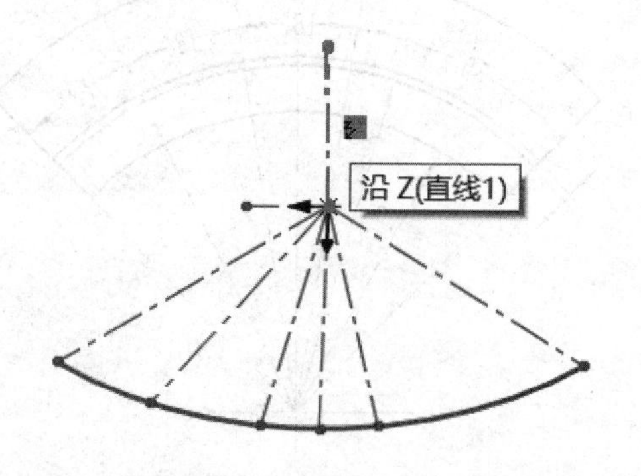

图 5-9-3　绘制 3D 中心线

(3) 在基准面构建对话框中选择“两面夹角”，并填入 9 度，然后单击“3D 中心线”和“右视”基准面，构建“基准面 1”，如图 5-9-4 所示。

同理，绘出其他基准面，如图 5-9-5 所示。

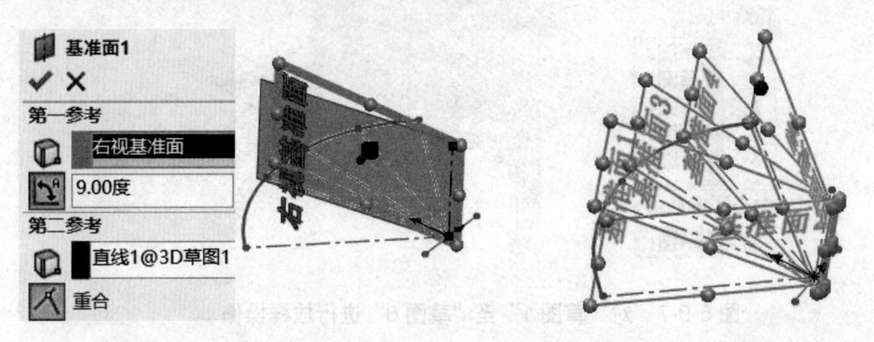

图 5-9-4 构建“基准面 1” 图 5-9-5 绘出“基准面 2”至“基准面 5”

基准面构造说明：“基准面 1”是将右视基准面绕“3D 中心线”正向转过 9°；“基准面 2”是正向转过 45°；“基准面 3”是将右视基准面绕“3D 中心线”反向转过 9°；“基准面 4”是反向转过 27°；“基准面 5”反向转过 45°。

(4) 分别在“基准面 1”至“基准面 5”上，绘“草图 2”至“草图 6”。“草图 2”如图 5-9-6 所示，在其他平面上构建草图的过程从略。

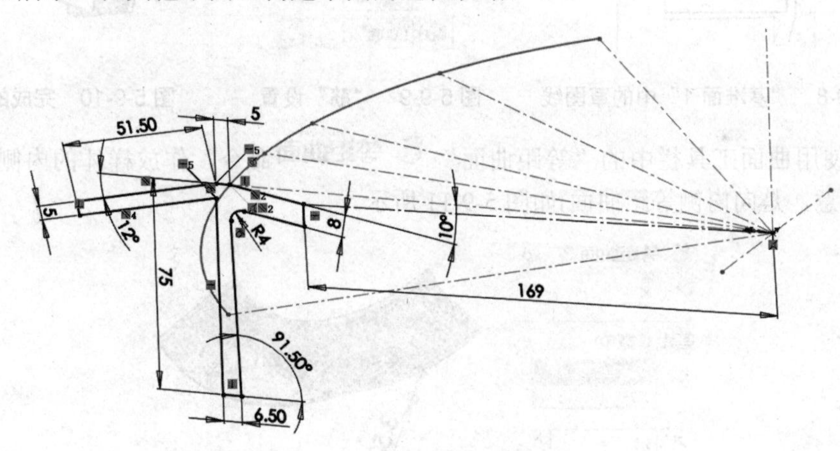

图 5-9-6 在“基准面 1”绘出“草图 2”

(5) 对“草图 1”至“草图 6”进行放样操作 放样，如图 5-9-7 所示，单击“确定”按钮，完成特征放样造型。

提示：

① “草图 1”上的实线作为放样中心线。

② 选择放样草图时要注意选择顺序及选择草图的位置，适当旋转草图以方便选择。

(6) 在“基准面 1”上作草图线，如图 5-9-8 所示。然后用“筋”命令绘出筋板，如图 5-9-9 所示。同理，在“基准面 4”上绘草图线，并作出筋板，最后得到图 5-9-10 所示的实体。

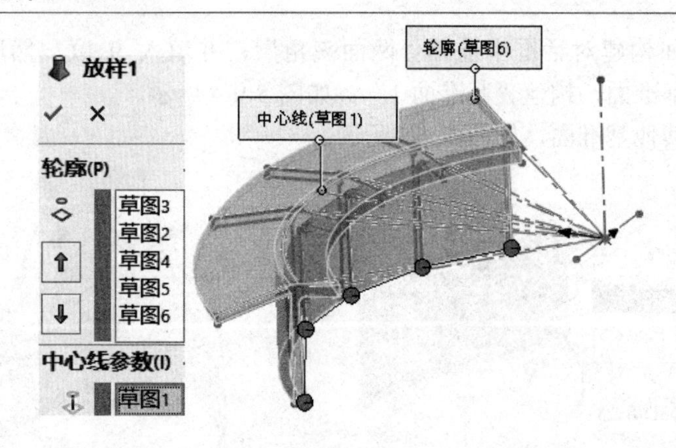

图 5-9-7 对“草图 1”至“草图 6”进行放样操作

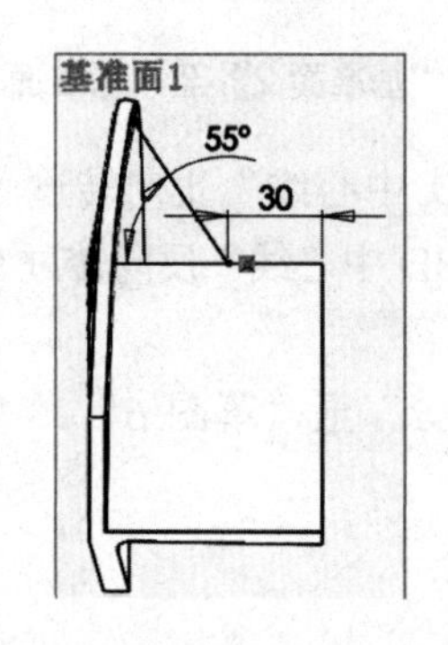

图 5-9-8 “基准面 1”中的草图线

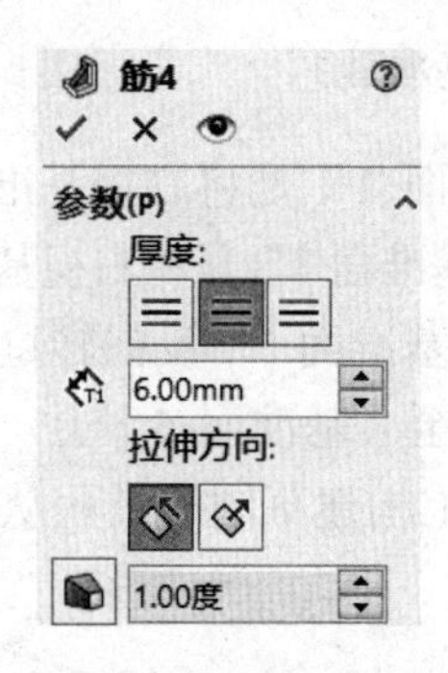

图 5-9-9 “筋”设置

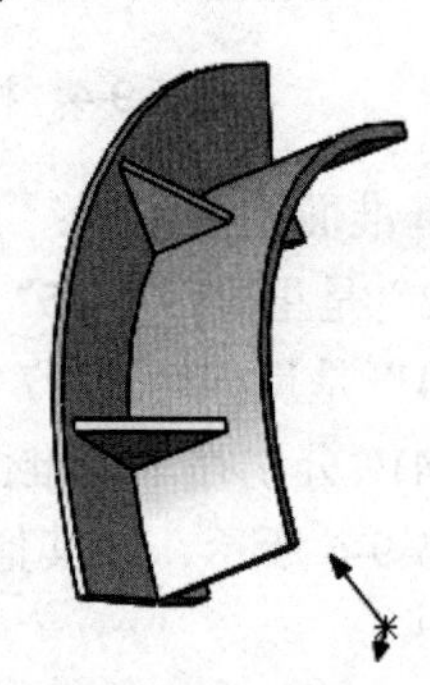

图 5-9-10 完成的实体

(7) 使用曲面工具栏中的“等距曲面” 等距曲面命令，作放样体的内侧表面的等距面，(注意，是向内侧等距曲面)如图 5-9-11 所示。

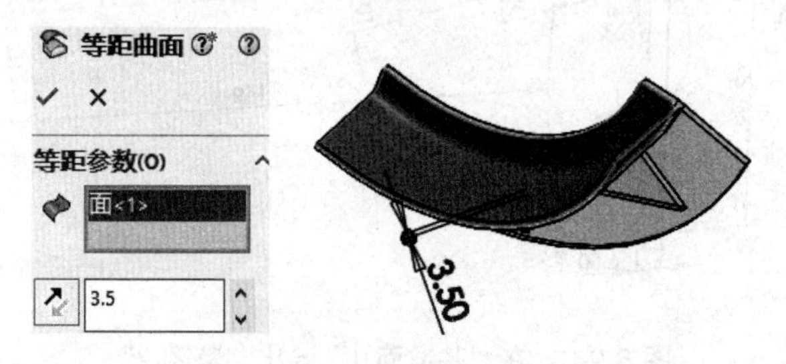

图 5-9-11 绘出等距曲面

(8) 在“上视”基准面大致绘出“草图 9”，然后使用“拉伸-凸台”命令将其拉伸至 200mm(要超过等距面)，不要勾选“合并结果”复选框，如图 5-9-12 所示。

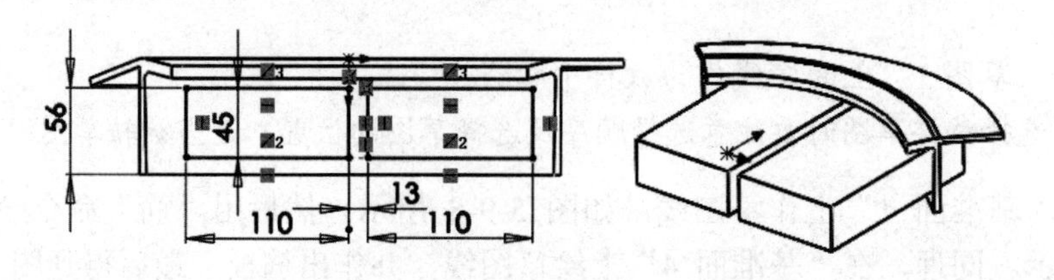

图 5-9-12 绘制“草图 9”并拉伸

(9)　使用等距面将两个刚生成的矩形体剪切掉。

在“插入”菜单的“切除”命令下，选择“使用曲面”子命令，打开对话框。按图示选取曲面和实体，单击“确定”按钮后完成操作，如图 5-9-13 所示。

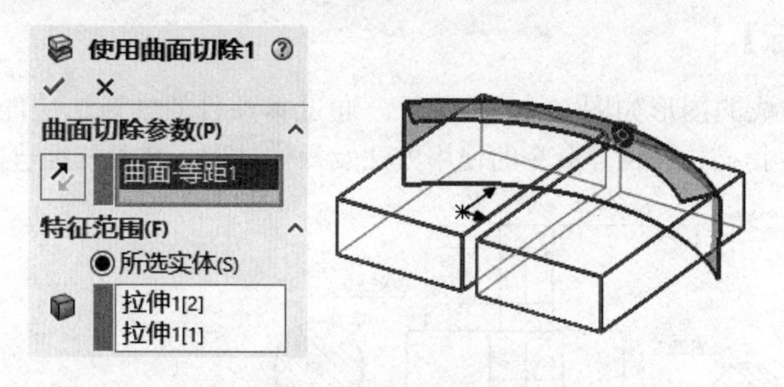

图 5-9-13　使用曲面切除实体

(10) 应用切除-拉伸指令切除实体。在“前视”基准面上绘出“草图 10”，直线长度超过等距面。拉伸切除如图 5-9-14 所示。

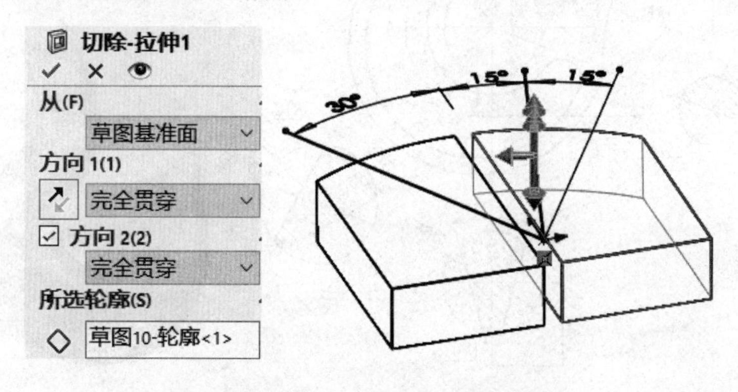

图 5-9-14　绘出“草图 10”拉伸切除

提示：同理，作出其他部分的切除(每根草图线分别作一次拉伸切除)；应用单线作切除，此时请注意切除方向；通过在“所选轮廓(S)”选项里选择单线作切除，此时要注意切除方向。

(11) 利用“组合”工具中的“删减”选项，完成最后的造型，如图 5-9-15 所示。

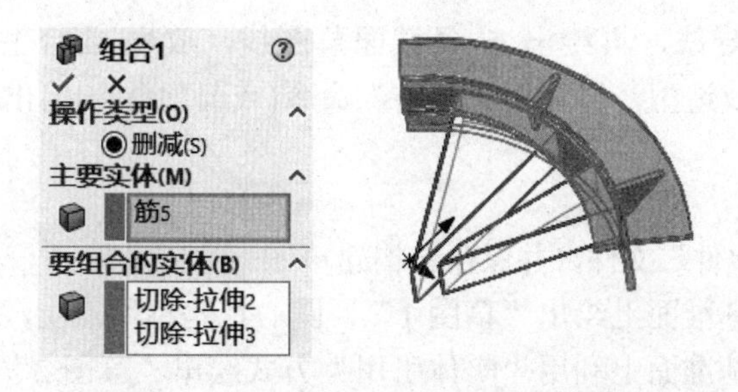

图 5-9-15　应用组合删减，完成最终造型

项目 5.10 吊 钩

【学习目标】

本项目要完成的图形如图 5-10-1 所示。通过本项目的学习，应能熟练掌握放样-凸台、拉伸-凸台、扫描、旋转等命令的使用方法及操作过程，掌握三维建模的构图技巧。

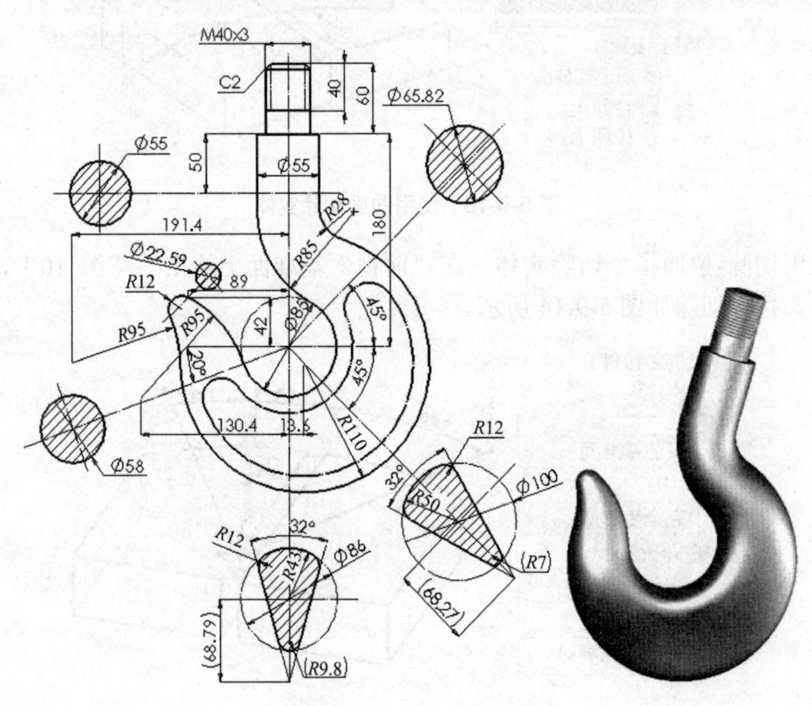

图 5-10-1 吊钩建模示例

【学习要点】

放样-凸台、拉伸-凸台、扫描、旋转。

【绘图思路】

首先绘出两条引导线，再绘出 5 条截面草图线，放样-凸台生成实体，利用拉伸-凸台、扫描作出圆柱螺纹造型，再利用“旋转”命令(或圆顶命令)绘出吊钩的圆顶部分。

【操作步骤】

(1) 新建一个“零件”文件，并保存。构建草图。

① 在“前视”基准面上绘出“草图 1”，圆心在坐标原点上，如图 5-10-2 所示。

② 在“前视”基准面上利用“实体引用”方式绘出“草图 2”，如图 5-10-3 所示。

③ 创建“基准面 1”，在其上绘出“草图 3”如图 5-10-4 所示。

(2) 创建“3D 草图 1”，如图 5-10-5 所示。

(3) 创建“基准面 2”，并在其上绘出“草图 4”，如图 5-10-6 所示。

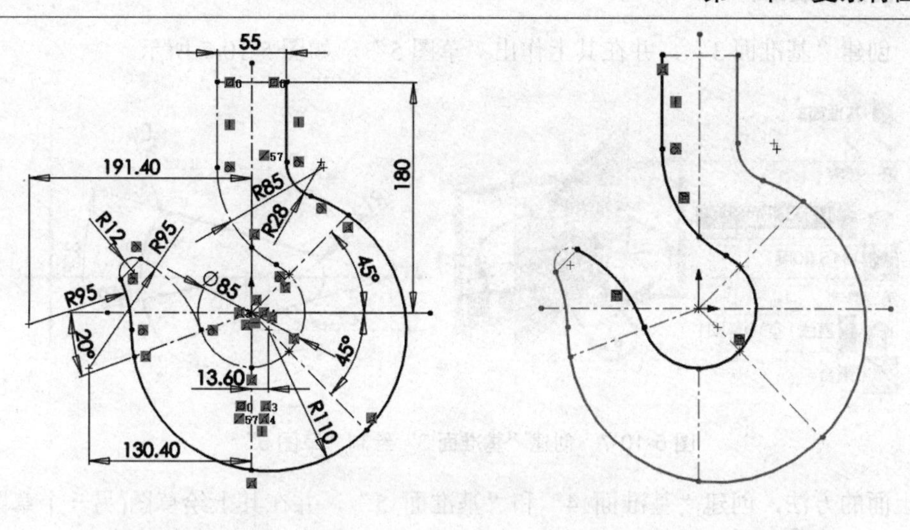

图 5-10-2 绘制“草图 1” 图 5-10-3 绘制“草图 2”

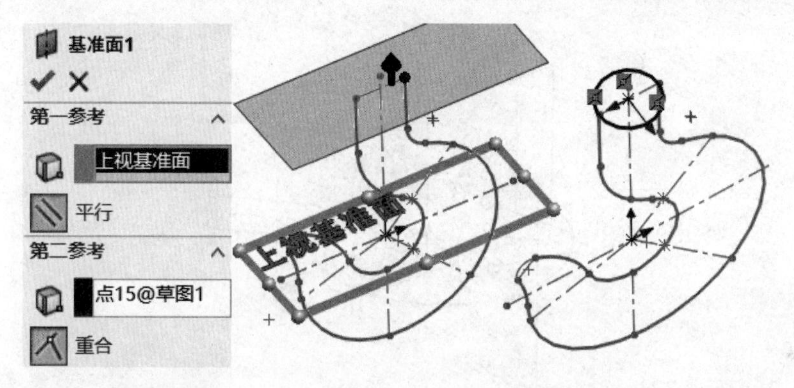

图 5-10-4 创建“基准面 1”并绘制“草图 3”

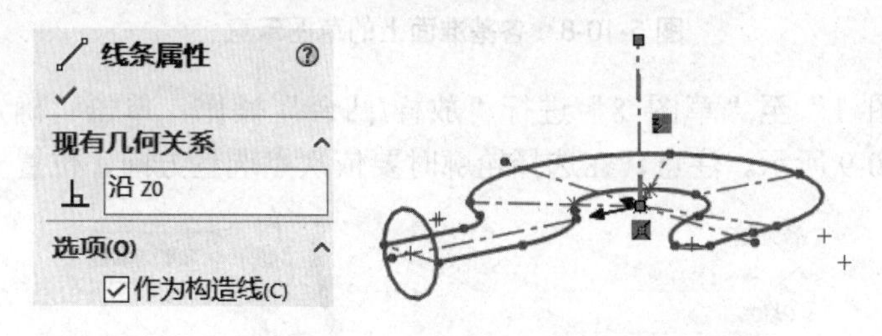

图 5-10-5 创建“3D 草图 1”

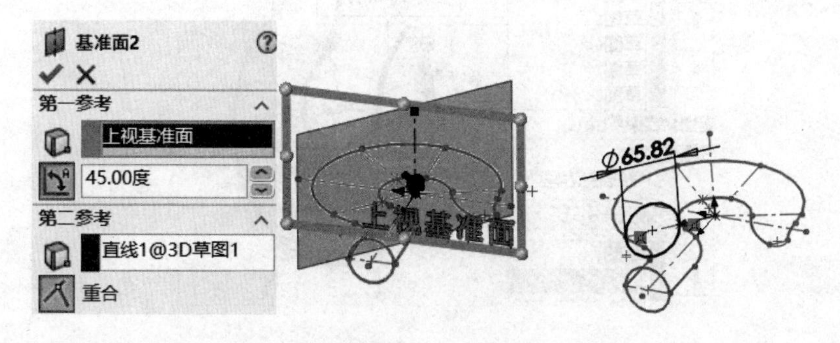

图 5-10-6 创建“基准面 2”绘制“草图 4”

(4) 创建“基准面 3”，并在其上作出“草图 5”，如图 5-10-7 所示。

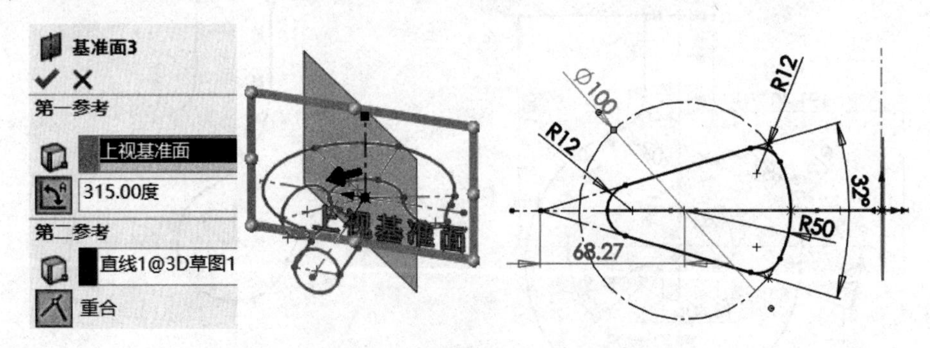

图 5-10-7　创建“基准面 3”绘制“草图 5”

依上面的方法，创建“基准面 4”和“基准面 5”，并在其上绘草图(另一个草图在右视基准面上绘出)，结果如图 5-10-8 所示。

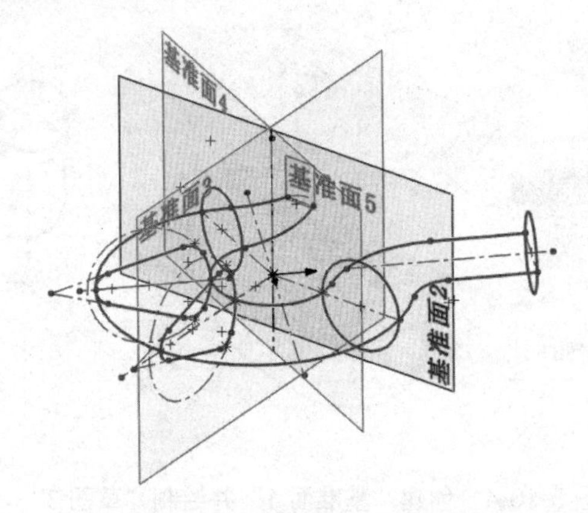

图 5-10-8　各基准面上的草图示意

(5) 对“草图 1”至“草图 8”进行“放样/凸台”操作，单击“确定”按钮完成造型。过程如图 5-10-9 所示。注意，在选择轮廓时要依次点选且方向、位置一致。

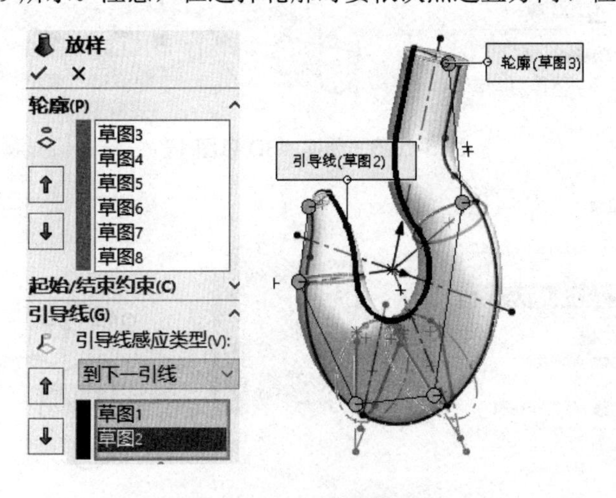

图 5-10-9　放样后的造型

(6) 制作钩柄，如图 5-10-10 所示。创建基准平面 6，并绘出草图圆，如图 5-10-11 所示。

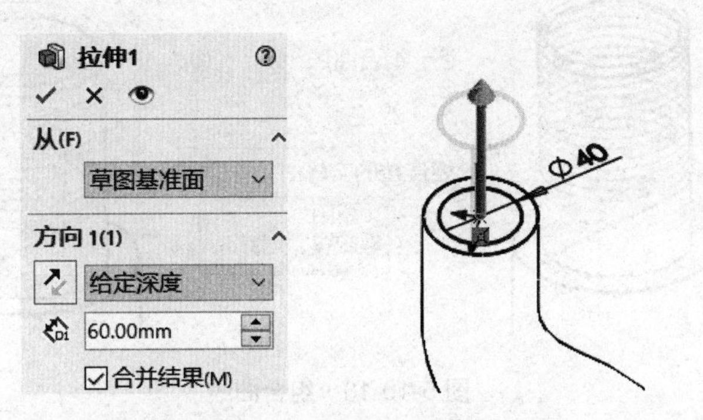

图 5-10-10　拉伸出柄部结构

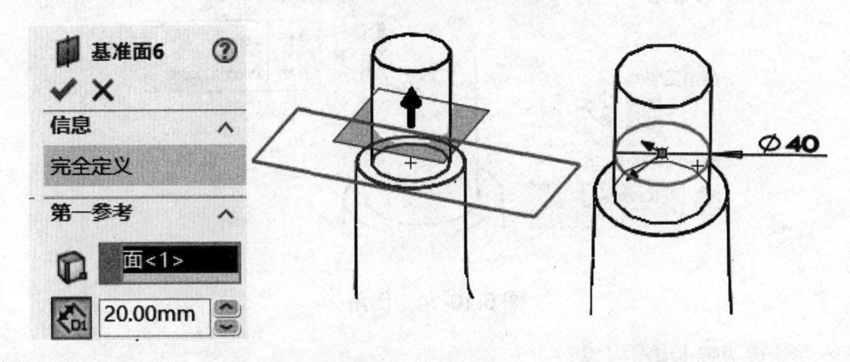

图 5-10-11　创建“基准平面 6”并创建草图圆

(7) 生成螺旋线如图 5-10-12 所示。

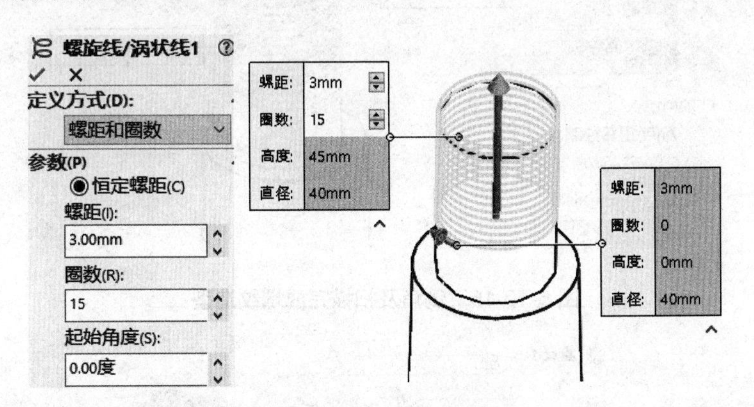

图 5-10-12　创建螺旋线

(8) 创建 3D 草图(同理做出另一端的相切直线)，再将两条直线与螺旋线组合成一条曲线，如图 5-10-13 所示(此处只显示一条 3D 线组合)。

(9) 制作螺纹及圆顶。

① 倒角，如图 5-10-14 所示。扫描切除完成螺纹造型，如图 5-10-15 所示。

② 应用“旋转”命令完成造型，如图 5-10-16 所示。也可以应用 “圆顶”命令完成

造型，如图 5-10-17 所示。

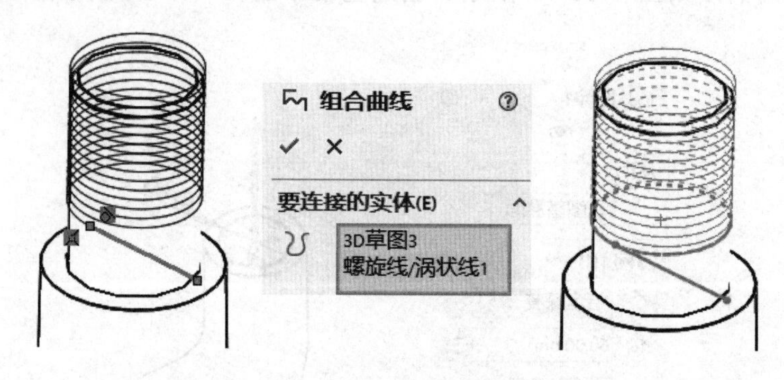

图 5-10-13　组合曲线

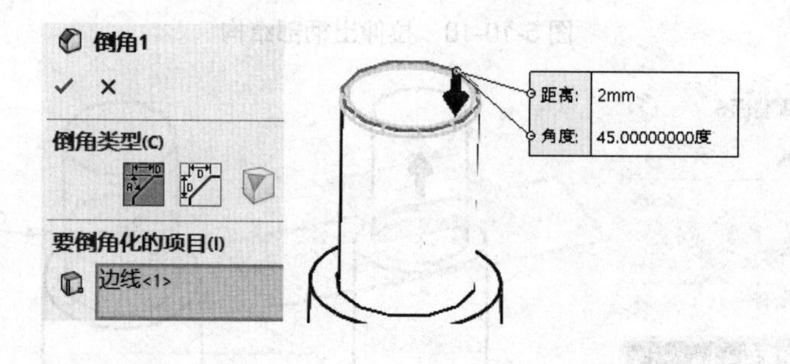

图 5-10-14　倒角

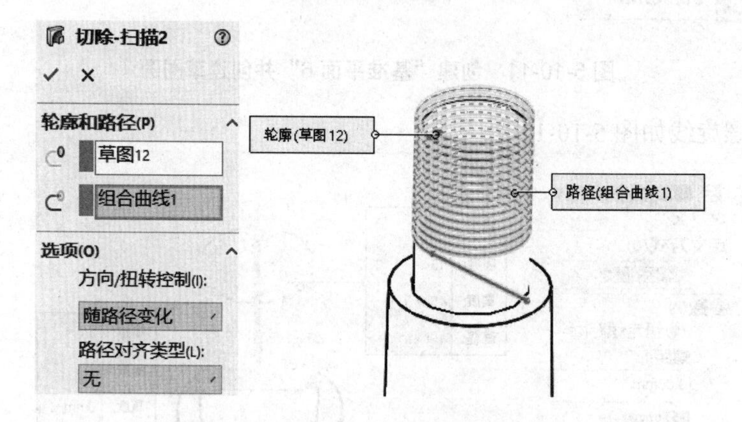

图 5-10-15　倒角及扫描完成螺纹造型

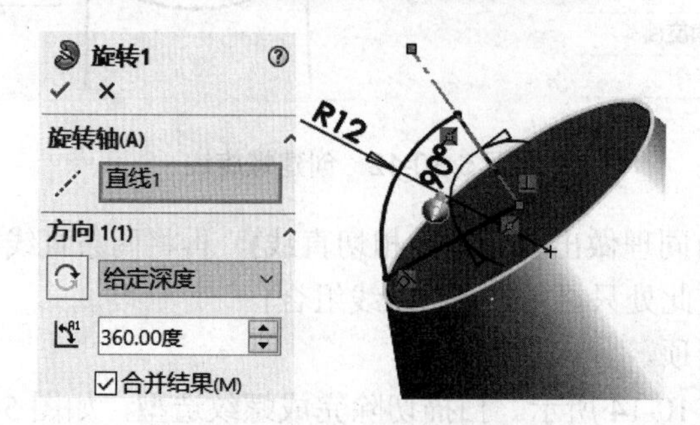

图 5-10-16　旋转造型

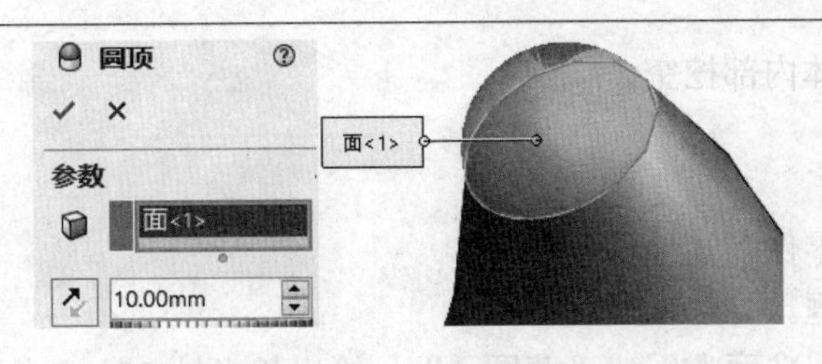

图 5-10-17　圆顶造型

项目 5.11　浴　液　瓶

【学习目标】

本项目要完成的图形如图 5-11-1 所示。通过本项目的学习，应能熟练掌握放样基体、放样曲面、等距曲面、延伸曲面、缝合曲面、使用曲面切除、扫描切除、投影线、组合线、拉伸切除、倒圆角等命令的使用方法及操作过程，掌握三维建模的构图技巧。

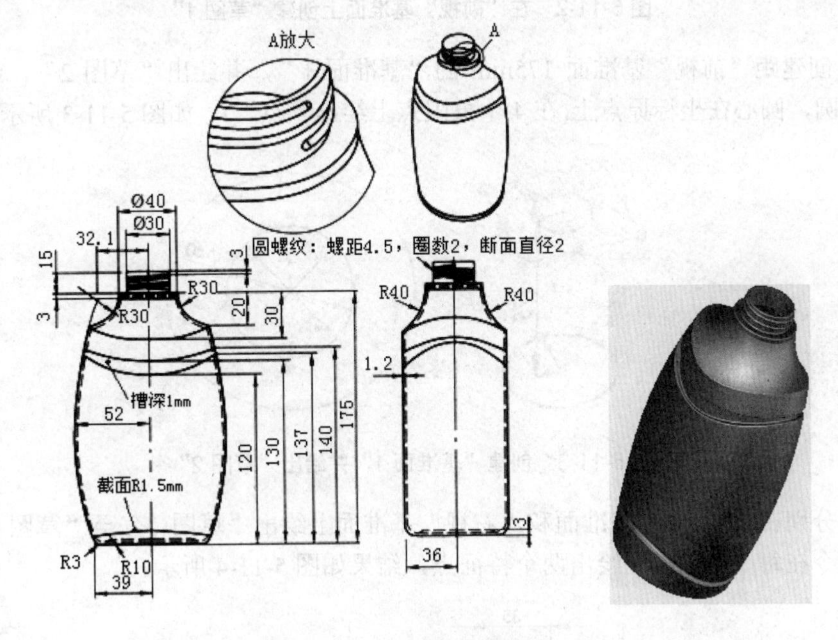

图 5-11-1　浴液瓶建模示例

【学习要点】

放样基体、放样曲面、等距曲面、延伸曲面、缝合曲面、使用曲面切除、扫描切除、投影线、组合线、拉伸切除、倒圆角。

【绘图思路】

依次绘出草图截面并应用放样基体生成瓶体，再利用拉伸基体命令绘出顶部造型，接着用拉伸命令并倒圆角绘出底部造型，利用扫描切除命令生成下部凹形曲面，再应用放样曲面、等距曲面、延伸曲面和缝合曲面等命令完成对瓶体修剪成凹槽部分的造型，最后使

用修剪曲面命令将瓶体内部挖空。

【操作步骤】

(1) 新建一个“零件”文件，并保存。

(2) 绘制草图线框。

① 在“前视”基准面上创建“草图 1”，绘出长半轴 39mm 短半轴 36mm 的椭圆，椭圆圆心在坐标原点上，如图 5-11-2 所示。

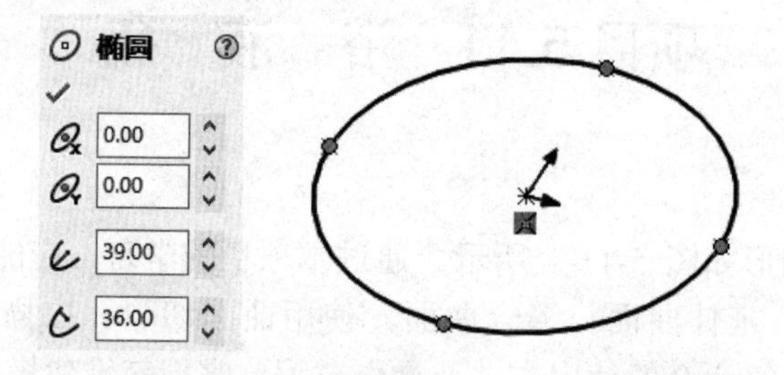

图 5-11-2 在“前视”基准面上创建“草图 1”

② 创建距“前视”基准面 175mm 的“基准面 1”，并绘出“草图 2”，绘出直径为 40mm 的圆，圆心在坐标原点上(在 4 个象限点上绘出“点”)，如图 5-11-3 所示。

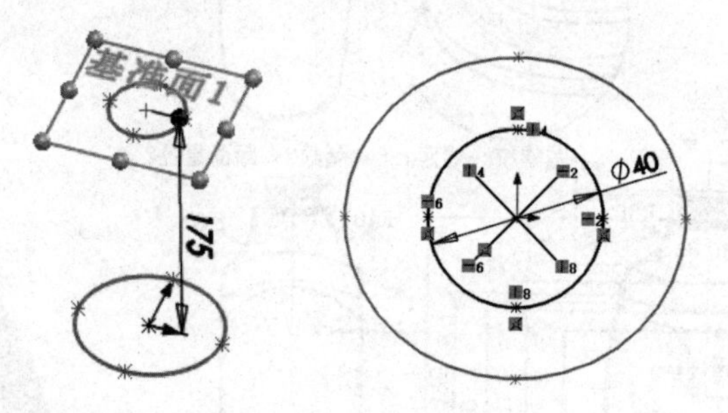

图 5-11-3 创建“基准面 1”并绘出“草图 2”

③ 分别在 “上视”基准面和“右视”基准面上绘出“草图 3”至“草图 6”，并用“点”命令在每个草图线上绘出两个特征点，结果如图 5-11-4 所示。

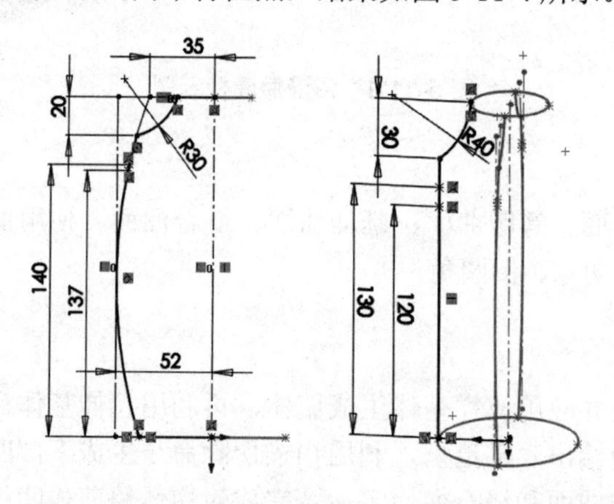

图 5-11-4 绘出“草图 3”和“草图 5”(“草图 4”和“草图 6”略)

提示：“草图 3”至“草图 6”上的点分别距“前视”基准面为 120、130、137、140 毫米(mm)。

④ 用 3D 草图里的样条曲线命令，绘出如图 5-11-5 所示图形。

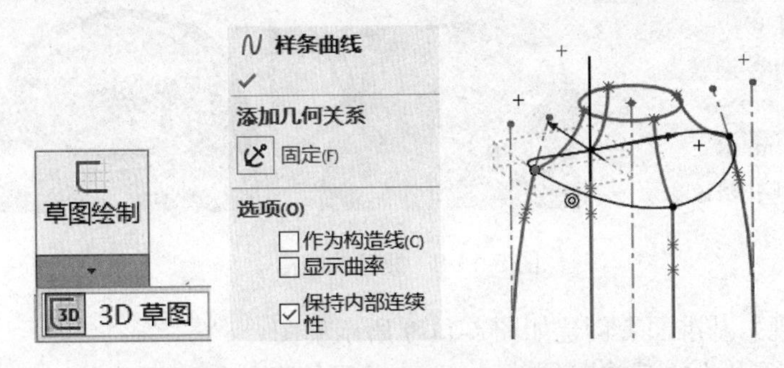

图 5-11-5　在 3D 草图绘制样条曲线

(3) 对“草图 1”至“草图 6”及“3D 草图”进行“放样”操作，单击“确定”按钮，完成造型，如图 5-11-6 所示。

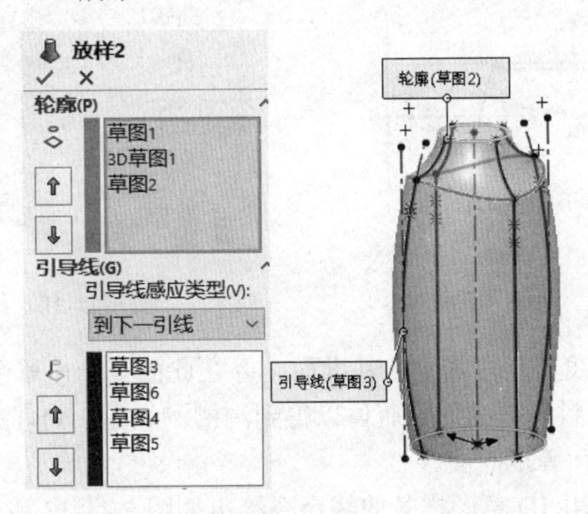

图 5-11-6　对所绘草图执行“放样”命令

(4) 瓶口及瓶身细节构图。

① 利用“拉伸-增料”方式绘出瓶口部分的拉伸体，利用“拉伸-减料”方式绘出瓶底部分的凹槽，并对内、外缘边线倒 R3 圆角，如图 5-11-7 和图 5-11-8 所示。

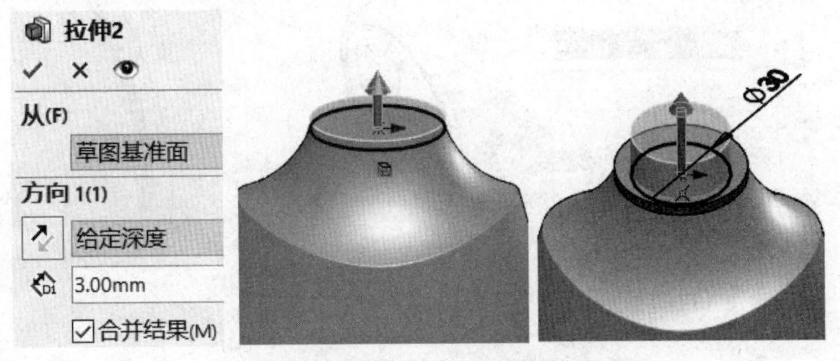

图 5-11-7　瓶口的拉伸体

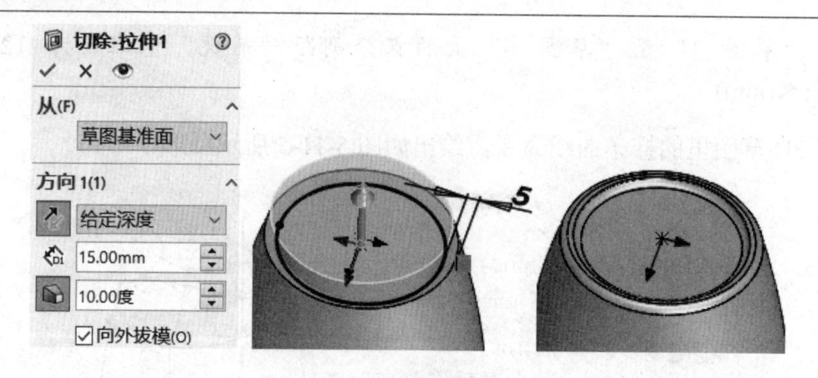

图 5-11-8　瓶底的凹槽

② 在“上视”基准面上创建如图 5-11-9 所示草图。

③ 用曲线工具栏中的 投影曲线 命令，将上面的草图线投影到瓶体侧面上，如图 5-11-10 所示(注意用两次该命令完成两侧的投影曲线的制作)。然后应用“组合曲线”命令将两条投影曲线组合成一条曲线。

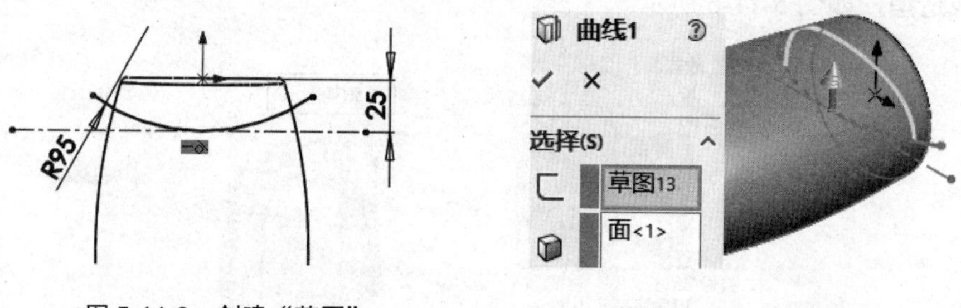

图 5-11-9　创建“草图”　　　图 5-11-10　投影曲线

④ 制作过组合曲线且点在其上的基准面，并在此面上绘出草图圆，如图 5-11-11 所示；然后应用“扫描-除料”扫描切除瓶体以得到沟槽，如图 5-11-12 所示。

(5) 制作放样曲面和等距曲面。

① 参考(2)的④步用 3D 草图样条曲线命令绘出如图 5-11-13 所示的两条 3D 样条线。

② 用曲面工具栏中的 **曲面-放样**命令，使两条 3D 样条线生成放样曲面，如图 5-11-14 所示。

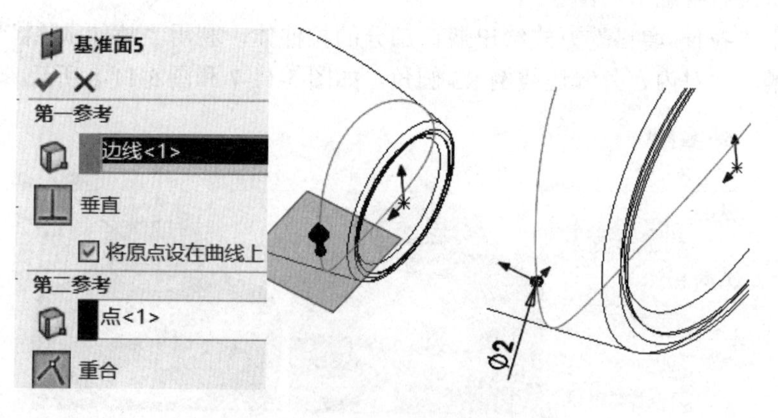

图 5-11-11　创建基准平面并绘草图

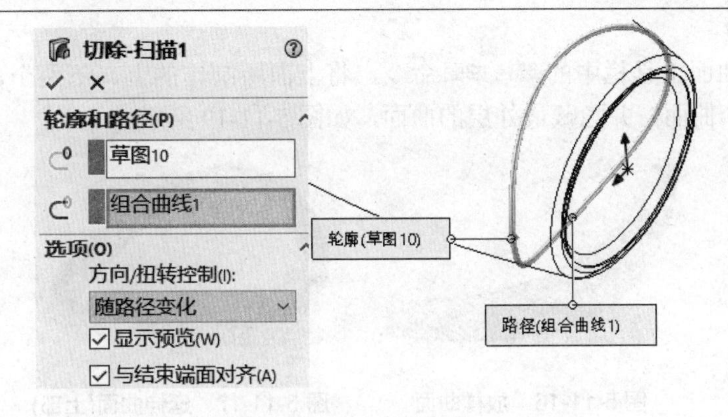

图 5-11-12　扫描-除料

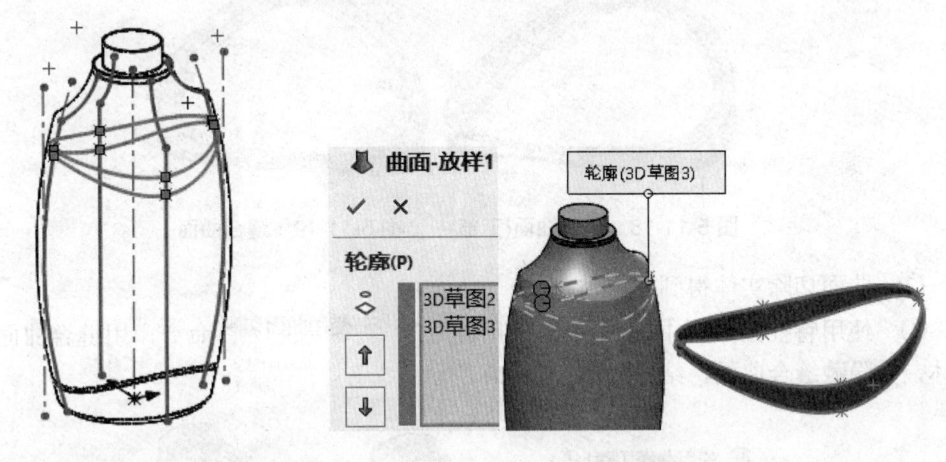

图 5-11-13　绘出两条 3D 样条线　　　　图 5-11-14　放样曲面

③　用曲面工具栏中的 **曲面-等距** 命令，对上面的放样面绘出内等距面，距离为 1.8mm，如图 5-11-15 所示。

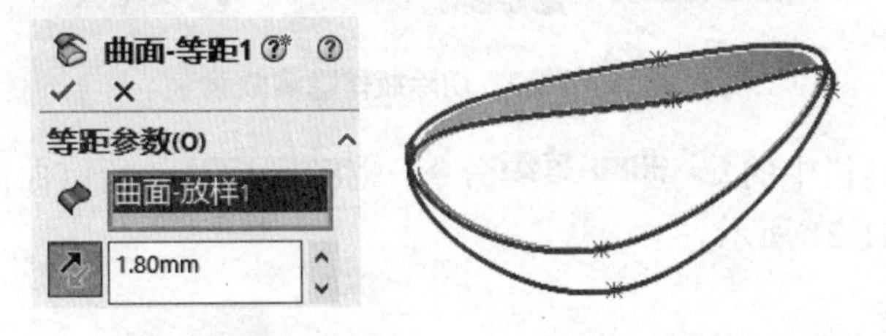

图 5-11-15　等距曲面

(6)　制作切割曲面。

①　用曲面工具栏中的 **曲面-放样** 命令，对上面的放样曲面和等距曲面的上边缘绘制放样曲面，如图 5-11-16 所示(已隐藏实体)。

②　用曲面工具栏中的 **延伸曲面** 命令，对新生成的放样面绘制延伸曲面，长度要超过最外层的曲面，如图 5-11-17 所示。

③　重复①、②步，完成下面的延伸曲面的制作，如图 5-11-18 所示。

④　使用曲面工具栏中的 缝合曲面 命令，将上面所制作的上、下两个曲面和内层的等距面缝合成一个曲面，并隐藏最外层的曲面，如图 5-11-19 所示。

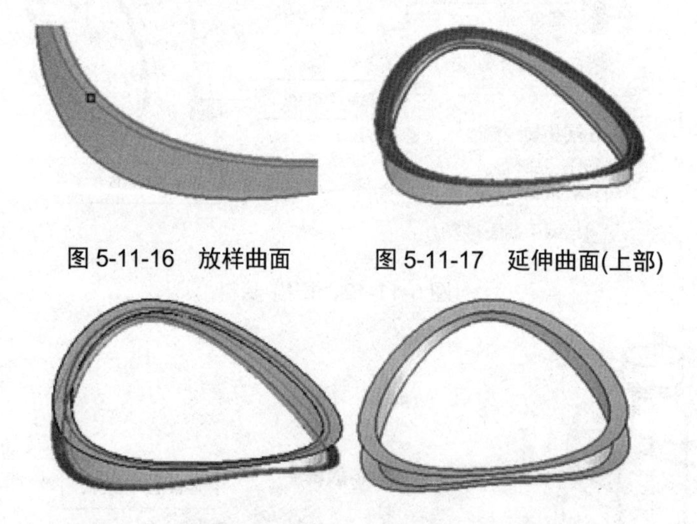

图 5-11-16　放样曲面　　　图 5-11-17　延伸曲面(上部)

图 5-11-18　延伸曲面(下部)　　图 5-11-19　缝合曲面

(7)　曲面切除实体得到瓶内造型。

①　使用特征工具栏中的“切除-使用曲面” 使用曲面切除 命令，用缝合曲面来切除瓶体，并隐藏缝合曲面，结果如图 5-11-20 所示。

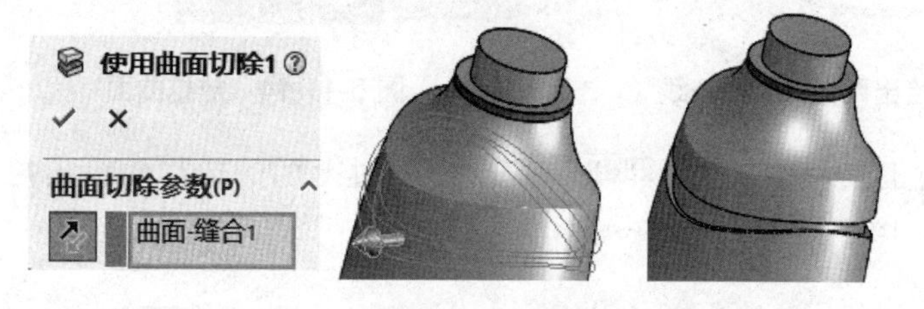

图 5-11-20　切除瓶体隐藏曲面

②　用曲面工具栏中的 曲面-等距 命令，对除顶面外的所有曲面绘内等距面，距离为 1.2mm，如图 5-11-21 所示。

图 5-11-21　绘内等距面

③　使用特征工具栏中的“切除-使用曲面” 使用曲面切除 命令，用上面制作的等距面来切除瓶体，并隐藏等距曲面，结果如图 5-11-22 所示。

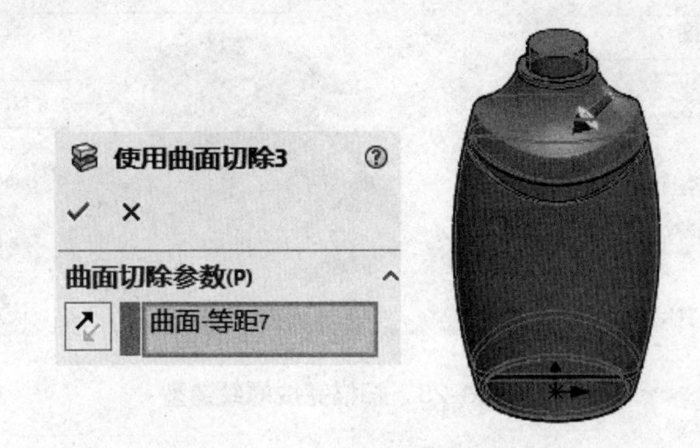

图 5-11-22　用等距面来切除瓶体

(8)　制作瓶口螺纹。

①　制作“基准面 3”，并在此面绘出“草图 10”，如图 5-11-23 所示。

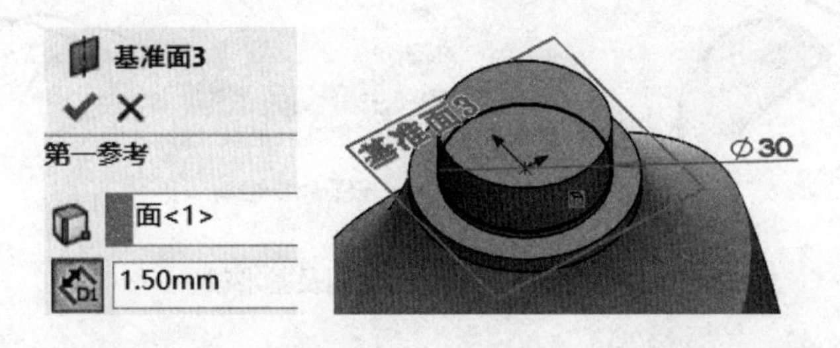

图 5-11-23　创建“基准面 3 并绘出“草图 10”

②　制作螺旋线，完成瓶口螺纹的制作。首先制作螺旋线，如图 5-11-24 所示。再制作与螺旋线垂直并过其上的基准面，接着在上面的基准面上绘出过原点的、直径为 2mm 的草图圆，最后用“扫描-凸台”命令完成造型，如图 5-11-25 所示。

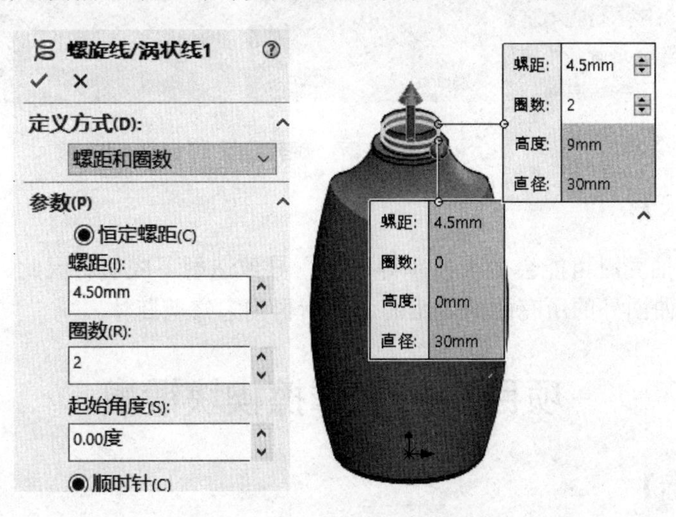

图 5-11-24　制作螺旋线

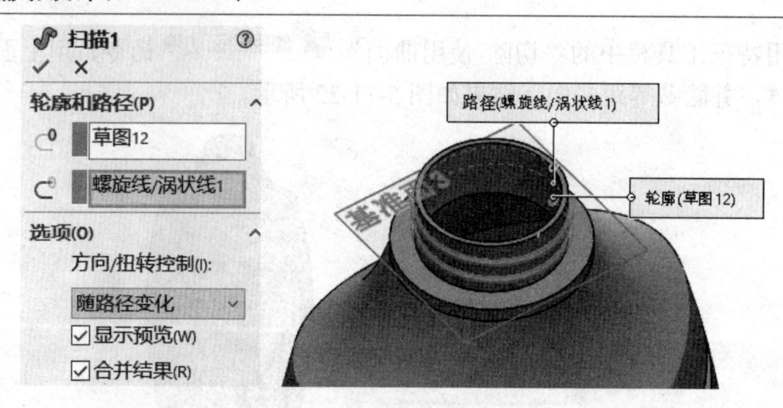

图 5-11-25　扫描完成螺纹造型

(9) 创建草图及基准轴，如图 5-11-26 所示。应用旋转凸台命令完成对螺纹端面的旋转造型，参见图 5-11-27。

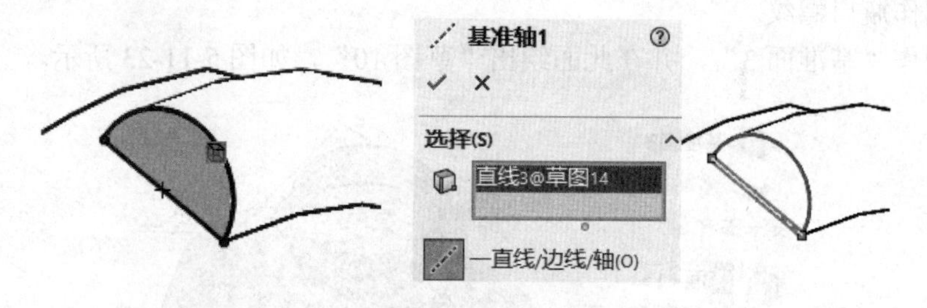

图 5-11-26　创建草图及基准轴

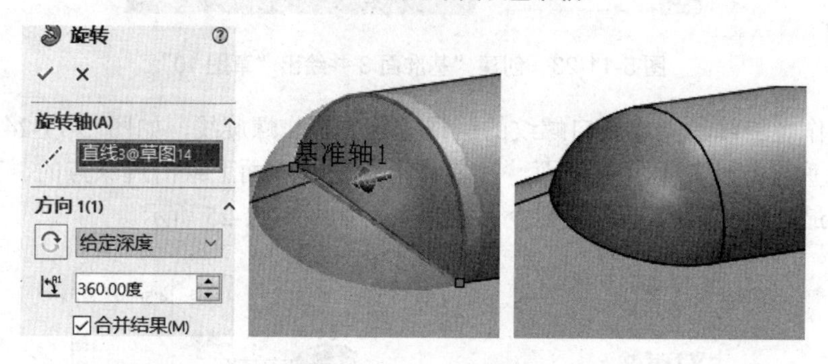

图 5-11-27　旋转造型

【建模提示】

由于在绘制抽壳时可能会由于曲率等原因，导致造型不成功。因此，本例使用向瓶体内部绘制除顶部曲面外的所有面的等距面，然后再用它修剪瓶体。

项目 5.12　摩擦楔块锻模

【学习目标】

本项目要完成的图形如图 5-12-1 所示。通过本项目的学习，应能够熟练掌握放样-基体、放样-切除、曲面等距、使用曲面切除等命令的使用方法及操作步骤，掌握三维建模的构图技巧。

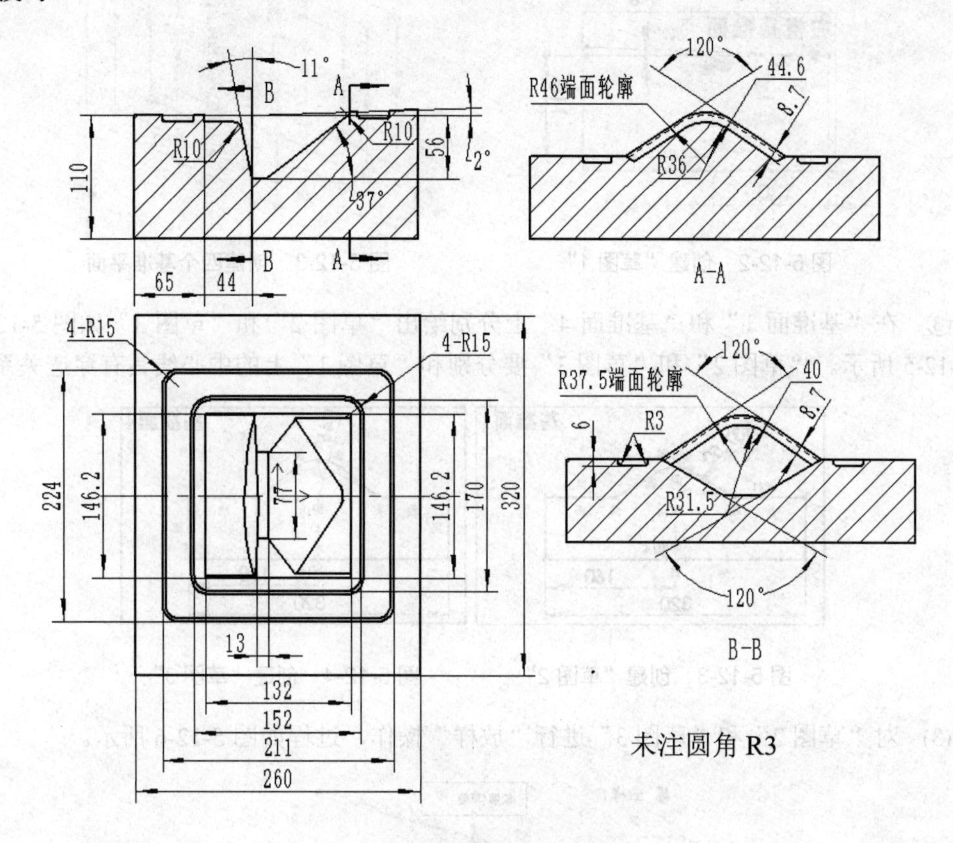

图 5-12-1　摩擦楔块锻模建模示例

【学习要点】

放样-基体、放样-切除、曲面等距、使用曲面切除。

【绘图思路】

本例主要使用“放样-基体”“放样-切除”“曲面等距”“使用曲面切除”等命令完成造型，具体过程详见操作步骤。

【操作步骤】

(1) 单击“新建”按钮，新建一个“零件”文件，并单击“保存”按钮将其保存。

(2) 制作草图。

① 在“右视”基准面上创建“草图 1”，下边线中心在原点上，如图 5-12-2 所示。

② 创建“基准面 1”“基准面 2”“基准面 3”和“基准面 4”，如下所述。

“基准面 1”距前视面正向 130mm；“基准面 2”距“基准面 1”反向 65mm；“基准面 3”距“基准面 2”反向 132mm；“基准面 4”距“基准面 1”反向 260mm，如图 5-12-3 所示。

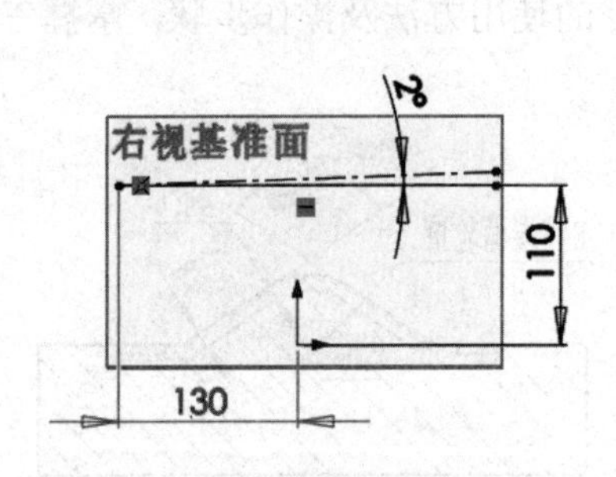

图 5-12-2　创建“草图 1”

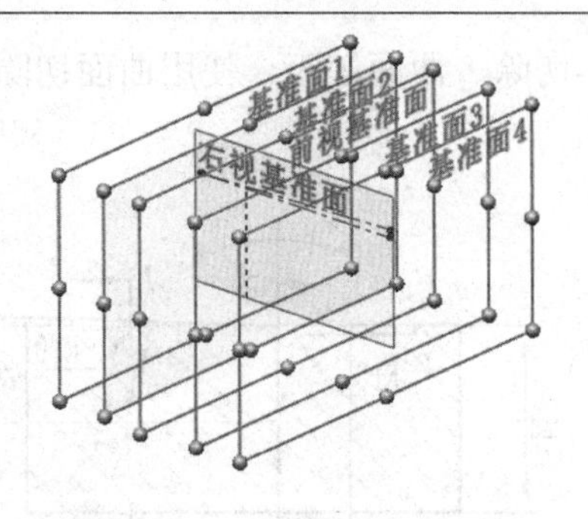

图 5-12-3　创建四个基准平面

③　在“基准面 1”和“基准面 4”上分别绘出“草图 2”和“草图 3”如图 5-12-4 和图 5-12-5 所示。“草图 2”和“草图 3”要分别和“草图 1”上的中心线具有穿透关系。

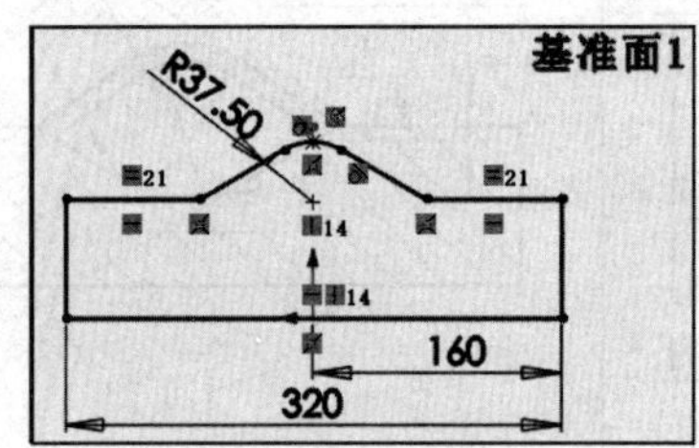

图 5-12-3　创建“草图 2”　　图 5-12-4　创建“草图 3”

(3)　对“草图 2”和“草图 3”进行“放样”操作，过程如图 5-12-6 所示。

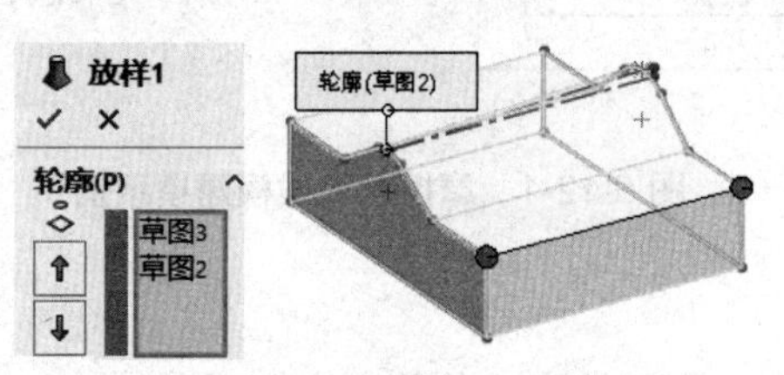

图 5-12-6　放样“草图 2”和“草图 3”

(4)　在“基准面 2”上构建“草图 4”，如图 5-12-7 所示。

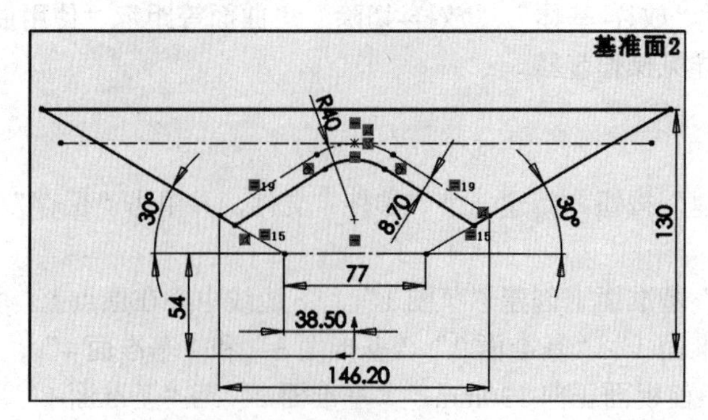

图 5-12-7　构建“草图 4”

(5)　在“基准面 3”上构建“草图 5”，如图 5-12-8 所示。

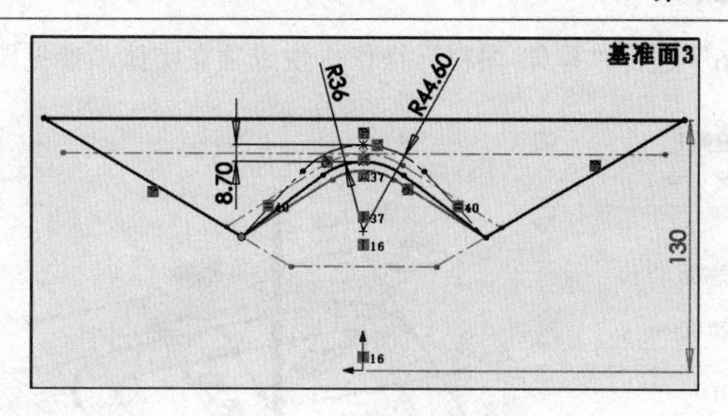

图 5-12-8　构建“草图 5”

(6) 对“草图 4”和“草图 5”进行“切除-放样”操作，过程如图 5-12-9 所示。

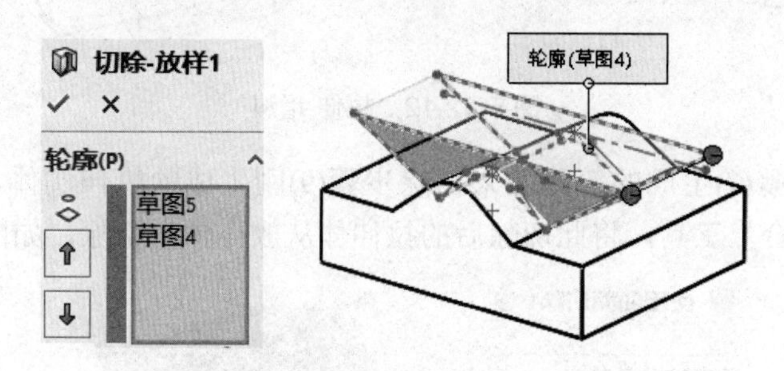

图 5-12-9　应用切除放样修剪实体

(7) 对实体上表面(除拉伸切除的面)向内绘制等距曲面，过程如图 5-12-10 所示。

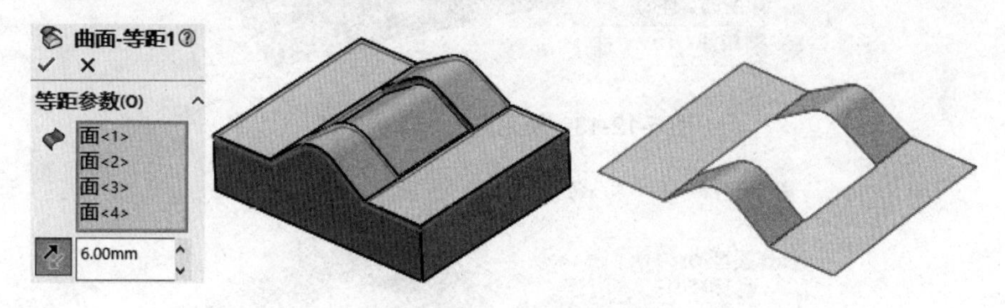

图 5-12-10　绘制等距曲面

(8) 以“上表面”为基准面构建“草图 6”，如图 5-12-11 所示。

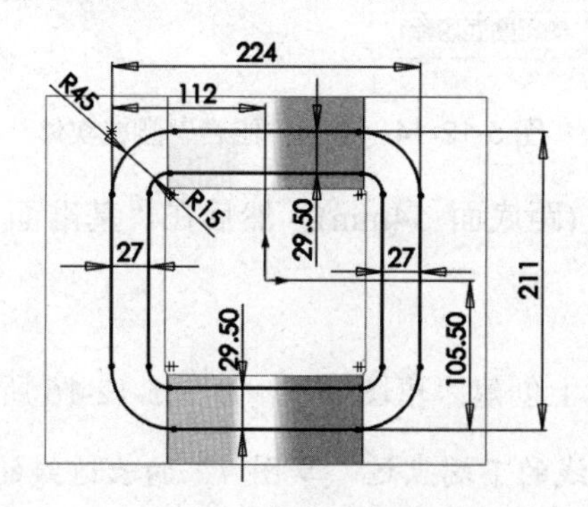

图 5-12-11　构建“草图 6”

(9) 对“草图 6”进行“拉伸-增料”操作，生成独立实体，参见图 5-12-12。

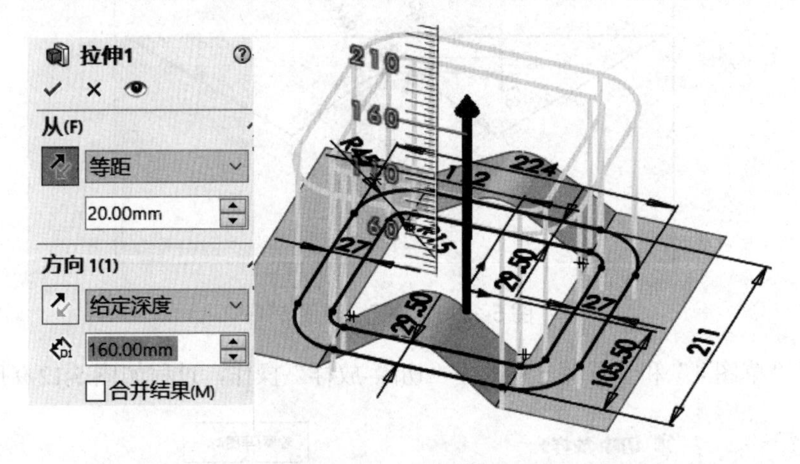

图 5-12-12　拉伸-增料

(10) 使用在步骤(7)生成的等距面来切除步骤(9)刚生成的拉伸实体，如图 5-12-13 所示；然后再用“组合”工具，将此切除后的拉伸体从放样体中切除，如图 5-12-14 所示。

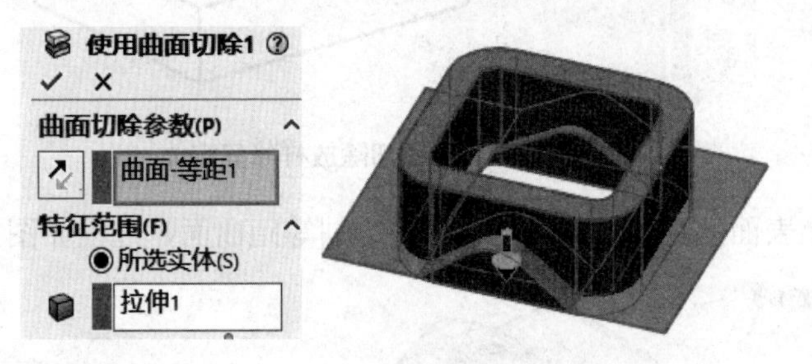

图 5-12-13　使用曲面切除拉伸体

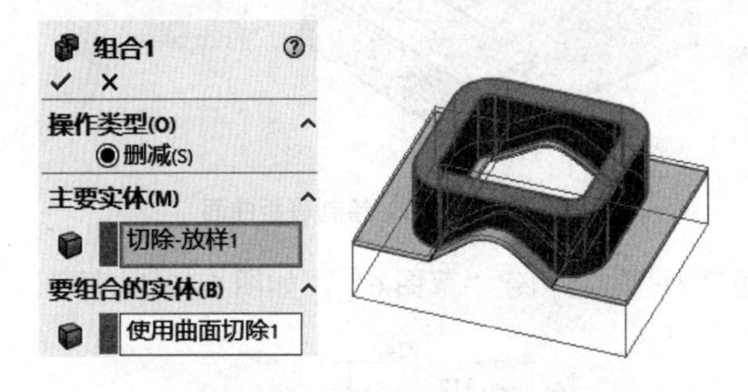

图 5-12-14　应用“组合”删减实体

(11) 制作“基准面 5”(距底面 54mm)。然后在“基准面 5”上构建“草图 7”，如图 5-12-15 所示。

(12) 制作草图。

① 在“右视”基准面上创建“草图 8”，如图 5-12-16 所示。

提示：“草图 8”上的线的下端点过“草图 7”的长边线的中点；“草图 8”上的线的上端点选择与原点距离为 110mm，目的是在下一步作放样除料时不会过切原实体顶面。

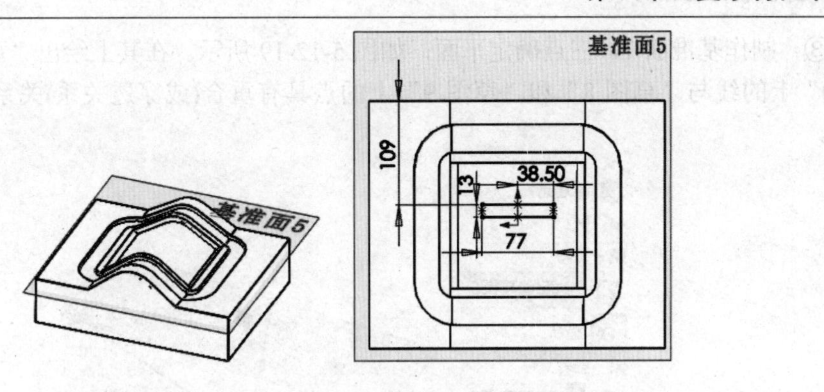

图 5-12-15　制作“基准面 5”并构建“草图 7”

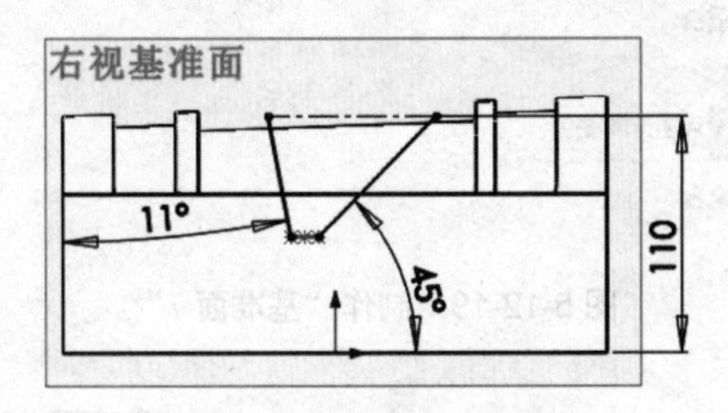

图 5-12-16　创建“草图 8”

② 制作基准面 6，即与“前视基准面”平行，且过“草图 7”短边中点，如图 5-12-17 所示。然后在其上绘出“草图 9”，如图 5-12-18 所示。

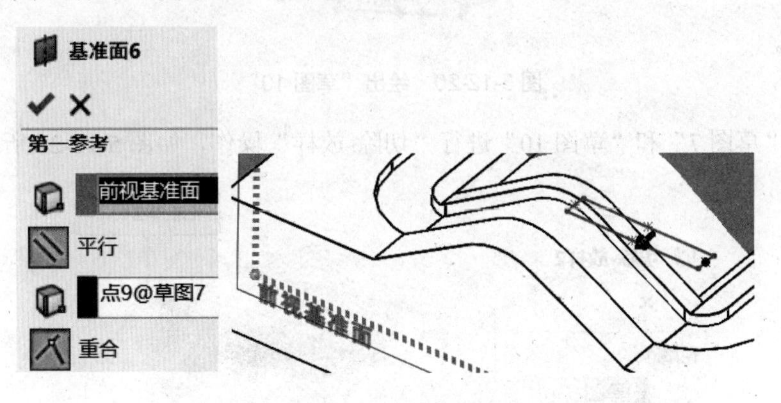

图 5-12-17　制作“基准面 6”

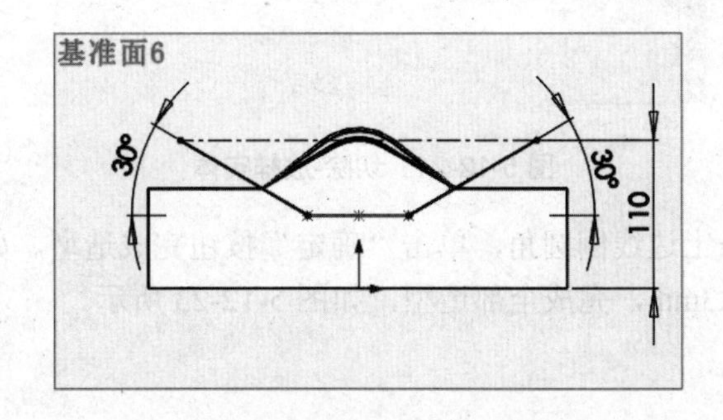

图 5-12-18　创建“草图 9”

③ 制作基准面 7，三点确定平面，如图 5-12-19 所示。在其上绘出“草图 10”，“草图 10”上的线与“草图 8”和“草图 9”上的点具有重合(或穿透关系)关系，如图 5-12-20 所示。

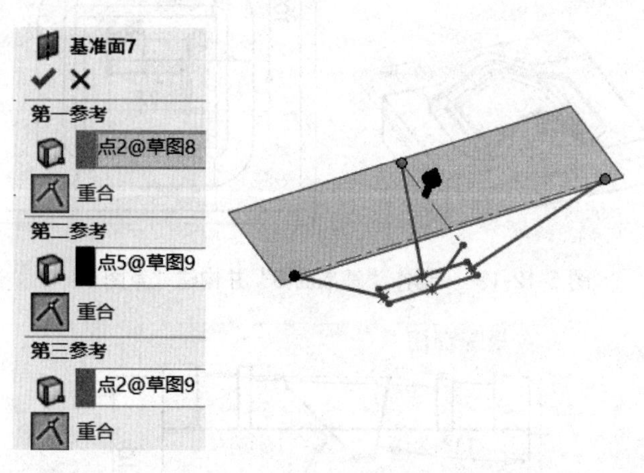

图 5-12-19 制作“基准面 7”

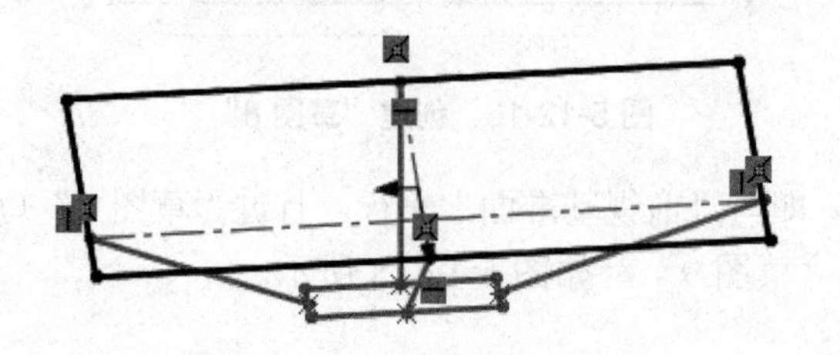

图 5-12-20 绘出“草图 10”

(13) 对“草图 7”和“草图 10”进行“切除-放样”操作，如图 5-12-21 所示。

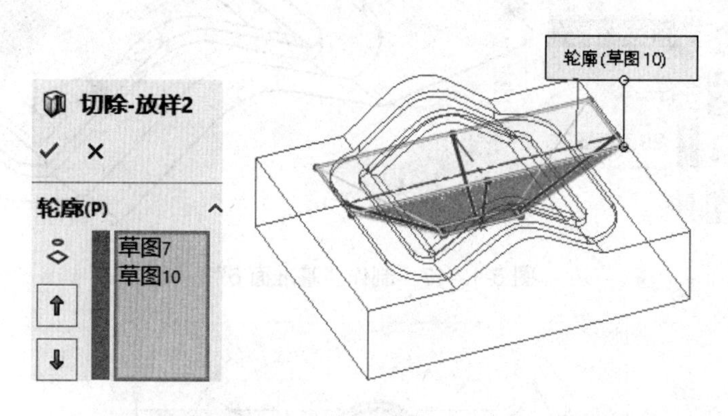

图 5-12-21 切除-放样实体

(14) 对内腔的两条上边线倒圆角，单击“确定”按钮完成造型。如图 5-12-22 所示。

(15) 锐边倒圆角 R3mm，完成全部造型，如图 5-12-23 所示。

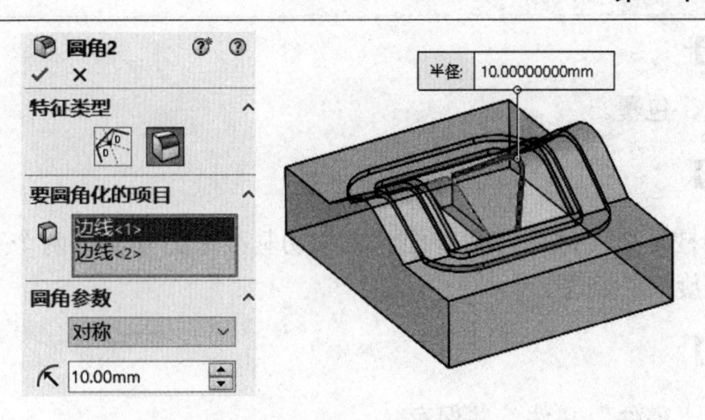

图 5-12-22　倒圆角

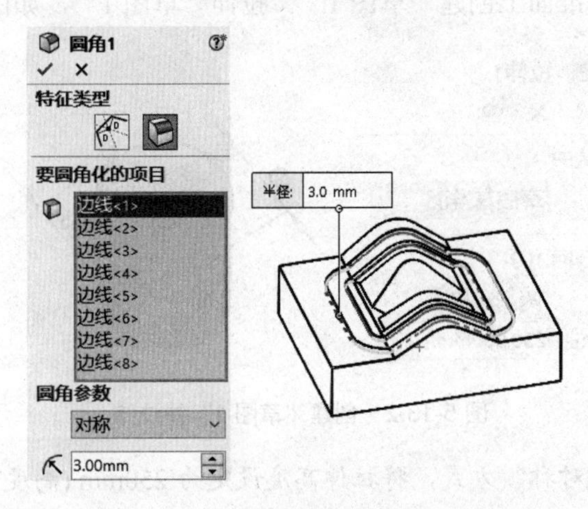

图 5-12-23　锐边倒圆角

项目 5.13　螺　旋　槽

【学习目标】

本项目要完成的图形如图 5-13-1 所示。通过本项目的学习，应能熟练掌握拉伸、表达式、包覆等命令的使用方法及操作过程，掌握三维建模的构图技巧。

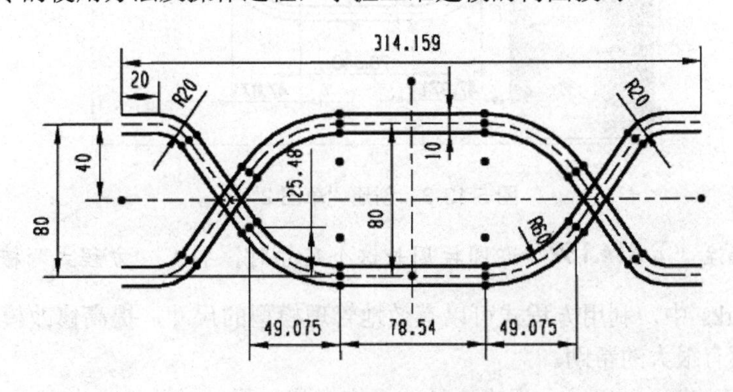

图 5-13-1　螺旋槽建模示例

【学习要点】

拉伸、表达式、包覆。

【绘图思路】

首先拉伸出圆柱基体，然后在圆柱面建立相切基准平面并绘出两个草图，最后应用 3 次包覆命令完成螺旋槽的造型。

【操作步骤】

(1) 新建一个“零件”文件，并保存。

(2) 在“前视”基准面上创建“草图 1”。拉伸“草图 1”，如图 5-13-2 所示。

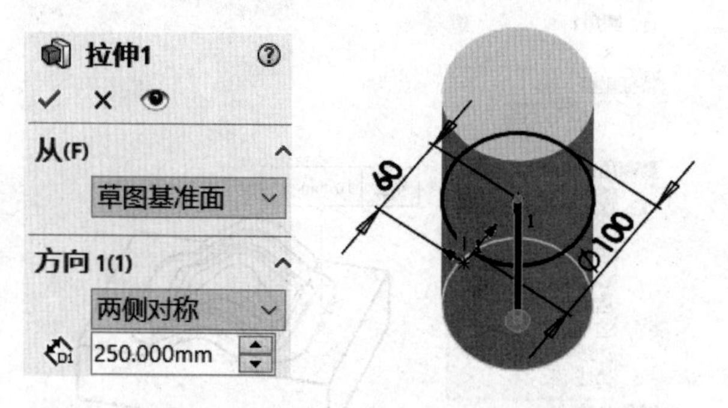

图 5-13-2 创建“草图 1”并拉伸

提示：采用“双侧对称”方式，将拉伸高度设定为 250mm (高度可自定) 。

(3) 在“上视”基准面上创建“草图 2”，如图 5-13-3 所示。

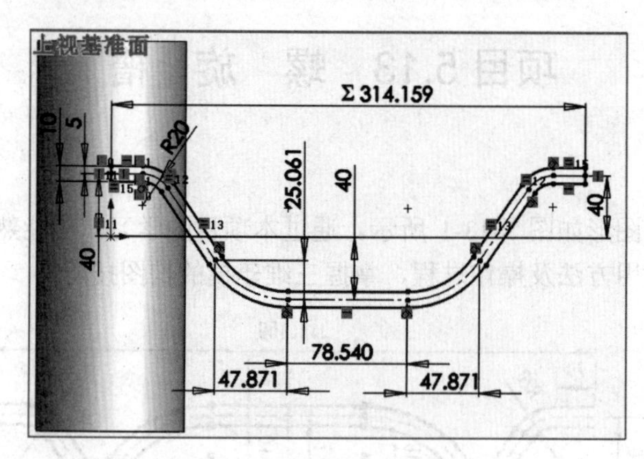

图 5-13-3 创建“草图 2”

提示：在标注“**Σ 314.159**”即圆柱周长这个尺寸时，引入“方程式”概念。

在 Solidworks 中，利用方程式可以有效地管理模型的尺寸，提高修改模型的效率，对系列零件的建模有很大的帮助。

在 Solidworks 中添加尺寸方程式，具体操作步骤如下：

① 利用智能标注出大概的尺寸(此处为 314)。

② 依次选择“工具”→“方程式”菜单命令，如图 5-13-4 所示。

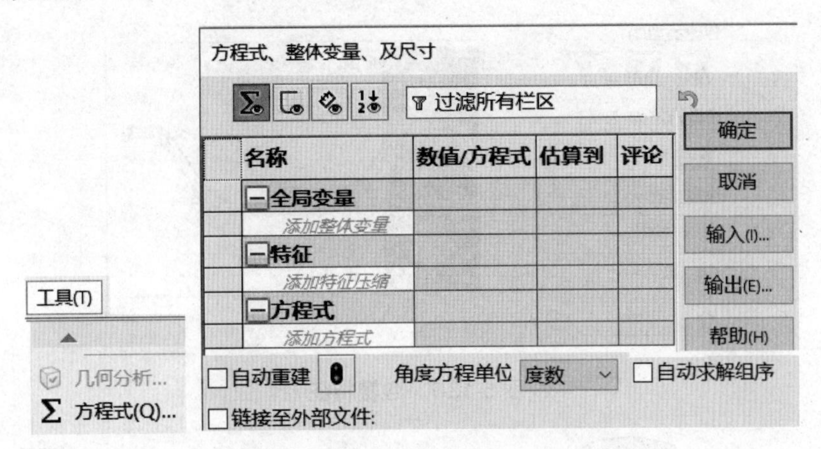

图 5-13-4　打开方程式对话框

③ 在弹出的对话框“方程式”选项表中单击“添加方程式”，然后在草图里选择要添加方程式的尺寸，输入参数，确定后完成方程式的建立，如图 5-13-5 所示。

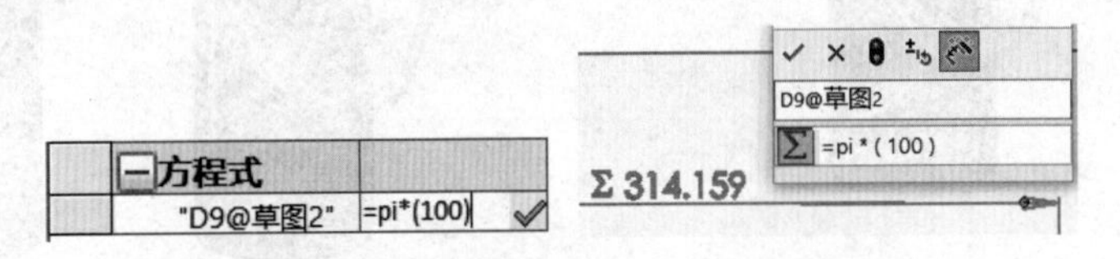

图 5-13-5　选择“添加方程式”选项并输入参数

(4) 在“上视”基准面上创建“草图 3”。首先应用“实体引用”命令，将“草图 2”投影到“草图 3”上。然后作一条过原点的水平中心线，以此线作镜像轴，将草图镜像，并删去实体引用的草图，如图 5-13-6 所示。

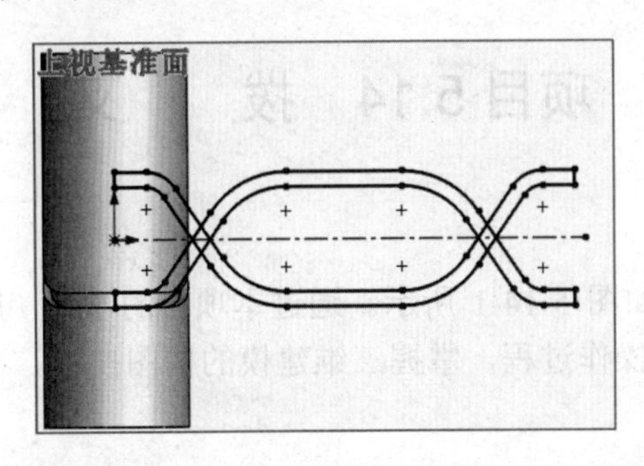

图 5-13-6　创建“草图 3”(未删除引用的草图)

(5) 在特征工具栏或从“插入”菜单中选择“特征”命令下的 **包覆** 子命令，弹出对话框，包覆类型为蚀雕，其他参数如图 5-13-7 所示，单击“确定”按钮完成。

(6) 同理应用“包覆”命令完成其余造型，如图 5-13-8 所示。

由于上一步包覆指令已经把圆柱表面分成了两个曲面，所以还要应用两次“包覆”命令来完成余下的造型。

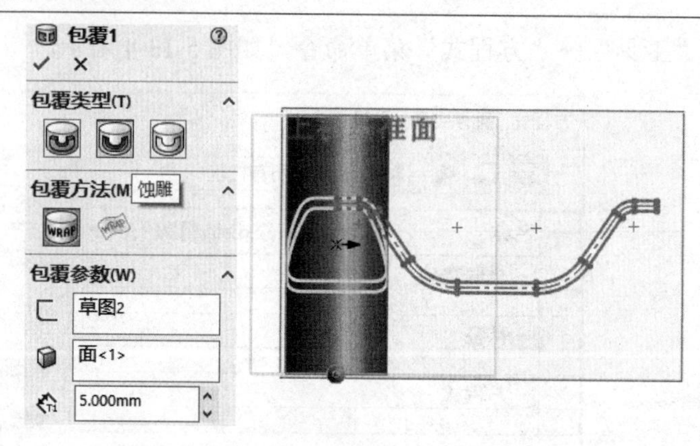

图 5-13-7　包覆特征

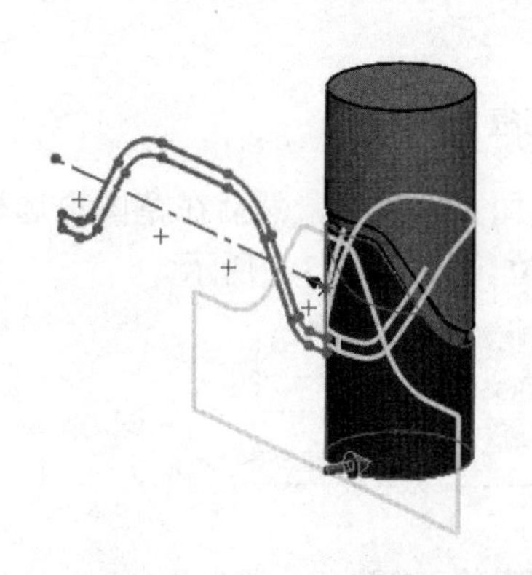

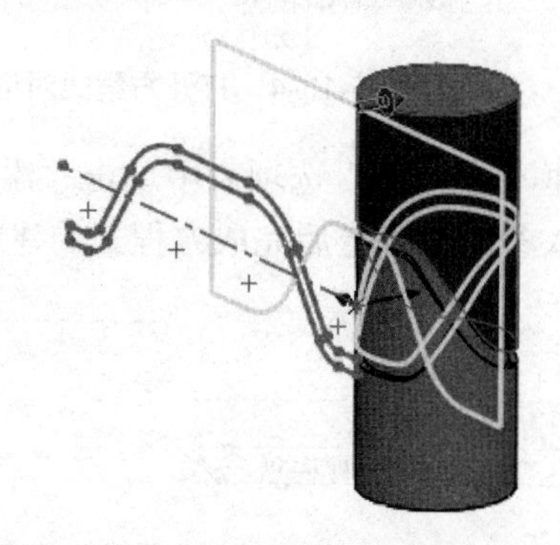

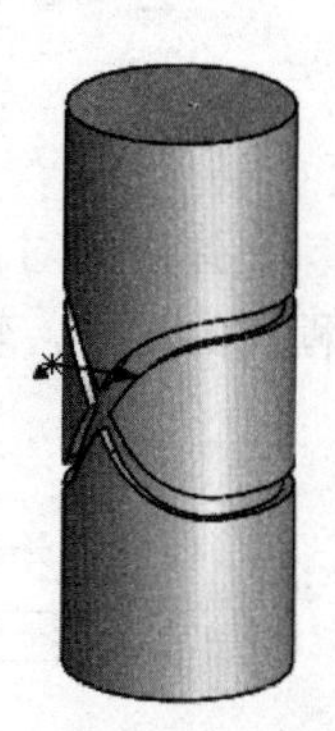

图 5-13-8　重复包覆命令完成余下的造型

资料引入 5-13

具体内容请扫描右侧二维码。

项目 5.14　拨　　叉

【学习目标】

本项目要完成的图形如图 5-14-1 所示。通过本项目的学习，应能熟练掌握拉伸、组合/共同等命令的使用方法及操作过程，掌握三维建模的构图技巧。

【学习要点】

拉伸、组合/共同。

【绘图思路】

依次在互相垂直的两个基准平面内绘出草图，然后拉伸出两个实体，最后应用“组合/共同”命令完成造型。

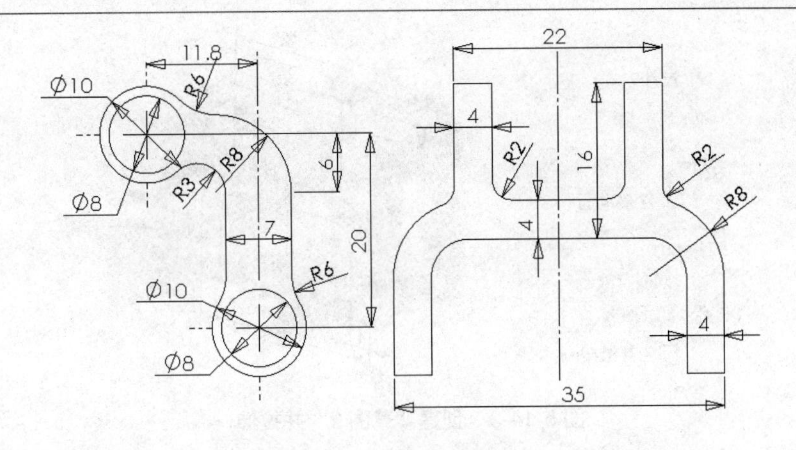

图 5-14-1　拨叉建模示例

【操作步骤】

(1)　新建一个“零件”文件，单击“保存”按钮进行保存。

(2)　构建“草图 1”并拉伸成实体。

①　在“前视”基准面上创建“草图 1”。

②　单击特征工具栏中的“拉伸-凸台”图标 **拉伸**，拉伸“草图 1”，如图 5-14-2 所示。

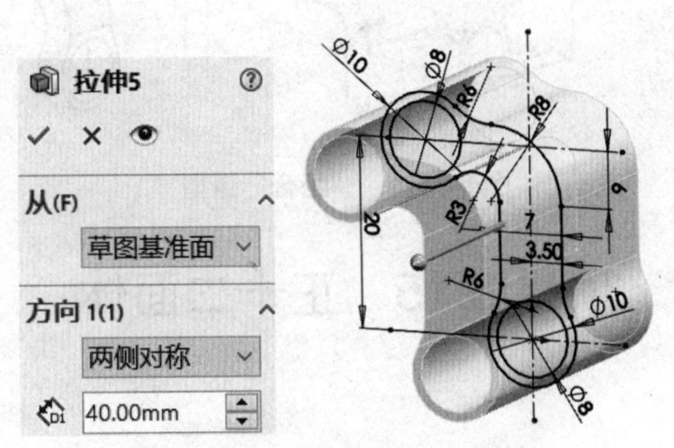

图 5-14-2　创建“草图 1”并拉伸

注意：采用“双侧对称”方式，拉伸高度设定为 40mm。

(3)　构建“草图 2”并拉伸成独立的实体。

①　在“右视”基准面上创建“草图 2”。

②　单击特征工具栏中的“拉伸-凸台”图标 **拉伸**，拉伸“草图 2”，如图 5-14-3 所示。

提示：采用“两侧对称”方式，拉伸高度设定为 40mm。并取消选中“合并结果”复选框，√从而生成多实体。

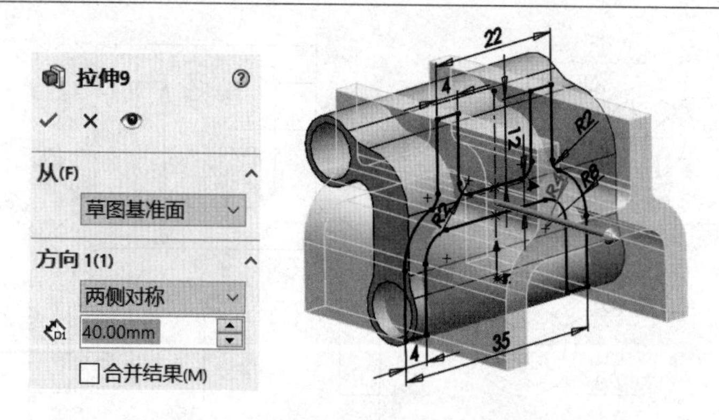

图 5-14-3 创建“草图 2”并拉伸

(4) 选择“插入”菜单中“特征”命令下的“组合”子命令 **组合**，“操作类型”选中“共同”单选按钮；单击“要组合的实体”卷展栏，选择“拉伸 5”和“拉抻 9”；最后单击“确定”按钮完成造型，如图 5-14-4 所示。

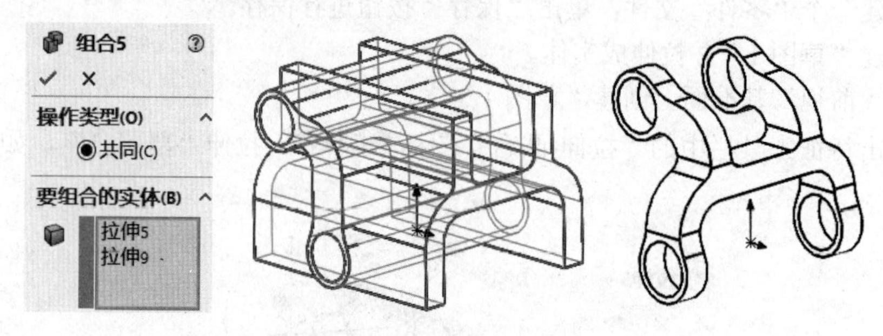

图 5-14-4 “组合”造型

项目 5.15 正十二面体

【学习目标】

本项目要完成的图形如图 5-15-1 所示。通过本项目的学习，应能熟练掌握平面区域、圆周阵列等命令的使用方法及操作过程，掌握三维建模的构图技巧。

【学习要点】

平面区域、圆周阵列。

计算正十二面体的两个相邻面的夹角 φ 的大小。

由于正十二面体每个面都是大小相同的正五边形，且在正十二面体的每个顶点上均有 3 个面围绕。设 P 和 Q 是两个相邻的面，MN 是它们的交线(见图 5-15-2)，则 α、β、φ 分别为 $\alpha = \angle AMN$，$\beta = \angle BMN$，$\theta = \angle AMB$。

因此它们均为正五边形的内角。所以 $\alpha = \beta = \theta = 108^\circ$。

可知：

$\cos 108^\circ = \cos 108^\circ \cdot \cos 108^\circ + \sin 108^\circ \cdot \sin 108^\circ \cdot \cos\varphi$，

即　$\cos\varphi = \dfrac{\cos108^\circ(1-\cos108^\circ)}{\sin^2 108^\circ} = -\dfrac{\sqrt{5}}{5}$。

因此，$\varphi = \pi - \arccos\dfrac{\sqrt{5}}{5}$，或 $\varphi \approx 116^\circ 33'54''$ (116.565°)。

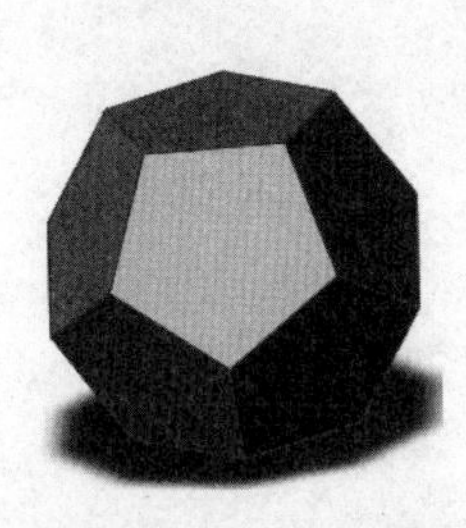

图 5-15-1　正十二面体

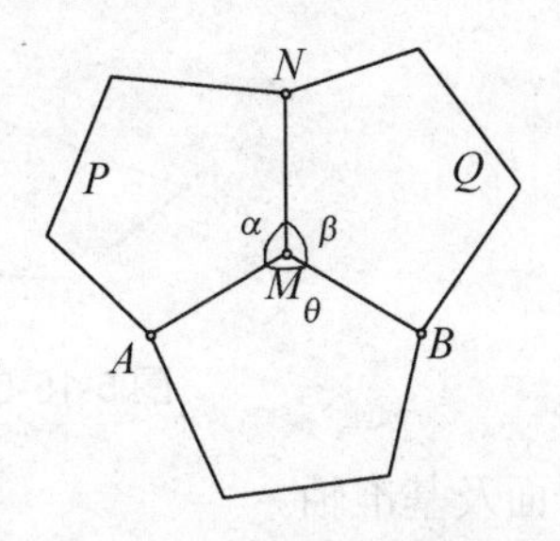

图 5-15-2　正十二面体的面和顶点

【绘图思路】

先绘出草图并应用平面区域命令完成平面的造型，再制作圆周阵列，重复圆周阵列，最后对上、下底面应用平面区域命令，完成造型。

【操作步骤】

(1) 新建一个“零件”文件，单击“保存”进行保存。

(2) 构建草图。

① 在“前视”基准面上创建“草图 1”，绘出正五边形，外接圆的圆心在坐标原点上，如图 5-15-3 所示。

② 以“草图 1”的一边为轴，将“前视”基准面旋转 116.565°，制作出“基准面 1”，具体参数如图 5-15-4 所示。

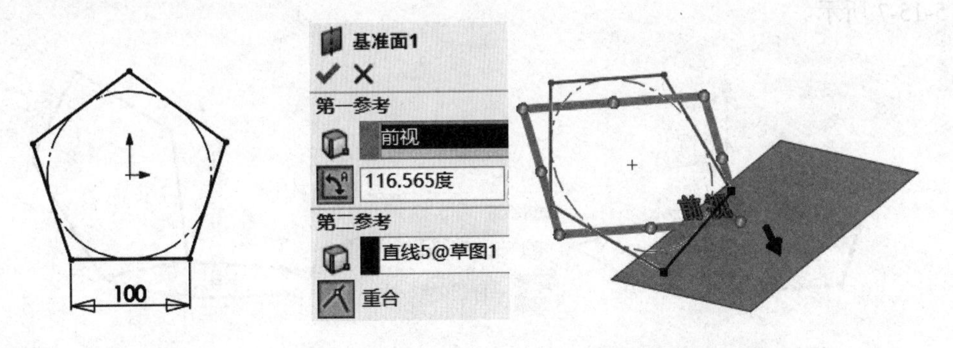

图 5-15-3　创建“草图 1”　　　图 5-15-4　制作“基准面 1”

提示：在输入角度值时，可先依次选择“工具”→“选项”→“文档属性”→“单位”，打开对话框，然后将右侧的“角度单位”更改为“度/分/秒”格式。

(3) 在“基准面 1”上创建“草图 2”，绘出正五边形，如图 5-15-5 所示。

提示：在绘制“草图 2”时，要利用“草图 1”的边绘出五边形，然后正确添加几何关系，得到正五边形；要绘出 5 个边，即“草图 2”要封闭。

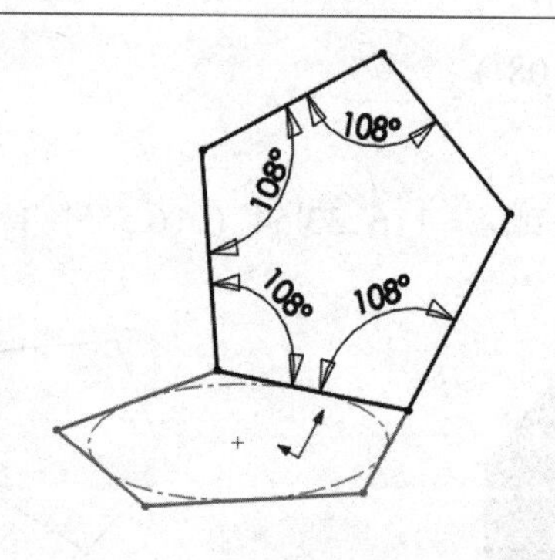

图 5-15-5 创建“草图 2”

(4) 制作平面及基准轴。

① 选择“曲面”工具栏中的“平面区域” 平面区域(P)... 命令，然后拾取“草图2”，单击“确定”按钮得到一平面，如图 5-15-6 所示。

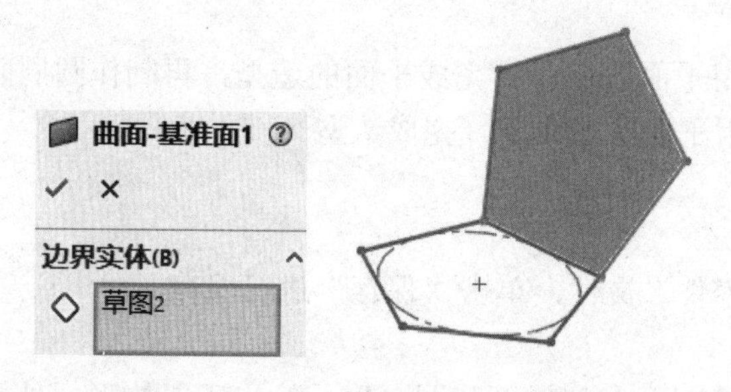

图 5-15-6 利用“草图 2”制作平面

② 制作“基准轴”。首先利用“3D 草图”中的“中心线”命令，绘出中心线，然后利用“参考几何体”工具栏中的“基准轴”命令，将 3D 草图转成“基准轴 1”，如图 5-15-7 所示。

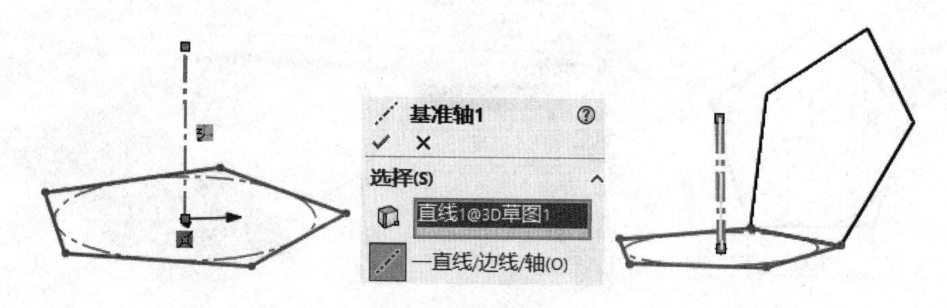

图 5-15-7 画出 3D 中心线再创建“基准轴 1”

(5) 阵列平面。单击“特征”工具栏中的“阵列(圆周)”图标 阵列(圆周)，在弹出的对话框内拾取平面区域，设置参数，单击“确定”按钮完成造型，如图 5-15-8 所示。

(6) 以“通过直线和点”方式，制作出“基准面 3”，具体参数如图 5-15-9 所示。

(7) 在“基准面 3”上创建“草图 3”，绘出正五边形。重复步骤(4)和步骤(5)，创建平面区域，然后阵列，操作过程参见图 5-15-10。

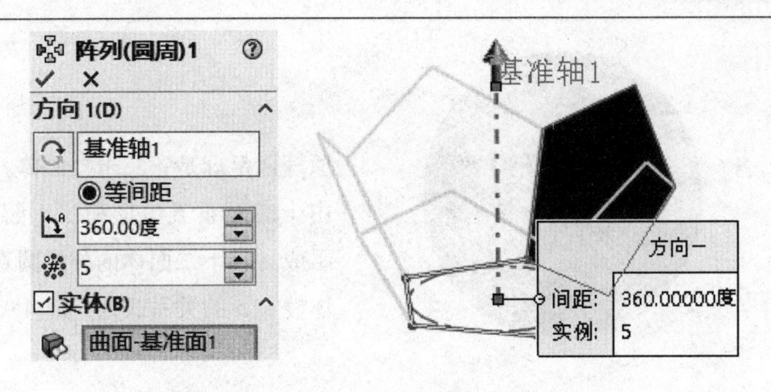

图 5-15-8　阵列五边形面

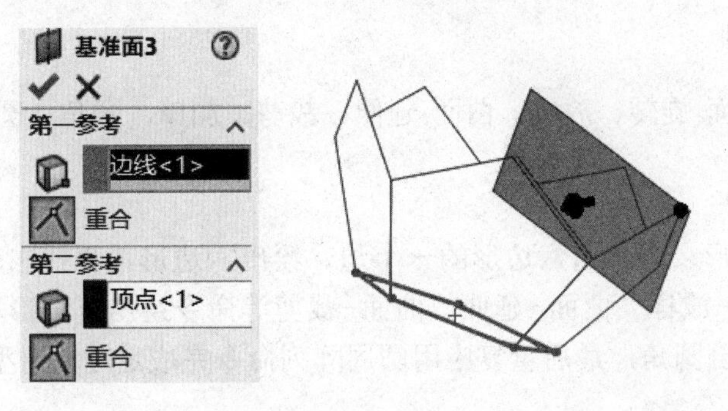

图 5-15-9　制作“基准面 3”

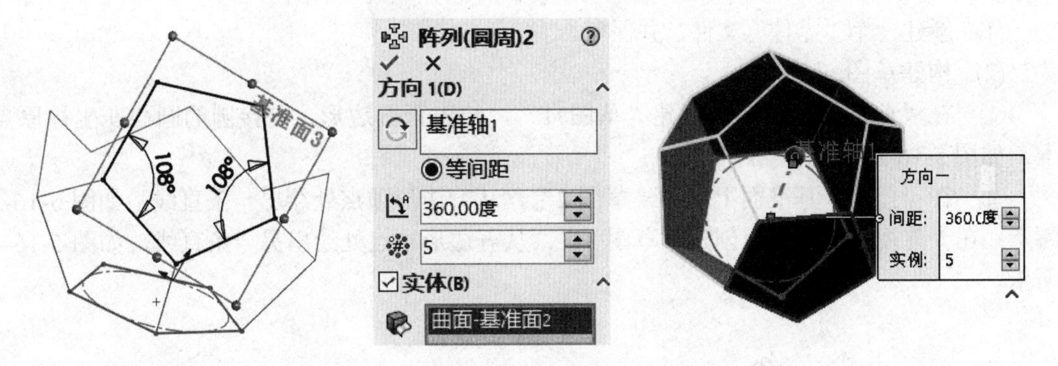

图 5-15-10　创建“草图 3”生成平面、阵列平面

(8) 选择“曲面”工具栏里的“平面区域”平面区域(P)...命令，然后按顺序拾取上面开口的 5 条边，得到上封口平面，再按顺序拾取下面开口处的 5 条边，得到下封口平面，完成造型。

项目 5.16　足　　球

【学习目标】

本项目要完成足球建模如图 5-16-1 所示。通过本项目的学习，使读者能熟练掌握交叉曲线、曲面-旋转、曲面-放样、曲面-延伸、曲面-裁剪、曲面-加厚、圆角、圆周阵列等命令的使用方法及操作过程，掌握三维建模的构图技巧。

原理：足球是正三十二面体。
由十二面正五边形和二十面正六边形组成。三十二面体的外接圆直径 D 与体棱长 a 的关系式为：D=4.956a

图 5-16-1　足球建模示例

【学习要点】

交叉曲线，曲面-旋转、放样，曲面-延伸、裁剪、加厚，圆角，圆周阵列。

【绘图思路】

首先绘出五边形，再求出六边形的一个边，绘出六边形，再找出球的圆弧线，并旋转出球面，应用曲面-放样、曲面-延伸、曲面-裁剪等命令绘出五边形和六边形的球面，加厚。对加厚的实体倒圆角，最后重复应用圆周阵列命令完成足球的造型。

【操作步骤】

(1)　新建一个“零件”文件，并保存。

(2)　构建草图。

①　在“前视”基准面上创建“草图 1”，绘出正五边形，外接圆的圆心在坐标原点上，如图 5-16-2 所示。

②　在“前视”基准面上创建“草图 2”，从五边形顶点处绘出一条直线，如图 5-16-3 所示；在“前视”基准面上创建“草图 3”，从五边形顶点处绘出另一条直线，如图 5-16-4 所示。

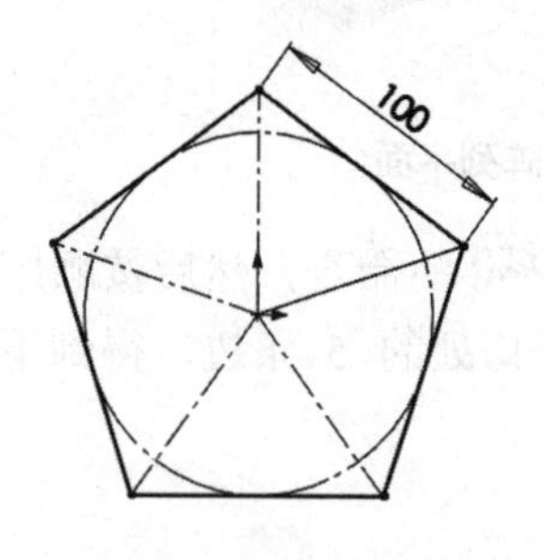

图 5-16-2　创建“草图 1”

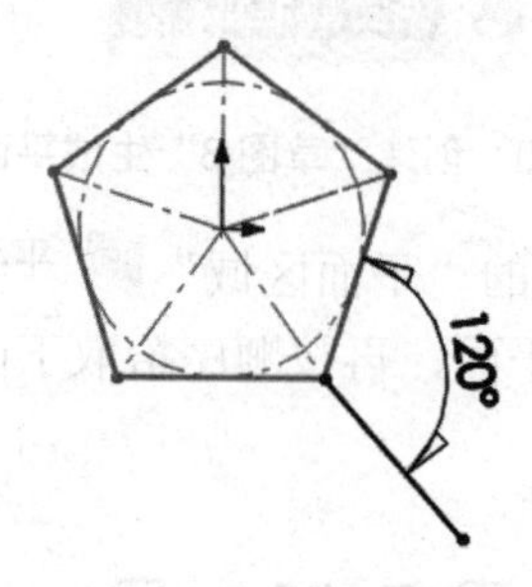

图 5-16-3　创建“草图 2”

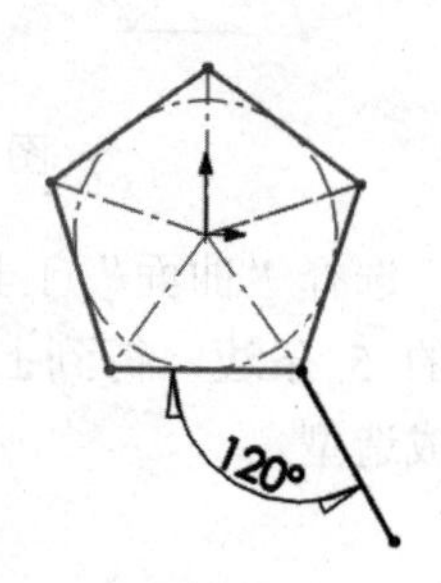

图 5-16-4　创建“草图 3”

(3)　旋转曲面并制作相交线。

①　对“草图 2”使用“曲面-旋转”命令，生成旋转曲面，如图 5-16-5 所示。

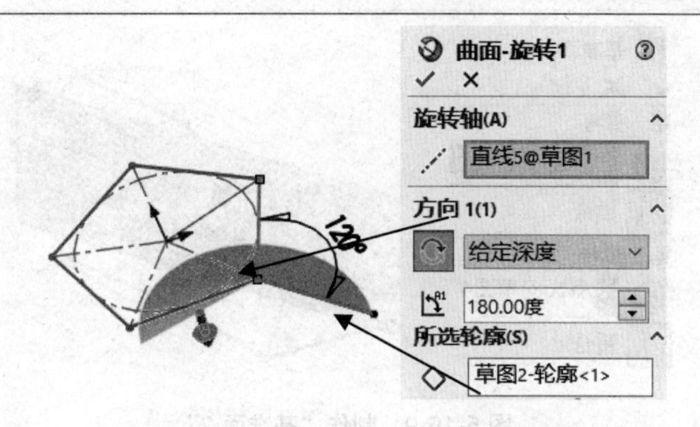

图 5-16-5　由“草图 2”生成旋转曲面

② 同理，对“草图 3”使用“曲面-旋转”命令，生成旋转曲面。

使用交叉曲线 交叉曲线 命令生成 3D 草图线，如图 5-16-6 所示。

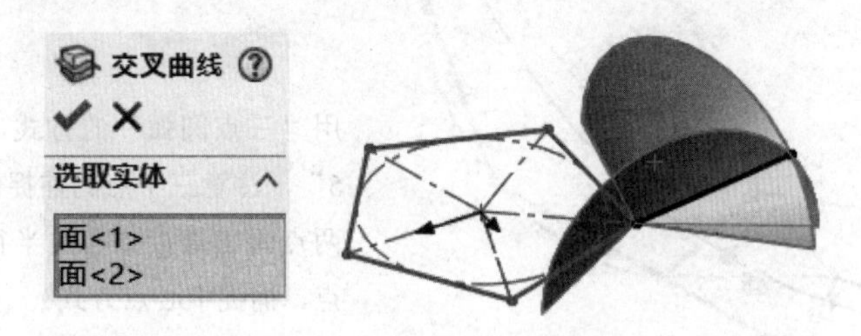

图 5-16-6　生成 3D 草图线

(4) 利用“交叉曲线”命令及“草图 1”上的一个点来制作“基准面 1”，如图 5-16-7 所示。

然后，在“基准面 1”上绘出“草图 4”，如图 5-16-8 所示。

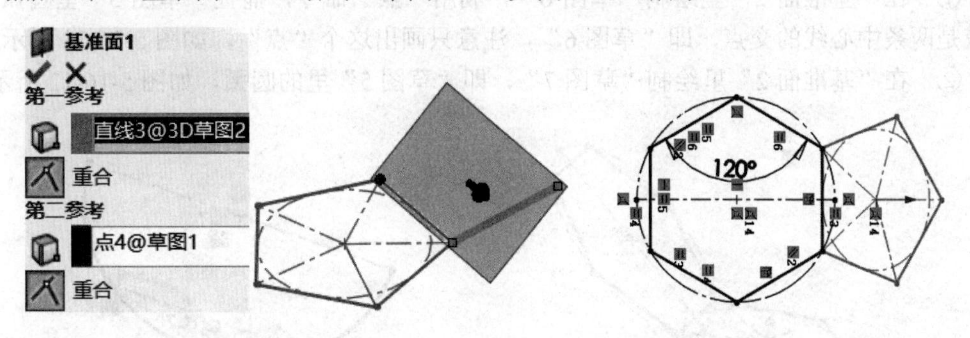

图 5-16-7　制作“基准面 1”　　　　图 5-16-8　绘出“草图 4”

(5) 利用“草图 1”上一个中心边和“草图 4”上的一个点，制作“基准面 2”，如图 5-16-9 所示。

然后，在基准面 2 上绘出“草图 5”，如图 5-16-10 所示。

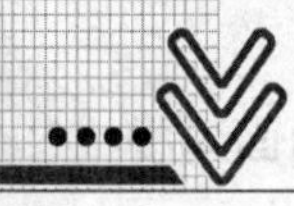

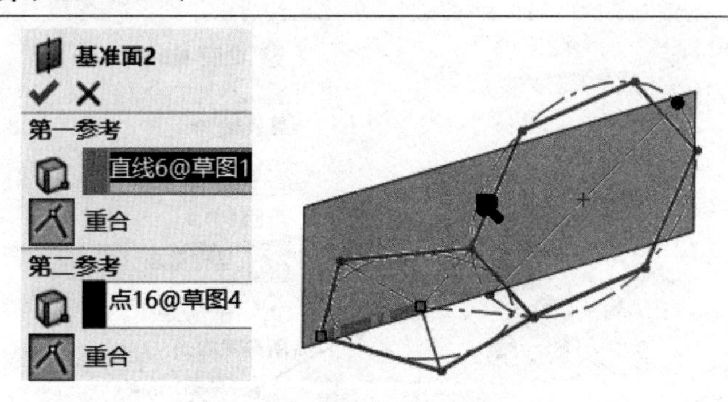

图 5-16-9 制作“基准面 2”

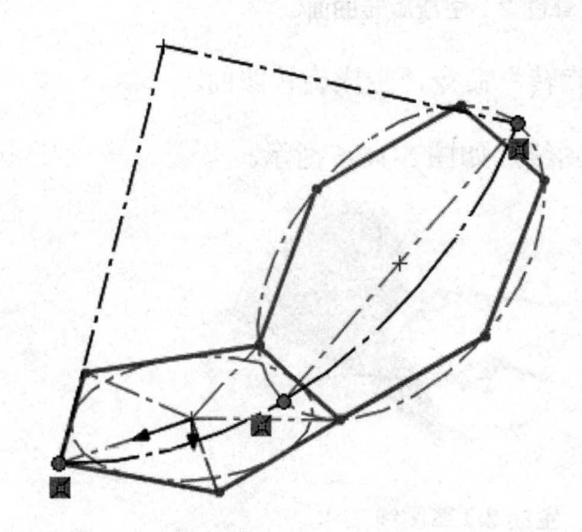

用“三点圆弧”的方式，绘出“草图5”，注意三个点的捕捉位置。再应用两点画出连接圆心的半径（利用捕捉点、捕捉中心点方式）

图 5-16-10 绘出“草图 5”

(6) 构建“草图 6”和“草图 7”。

① 在“基准面 2”里绘制“草图 6”，利用“点”命令，捕捉“草图 5”里圆弧的中心或是两条中心线的交点，即“草图 6”，注意只画出这个“点”，如图 5-16-11 所示。

② 在“基准面 2”里绘制“草图 7”，即“草图 5”里的圆弧，如图 5-16-12 所示。

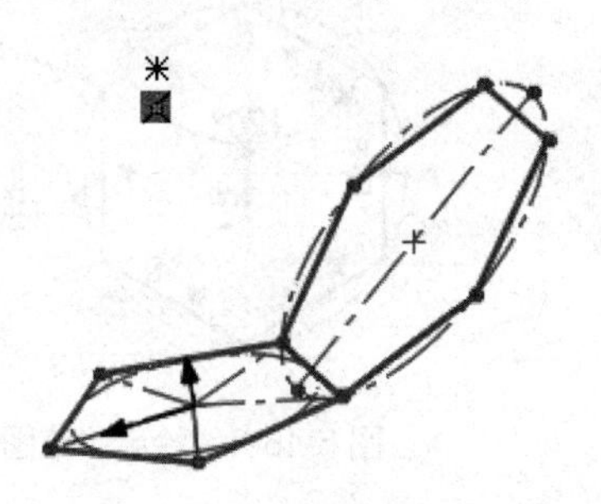

图 5-16-11 构建“草图 6”的点

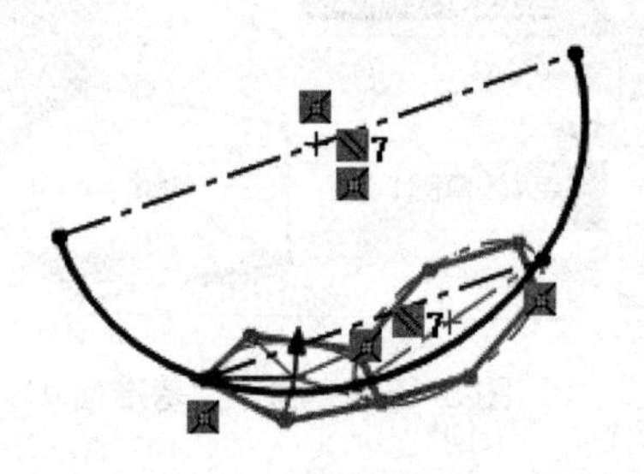

图 5-16-12 构建“草图 7”圆弧

(7) 制作曲面。

① 利用“曲面”工具栏里的“旋转曲面”命令对“草图 7”进行旋转生成曲面。旋转轴：中心线；旋转类型：两侧对称；旋转角度：120°，如图 5-16-13 所示。

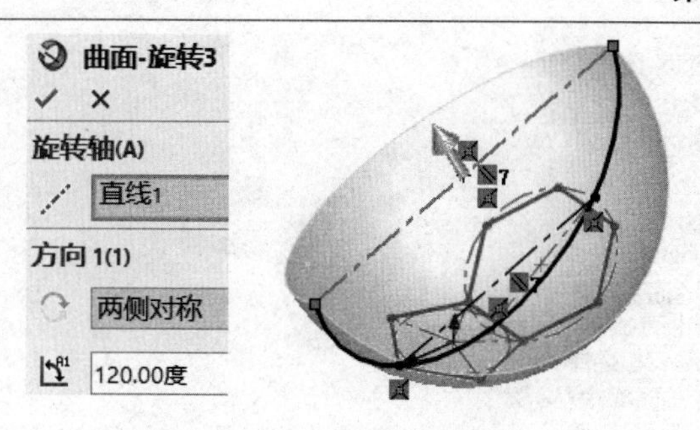

图 5-16-13　旋转曲面

② 利用“曲面-放样”命令对“草图 1”和“草图 6”绘出放样曲面，如图 5-16-14 所示。同理对“草图 4”和“草图 6”绘出放样曲面。

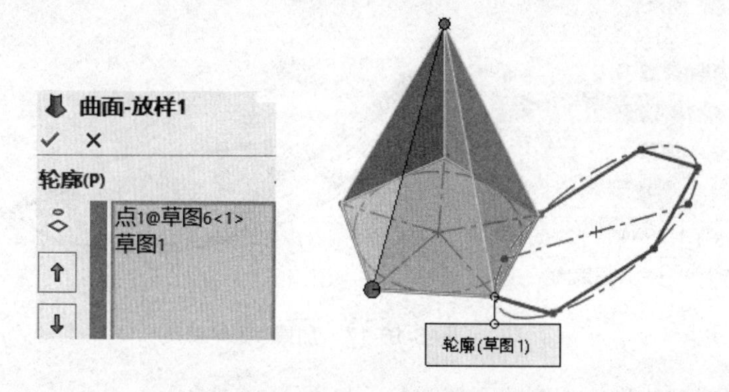

图 5-16-14　五边形曲面-放样

(8) 对五边形的放样面进行曲面延伸。选择曲面工具栏里的 **曲面-延伸**命令，弹出“曲面延伸”对话框，选择 5 个边，设置参数，如图 5-16-15 所示。

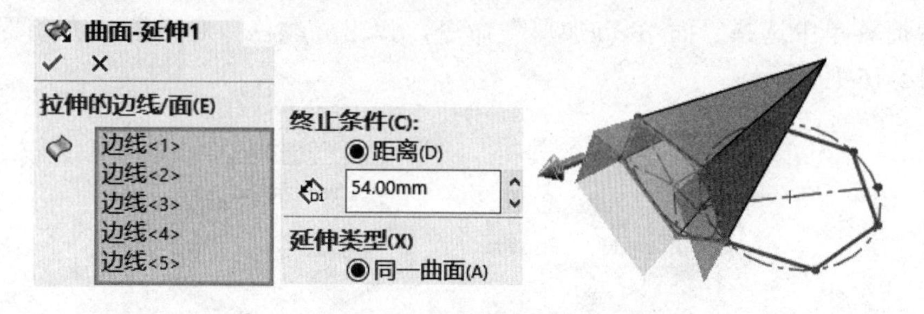

图 5-16-15　曲面延伸

(9) 使用“曲面-剪裁”工具，绘出五边形的曲面。选择曲面工具栏里的 **曲面-剪裁**命令，设置参数，选择曲面，如图 5-16-16 所示。

(10) 曲面加厚并倒圆角。

① 用同样的方式绘出六边形的曲面。然后隐藏其他的面。

② 加厚五边形曲面和六边形曲面。

选择“插入”菜单“凸台/基体”命令里的 **加厚**命令，弹出对话框，从中选择五边形面作为要加厚的曲面，如图 5-16-17 所示。注意，向内加厚。

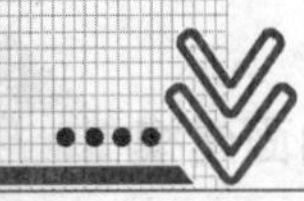

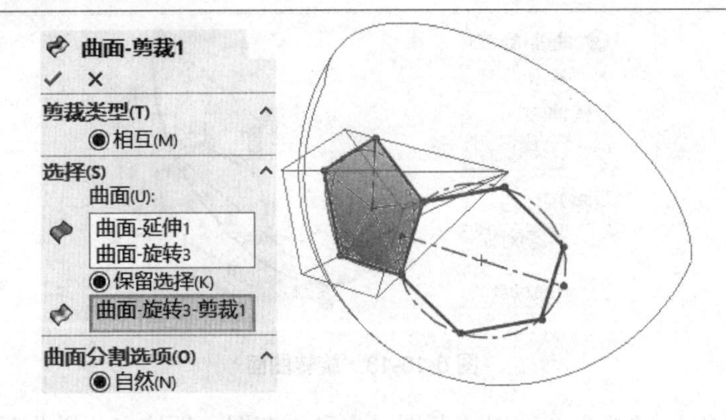

图 5-16-16　曲面-剪裁

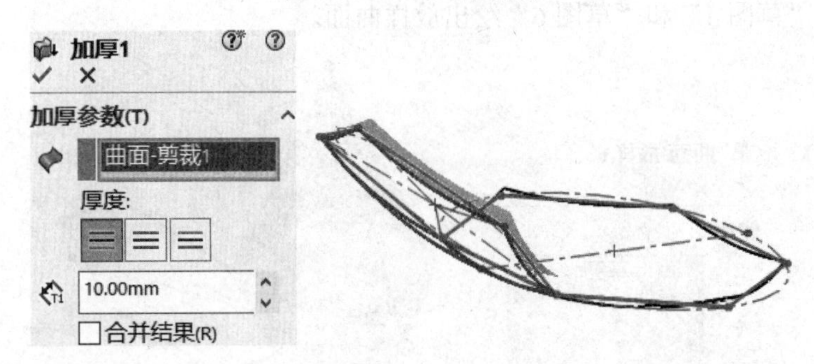

图 5-16-17　加厚

③　对加厚的五边形体外侧曲面倒圆角，如图 5-16-18 所示。

④　对六边形的面重复②步和③步(取消“合并结果”选项，以便生成两个实体)，得到六边形的体(可以修改实体颜色)。

改变实体或曲面颜色的步骤：用鼠标左键选择要改变颜色的面，再单击鼠标右键，在弹出的快捷菜单中选择“面<1>@加厚”命令，弹出“颜色”对话框，选择要改变的颜色，如图 5-16-19 所示。

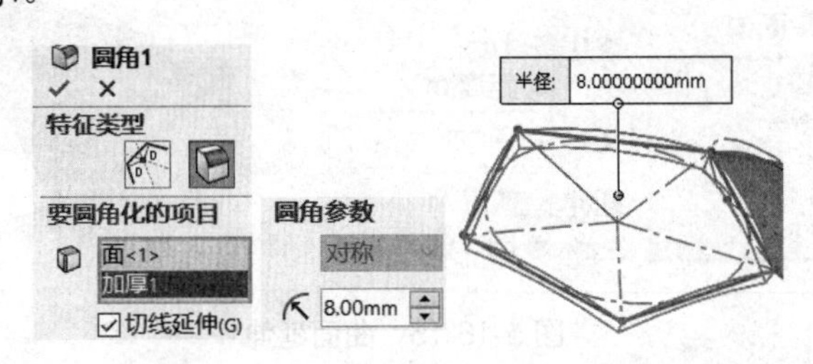

图 5-16-18　圆角

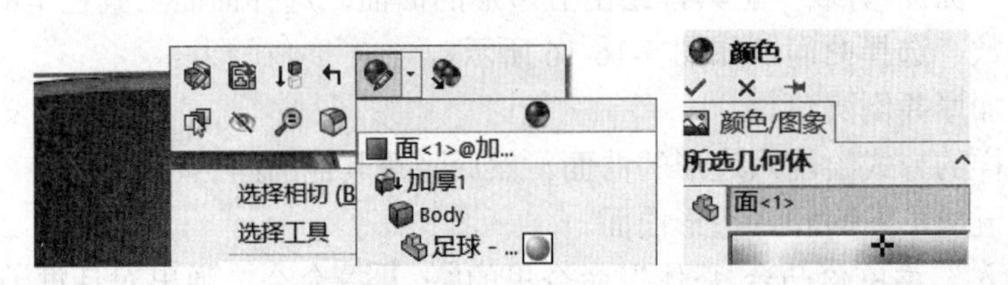

图 5-16-19　改变实体或曲面颜色

(11) 阵列。

① 制作“基准轴 1”。

在“参考几何体”工具栏里选择 基准轴 命令，选择两点/顶点方式，点选草图里的两个点，单击“确定”按钮完成，结果如图 5-16-20 所示。

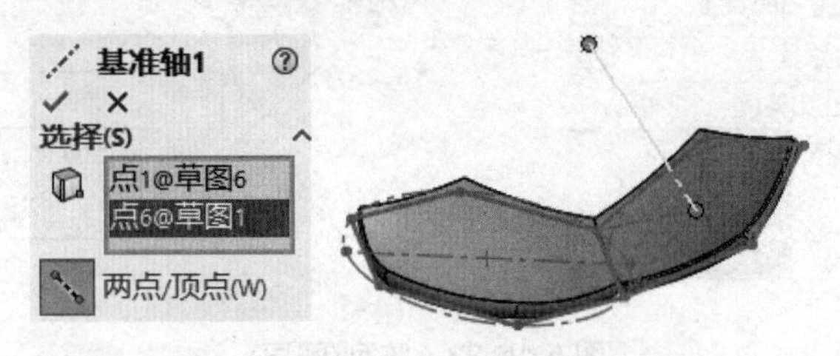

图 5-16-20　制作基准轴

② 应用“插入”菜单中“阵列/镜像”下的“阵列(圆周)” 阵列(圆周) 命令，完成结果如图 5-16-21 所示。

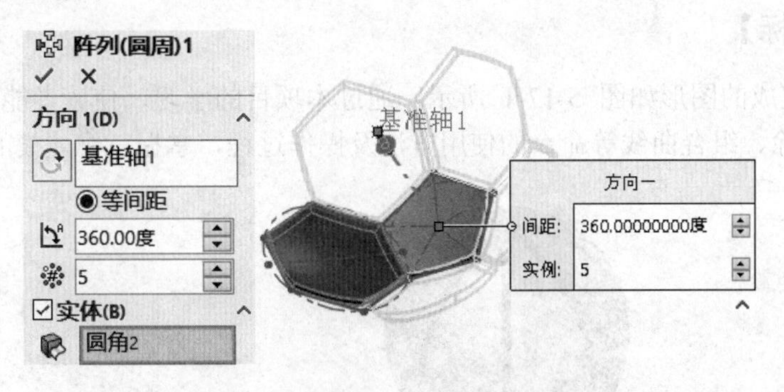

图 5-16-21　阵列(圆周)

(12) 同上一步，制作“基准轴 2”，如图 5-16-22 所示。

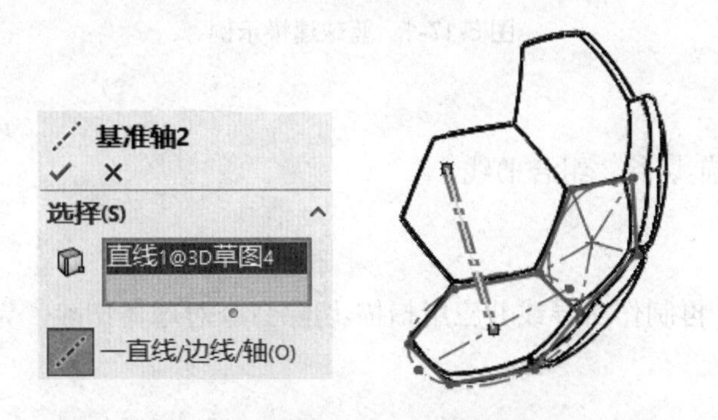

图 5-16-22　制作“基准轴 2”

(13) 应用“阵列(圆周)”指令完成阵列造型，如图 5-16-23 所示。

(14) 使用上面介绍的方法重复制作基准轴线，使用“阵列(圆周)”命令，制作六边形体和五边形体，完成最终造型。

提示：本例的难点在于利用交叉线的方法找到六边形的边。

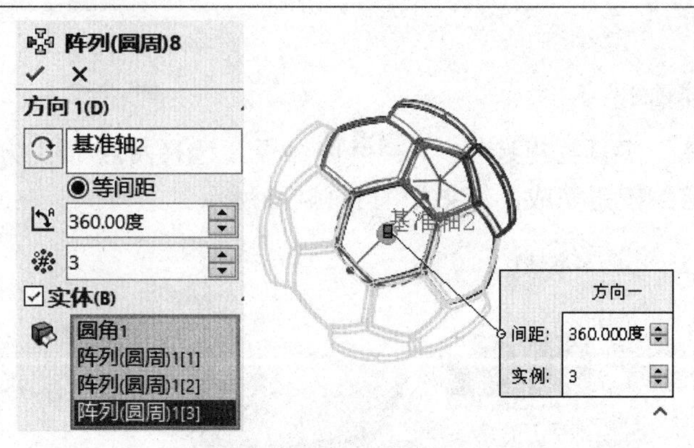

图 5-16-23　阵列(圆周)

项目 5.17　篮　　球

【学习目标】

本项目要完成的图形如图 5-17-1 所示。通过本项目的学习，使读者能熟练掌握旋转-基体、扫描-切除、组合曲线等命令的使用方法及操作过程，掌握三维建模的构图技巧。

篮球直径为 200mm

图 5-17-1　篮球建模示例

【学习要点】

旋转-基体、扫描-切除、组合曲线。

【绘图思路】

首先绘出球体，再制作引导线并应用扫描-切除命令对球体切除，完成篮球的造型。

【操作步骤】

(1) 新建一个“零件”文件，并保存。

(2) 创建草图。

① 在“前视”基准面上创建“草图 1”，圆心在坐标原点上，如图 5-17-2 所示。

② 在“右视”基准面上创建“草图 2”，圆心在坐标原点上，如图 5-17-3 所示。

注意：对于图中中心线的绘制，两条中心线皆与实线圆相交。

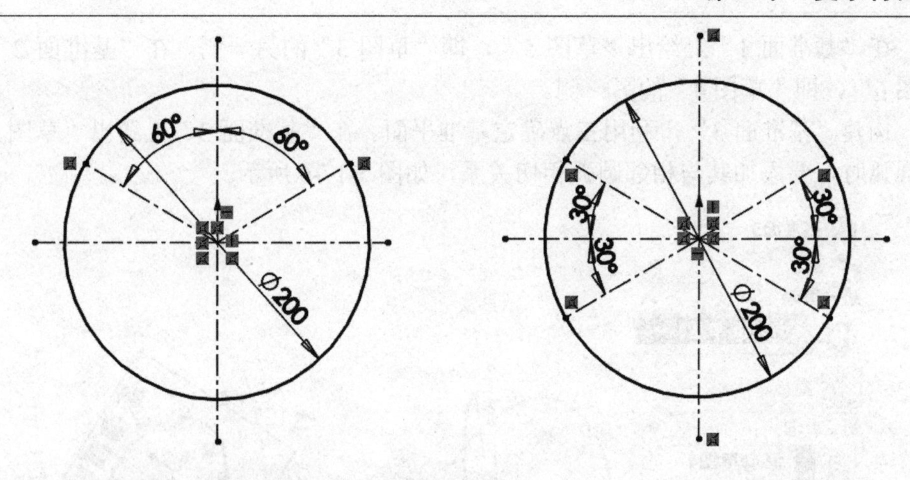

图 5-17-2　创建“草图 1”　　　　　　图 5-17-3　创建“草图 2”

(3)　制作“基准面 1”，构建“草图 3”。

将“右视”基准面绕“草图 1”里的中心线旋转 45°，创建“基准面 1”。在“基准面 1”上绘出“草图 3”，圆弧中心在坐标原点上，如图 5-17-4 所示。

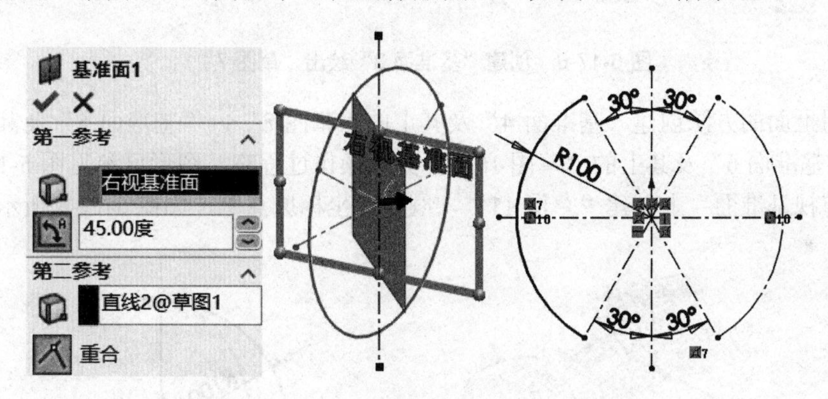

图 5-17-4　创建“基准面 1”并绘出“草图 3”

(4)　制作“基准面 2”，构建“草图 4”。

将“前视”基准面绕“草图 1”里的中心线旋转 45°，创建“基准面 2”。在“基准面 2”上绘出“草图 4”，圆弧中心在坐标原点上，如图 5-17-5 所示。

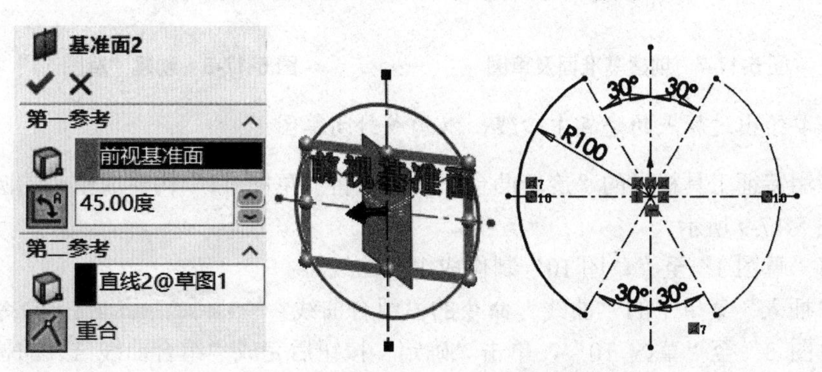

图 5-17-5　创建“基准面 2”并绘出“草图 4”

(5) 在“基准面 1”上绘出“草图 5”，即“草图 3”的另一侧。在“基准面 2”上绘出“草图 6”，即“草图 4”的另一侧。

(6) 构建“基准面 3”，利用三点确定基准平面。在“基准面 3”上绘出“草图 7”，在绘出圆弧时，要添加其与相邻圆弧相切关系，如图 5-17-6 所示。

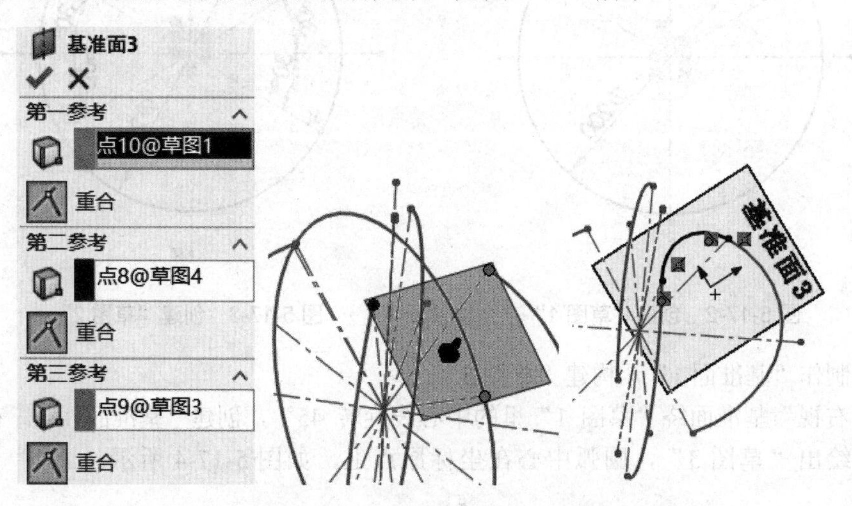

图 5-17-6 创建“基准面 3”绘出“草图 7”

(7) 用上面的方法创建“基准面 4”及其上的“草图 8”；“基准面 5”及其上的“草图 9”；“基准面 6”及其上的“草图 10”。具体操作过程略，图形可参见图 5-17-7。

在“前视基准面”上创建“草图 11”，圆心在坐标原点上，如图 5-17-8 所示。

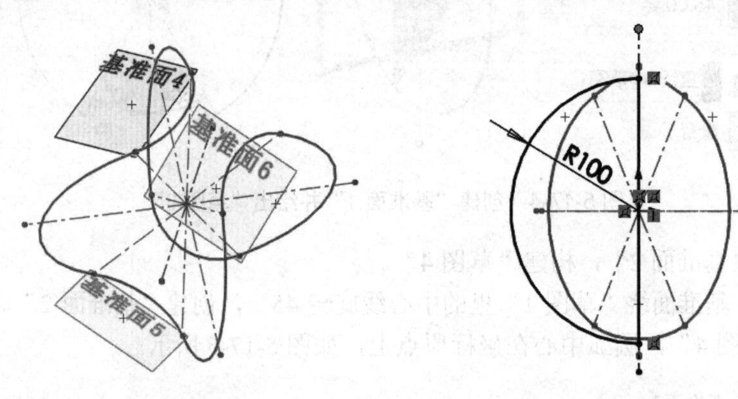

图 5-17-7 创建基准面及草图　　　　图 5-17-8 创建“草图 11”

注意：要绘出过原点的竖直中心线，以构成封闭草图。

(8) 应用特征工具栏里的“旋转凸台”命令，将“草图 11”构建成空心的圆球，过程及设置如图 5-17-9 所示。

(9) 将“草图 3”至“草图 10”制作成组合曲线。

选择“插入”菜单下的“曲线”命令的“组合曲线” 组合曲线(C)... 子命令，然后依次拾取“草图 3”至“草图 10”，单击“确定”按钮后完成“组合曲线 1”的构建。结果如图 5-17-10 所示(隐去实体)。

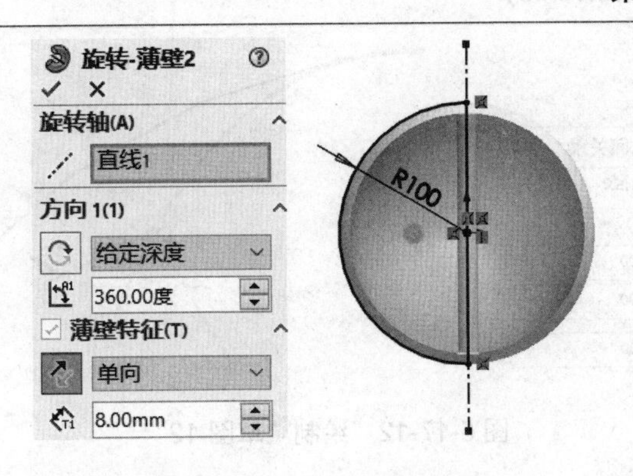

图 5-17-9 构建空心圆球

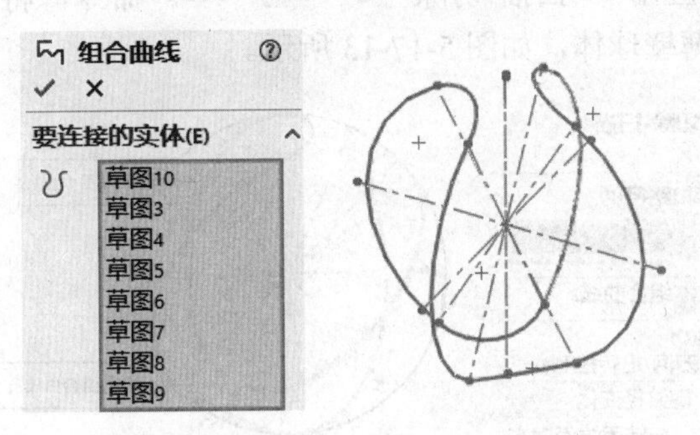

图 5-17-10 组合曲线

注意：“草图 1”和“草图 2”不用制作成组合曲线就可以完成扫描切除。

(10) 创建“基准面 7”，如图 5-17-11 所示。在“基准面 7”上绘制出“草图 12”，如图 5-17-12 所示。

“基准面 7”及“草图 12”创建的过程及注意事项如下。

① 在基准面构建对话框内，选择“垂直于曲线-将原点设在曲线上”选项。

② 在“组合曲线 3”上任选一点，确定后完成“基准面 7”的创建。

③ 在“基准面 7”上绘制草图圆，此圆可在任意位置绘出，然后选中此圆，在弹出的属性对话框内修正其中心坐标为(x_0，y_0)，设定圆半径 3mm，即可得到正确的圆。

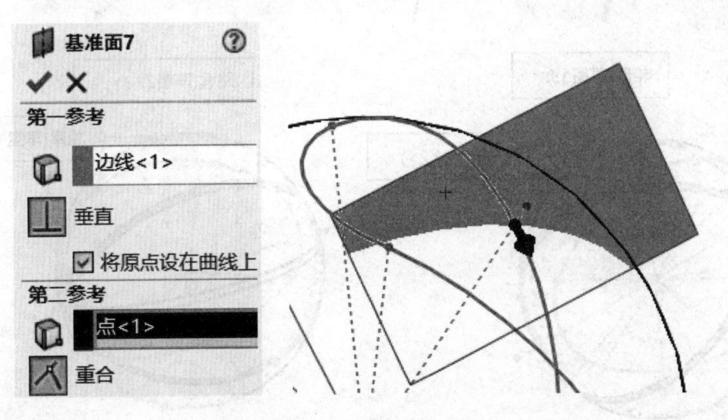

图 5-17-11 创建“基准面 7”

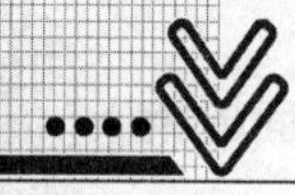

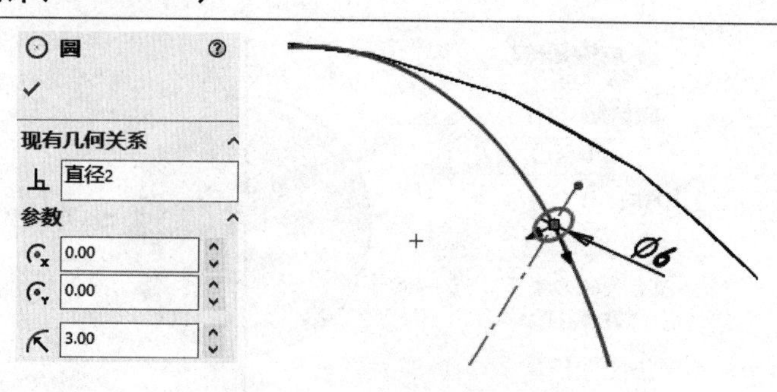

图 5-17-12　绘制“草图 12”

(11) 显示实体，并应用 “扫描-切除” 切除-扫描 命令，将“草图 12”沿“组合曲线 3”进行扫描切除薄壁球体，如图 5-17-13 所示。

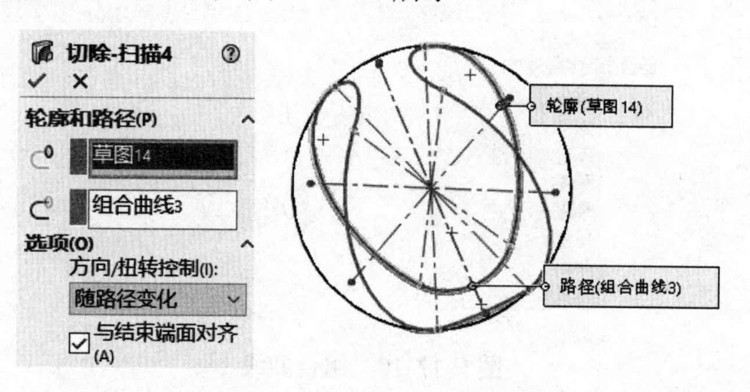

图 5-17-13　扫描切除薄壁球体

(12) 参考步骤(10)和步骤(11)，完成“基准面 8”和“基准面 9”及其上的草图圆的绘制，然后再完成对薄壁球体的圆周扫描切除，最终得到如图 5-17-14 所示的图形。

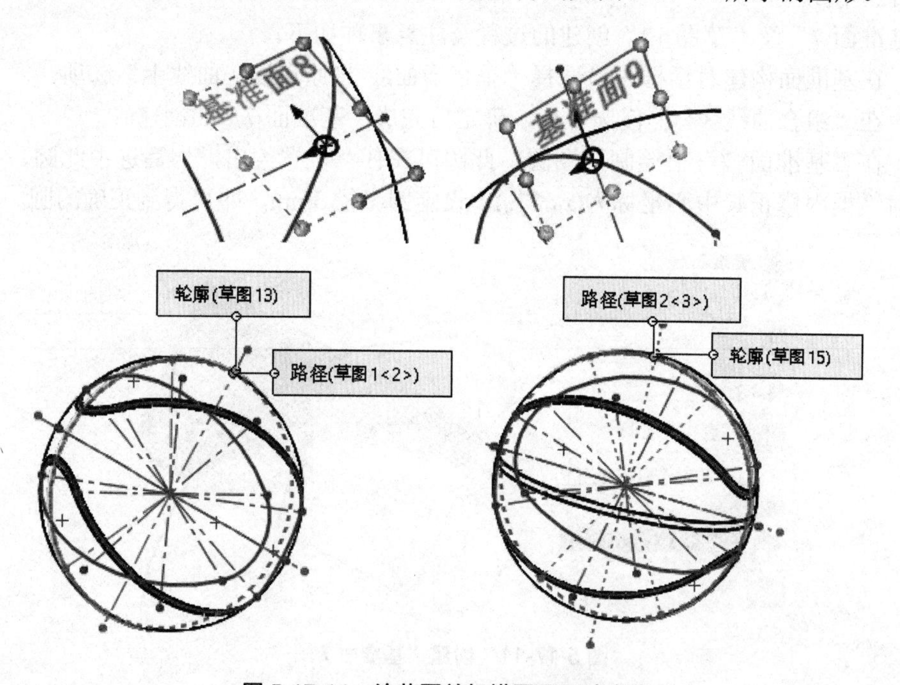

图 5-17-14　绘草图并扫描圆周切除实体

【建模提示】

篮球的造型主要应用了特征工具栏里的“扫描-切除”命令，而难点在于扫描路径的制作。因此正确绘出制作路径的草图圆弧曲线是解决问题的关键。

在步骤(6)绘制圆弧时，要求和先前的草图圆弧相切，此时可先将要相切的那个圆弧投影到当前草图，进行相切约束后，再将其删除即可。

项目 5.18　排　　球

【学习目标】

本项目要完成的图形如图 5-18-1 所示。通过本项目的学习，使读者能熟练掌握拉伸基体、旋转体、扫描-切除等命令的使用方法及操作过程，掌握三维建模的构图技巧。

设排球直径为 173.205mm (100 × $\sqrt{3}$)

图 5-18-1　排球建模示例

【学习要点】

拉伸基体、旋转体、扫描-切除。

【绘图思路】

首先绘出球体、再制作引导线并应用扫描-切除命令对球体切除，完成排球的造型。

【操作步骤】

(1)　新建一个“零件”文件，并保存。

(2)　在“前视”基准面上创建“草图 1”，中心在坐标原点上，如图 5-18-2 所示。选择“两侧对称”方式将其拉伸至高度 100mm(排球直径等于正方体边长 $a\times\sqrt{3}$)。

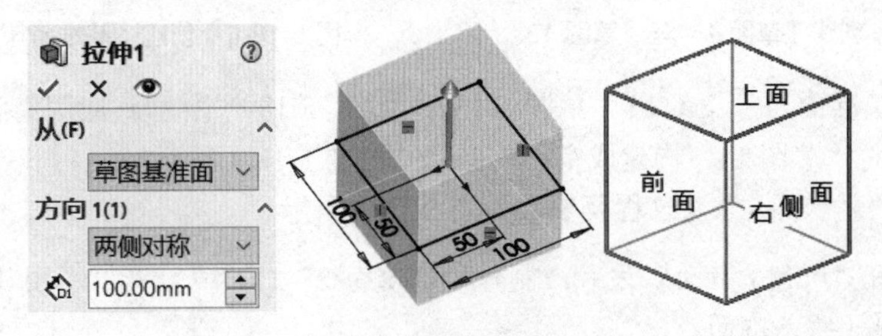

图 5-18-2　创建草图并拉伸成实体

(3) 在正方体的“前面”上创建“草图 2”，弧心与原点重合，如图 5-18-3 所示。再一次在正方体的“前面”上创建“草图 3”，弧心与原点重合，如图 5-18-4 所示。

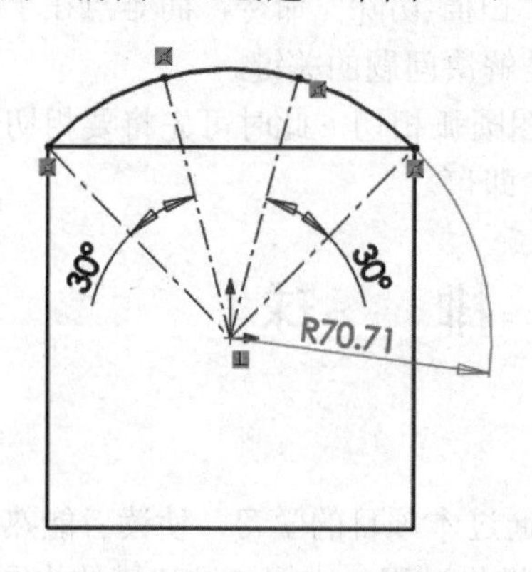

图 5-18-3 创建“草图 2”

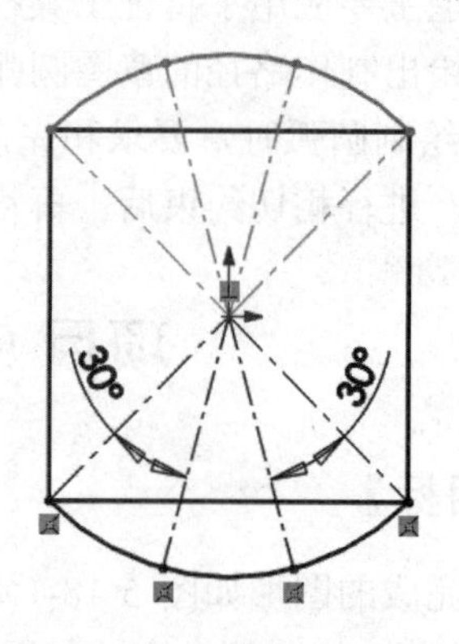

图 5-18-4 创建“草图 3”

(4) 参考上面的方法创建其他的“草图 4”至“草图 13”，如图 5-18-5 所示。

在“右面”上创建“草图 4”和“草图 5”

在“左面”上创建“草图 6”和“草图 7”

在“后面”上创建“草图 8”和“草图 9”

在“上面”上创建“草图 10”和“草图 11”

在“下面”上创建“草图 12”和“草图 13”

注：各圆弧之圆心皆与原点重合，其半径为正方形对角线的 1/2，即约 70.71。

(5) 创建“基准面 1”，过程及参数如图 5-18-6 所示。

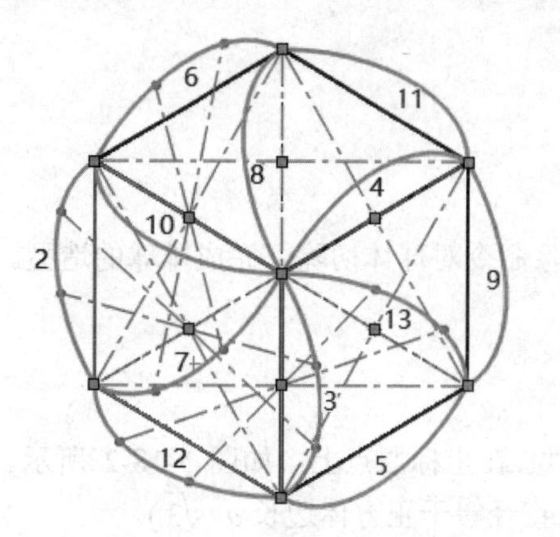

图 5-18-5 创建“草图 4”至“草图 13”

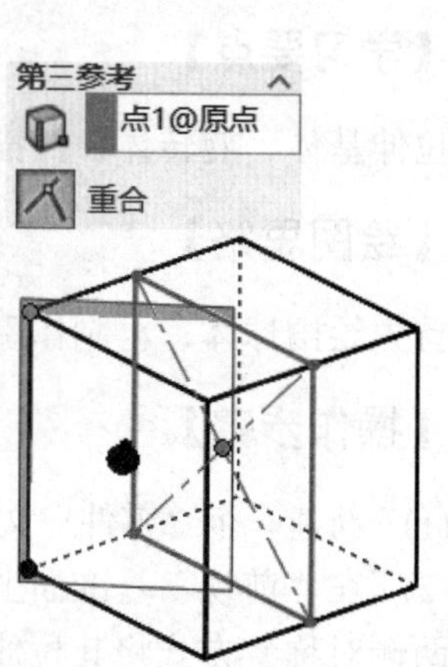

图 5-18-6 创建“基准面 1”

(6) 在“基准面 1”上绘出“草图 14”，如图 5-18-7 所示。应用特征工具栏里的 旋转 命令，将“草图 14”构建成空心的圆球，如图 5-18-8 所示。

(7) 创建“基准面 2”，过程及参数如图 5-18-9 所示。

提示：利用“点和平行面”方式，制作“基准面 2”。“点”是“草图 11”上的 3 等分点；平行面是上视基准面。

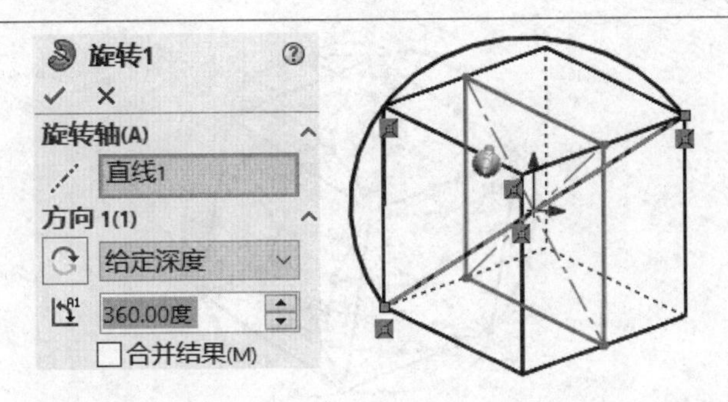

图 5-18-7　创建“草图 14”　　图 5-18-8　构建成空心的圆球

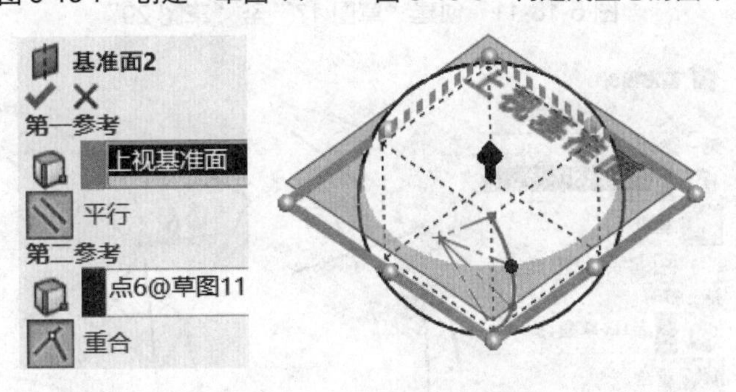

图 5-18-9　创建“基准面 2”

(8) 在“基准面 2”上绘出“草图 15”。参照步骤(7)，制作“基准面 3”，选“点”时选择“草图 11”上的另一个 3 等分点。然后应用草图“实体引用”命令，将“草图 15”引用到“基准面 3”上，得到“草图 16”，如图 5-18-10 所示。

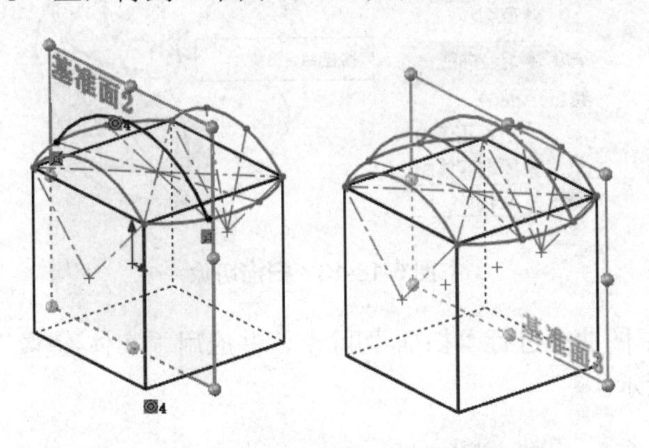

图 5-18-10　创建“草图 15”和“草图 16”

(9) 参照上面的基准面及草图的画法。

利用“草图 5”和“草图 7”创建“基准面 4”和“基准面 5”，并在其上创建“草图 17”和“草图 18”。利用“草图 2”和“草图 3”创建“基准面 6”和“基准面 7”，并在其上创建“草图 19”和“草图 20”，如图 5-18-11 所示。

(10) 在草图圆弧线上制作基准面，并绘制草图截面圆，如图 5-18-12 所示。具体制作过程参见“篮球”制作扫描切除实体的有关步骤。接上一步，进行“扫描-切除”，结果如图 5-18-13 所示。

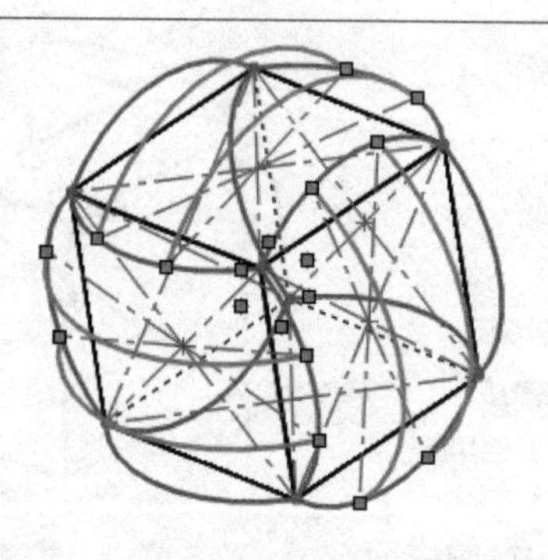

图 5-18-11　创建“草图 17”至“草图 20”

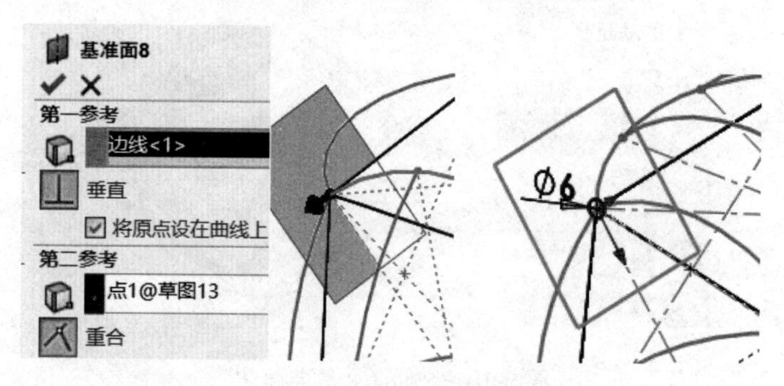

图 5-18-12　创建基准平面及草图圆

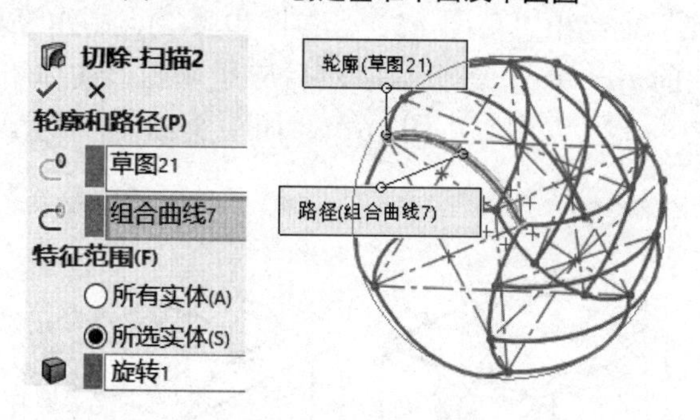

图 5-18-13　扫描切除

同理，对其他草图曲线进行“扫描-切除”，并应用“实体-镜像” 镜向 命令完成造型，如图 5-18-14 所示。

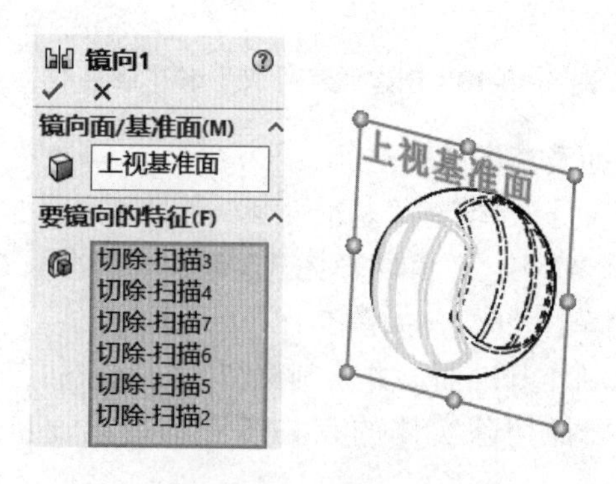

图 5-18-14　实体镜像

重复以上操作得到最终造型。

项目 5.19　汤　　匙

【学习目标】

本项目要完成的图形如图 5-19-1 所示。通过本项目的学习，使读者能熟练掌握拉伸-曲面、裁剪-曲面、扫描-曲面、放样-曲面、填充曲面、曲面缝合和曲面加厚等命令的使用方法，掌握三维建模的构图技巧。

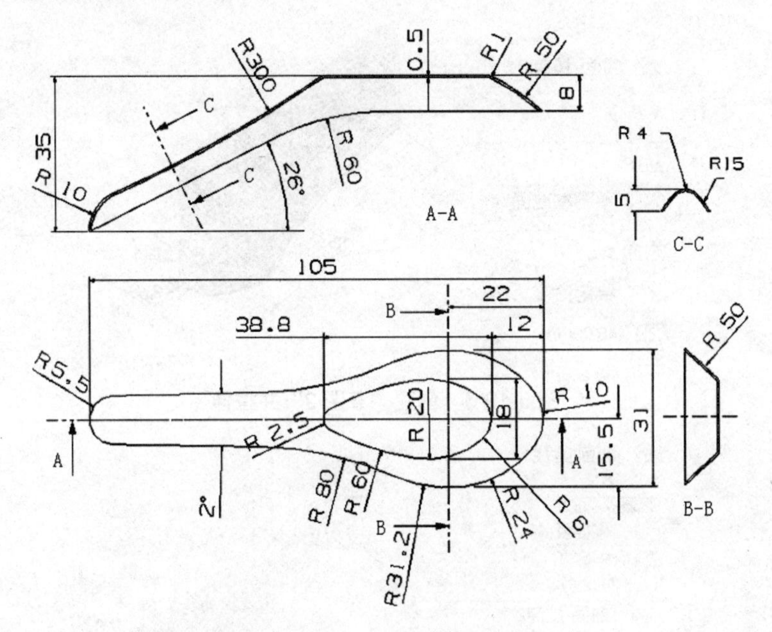

图 5-19-1　汤匙建模示例

【学习要点】

拉伸-曲面、裁剪-曲面、扫描-曲面、放样-曲面、填充曲面、曲面缝合、曲面加厚。

【绘图思路】

首先绘出匙柄中部曲面，再完成柄部曲面，然后绘出头部曲面，最后缝合并加厚。

【操作步骤】

(1)　新建一个“零件”文件，并保存。

(2)　在“上视”基准面上创建“草图 1”。然后应用曲面工具“曲面-拉伸”命令，选择“双侧对称”方式，拉伸高度为 40mm，如图 5-19-2 所示。

(3)　在“前视”基准面上创建“草图 2”。然后应用曲面工具“曲面-拉伸”命令，拉伸高度为 40mm，如图 5-19-3 所示。

(4)　使用曲面工具 **曲面-剪裁**，如图 5-19-4 所示。

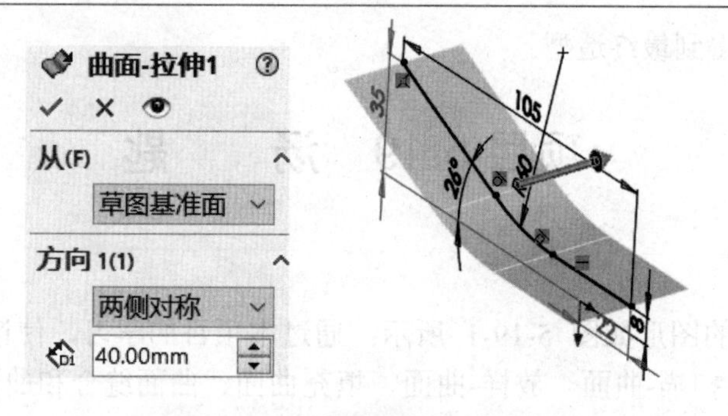

图 5-19-2 创建“草图 1”并拉伸

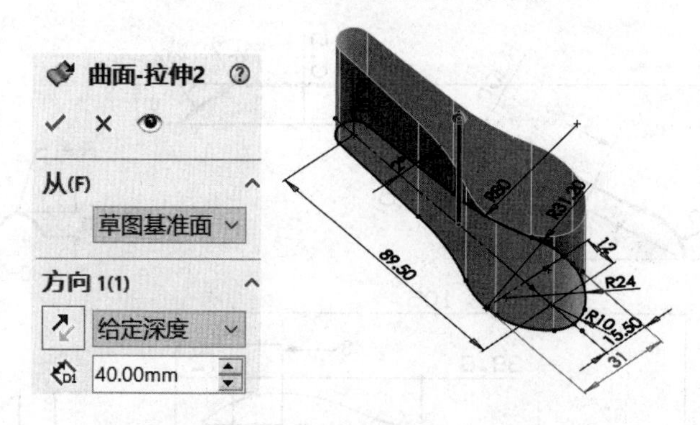

图 5-19-3 创建“草图 2”并拉伸

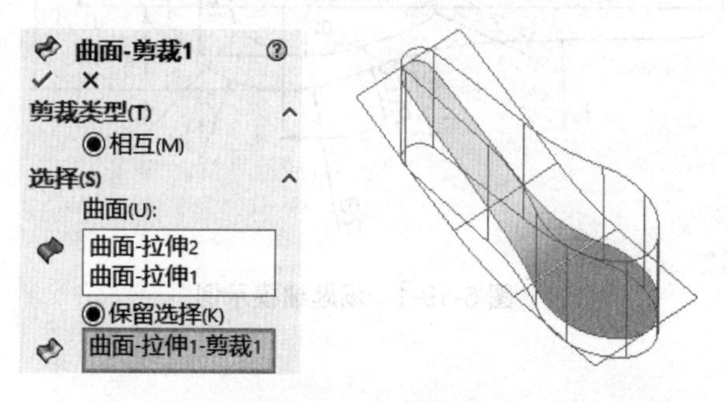

图 5-19-4 曲面-剪裁

(5) 在“前视”基准面上创建“草图 3”，如图 5-19-5 所示。使用曲面工具 **曲面-基准面** 命令将“草图 3”生成曲面，如图 5-19-6 所示。

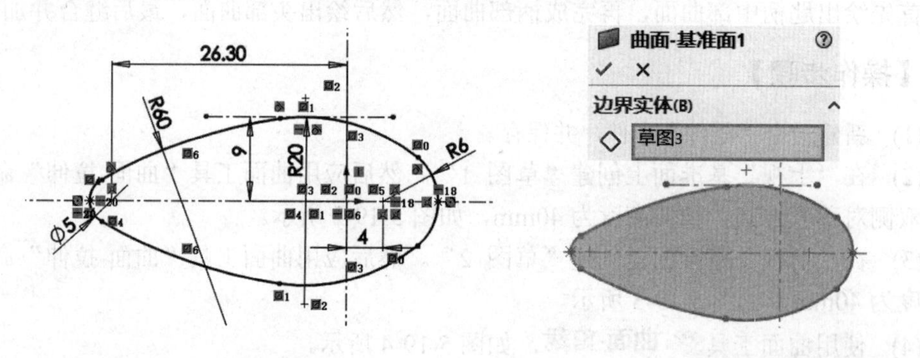

图 5-19-5 创建“草图 3” 图 5-19-6 将“草图 3”制作成曲面

(6) 在“上视”基准面上创建“草图 4”，合理约束端点与“草图 3”和“草图 2”的关系，如图 5-19-7 所示；在“上视”基准面上创建“草图 5”，此线的上端点与“草图 4”上端点重合，下端点与“草图 1”折线处的第一个点重合，如图 5-19-8 所示。

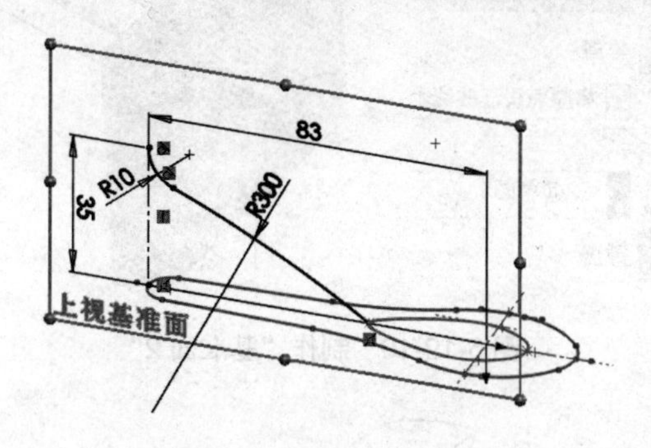

图 5-19-7 创建“草图 4”

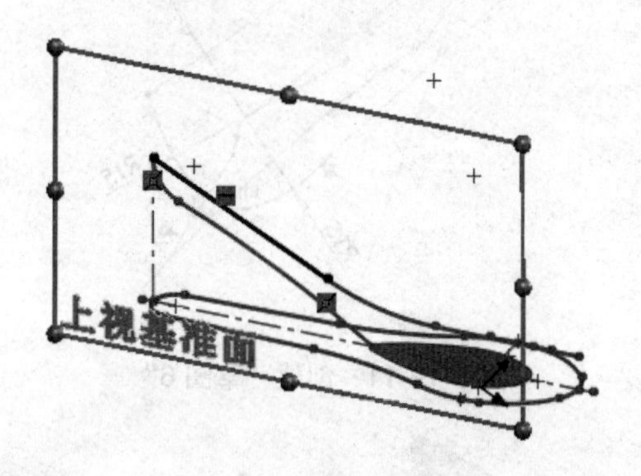

图 5-19-8 创建“草图 5”

(7) 将曲面两侧边线制作成组合曲线，如图 5-19-9 所示。

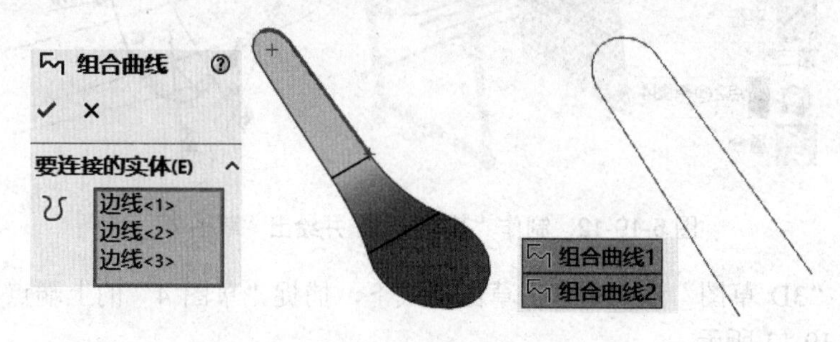

图 5-19-9 组合曲线

(8) 制作“基准面 2”，过程如图 5-19-10 所示。

(9) 在“基准面 2”上绘出“草图 6”，注意：圆弧的两端点分别与组合曲线具有“重合”关系，而圆弧的中点与“草图 4”具有“穿透”关系，如图 5-19-11 所示。

(10) 制作“基准面 3”。在“基准面 3”上绘出“草图 7”，此时圆弧的两端点分别与组合曲线具有“穿透”关系，而圆弧的中点与“草图 4”具有“重合”关系，如图 5-19-12 所示。

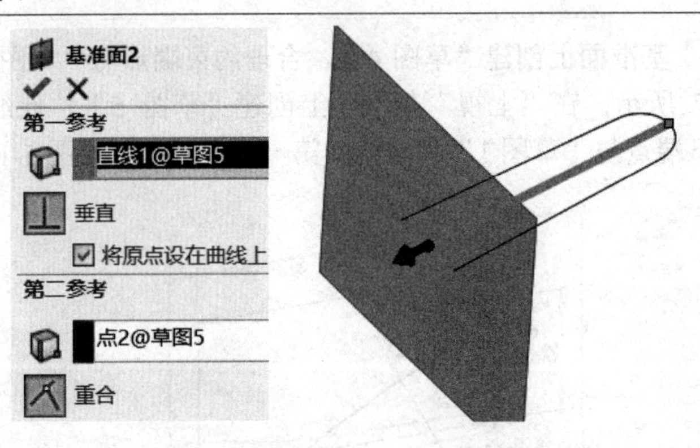

图 5-19-10　制作“基准面 2”

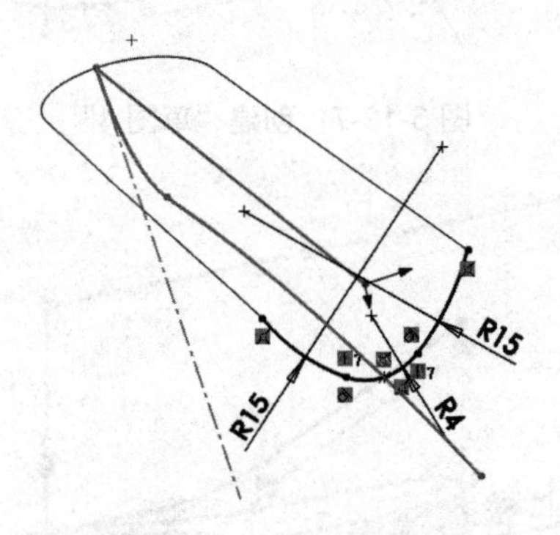

图 5-19-11　创建“草图 6”

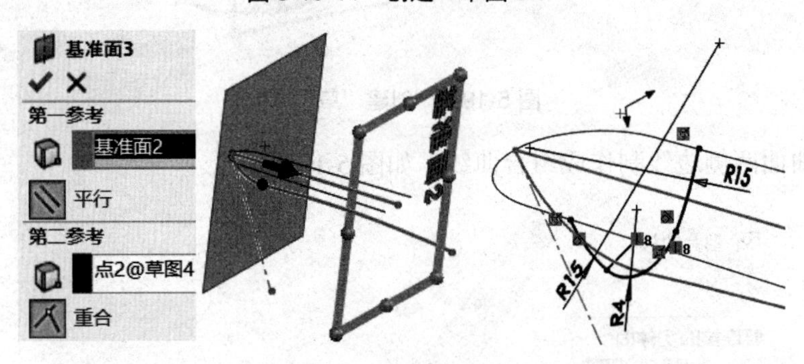

图 5-19-12　制作“基准面 3”并绘出“草图 7”

(11) 制作“3D 草图”点，在 3D 草图模式下，捕捉“草图 4”的上端点，绘出 3D 草图点，如图 5-19-13 所示。

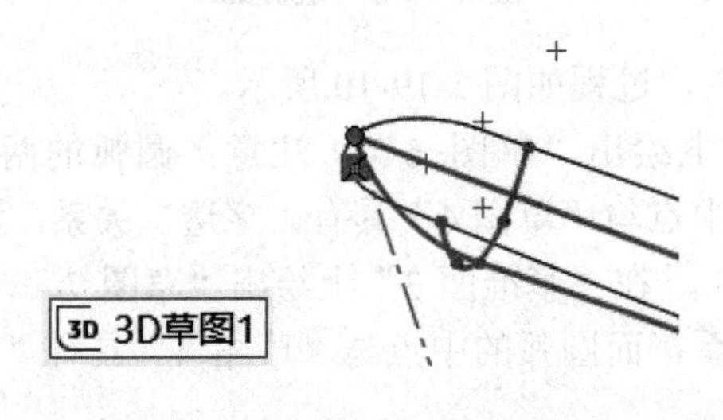

图 5-19-13　制作“3D 草图”点

(12) 曲面-放样，如图 5-19-14 所示。

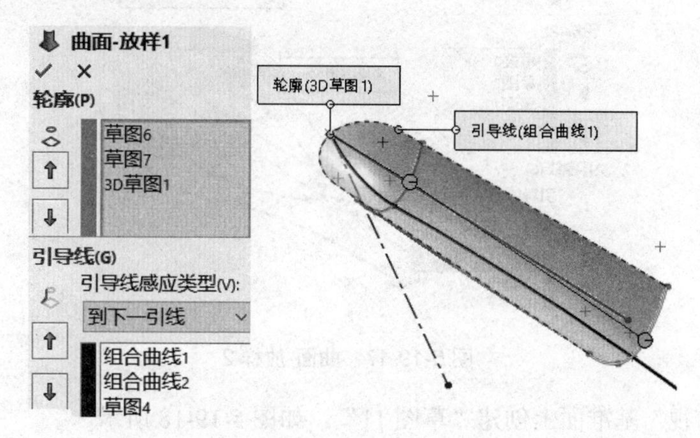

图 5-19-14　曲面-放样 1

(13) 创建“草图 8”“草图 9”和“草图 10”，如图 5-19-15 所示。

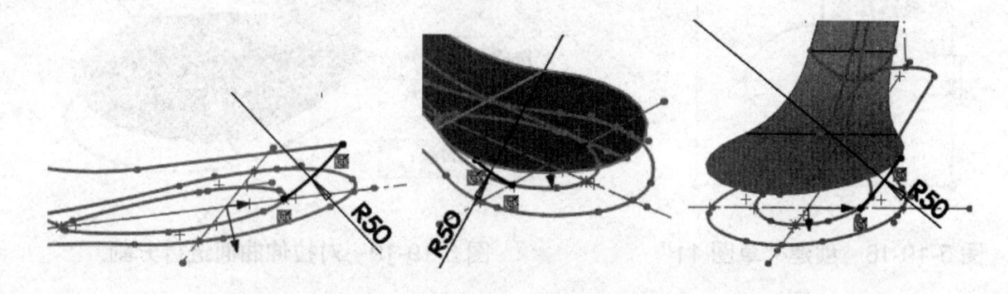

图 5-19-15　创建“草图 8”“草图 9”和“草图 10”

(14) 将每一个曲面边线制作成一组组合曲线，如图 5-19-16 所示。

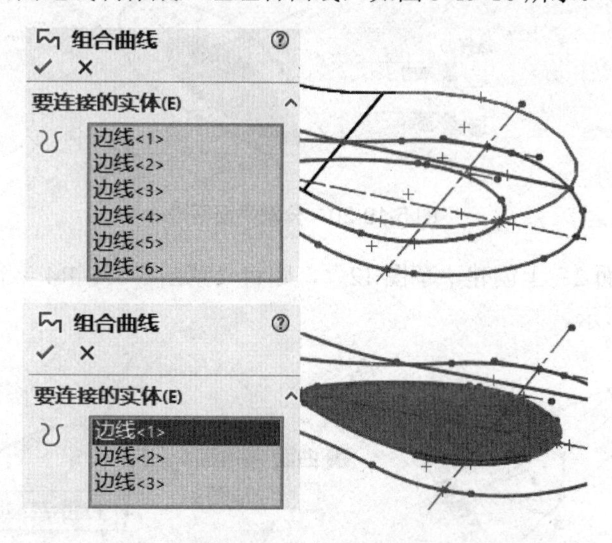

图 5-19-16　组合曲线

(15) 曲面-放样，如图 5-19-17 所示。

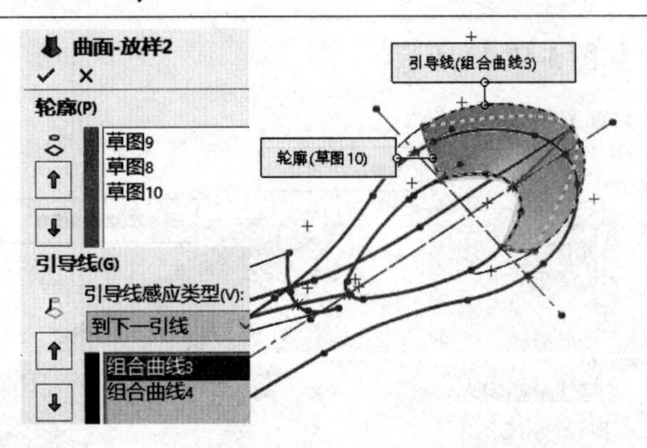

图 5-19-17　曲面-放样 2

(16) 在“前视”基准面上创建“草图 11”，如图 5-19-18 所示。

应用曲线工具 分割线 命令，对拉伸曲面进行分割，如图 5-19-19 所示。

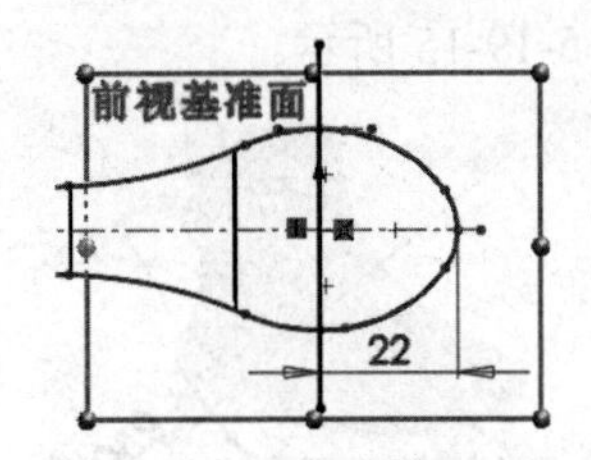

图 5-19-18　创建“草图 11”

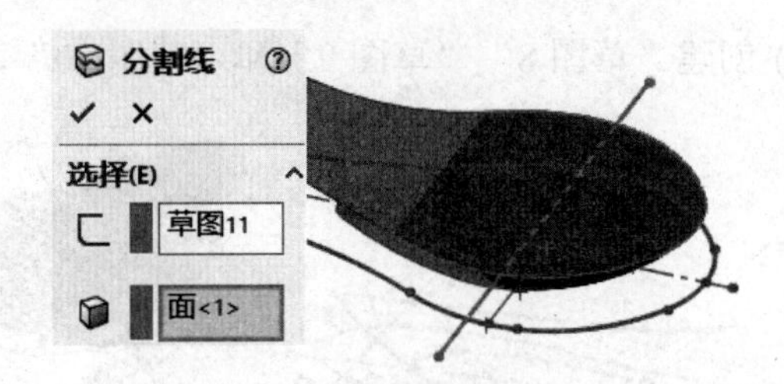

图 5-19-19　对拉伸曲面进行分割

同理，再一次运用“分割线”命令完成对“平面区域”的分割，如图 5-19-20 所示。

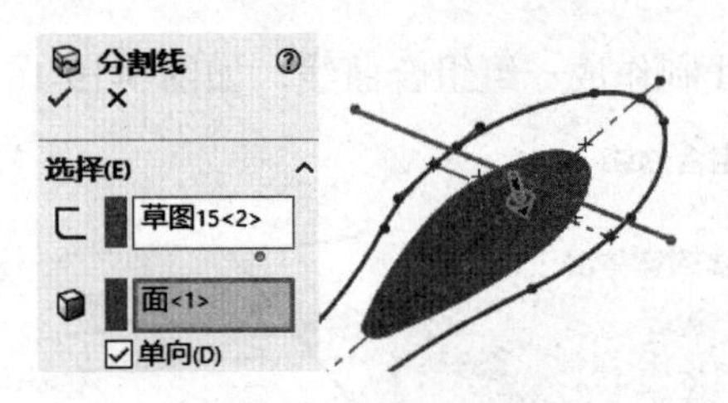

图 5-19-20　分割平面区域

(17) 在“基准面 2”上创建“草图 12”，即将“草图 6”中 R4 半径的圆弧实体引用过来，如图 5-19-21 所示。

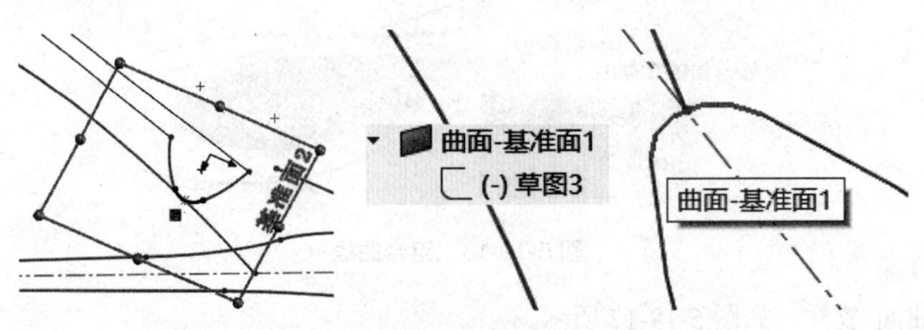

图 5-19-21　创建“草图 12”

(18) 曲面-放样，如图 5-19-22 所示。

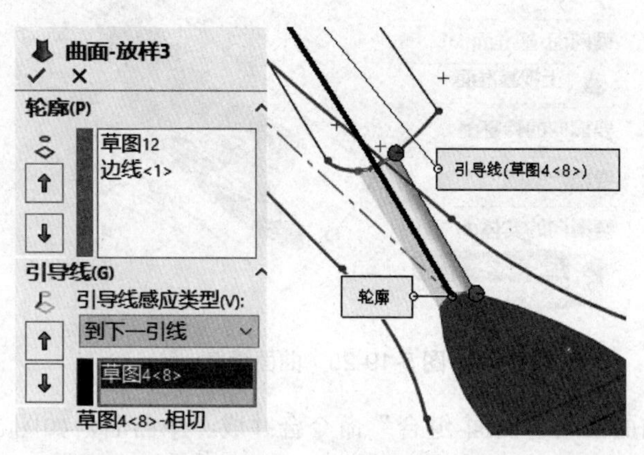

图 5-19-22　曲面-放样 3

这里要注意的是，在选择放样轮廓线时要将“草图 3”隐藏，只选择平面区域曲面的边线，否则将会选择到“草图 3”，得不到所需的放样曲面，如图 5-19-21 右图所示。

(19) 在“基准面 2”上创建“草图 13”，即将“草图 6”中 R15 半径的圆弧(单侧)实体引用过来，如图 5-19-23 所示。

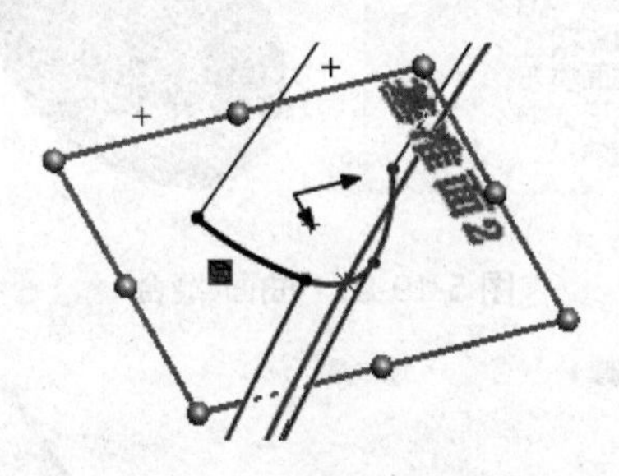

图 5-19-23　创建“草图 13”

(20) 曲面填充，如图 5-19-24 所示。隐藏除“草图 13”外的其他草图，以便选择边线。

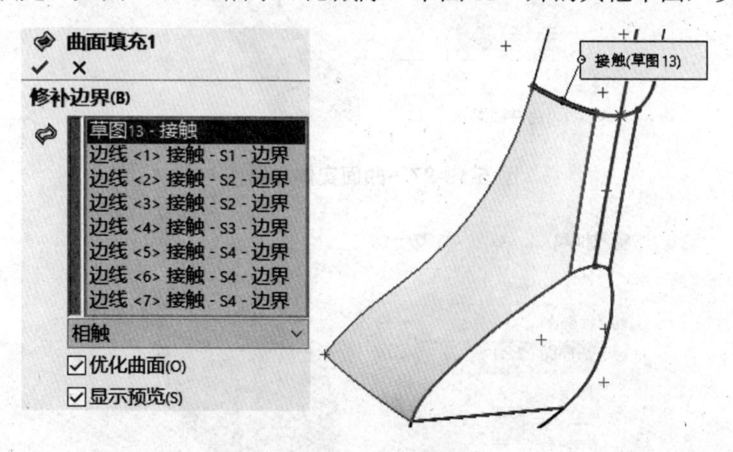

图 5-19-24　曲面填充

(21) 通过曲面镜像 镜向 指令获得另一侧曲面，如图 5-19-25 所示。

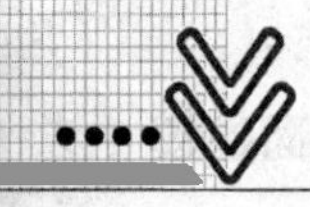

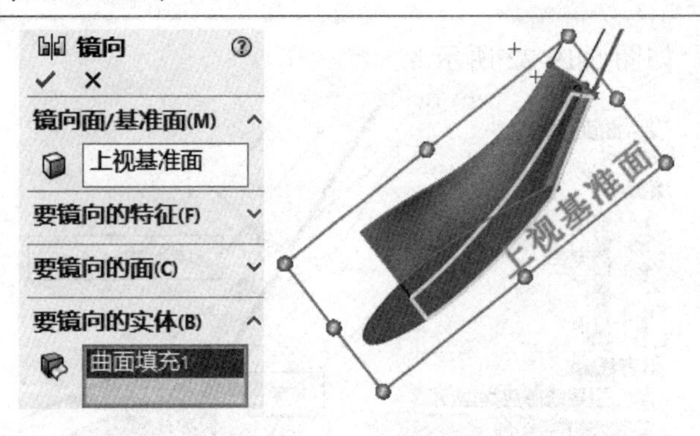

图 5-19-25　曲面镜像

(22) 将图示各曲面应用“曲面-缝合”命令合并成一个曲面，如图 5-19-26 所示。
(23) 对曲面实体加厚、求和，如图 5-19-27、图 5-19-28 所示。

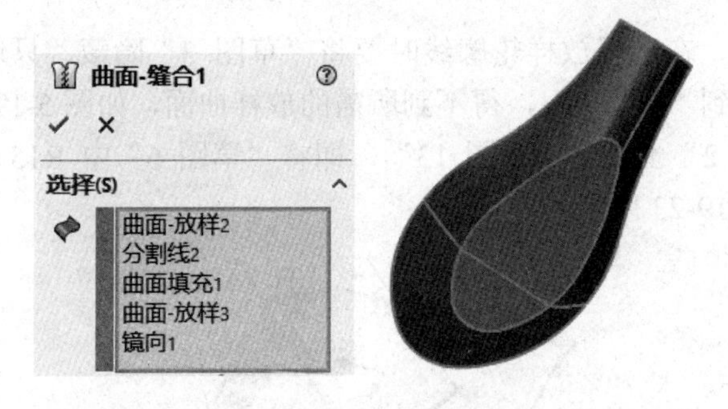

图 5-19-26　曲面-缝合

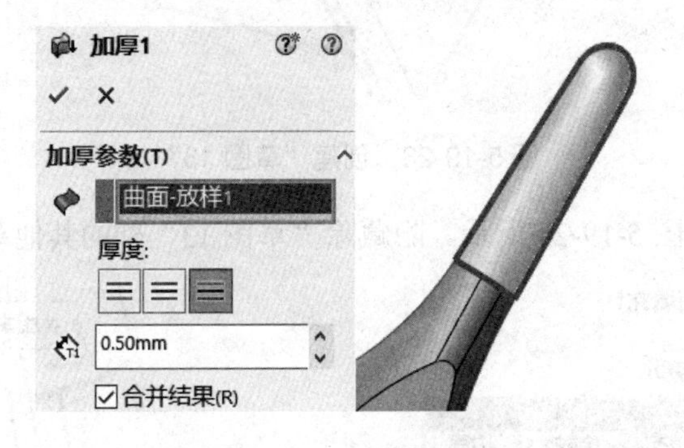

图 5-19-27　曲面实体加厚 1

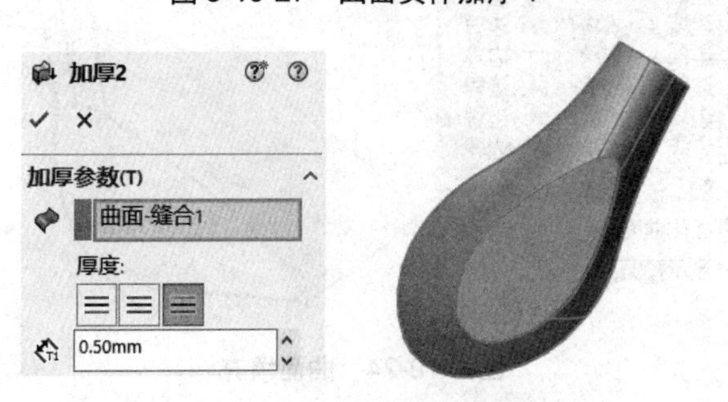

图 5-19-28　曲面实体加厚 2

(24) 对实体倒圆角，如图 5-19-29 和图 5-19-30 所示。

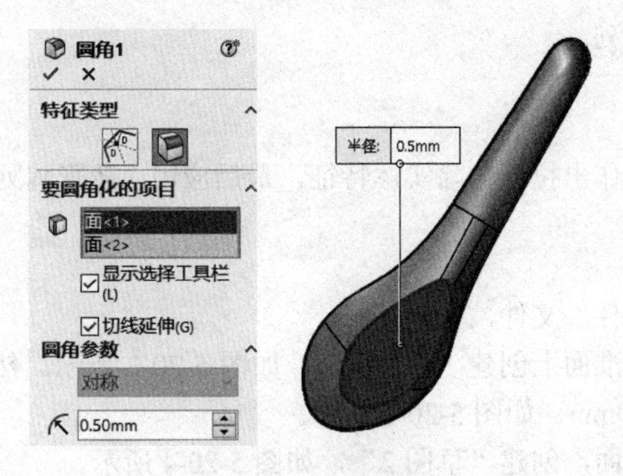

图 5-19-29　倒圆角

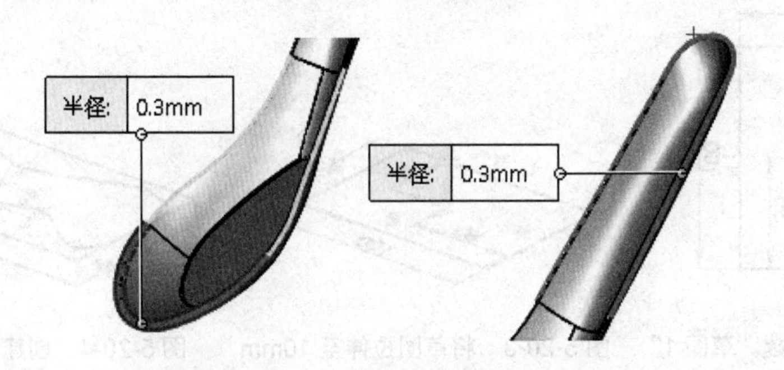

图 5-19-30　锐边圆角

项目 5.20　随 形 阵 列

【学习目标】

要阵列的特征的草图必须完全定义，在选择阵列方向时选择的是与阵列一致的间距尺寸。在阵列的特例的源草图中，需要和其他模型元素建立一定的几何约束和尺寸约束。

阵列后的特例随着尺寸的变化仍然能够保持相对应的关系。

本项目要完成的图形如图 5-20-1 所示。

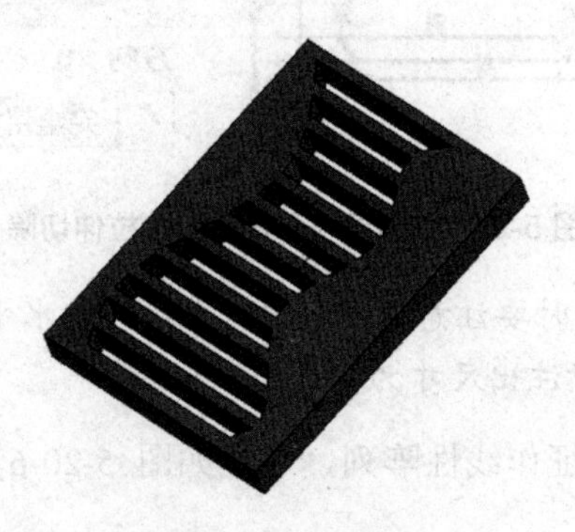

图 5-20-1　随形阵列示例

【学习要点】

拉伸切除、随形阵列。

【绘图思路】

创建基体，在其上作出拉伸切除实体特征，最后应用“随形阵列”创建栅格特征。

【操作步骤】

(1) 新建一个“零件”文件，并保存。

(2) 在“前视”基准面上创建“草图 1”，如图 5-20-2 所示。然后应用“拉伸-增料”命令，将草图拉伸至 10mm，如图 5-20-3 所示。

(3) 在拉伸体上表面，创建“草图 2”，如图 5-20-4 所示。

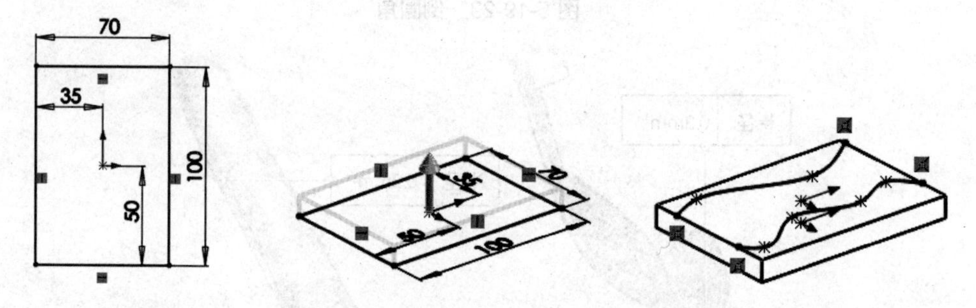

图 5-20-2 创建“草图 1” 图 5-20-3 将草图拉伸至 10mm 图 5-20-4 创建“草图 2”

(4) 在拉伸体的上表面创建“草图 3”。然后应用特征工具“拉伸-切除”，应用“完全贯穿”选项，切除特征，如图 5-20-5 所示。

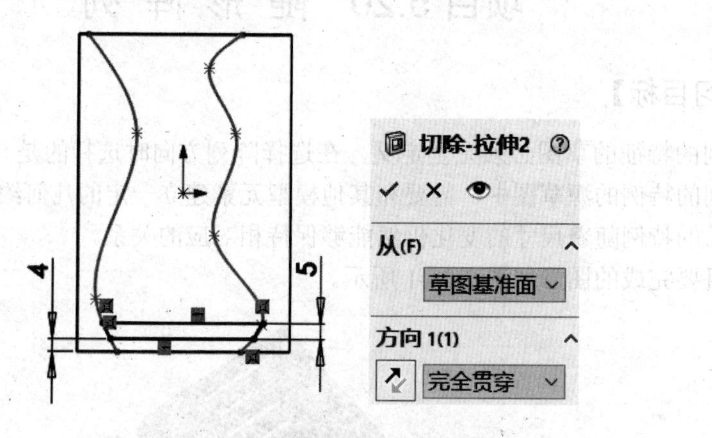

图 5-20-5 创建“草图 3”并拉伸切除

提示：在“草图 3”绘制时要注意“草图 3”上的两条水平线端点要分别与“草图 2”上的两条线重合，还要正确标注出尺寸为 4mm。

(5) 对“切除-拉伸”特征作线性阵列，过程如图 5-20-6 所示(在方向 1 选项里选择 4mm 尺寸)。

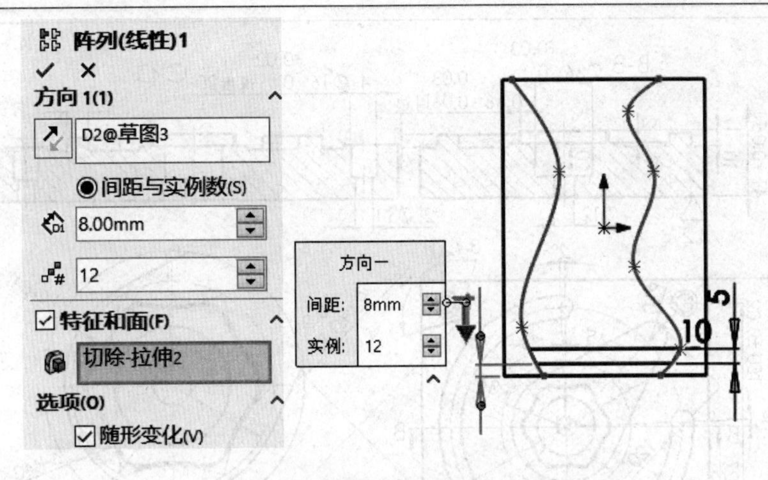

图 5-20-6　线性阵列

项目 5.21　技 能 实 战

本项目作为本章技能实战，要求完成如下所示的各个图形。

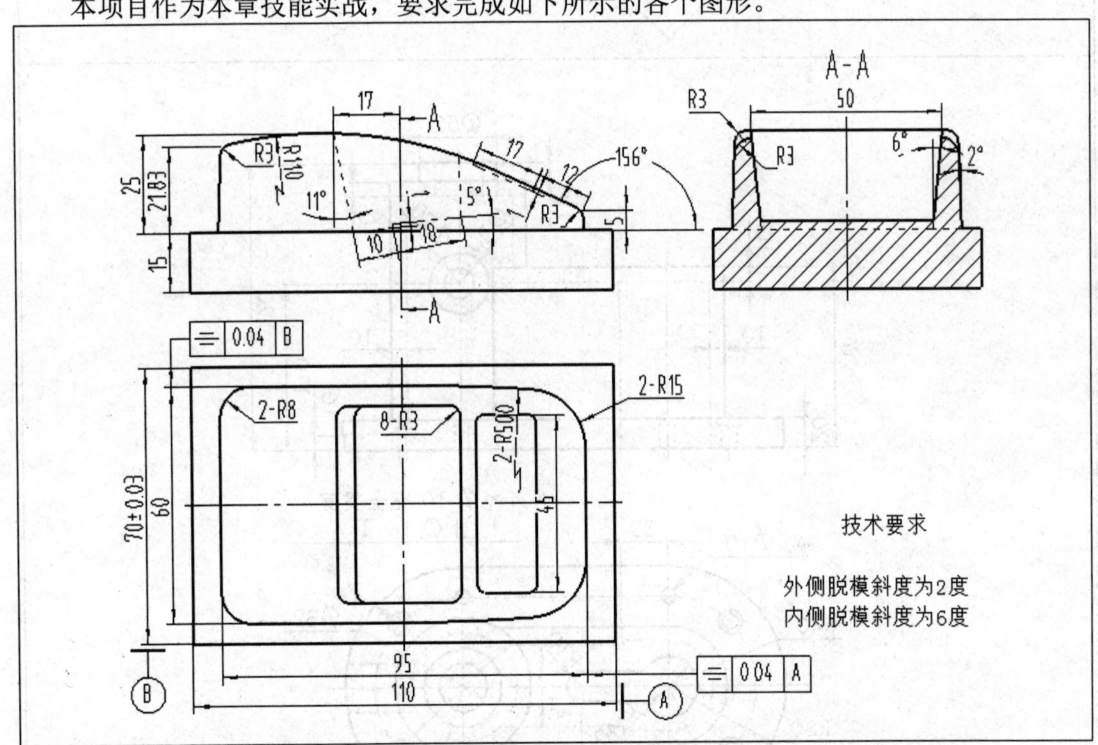

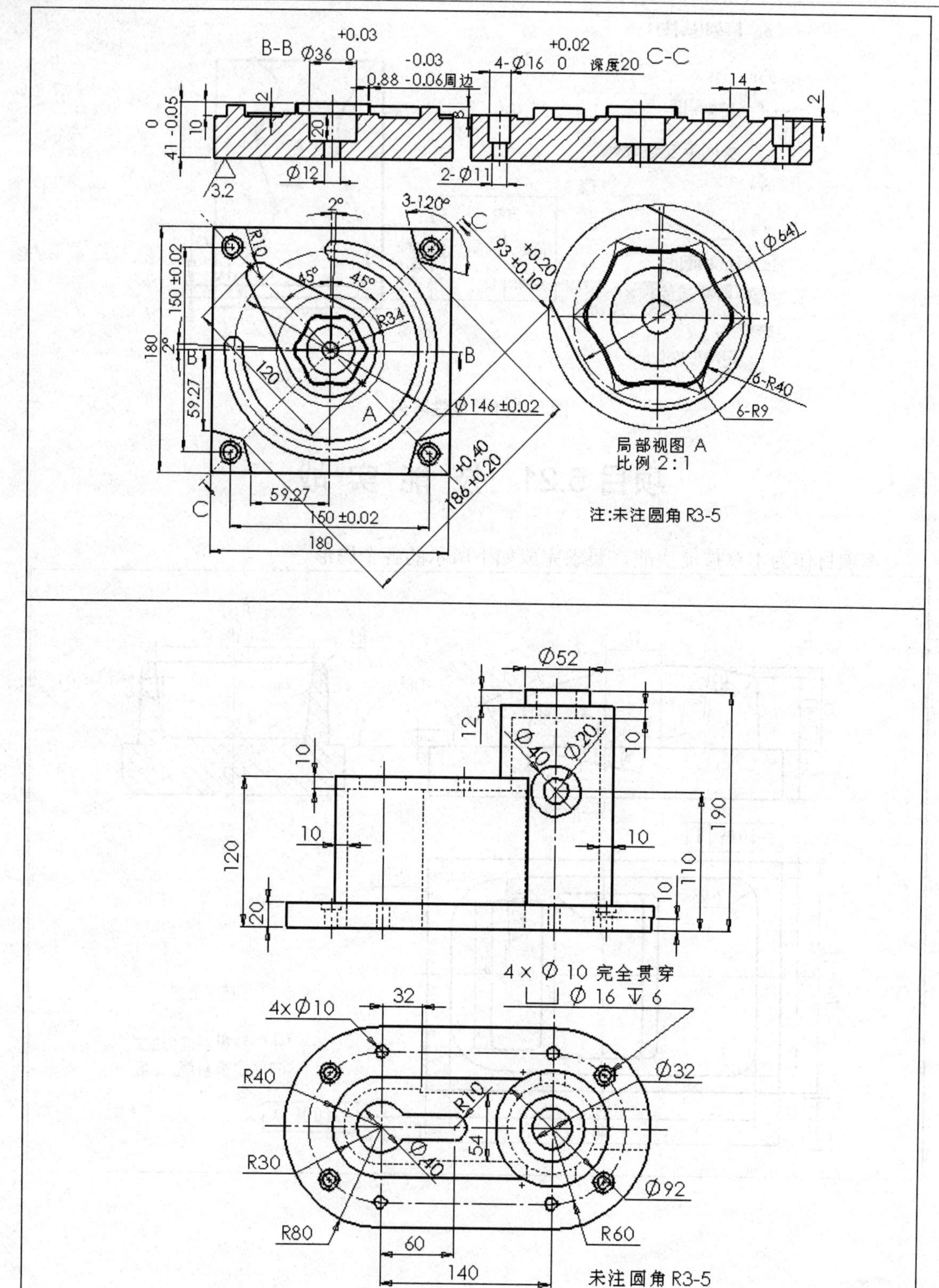

B-B
Ø36 +0.03 0
4-Ø16 +0.02 0 深度20
C-C
0.88 -0.03 -0.06周边
41 0 -0.05
Ø12
2-Ø11
3.2
3-120°
R10
45°
R34
93 +0.20 +0.10
(Ø64)
150 ±0.02
180
59.27
120
A
Ø146 ±0.02
186 +0.40 +0.20
6-R40
6-R9
局部视图 A
比例 2:1
注:未注圆角 R3-5
Ø52
Ø40
Ø20
190
110
4 × Ø 10 完全贯穿
Ø 16 ⊽ 6
4×Ø10
32
Ø32
R40
R10
R30
Ø40
54
Ø92
R80
R60
60
140
未注圆角 R3-5

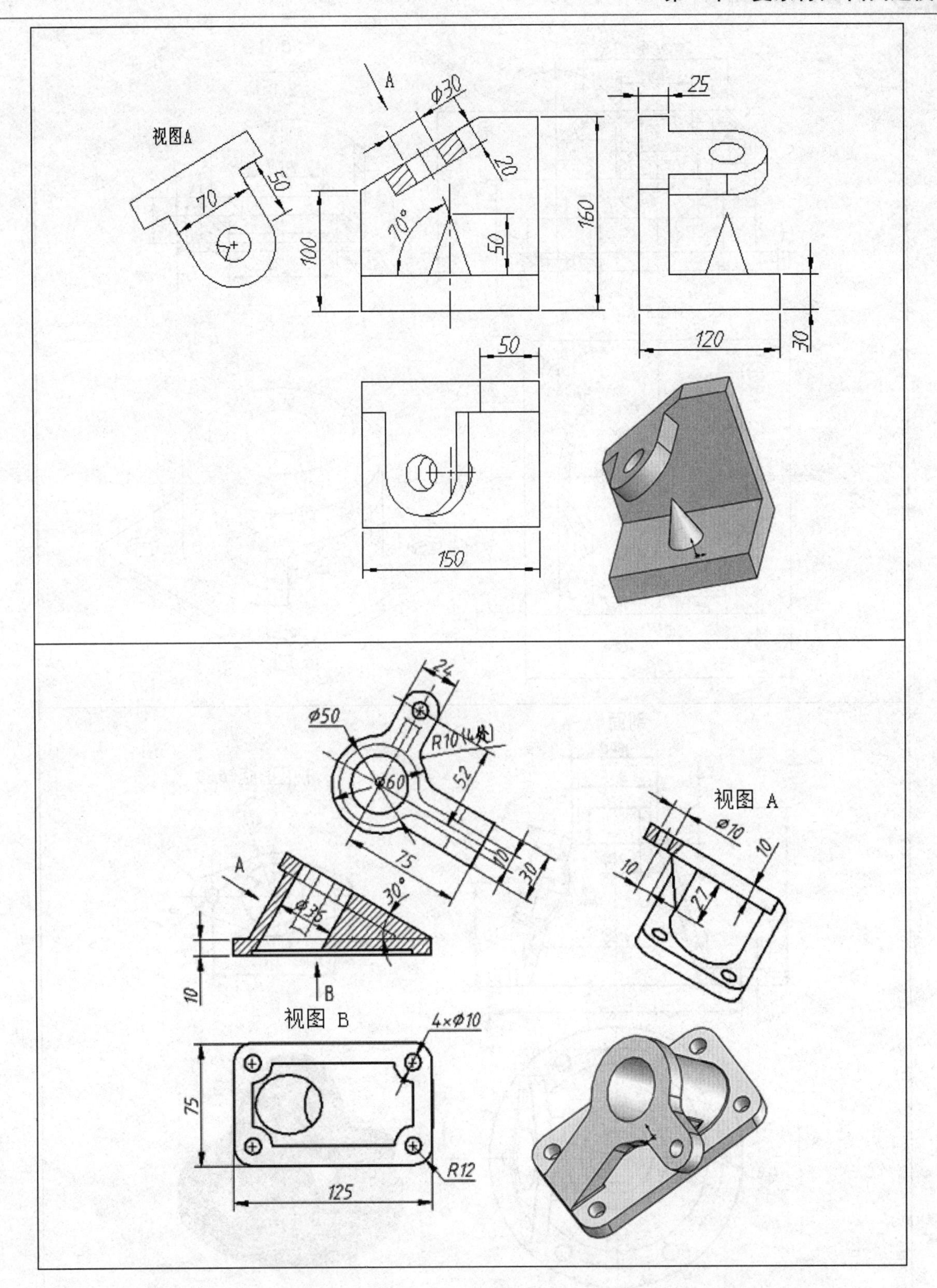
视图A
70
50
A
Φ30
20
100
70°
50
160
25
120
30
50
150
24
Φ50
R10(4处)
Φ60
52
75
10
30
A
Φ35
30°
10
B
视图 A
Φ10
10
10
27
视图 B
4×Φ10
75
R12
125

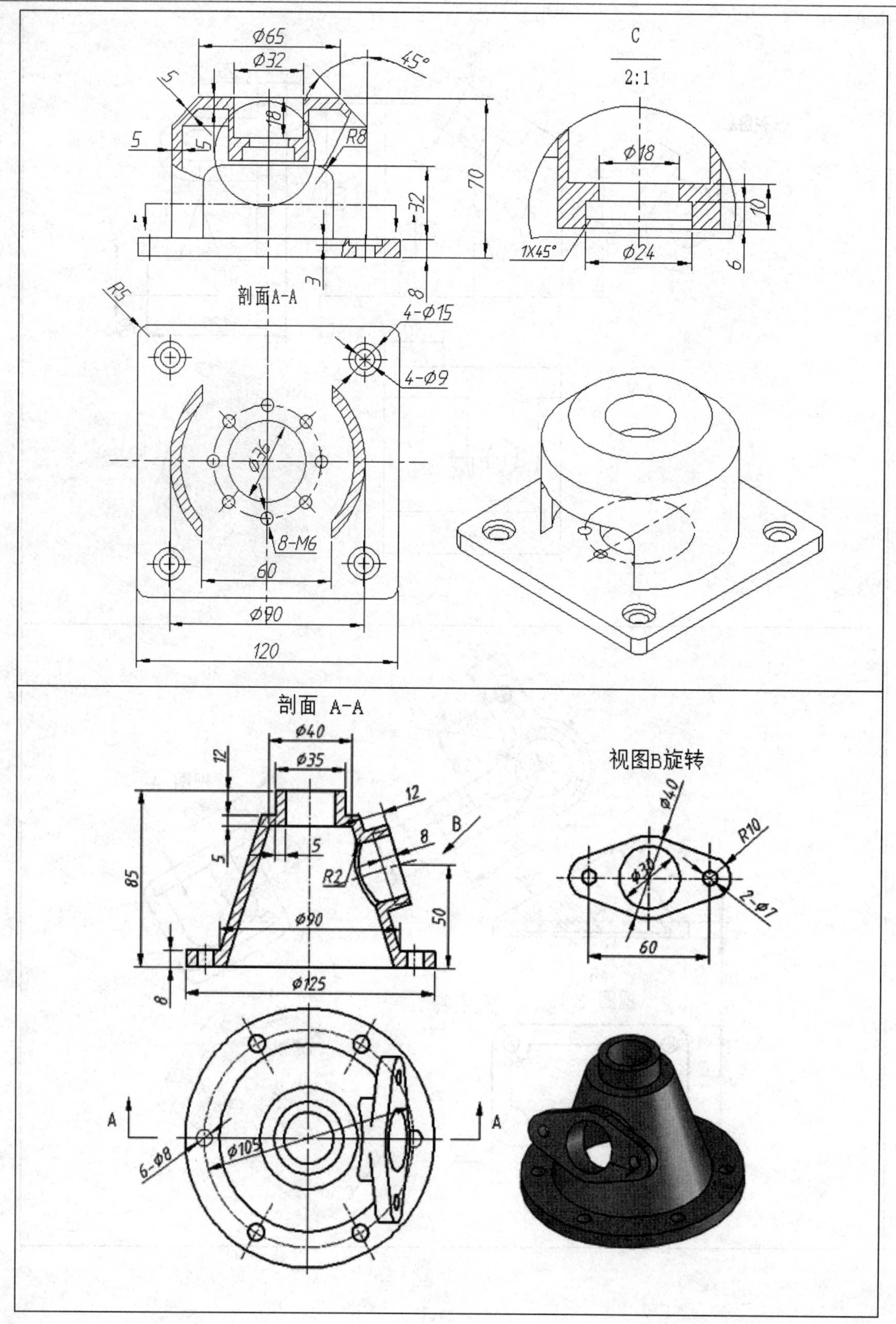

Ø65
Ø32
45°
5
18
R8
70
32
8
3
C
2:1
Ø18
10
1X45°
Ø24
6
剖面A-A
R5
4-Ø15
4-Ø9
Ø36
8-M6
60
Ø90
120
剖面 A-A
Ø40
Ø35
12
85
R2
50
Ø90
Ø125
B
视图B旋转
R10
Ø30
2-Ø7
6-Ø8
Ø105
A

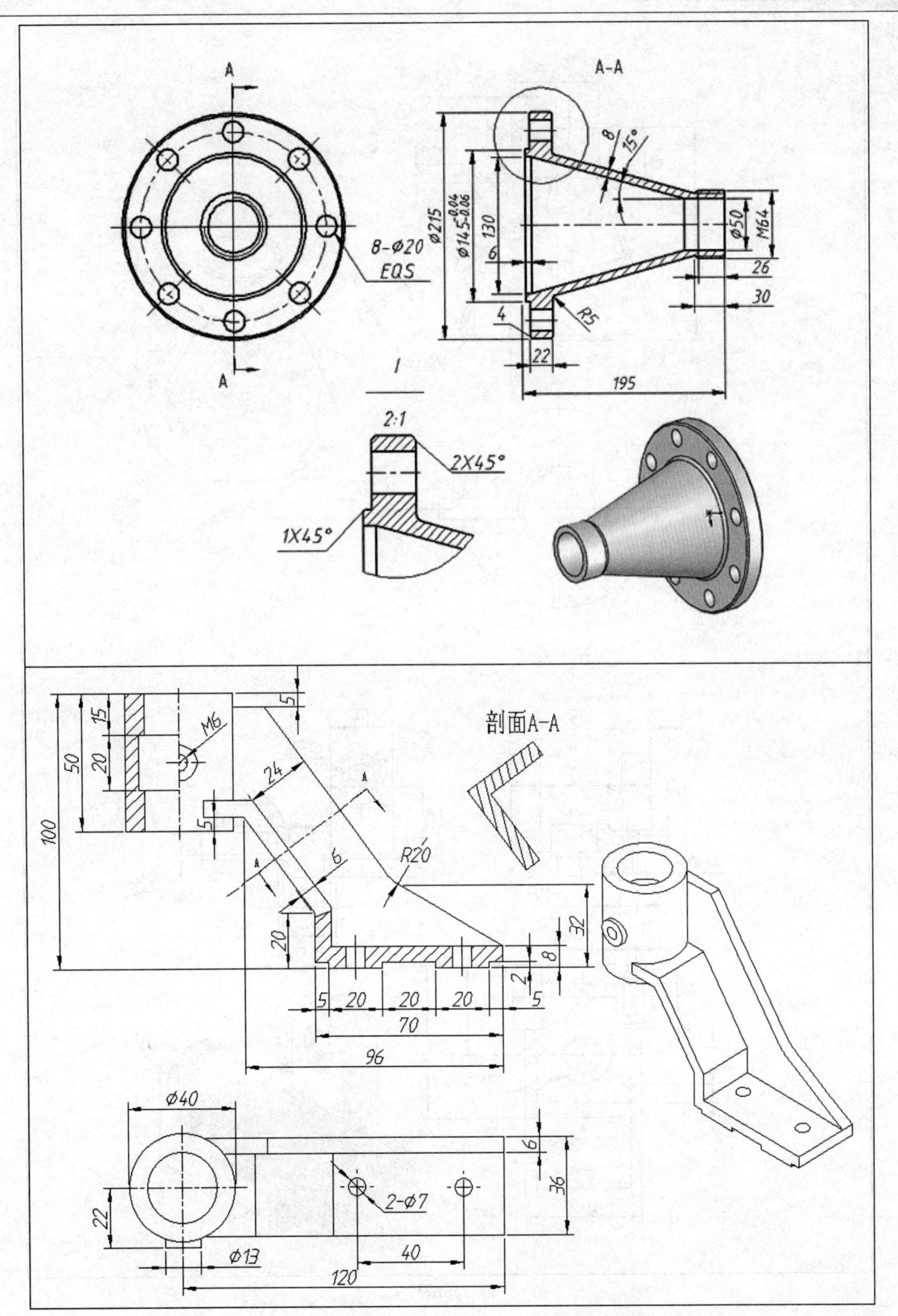
A
A
A-A
8-Ø20
EQS
Ø215
Ø145
130
6
4
R5
8
15°
Ø50
M64
26
30
22
195
I
2:1
2X45°
1X45°
剖面A-A
M6
15
20
50
100
5
24
6
R20
20
32
8
2
5
20
70
96
Ø40
6
36
2-Ø7
22
Ø13
40
120

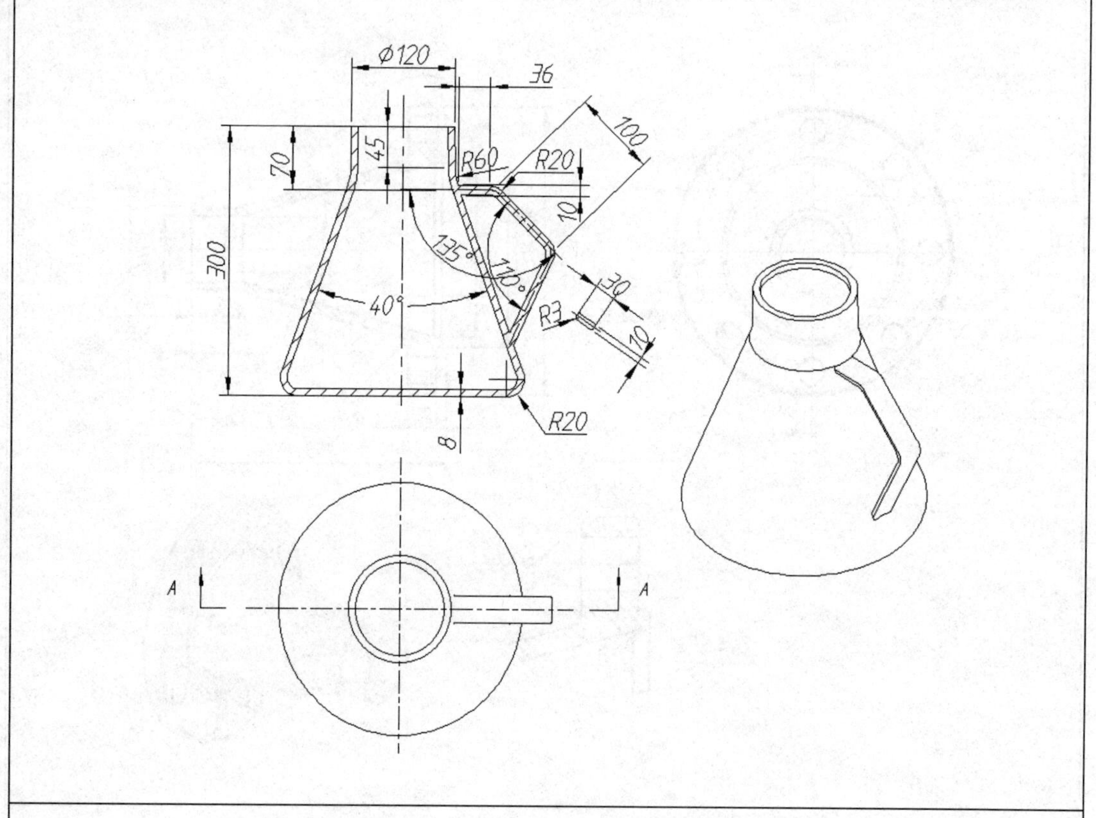

Ø120
36
100
70
45
R60
R20
10
300
135°
110°
40°
30
R3
10
R20
8
A
A

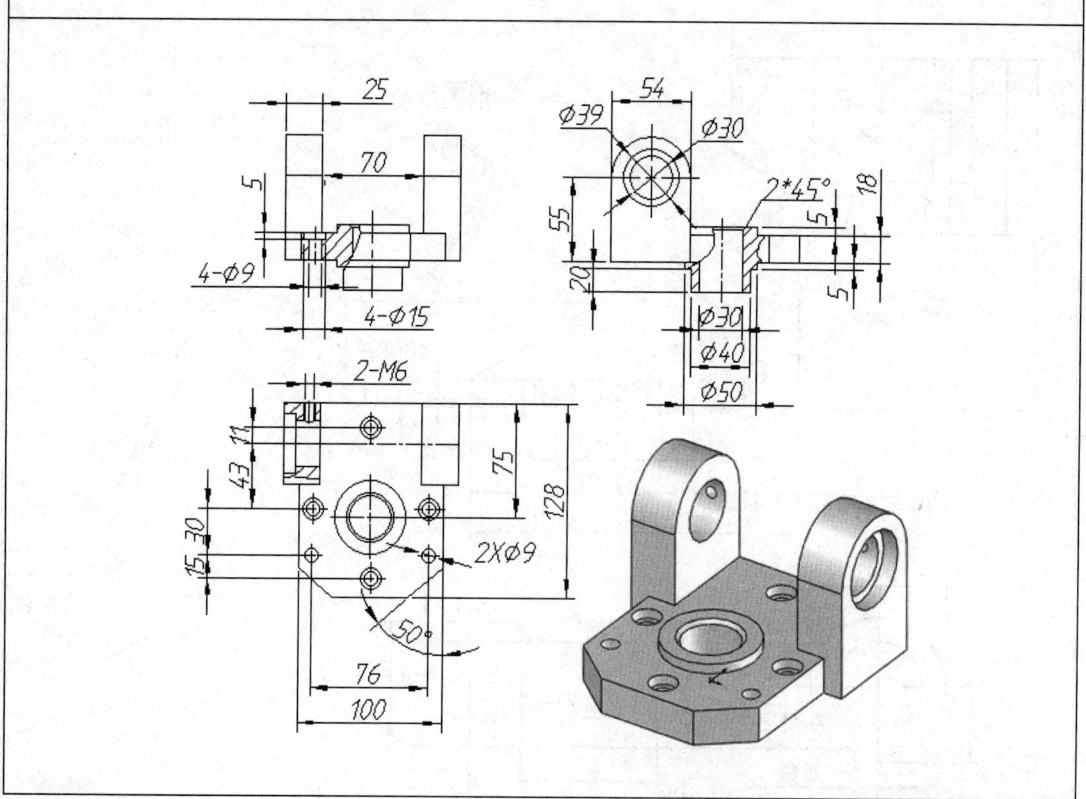

25
70
5
4-Ø9
4-Ø15
54
Ø39
Ø30
2*45°
18
55
5
20
5
Ø30
Ø40
Ø50
2-M6
43
11
75
128
30
15
2XØ9
50°
76
100

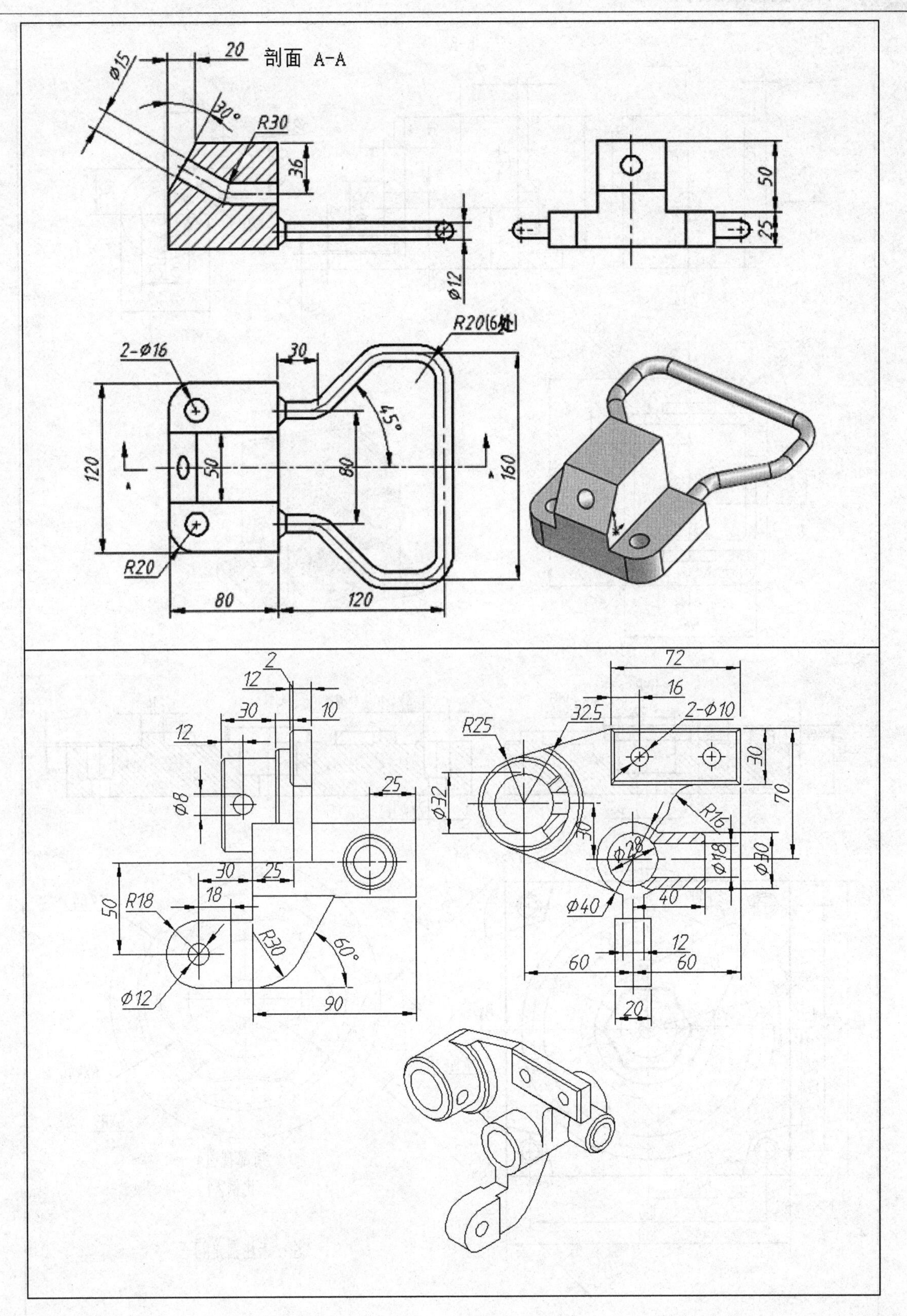

剖面 A-A
20
Ø15
30°
R30
36
Ø12
50
25
R20(6处)
2-Ø16
30
45°
120
50
80
160
R20
80
120
2
12
30
10
12
Ø8
25
30
25
50
R18
18
R30
60°
Ø12
90
72
16
R25
32.5
2-Ø10
30
70
Ø32
R16
30
Ø28
Ø18
Ø30
Ø40
40
12
60
60
20

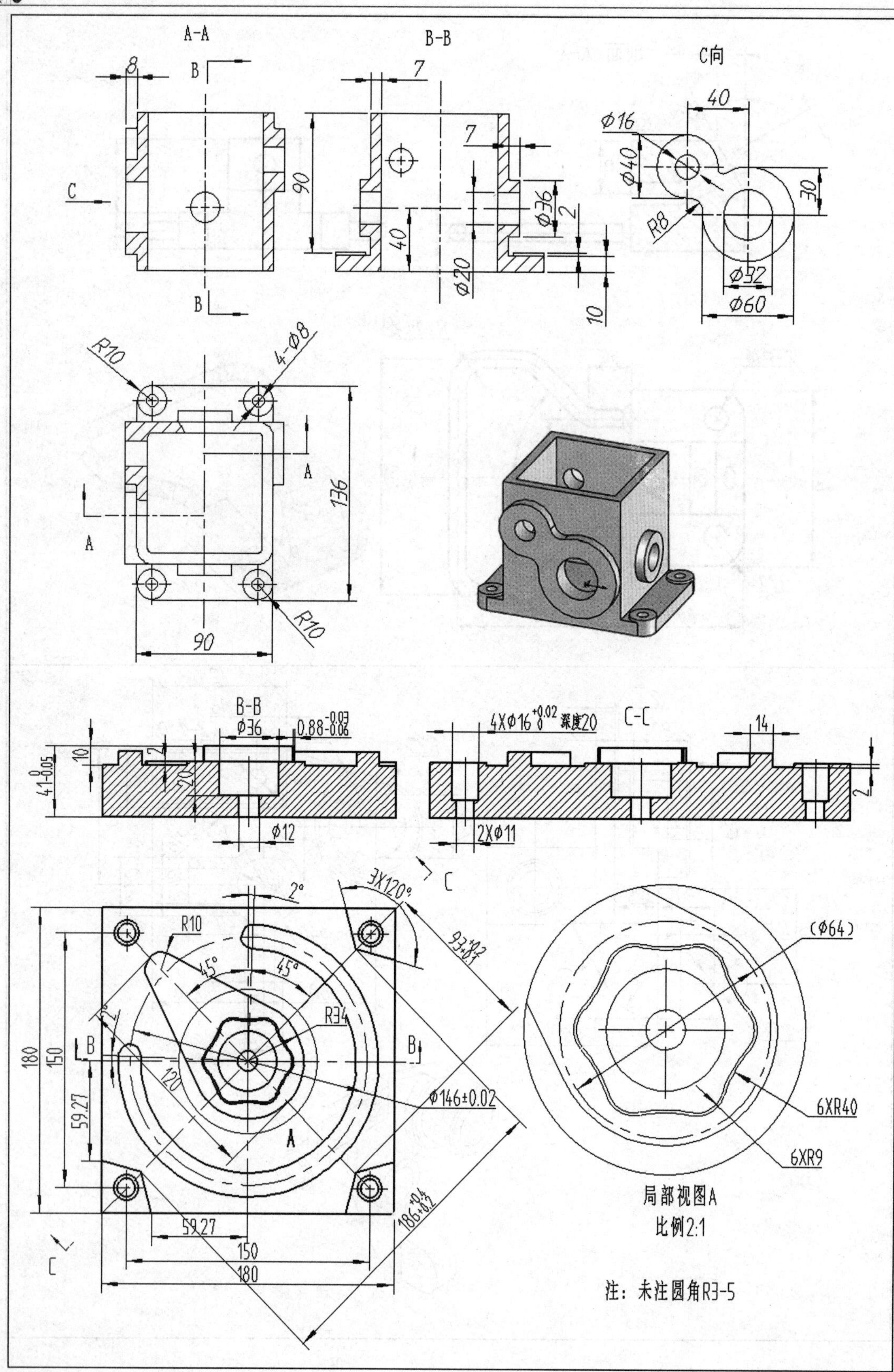
A-A
B-B
C向
局部视图A
比例2:1
注：未注圆角R3-5

本章小结

通过本章的学习，应理解以下内容。

(1)　构建几何体、3D 草图曲线。

(2)　修剪曲面、分割体、等距面、筋。

(3)　圆角、倒角、放样、扫描。

(4)　镜像特征、阵列特征、缝合曲面。

(5)　分割、圆顶、包覆、抽壳、组合运算。

(6)　延伸曲面、偏置曲面、平面区域。

(7)　交叉线、分割线、组合线、投影线、螺旋线。

(8)　多实体的设计方法和应用。

学会综合应用这些命令完成产品的三维建模，熟练掌握建模的过程与软件的应用技巧，学会应用 Solidworks 构建复杂模型，提高设计效率，完成特殊零件的设计。

第6章 仿 真 装 配

本章要点

- 装配模块应用基础
- 产品装配过程的实现方法
- 组件定位方法
- 零部件的配合方法
- 爆炸图的创建方法
- 爆炸图的编辑与修改
- 装配导航器的应用

装配模块是 Solidworks 集成环境中的一个模块，用于实现将零部件的模型装配成一个最终的产品模型，或者从装配开始进行产品设计。

与产品的实际装配过程不同，Solidworks 的装配模块是一种虚拟装配。将一个零部件模型引入到一个装配模型中时，并不是将该零部件模型的所有数据“复制”或“移动”过来，而只是建立装配模型与被引用零部件模型文件之间的引用(或链接)关系，即有一个指针从装配模型指向被引用的每一个零部件。一旦被引用的零部件模型被修改，其装配模型也会随之更新。

一个装配中可引用一个或多个零件模型文件，也可引用一个或多个子装配模型文件。一个装配模型文件可以作为另一个装配模型文件的一个组件。

Solidworks 装配模块不仅能快速组合零部件成为产品，同时还能模拟装配信息自动生成零件明细表，明细表的内容可随装配信息的变化而更新。

装配生成后，可建立爆炸视图，并可将其引入到装配工程图中，同时还能对轴测图进行局部剖切。

项目6.1 滑　　轮

【学习目标】

本项目要完成的滑轮部件及其装配如图 6-1-1 所示。通过本项目的学习，使读者能熟练掌握零件定位、爆炸视图以及自底向上的装配方法和相关命令，掌握应用 Solidworks 仿真装配模块完成产品虚拟装配的基本技能。

【学习要点】

添加零部件、旋转/平移零部件、配合零部件、爆炸视图。

【绘图思路】

首先引入基准零件(固定)，然后依次添加零部件并配合，最后生成爆炸视图。

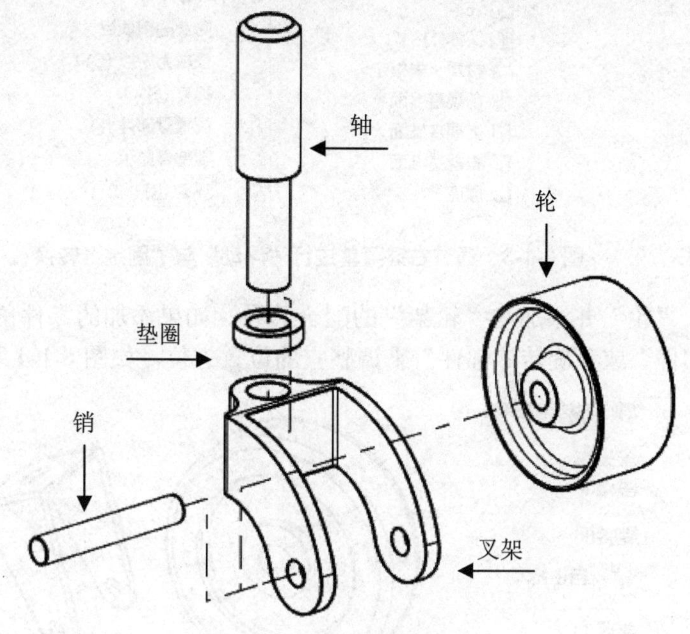

图 6-1-1 滑轮装配爆炸图

【操作步骤】

(1) 新建滑轮装配文件，并保存。

(2) 插入轮架零件。单击工具栏上的“插入零部件”命令，浏览并找到欲插入的零件1，单击“确定”按钮后完成，如图 6-1-2 所示。

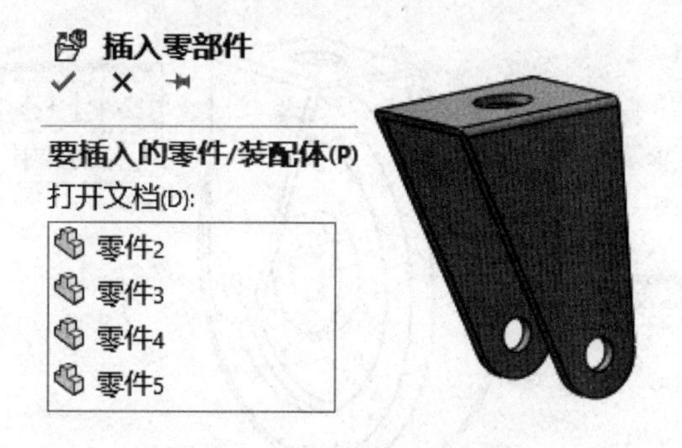

图 6-1-2 插入轮架零件

系统自动将第一个插入的零件设定为“固定”，即后面所有插入的零件都是在这个零件上进行配合。

也可以通过右键菜单的“浮动”命令，将其改为可以活动的零件，如图 6-1-3 所示。

说明：“固定”方式，即完全定义；“浮动”方式，可随意移动或旋转。二者通过右键快捷菜单中的相应命令进行转换。

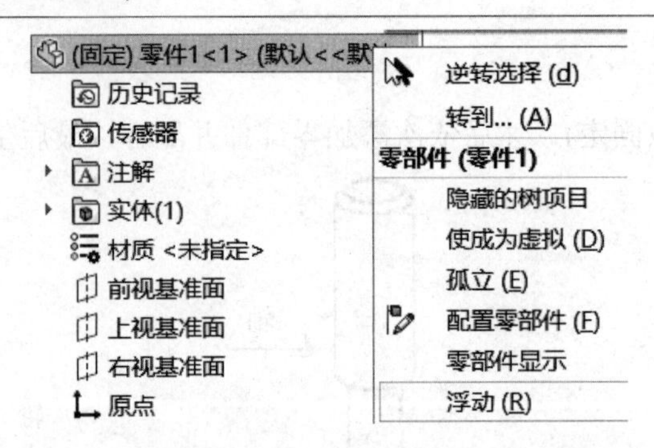

图 6-1-3　通过右键菜单进行“浮动”与“固定”转换

(3) 插入“轮”并添加与“轮架”的配合关系。如果添加的零件位置不合适，可以通过“移动零部件”或“旋转零部件”来调整它的位置方位，如图 6-1-4 所示。

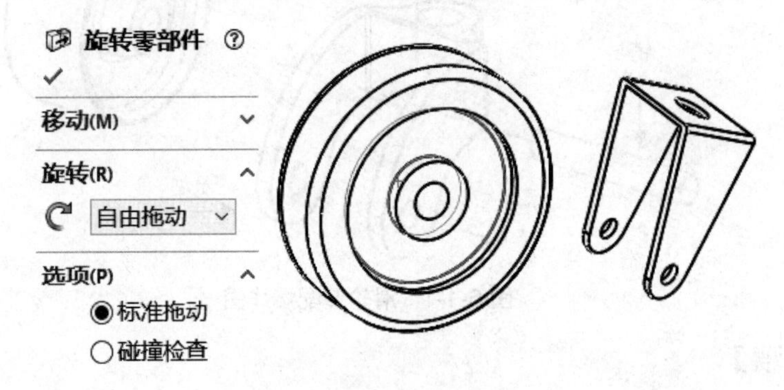

图 6-1-4　调整轮的位置方位

① 单击工具栏上“配合”命令为“轮”与“轮架”零件间添加“同轴心”约束关系，即轮轴心与支架孔轴心同轴约束，如图 6-1-5 所示。

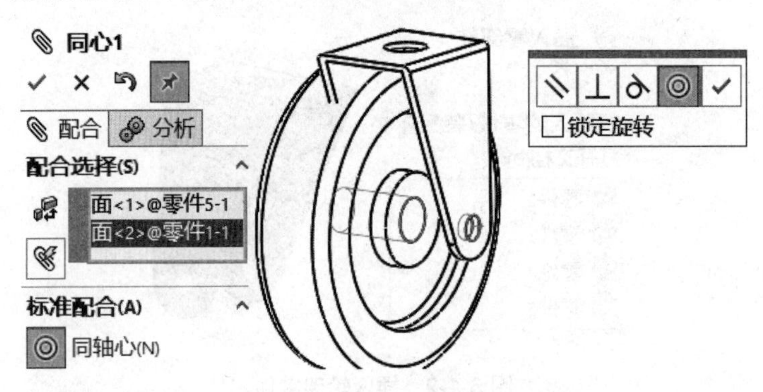

图 6-1-5　添加“同轴心”约束

② 为“轮”右侧面与“轮架”右侧板内表面，添加距离 1mm，如图 6-1-6 所示。

(4) 轮与轴承配合。

① 选择轮架，在右键快捷菜单中或是在状态树中选择“隐藏”命令，隐藏“轮架”零件，如图 6-1-7 所示。

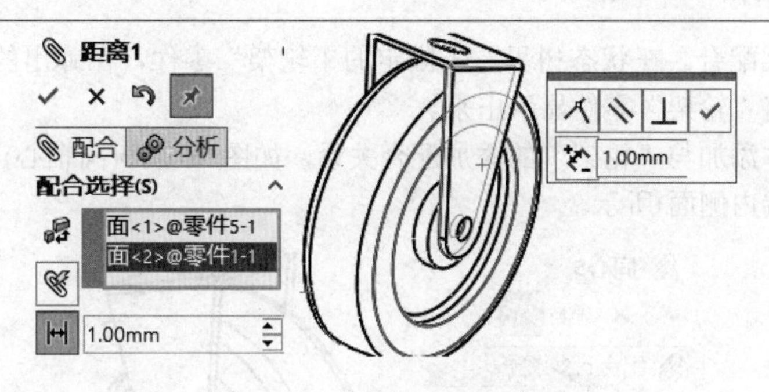

图 6-1-6　添加“距离”约束

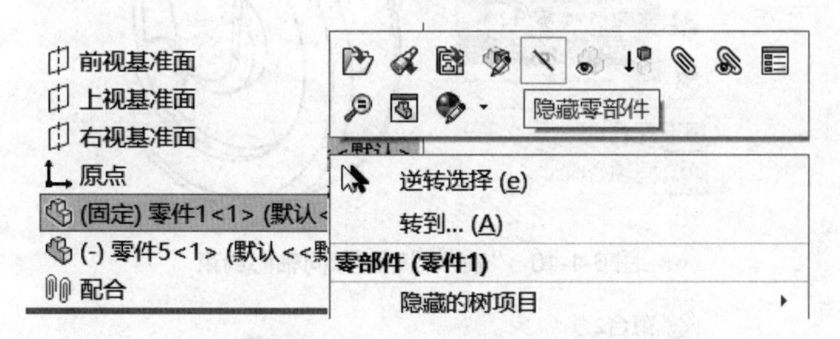

图 6-1-7　隐藏“轮架”零件

② 插入“轴承”并添加与“轮”的配合关系，如图 6-1-8 所示，同轴约束即轴承表面与轮孔表面；如图 6-1-9 所示，面的重合约束，即轴承端面与轮侧面重合。

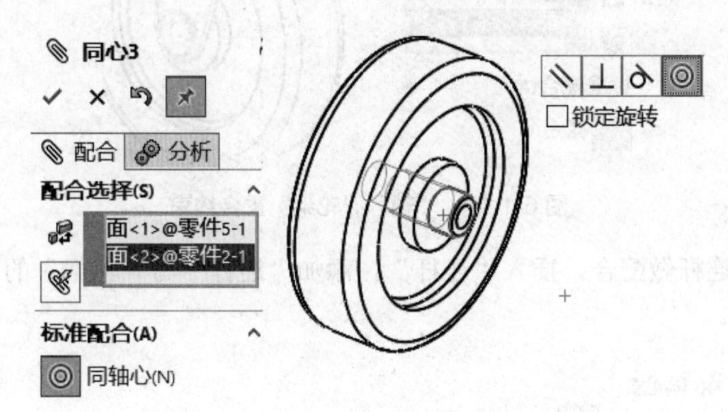

图 6-1-8　“轴承”与“轮”同轴心配合

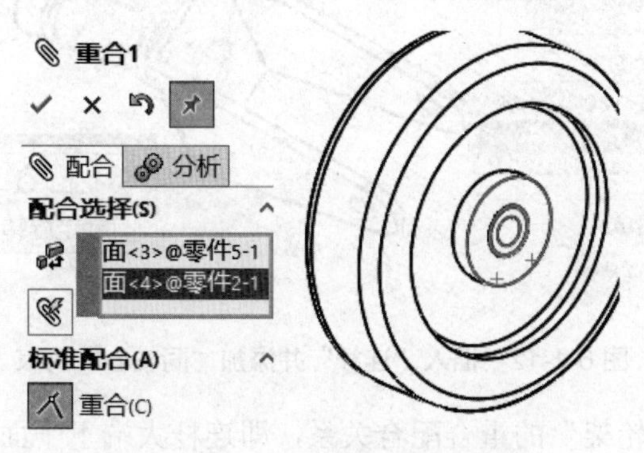

图 6-1-9　添加“重合”配合关系

(5) 轴与轮架配合。在状态树里右击固定的“轮架”零件，在弹出的快捷菜单中选择“显示”命令，将“轮架”零件显示出来。

插入“轴”并添加与“轮架”的添加配合关系，如图 6-1-10(同轴心)和图 6-1-11(轮架左板外面与轴大端内侧面)所示。

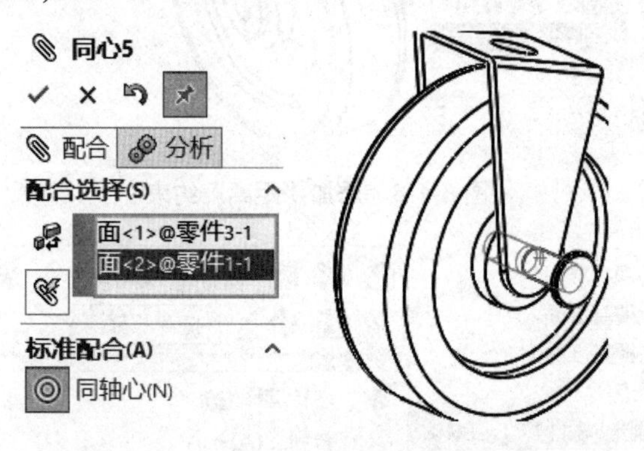

图 6-1-10 “轴”“轮架”同轴心约束

图 6-1-11 “轴”“轮架”重合约束

(6) 轮架与连杆做配合。插入“连杆”，添加“连杆”与“轮架”的同心配合关系，如图 6-1-12 所示。

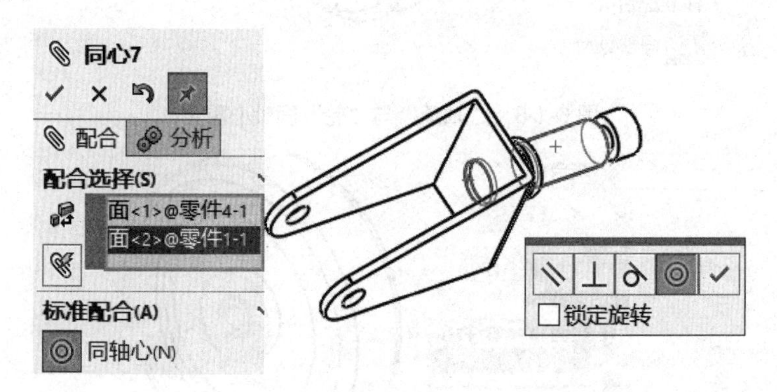

图 6-1-12 插入“连杆”并添加“同轴心”约束

添加“连杆”与“轮架”的重合配合关系，即连杆大端下平面与轮架大孔处的上平面重合，如图 6-1-13 所示。

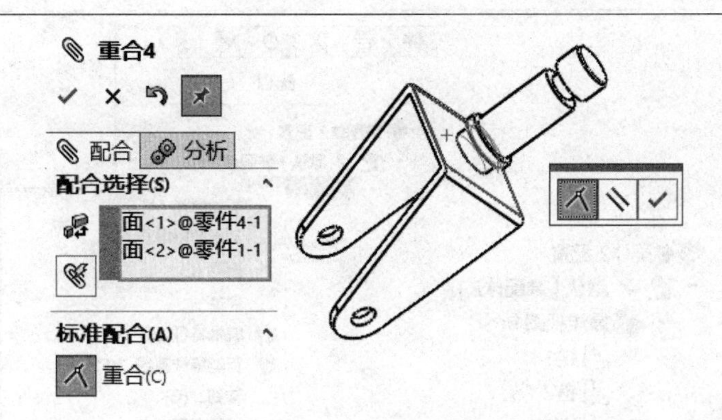

图 6-1-13　添加“重合”配合约束

(7) 生成爆炸视图。单击工具栏上“爆炸视图”命令为配合件添加爆炸视图。

操作过程如下：首先在爆炸对话框内选择 (常规步骤(平移和旋转))图标，然后选择要平移的零件，拖动到合适的位置。可以在对话框内的距离或角度选项内给定数值，如图 6-1-14 所示。同理，依次移动零件，完成爆炸视图。

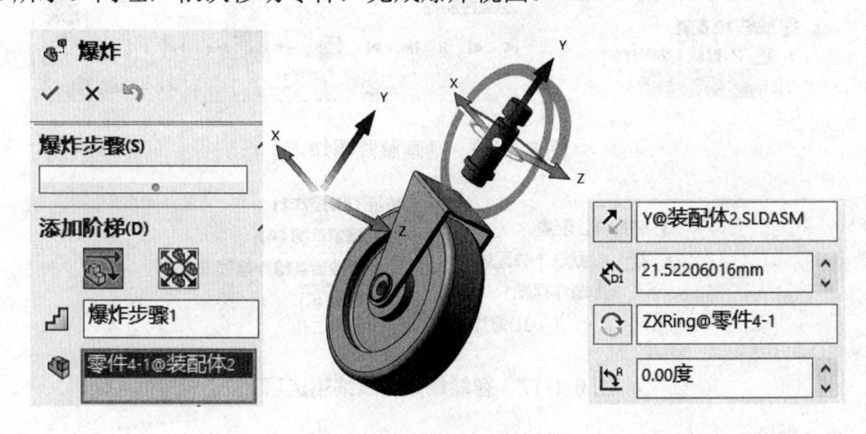

图 6-1-14　生成爆炸视图

提示：单击移动的零件，在弹出的 3D 轴上点按住要移动到某一方向的那个轴并拖动鼠标，到达预定位置后松开左键，完成零件的移动。

(8) 编辑爆炸视图。

在状态树“配置”管理器里点击链 1 至链 5 可以分别编辑爆炸图里相应零件的位置。在右键快捷菜单中选择“编辑特征”命令，打开“爆炸”对话框，在其中可以编辑方向、位置和距离等条件，如图 6-1-15 所示。

在“爆炸视图”右键快捷菜单中可以选择“解除爆炸”和“动画解除爆炸”等命令。

如果在爆炸视图的右键菜单里选择“动画解除爆炸”指令，则可以打开动画控制器，播放解除爆炸的动画视图，如图 6-1-16 所示。

如果在爆炸视图的右键菜单里选择“智能爆炸直线”选项，则可以打开智能爆炸直线对话框，通过设置可以为爆炸视图添加零件位置索引线，对于生成的智能爆炸直线可以编辑、解散或删除，如图 6-1-17 和图 6-1-18 所示。

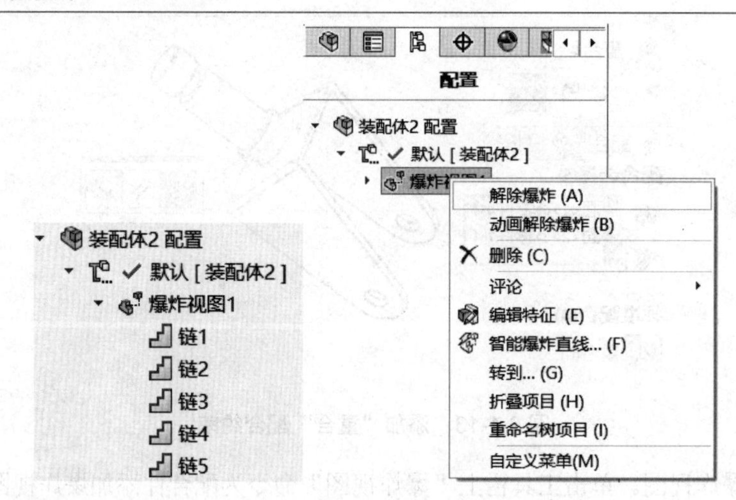

图 6-1-15　编辑爆炸视图

图 6-1-16　动画解除爆炸

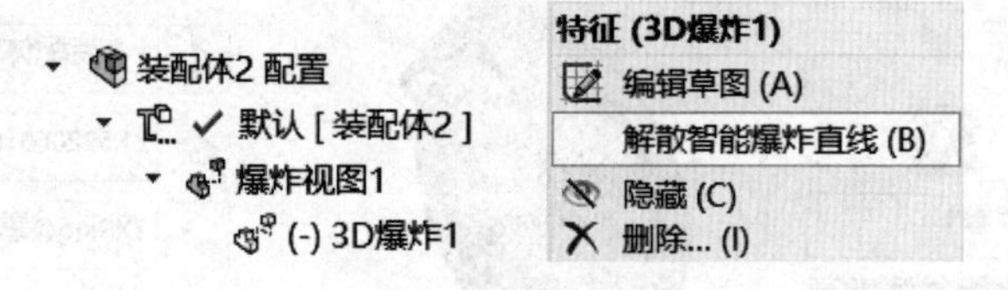

图 6-1-17　智能爆炸直线编辑选项

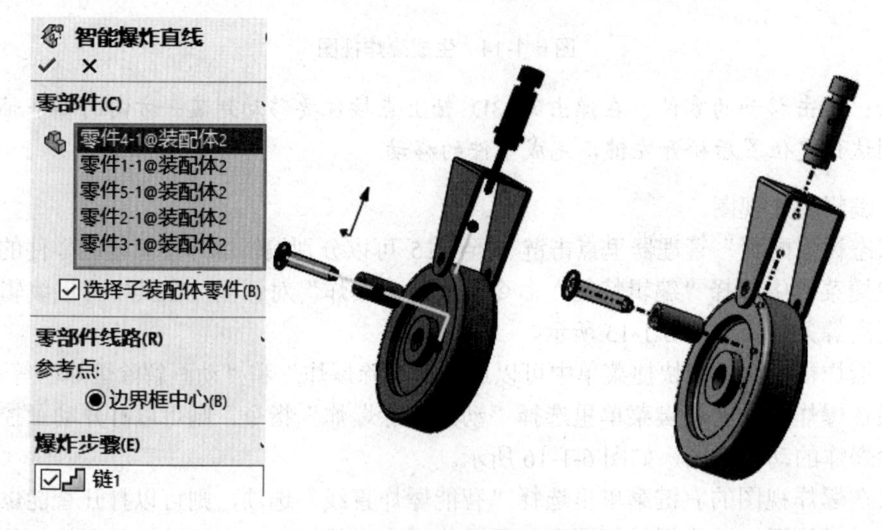

图 6-1-18　智能爆炸直线

资料引入 6-1

具体内容请扫描右侧二维码。

项目 6.2　叶片转子油泵

【学习目标】

本项目要完成叶片转子油泵部件的装配图。通过本项目的学习，使读者能熟练掌握零件定位、爆炸视图及自底向上的装配方法和相关命令，掌握应用 Solidworks 仿真装配模块完成产品虚拟装配的基本技能。

零件三维模型图如图 6-2-1 所示。

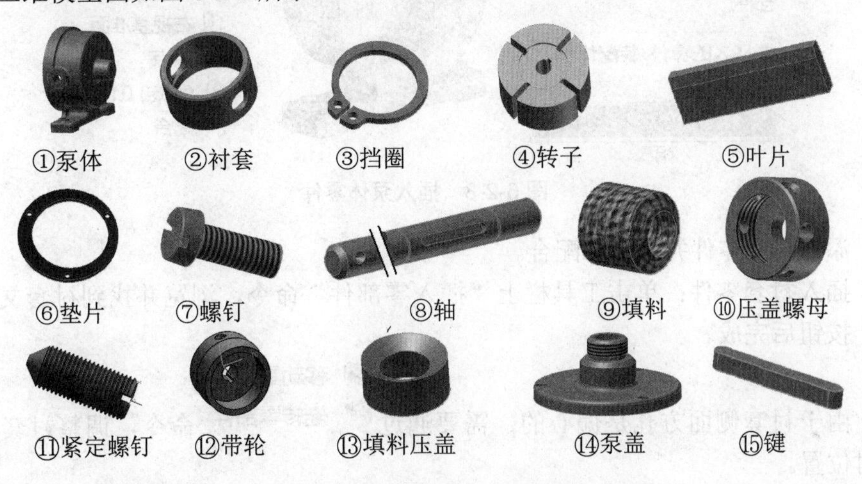

图 6-2-1　各部件的三维模型

按照叶片转子油泵的装配图，将生成的零件实体装配成叶片转子油泵的装配体；生成爆炸图，拆卸顺序应与装配顺序相匹配，如图 6-2-2 所示。

图 6-2-2　叶片转子油泵的装配图及爆炸图

【学习要点】

添加零部件、旋转/平移零部件、配合零部件、爆炸视图。

【绘图思路】

首先引入基准零件，然后依次添加零部件并配合，最后生成爆炸视图。

【操作步骤】

(1) 新建叶片转子油泵装配文件，并保存。

(2) 插入泵体零件，单击工具栏上的“插入零部件”命令，浏览并找到欲插入的泵体文件，单击“确定”按钮完成。默认状态为固定，如图 6-2-3 所示。

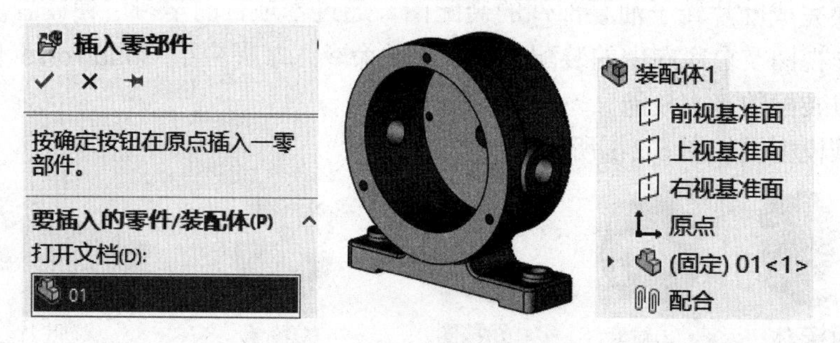

图 6-2-3 插入泵体零件

(3) 添加衬套零件并与泵体配合。

① 插入衬套零件：单击工具栏上“插入零部件”命令，浏览并找到衬套文件，单击“确定”按钮后完成。

② 由于衬套侧面方孔是偏心的，需要通过 移动零部件 旋转零部件 命令，调整衬套零件与泵体的相对位置。

③ 添加衬套零件及与泵体配合关系，首先添加同轴心关系，即衬套外圆轴面与泵体内圆轴面同轴心，如图 6-2-4 所示。

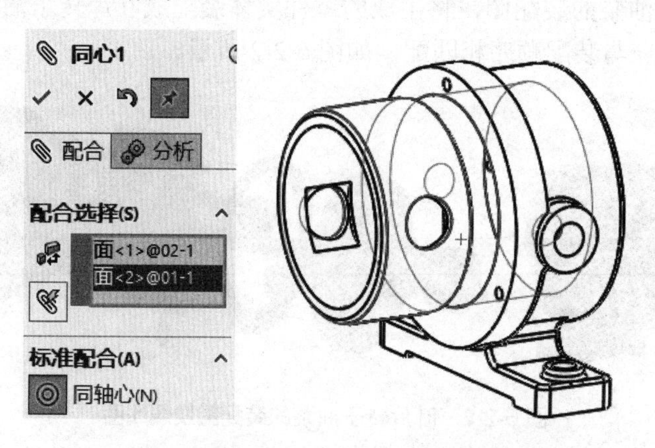

图 6-2-4 衬套外圆轴面与泵体内圆轴面同轴心

再添加重合关系，即衬套右视基准面与泵体上视基准面重合，如图 6-2-5 所示。

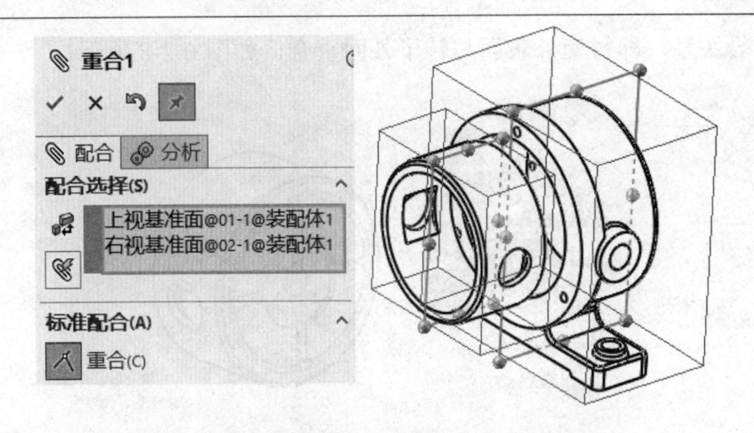

图 6-2-5　衬套右视基准面与泵体上视基准面重合

继续添加重合关系，即衬套前视基准面与泵体前视基准面重合，如图 6-2-6 所示。

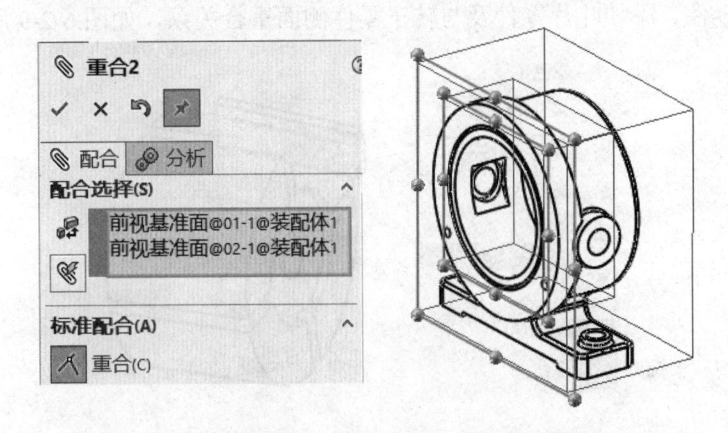

图 6-2-6　衬套前视基准面与泵体前视基准面重合

(4)　配合转子与衬套零件。

①　隐藏泵体文件。

②　插入转子零件：单击工具栏上的“插入零部件”命令，浏览并找到转子文件，单击“确定”按钮完成。

③　添加衬套零件及与转子的配合关系。首先添加同轴心关系，即衬套内圆轴面与转子外圆轴面同轴心，如图 6-2-7 所示。

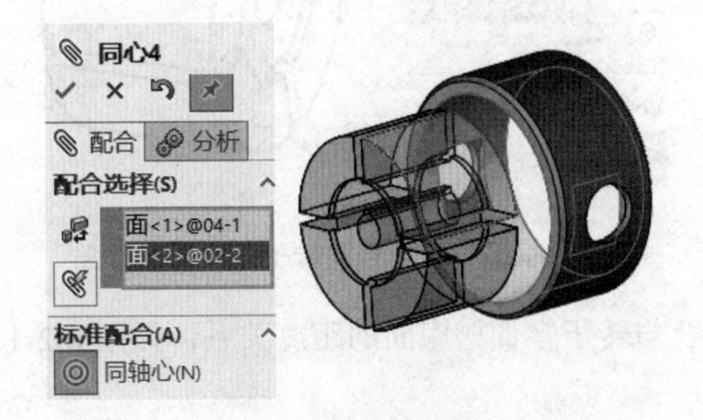

图 6-2-7　衬套内圆轴面与转子外圆轴面同轴心

再添加重合关系，即衬套外表面与转子外面重合，如图 6-2-8 所示。

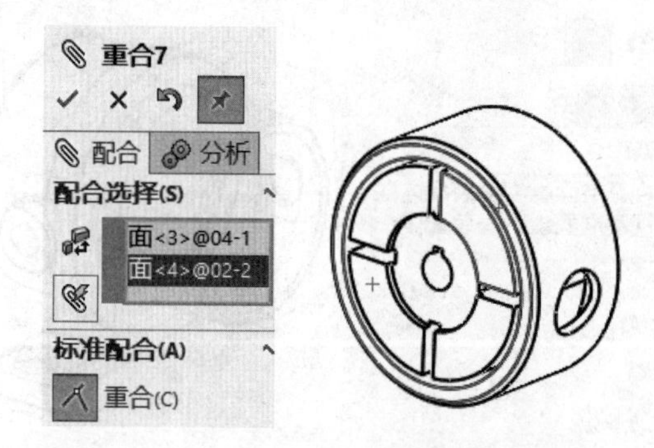

图 6-2-8　衬套外表面与转子外面重合

(5)　配合转子叶片零件。

插入叶片零件。添加叶片零件及与转子零件侧面重合关系，如图 6-2-9 所示。

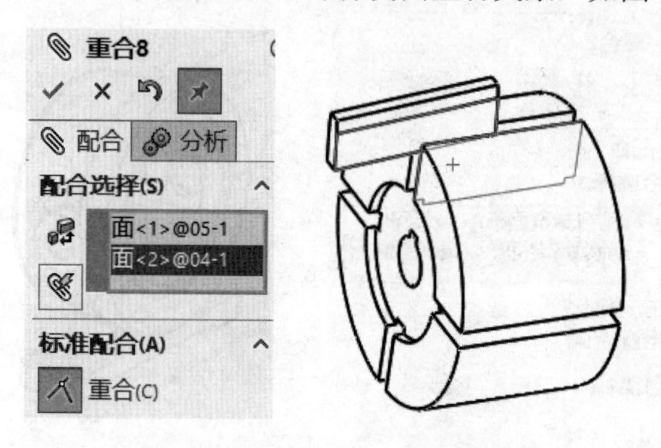

图 6-2-9　叶片零件与转子零件侧面重合

添加叶片零件及与转子零件前面重合关系，如图 6-2-10 所示。

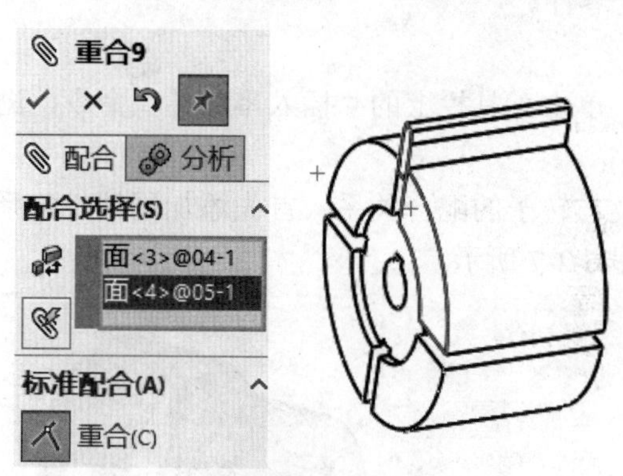

图 6-2-10　叶片零件与转子零件前面重合

添加叶片零件底面及与转子零件槽底面的距离关系，如图 6-2-11 所示。

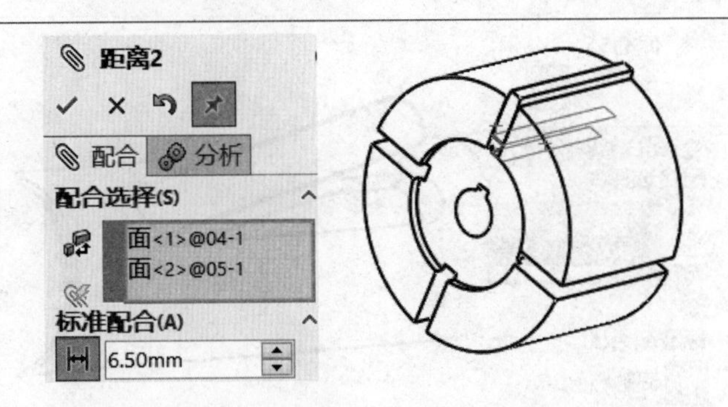

图 6-2-11　叶片零件底面及与转子零件槽底面距离约束

(6) 阵列转子叶片。单击工具栏上的 圆周零部件阵列 图标，在弹出的对话框中设置参数，如图 6-2-12 所示，单击“确定”按钮完成。

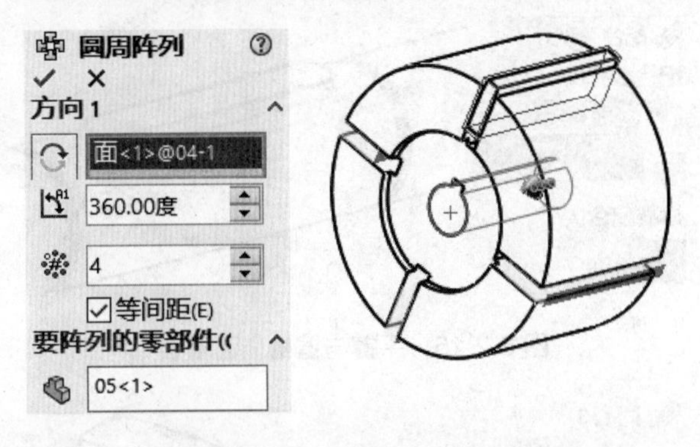

图 6-2-12　圆周阵列转子零件

(7) 分别插入平键(4×32)与轴零件。添加平键与轴上键槽的配合关系，如图 6-2-13、图 6-2-14 和图 6-2-15 所示。

(8) 添加转子与轴的配合关系，如图 6-2-16、图 6-2-17 所示。

说明： 此处暂不约束轴端位置。

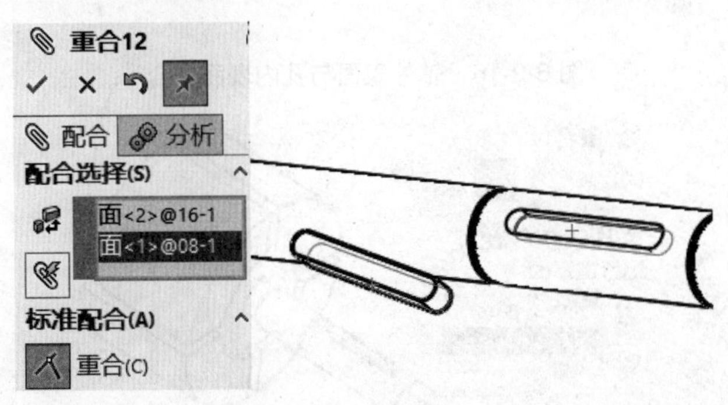

图 6-2-13　平键与键槽底面重合

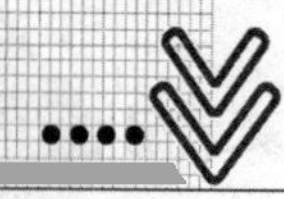

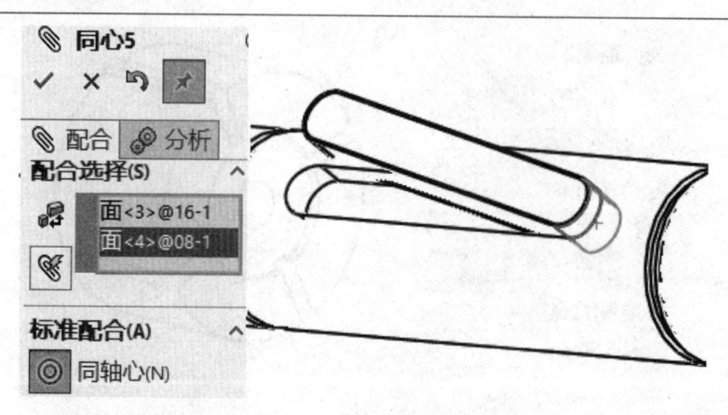

图 6-2-14　平键与键槽端面重合

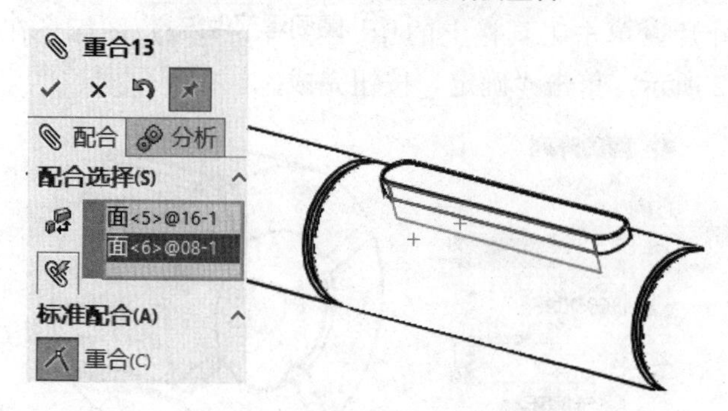

图 6-2-15　平键与键槽侧面重合

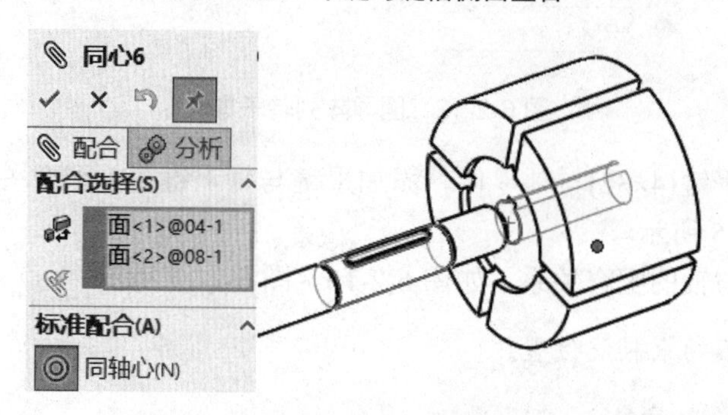

图 6-2-16　轴外表面与孔内表面重合

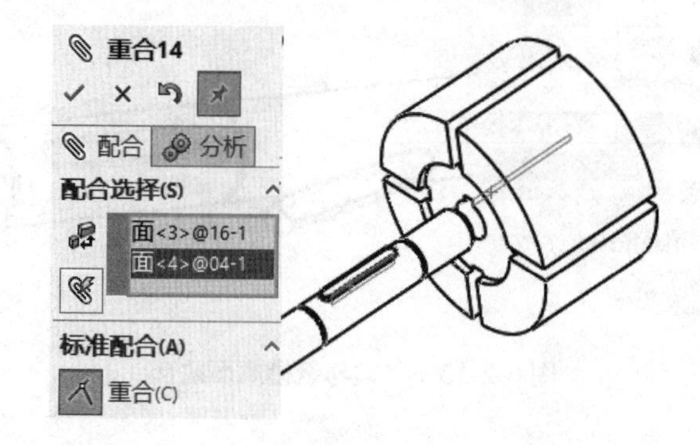

图 6-2-17　键侧面与孔槽侧面重合

(9) 配合轴与挡圈零件。

① 保留轴零件，将其他零件隐藏。

② 插入挡圈零件。

③ 添加挡圈与轴的配合关系，如图 6-2-18 和图 6-2-19 所示。

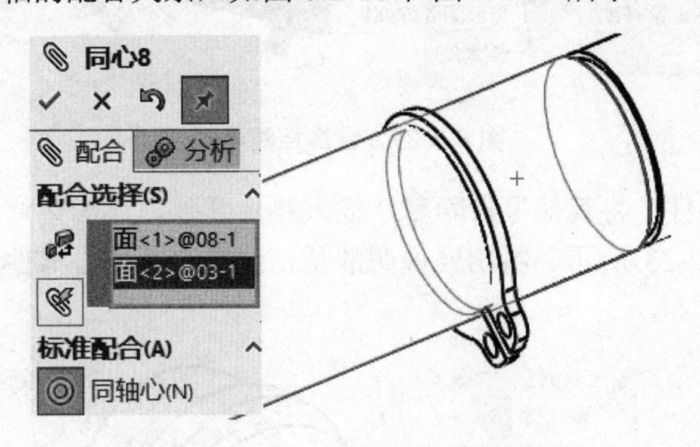

图 6-2-18　轴与挡圈轴面重合

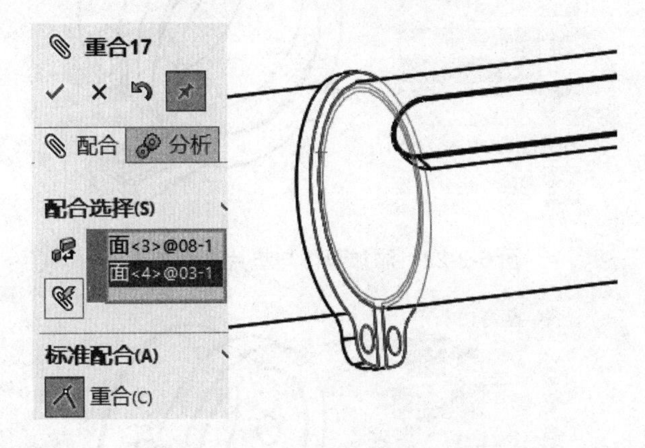

图 6-2-19　轴与挡圈侧轴面重合

(10) 镜像零件挡圈。

① 构建两环形槽中间的基准平面。

隐藏挡圈，单击工具栏上的“参考几何体”和“基准面”，选取轴上两环形槽同侧的内表面，系统自动采用“两侧对称”方式构建出基准平面，如图 6-2-20 所示。

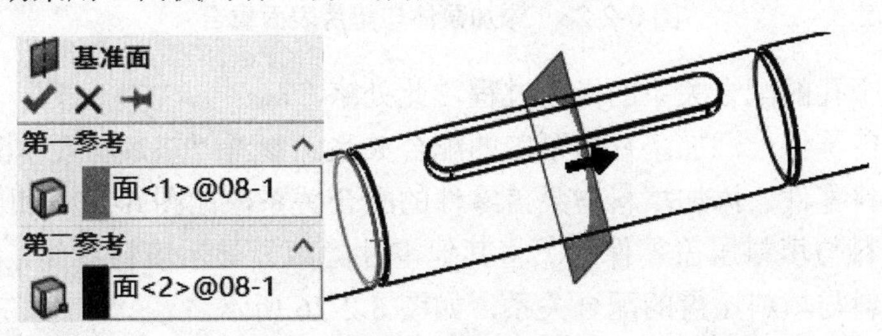

图 6-2-20　构建基准面

② 显示挡圈，再单击工具栏上的 **镜向零部件** 指令图标，然后在对话框中选取挡圈和上步制作的基准平面，单击“确定”按钮后镜像出另一侧挡圈，如图 6-2-21 所示。

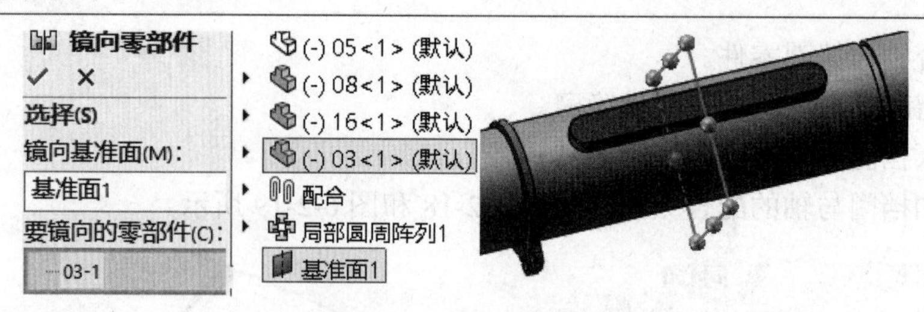

图 6-2-21　镜像挡圈零件

(11) 显示泵体零件，将其他零件隐藏，插入垫片零件。添加垫片与泵体的配合关系，如图 6-2-22 和图 6-2-23 所示。特别要说明的是，这是一个偏心零件，配合时要先调整好方位。

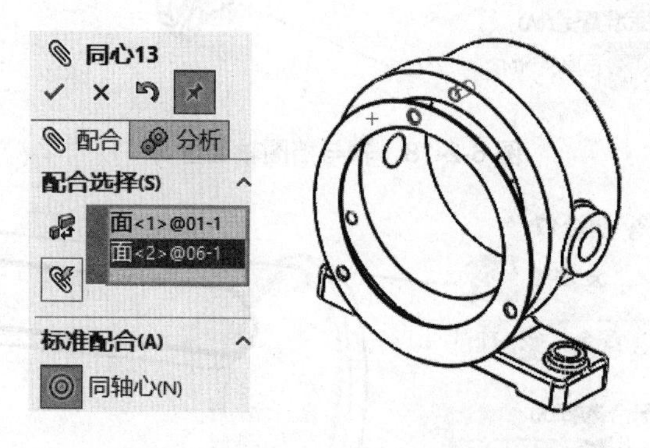

图 6-2-22　添加泵体与垫片孔同轴心

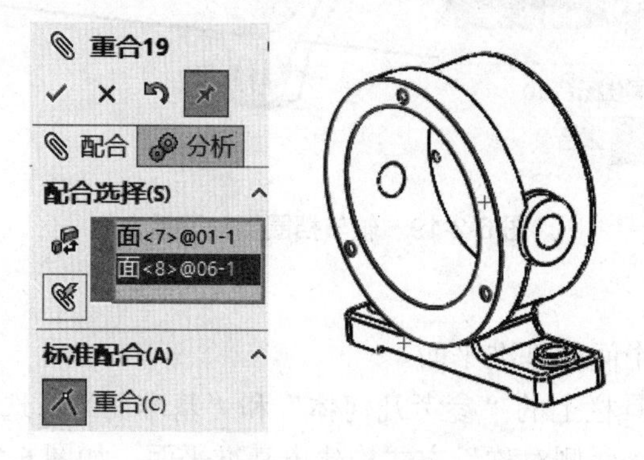

图 6-2-23　添加泵体与垫片表面重合

对于其他两个孔的配合关系的操作过程，此处略。

(12) 插入泵盖零件，添加垫片与泵盖的配合关系。参考“垫片与泵体配合”。

(13) 插入填料零件，添加填料与泵盖零件的配合关系，如图 6-2-24 和图 6-2-25 所示。

(14) 配合填料与填料压盖零件。①将其他零件隐藏只显示填料零件。②插入填料压盖零件。③添加填料与填料压盖的配合关系，如图 6-2-26 所示。

(15) 将其他零件隐藏，只显示填料、填料压盖、泵盖零件。插入压盖螺母零件，添加压盖螺母与填料压盖的配合关系，如图 6-2-27(同轴心)和图 6-2-28(平面重合)所示。

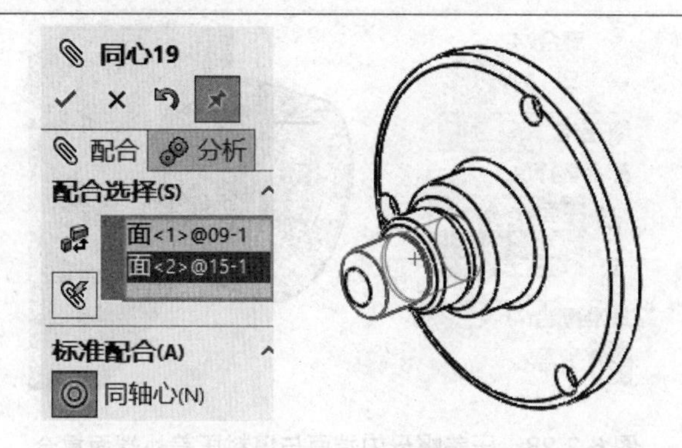

图 6-2-24　填料与泵盖零件同轴心

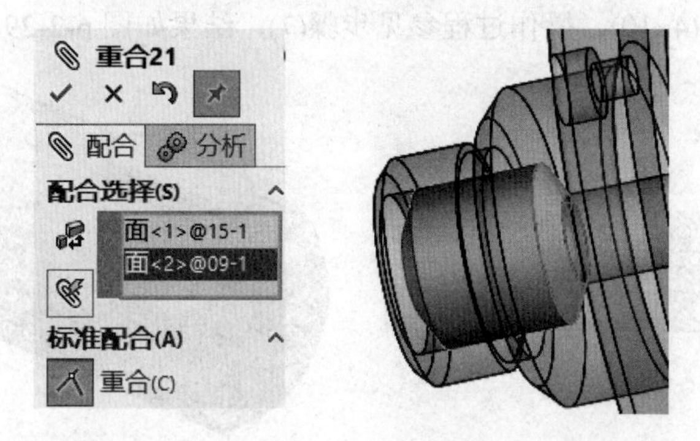

图 6-2-25　填料外锥面与泵盖零件内锥面重合

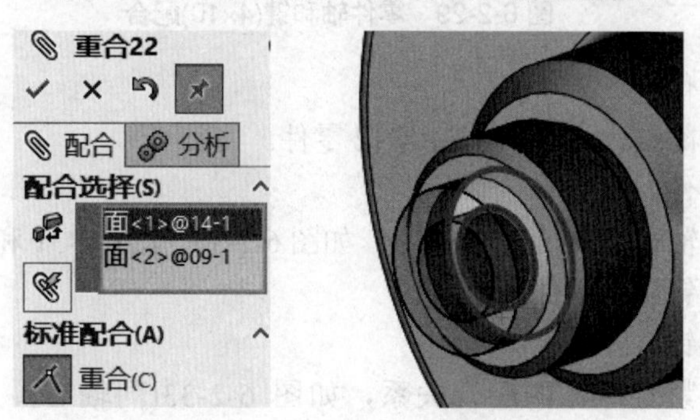

图 6-2-26　填料外锥面与填料压盖内锥面重合

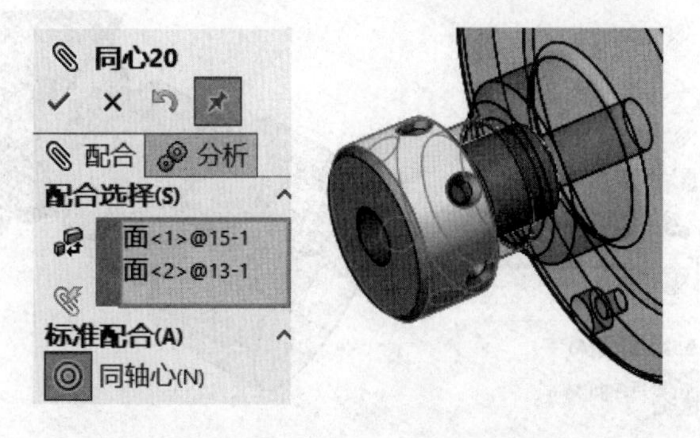

图 6-2-27　压盖螺母与填料压盖同轴心

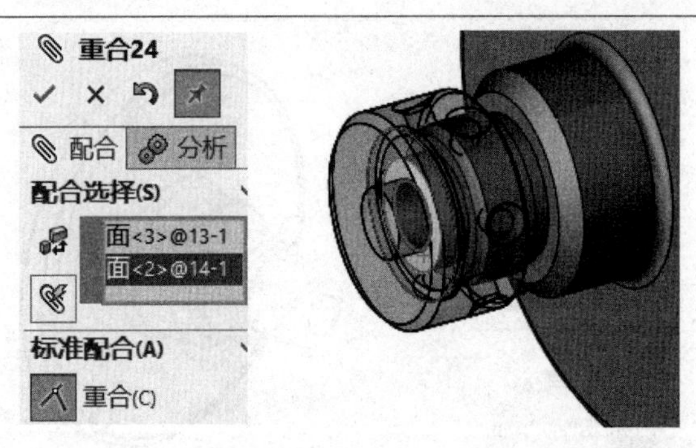

图 6-2-28　压盖螺母内端面与填料压盖外端面重合

(16) 配对轴和键(4×10)，操作过程参见步骤(7)，结果如图 6-2-29 所示。

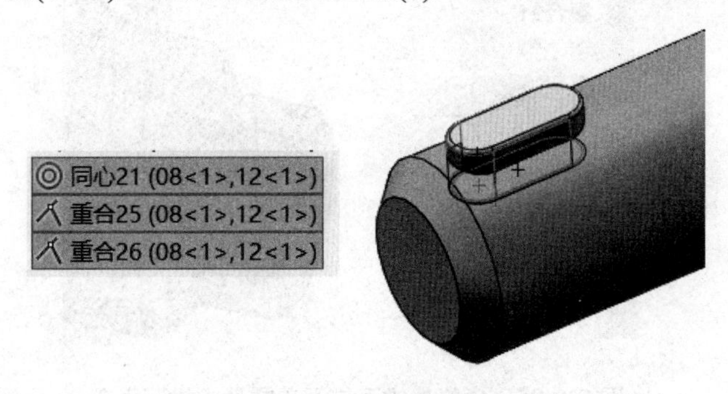

图 6-2-29　零件轴和键(4×10)配合

(17) 配合带轮零件。

① 将其他零件隐藏，只显示轴和键 12 零件。

② 插入带轮零件。

③ 添加带轮与轴和键 12 的配合关系，如图 6-2-30、图 6-2-31 和图 6-2-32 所示。

(18) 配合紧定螺钉带轮零件。

① 插入紧定螺钉零件。

② 添加带轮与紧定螺钉的配合关系，如图 6-2-33(同轴心)、图 6-2-34(锥面重合)所示(在右键快捷菜单里将带轮透明化)。

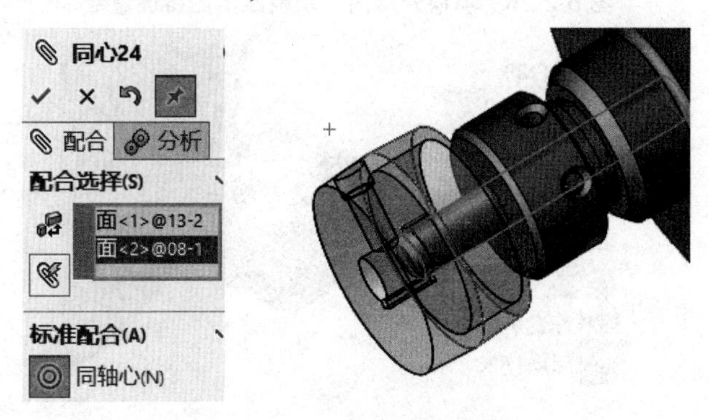

图 6-2-30　带轮与轴同轴心配合

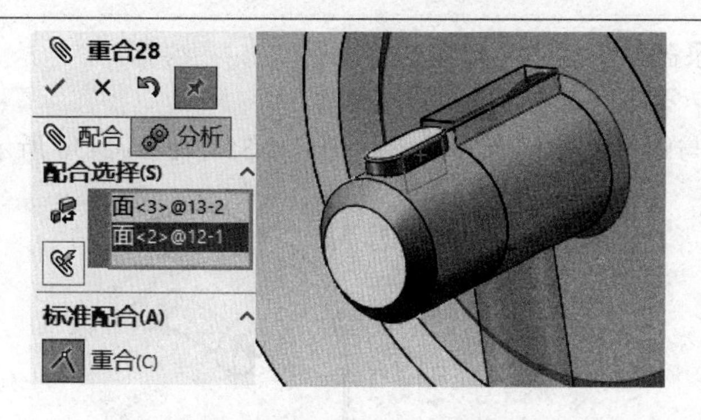

图 6-2-31 带轮键槽侧面与小键侧面重合

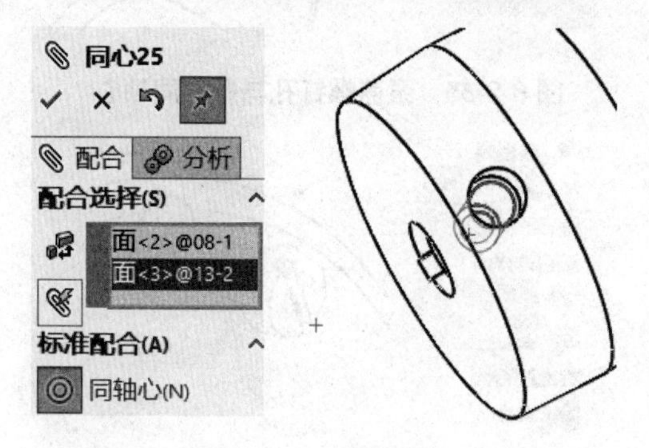

图 6-2-32 带轮螺钉孔与轴上螺钉孔同轴心

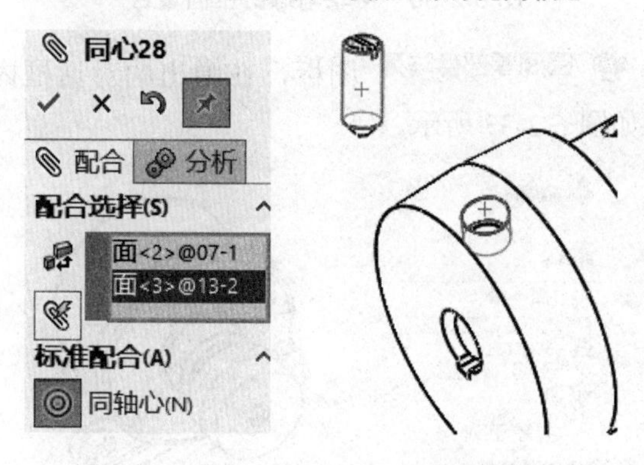

图 6-2-33 带轮与紧定螺钉的同轴心配合

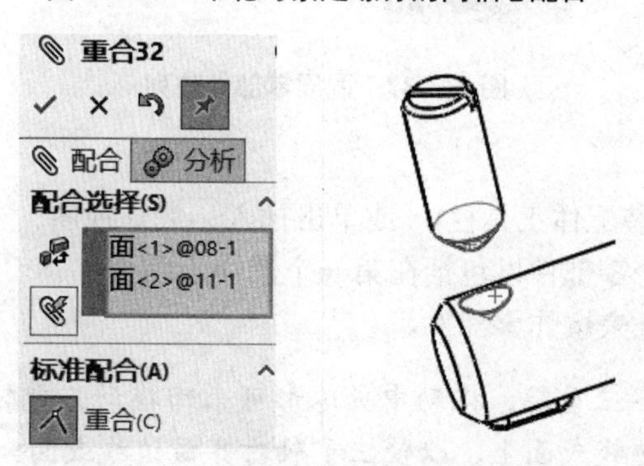

图 6-2-34 螺钉底锥面与轴孔锥面重合

(19) 配合螺钉泵盖零件。

① 插入螺钉 7 零件。

② 添加带轮与螺钉 7 的配合关系，如图 6-2-35 和图 6-2-36 所示。

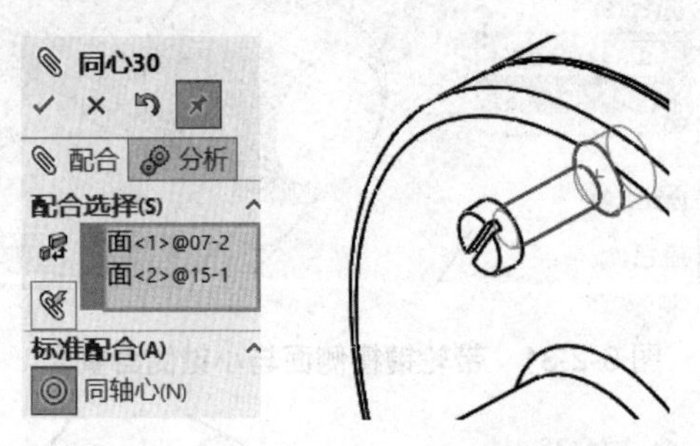

图 6-2-35　泵盖螺钉孔与螺钉同轴心

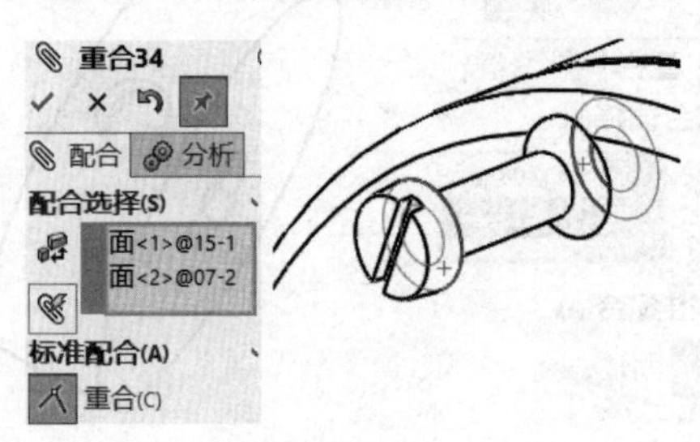

图 6-2-36　带轮与螺钉锥面重合

③ 单击工具栏上 圆周零部件阵列 图标，在弹出的对话框内设置参数，单击“确定”按钮后完成阵列，如图 6-2-37 所示。

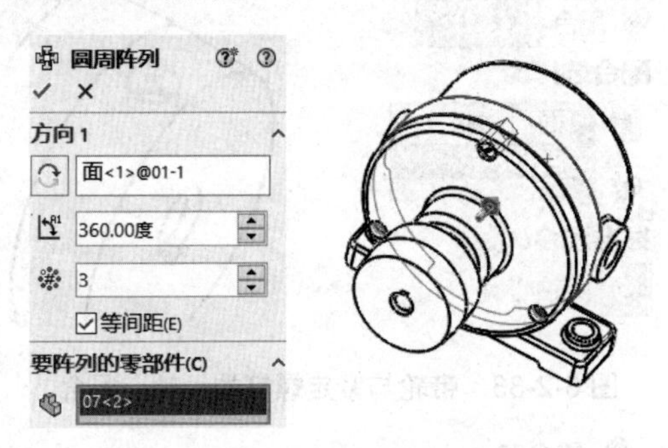

图 6-2-37　圆周零部件阵列

(20) 生成爆炸视图。

① 单击爆炸视图(装配体工具栏)，或单击插入、爆炸视图。

② 选取一个或多个零部件以包括在第一个爆炸步骤中。

③ 拖动三重轴臂杆来爆炸零部件。

注意：要移动或对齐三重轴。拖动中央球形可来回拖动三重轴；Alt + 拖动中央球形或臂杆将三重轴丢放在边线或面上，以使三重轴对齐该边线或面；右击中心球并选择对齐到、与零部件原点对齐、或与装配体原点对齐。

④　根据需要生成更多爆炸步骤，然后单击确定，如图 6-2-38 所示。

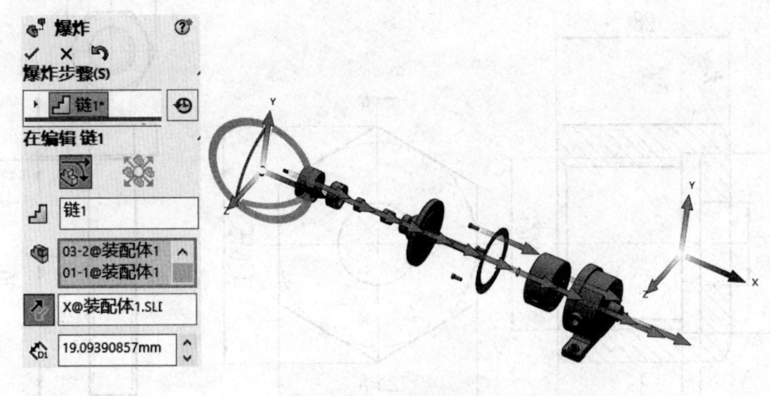

图 6-2-38　爆炸视图

(21) 编辑爆炸视图。参考项目 6.1 步骤(8)的有关操作提示，最终效果如图 6-2-2 所示。

资料引入 6-2

具体内容请扫描右侧二维码。

项目 6.3　技 能 实 战

通过下面习题的练习，主要培养学生独立思考和创新思维的能力；通过综合应用零件定位、爆炸视图等相关命令，掌握使用 Solidworks 2020 仿真装配模块完成产品虚拟装配的基本技能。

1．齿轮泵

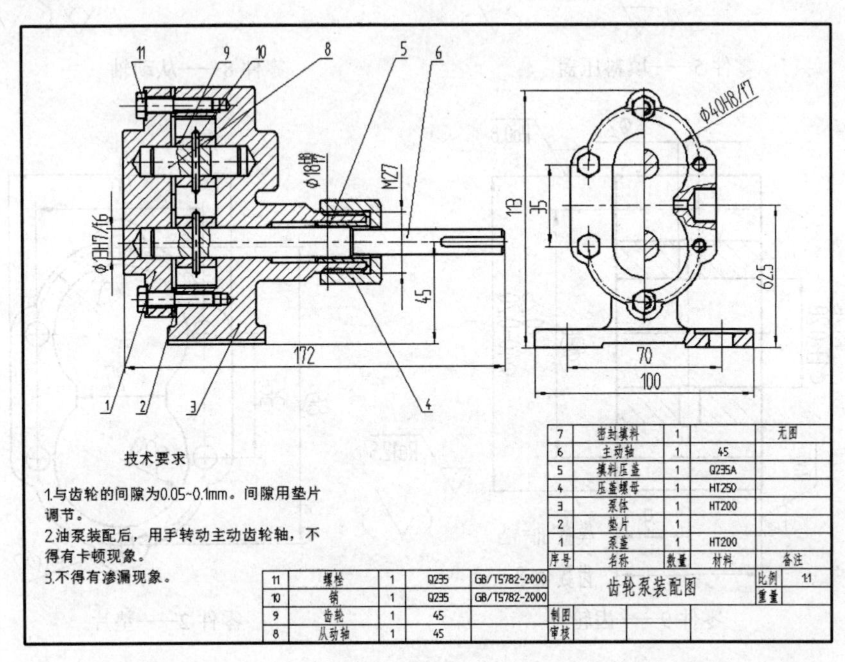

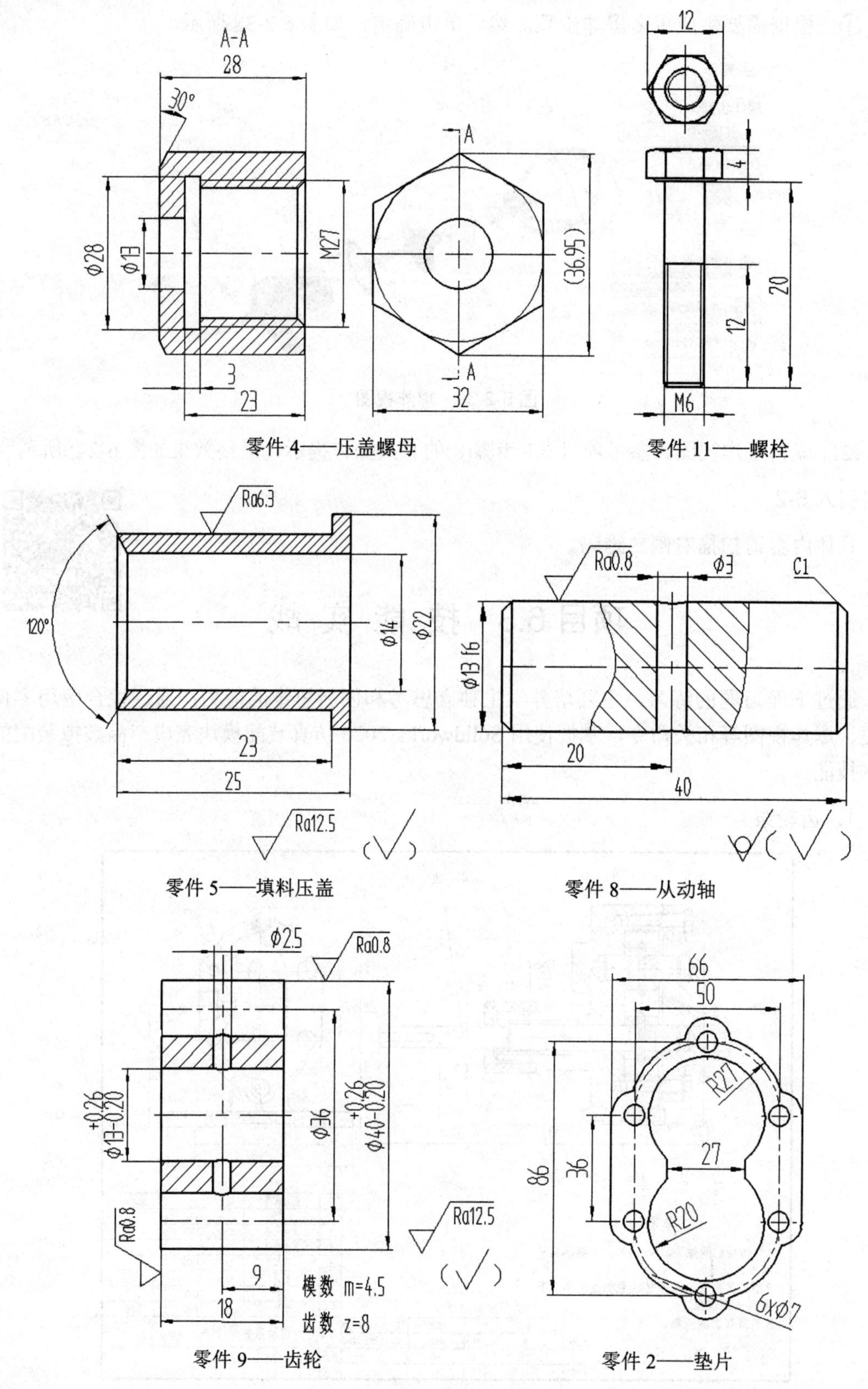

零件 4——压盖螺母

零件 11——螺栓

零件 5——填料压盖

零件 8——从动轴

零件 9——齿轮

零件 2——垫片

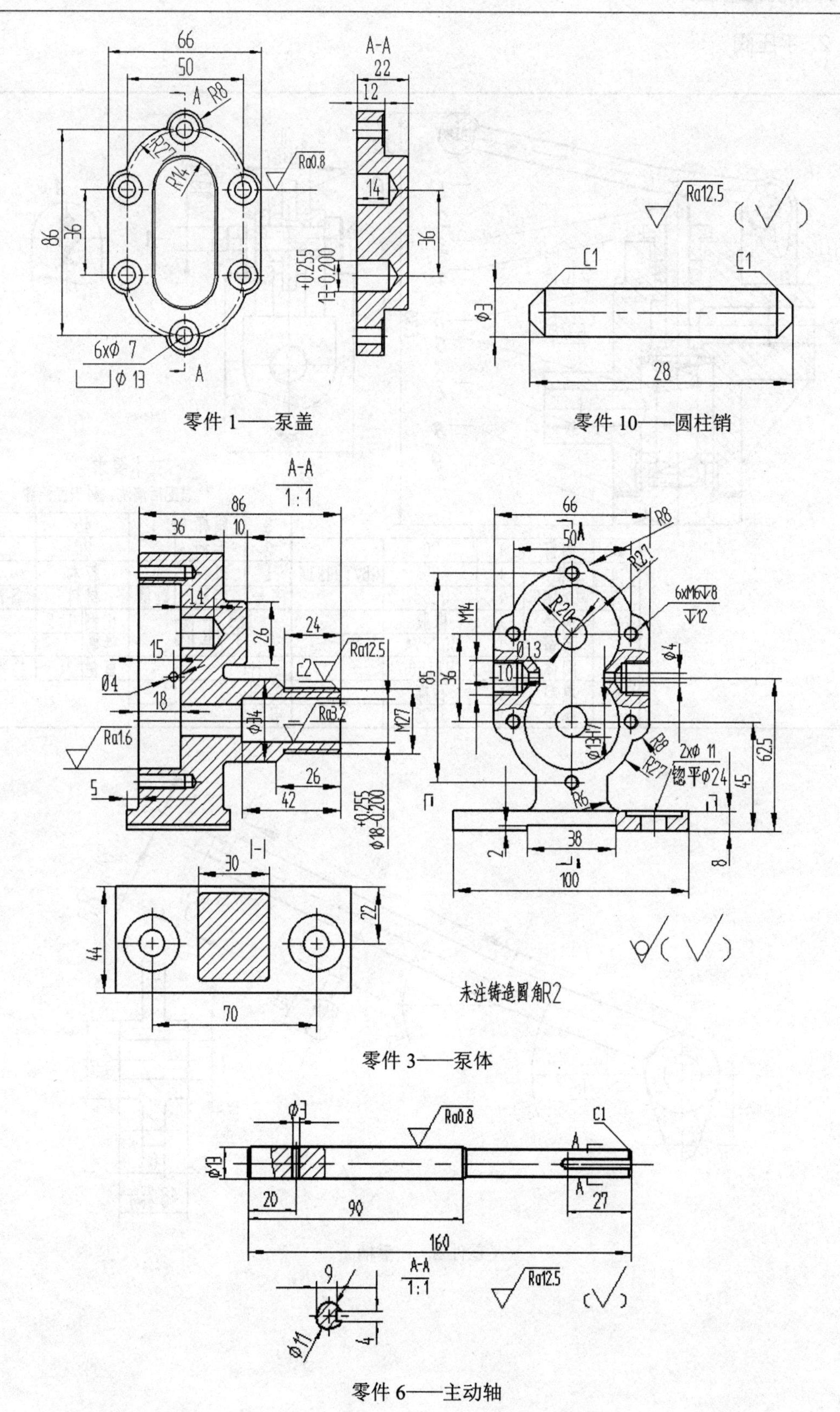

零件 1——泵盖

零件 10——圆柱销

零件 3——泵体

零件 6——主动轴

2. 手压阀

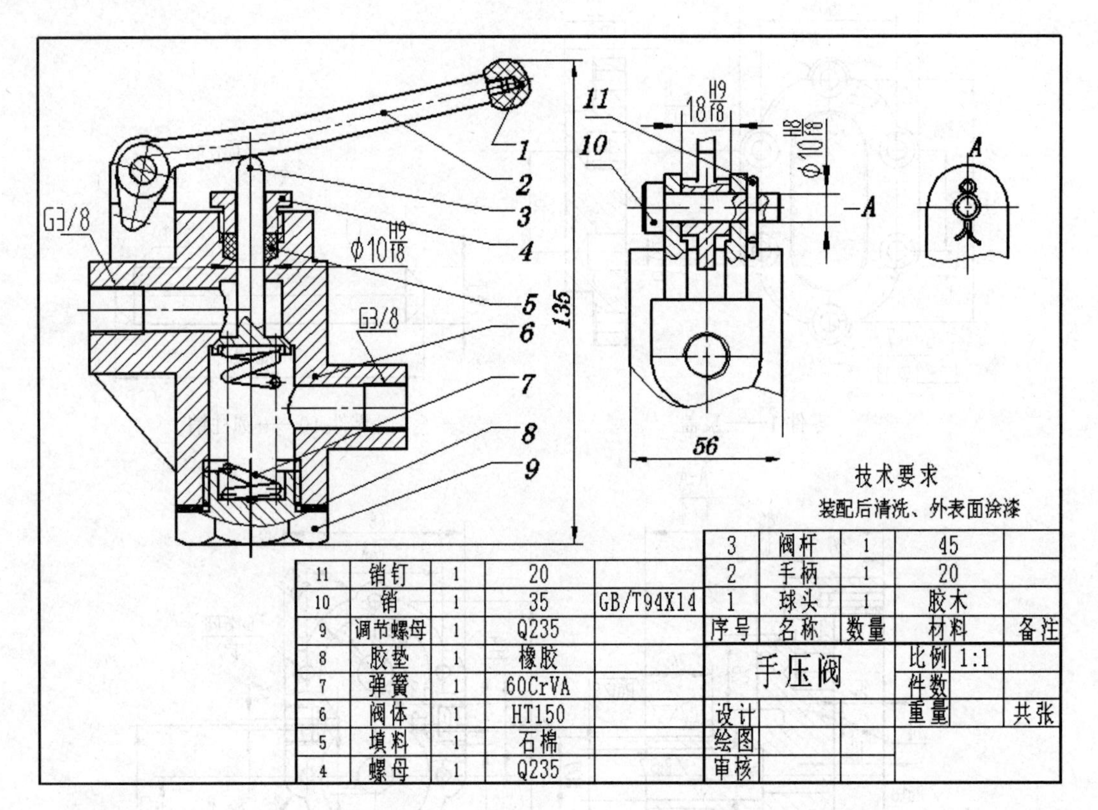

序号	名称	数量	材料	备注
11	销钉	1	20	
10	销	1	35	GB/T94X14
9	调节螺母	1	Q235	
8	胶垫	1	橡胶	
7	弹簧	1	60CrVA	
6	阀体	1	HT150	
5	填料	1	石棉	
4	螺母	1	Q235	
3	阀杆	1	45	
2	手柄	1	20	
1	球头	1	胶木	

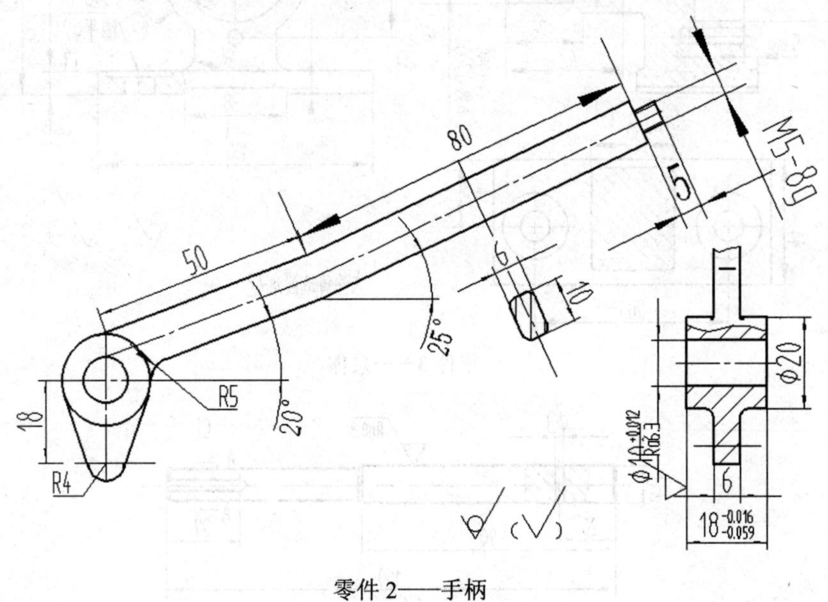

零件 2——手柄

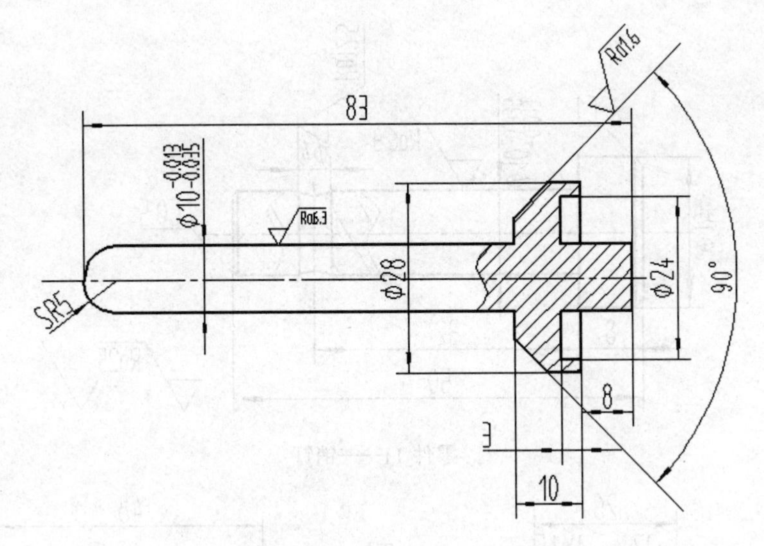
83
Ra1.6
$\phi10^{-0.013}_{-0.035}$
Ra6.3
SR5
$\phi28$
$\phi24$
90°
8
3
10

零件 3——阀杆

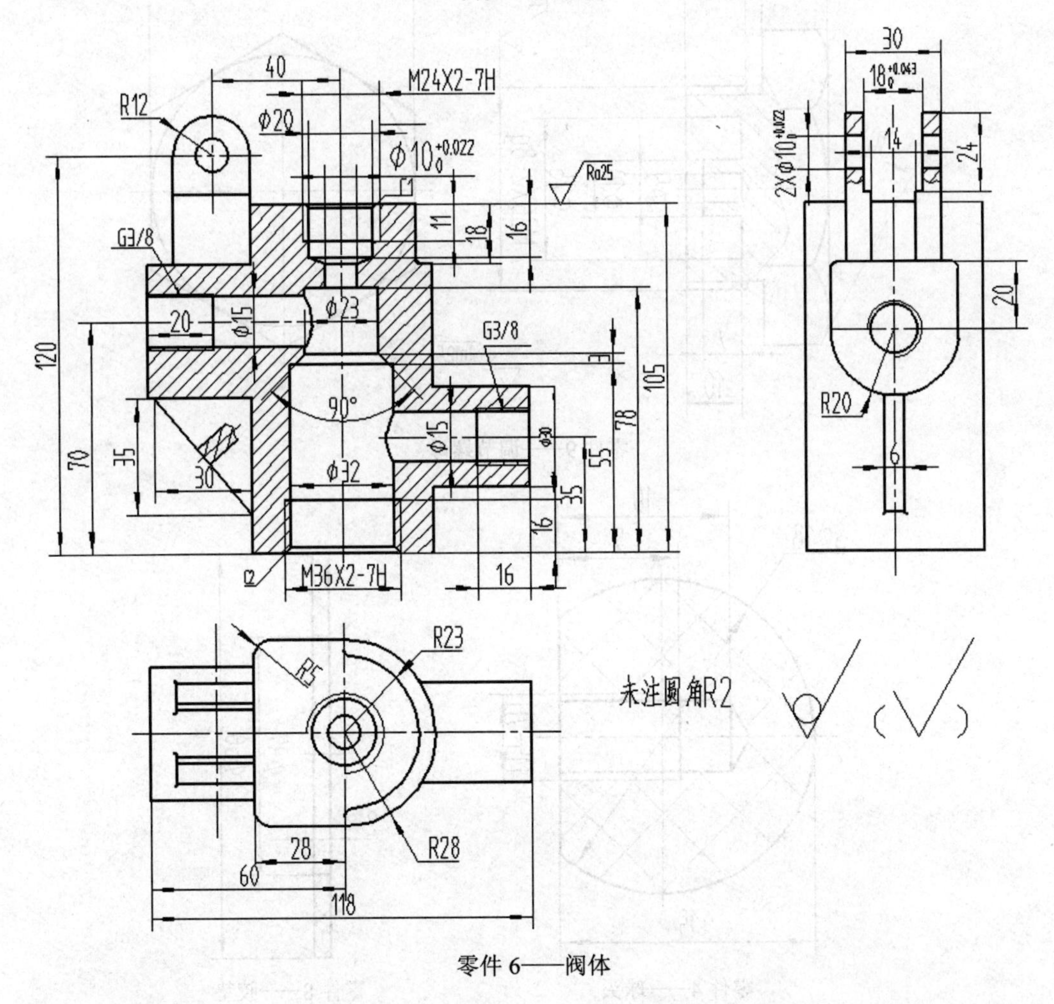
40
M24X2-7H
R12
$\phi20$
$\phi10^{+0.022}_{0}$
C1
Ra25
G3/8
11
18
16
20
$\phi15$
$\phi23$
120
105
G3/8
3
90°
78
70
35
30
$\phi15$
$\phi30$
55
$\phi32$
35
16
C2
M36X2-7H
16
30
$18^{+0.043}_{0}$
$2X\phi10^{+0.022}_{0}$
14
24
20
R20
6
R23
R5
R28
28
60
118
未注圆角R2

零件 6——阀体

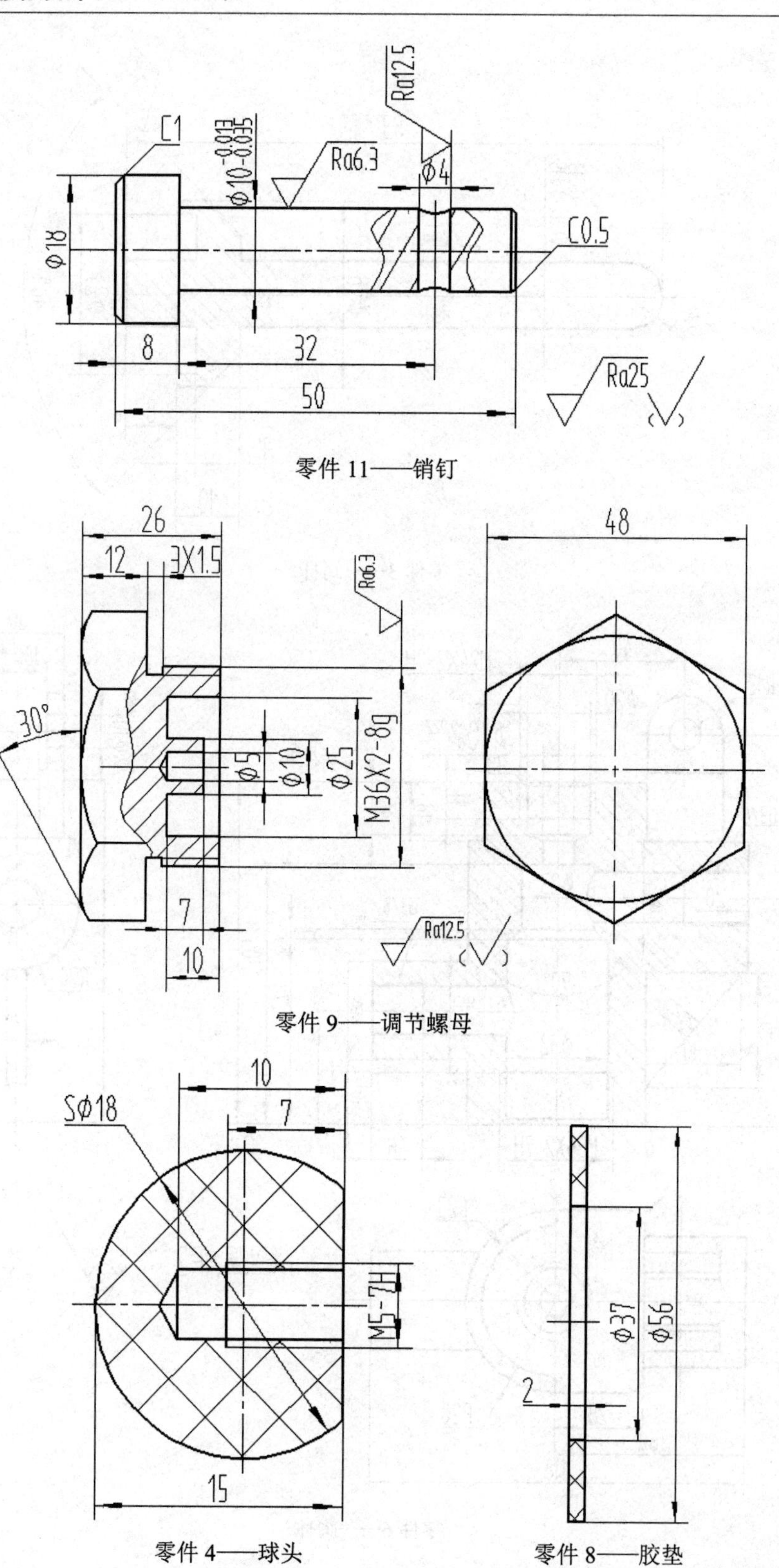

零件 11——销钉

零件 9——调节螺母

零件 4——球头

零件 8——胶垫

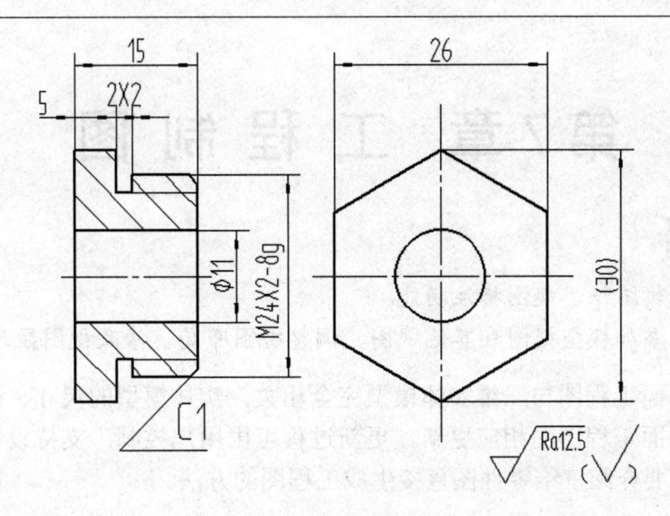

零件 4——螺母

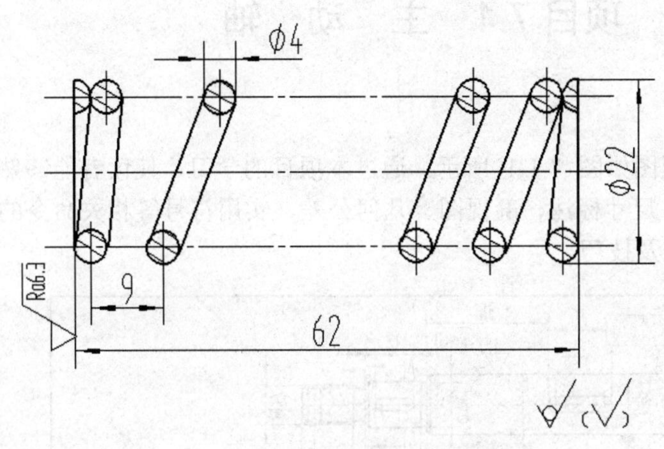

零件 7——弹簧

本 章 小 结

通过本章的学习，应掌握以下内容：

(1)　装配模块应用基础。

(2)　产品装配过程的实现方法。

(3)　各配合零件之间的配合方法。

(4)　爆炸图的创建方法。

学会综合应用这些命令完成产品的三维仿真装配，熟练掌握装配的过程与软件的使用技巧。

第7章 工 程 制 图

本章要点

- 建立和编辑图纸、视图标注功能
- 在图纸中添加模型视图和其他视图，调整视图布局，修改视图显示

Solidworks 平面工程图与三维实体模型完全相关，实体模型的尺寸、形状及位置的任何变化都会引起平面工程图的相应更新，更新过程可由用户控制；支持设计员与绘图员的协同工作，本章主要介绍三维零件图直接生成工程图的方法。

项目7.1 主 动 轴

【学习目标】

本项目要完成的工程图如图 7-1-1 所示。通过本项目的学习，使读者能够熟练掌握创建工程视图、视图布局、尺寸标注、剖视图、几何公差、实用符号等相关命令的应用，能够掌握工程图的创建方法及技巧。

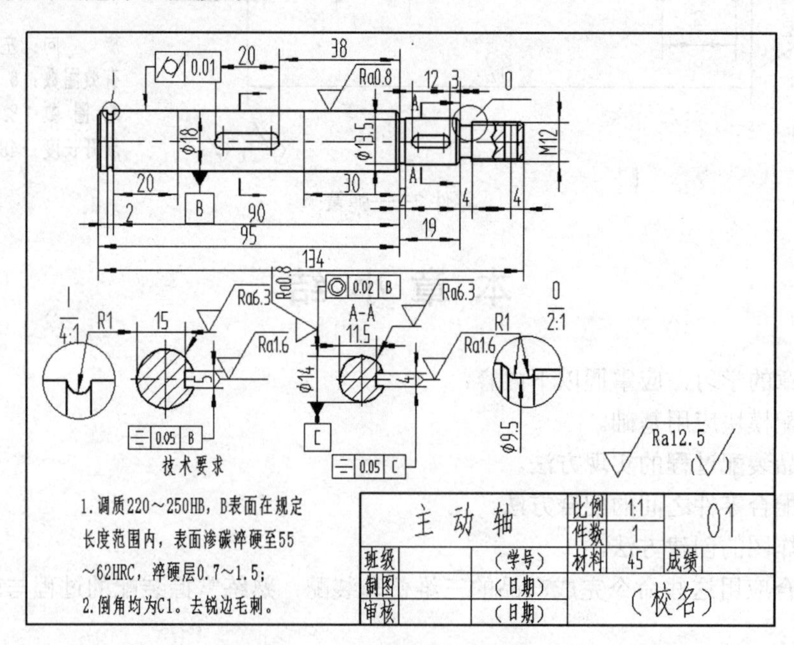

图 7-1-1 主动轴的工程图

【学习要点】

设置参数、生成视图、剖面视图、局剖视图、尺寸标注、注释标记、实用符号、表面粗糙度、公差标注、基准标注、导入图框。

【绘图思路】

打开制图模块，设置制图参数，生成视图，制作剖面视图和局部视图，尺寸标注，注释标记，实用符号，关闭视图边界显示，做表面粗糙度，公差标注，标注基准，导入图框。

【操作步骤】

(1)　“新建”工程图文件。打开制图模块选择模板，设置格式，如图 7-1-2 所示。

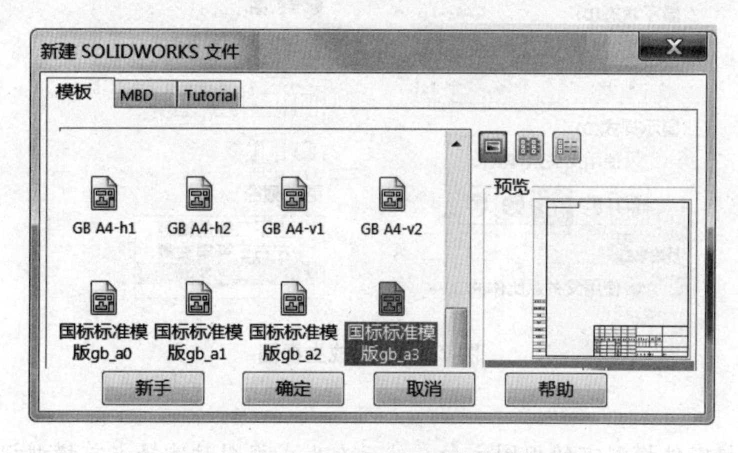

图 7-1-2　“新建”工程图选择 a3 模板

提示：

① 在图纸的绘图区单击右键，在弹出的快捷菜单中选择“属性”命令，在弹出的“图纸属性”对话框中设置投影类型、图纸大小、绘图比例等参数。

② 在图纸的绘图区单击右键，在弹出的快捷菜单中选择“编辑图纸格式”选项，可以更改标题栏等图纸的格式和内容，如图 7-1-3 所示。

③ 通过“工具”→“选项”菜单命令来设置工程图和详图的各种参数。

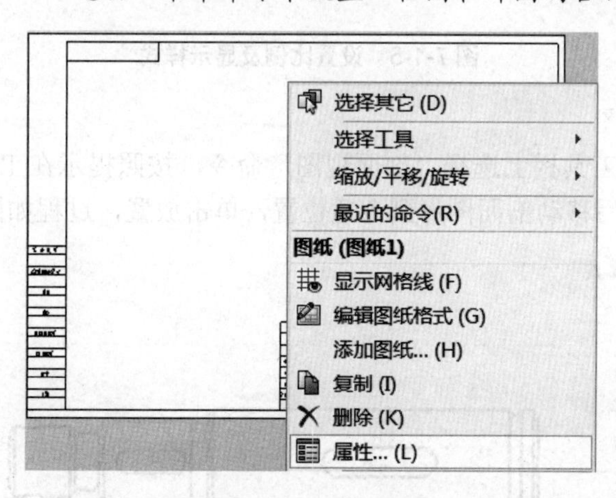

图 7-1-3　修改工程图属性(编辑图纸格式)

(2)　生成视图。采用“模型视图”命令，按比例 1∶1 放置前视图，如图 7-1-4 所示。当模型视图放置完毕时，系统会自动弹出“投影视图”命令，若需要生成投影视图，可移

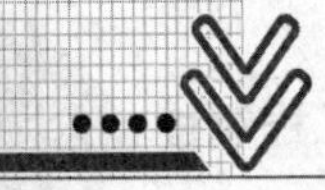

动鼠标到适当位置，单击“确定”按钮，完成操作。

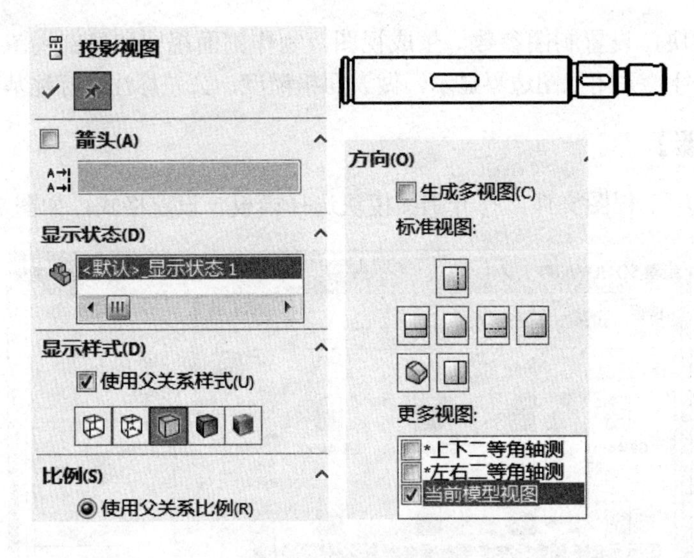

图 7-1-4　生成主视图

提示：

可以先调整零件模型下的视图方向，然后在生成视图时选择当前模型视图。在比例和显示样式选项下，调整生成视图的比例关系及设置显式样式，如图 7-1-5 所示。

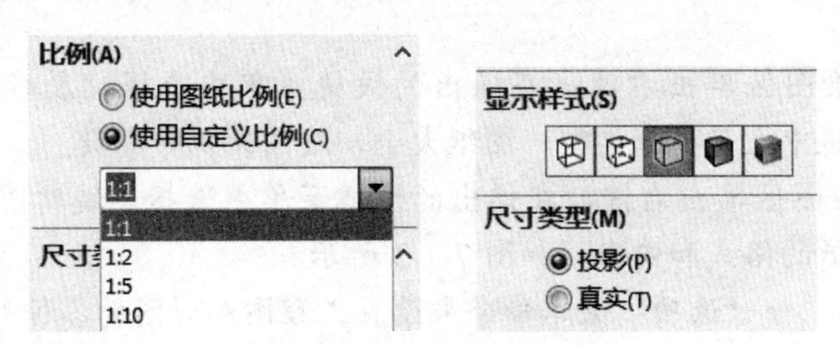

图 7-1-5　设置比例及显示样式

(3) 制作剖面视图。

在“视图布局”工具栏上选择“剖面视图”命令，按照提示在工程图视图上绘出一条直线作为剖切线，然后移动剖面图形到合适位置，单击放置，过程如图 7-1-6 所示。

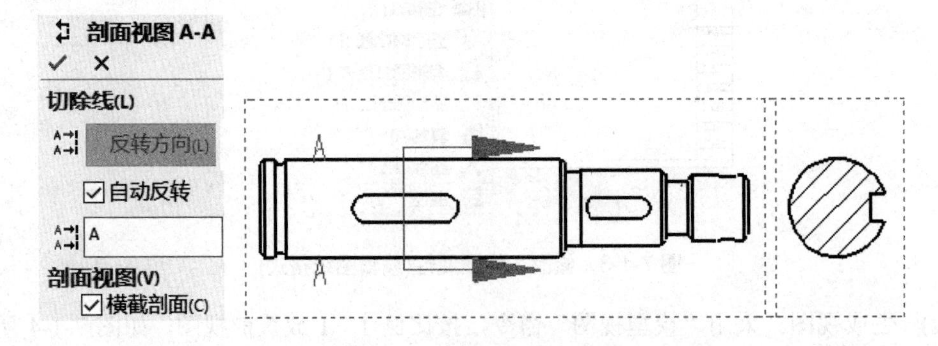

图 7-1-6　剖面视图创建过程

再次应用“剖面视图”命令，作出 B-B 处的剖面视图，调整视图位置及字体等参数，结果如图 7-1-7 和图 7-1-8 所示。

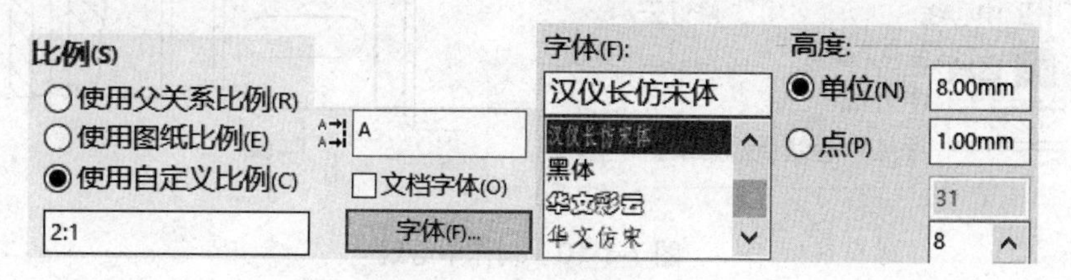

图 7-1-7　修改比例及字体

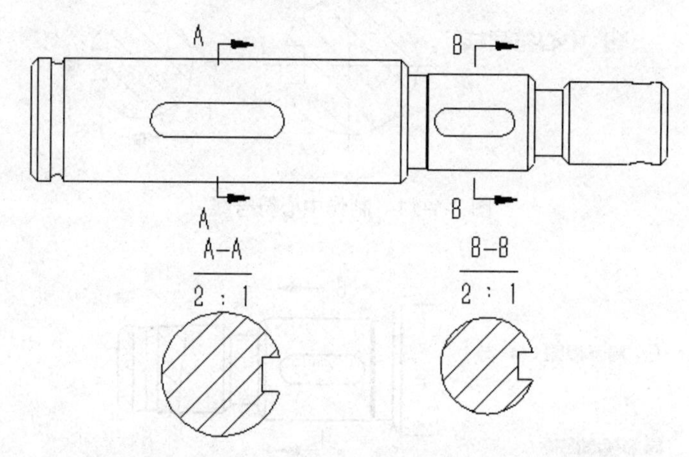

图 7-1-8　剖面视图(已解除视图锁定)

(4)　制作断开的剖视图。单击工具栏上的“断开的剖视图”命令，根据提示先在要剖切的位置绘一闭合的样条曲线，单击“确定”按钮后打开“断开的剖视图”对话框，设置剖切深度，单击“确定” 按钮完成，如图 7-1-9 所示。

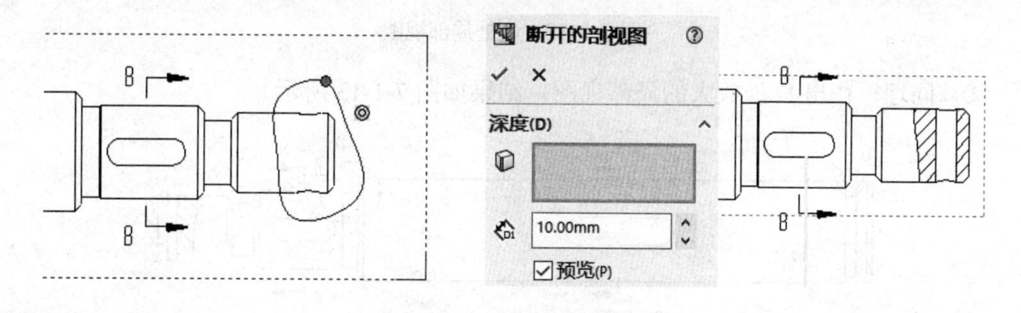

图 7-1-9　制作断开的剖视图

(5)　绘制中心线与中心符号线。

①　制作中心线。打开中心线对话框，选择孔的两条边线，如图 7-1-10 所示。

②　制作中心符号线。打开中心符号线对话框，选择剖面视图的圆，如图 7-1-11 所示。

(6)　局部放大视图。

①　打开“局部视图”命令，在需要放大的位置绘制圆，确定后打开“局部视图”对话框，设置放大比例及标注文字等参数，并调整视图位置，结果如图 7-1-12 所示。

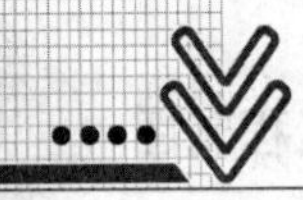

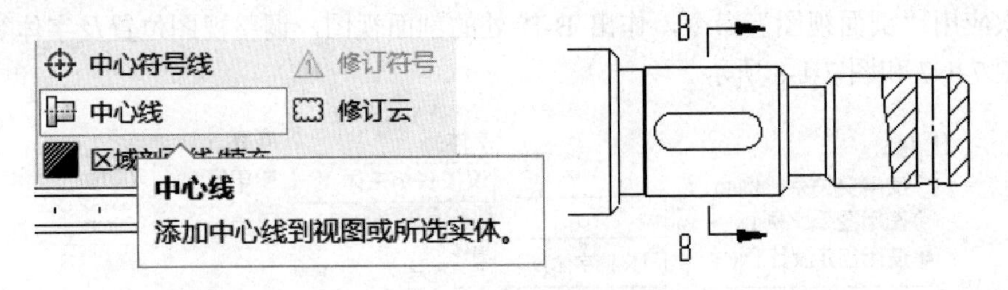

图 7-1-10　制作中心线

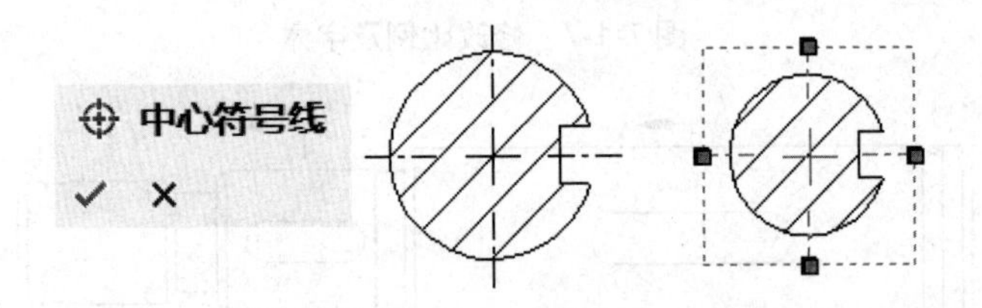

图 7-1-11　制作中心符号线

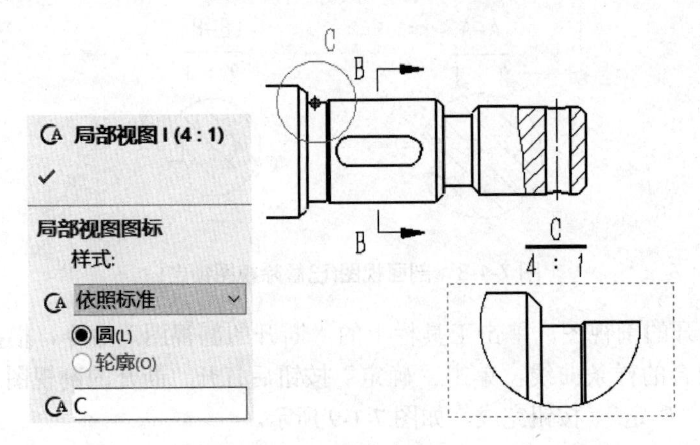

图 7-1-12　C 处局部视图

② 同理，作出 D 处放大的局部视图，结果如图 7-1-13 所示。

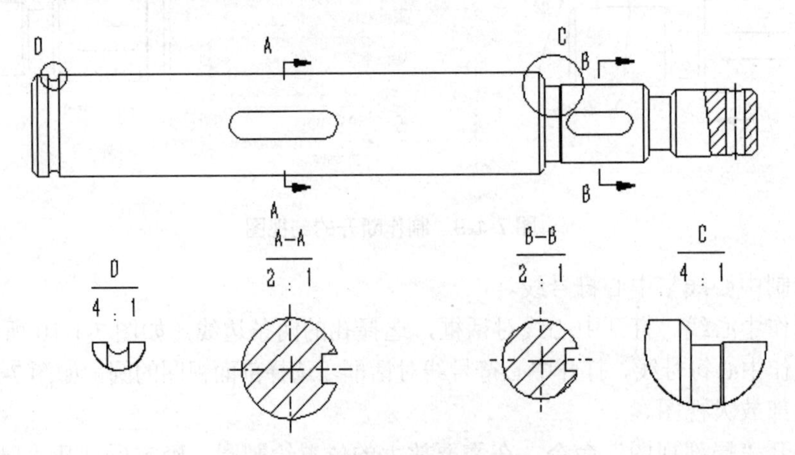

图 7-1-13　D 处的局部放大视图

(7) 几何标注。包括基本尺寸标注、表面粗糙度标注、几何公差标注和技术要求。

① 基本尺寸标注，如图 7-1-14 和图 7-1-15 所示。

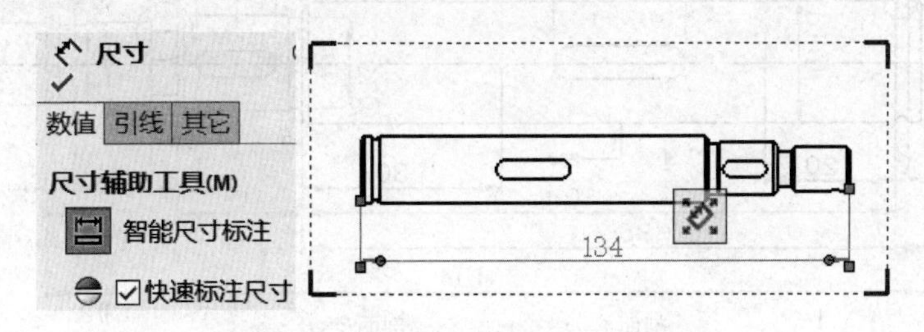

图 7-1-14　基本尺寸标注对话框

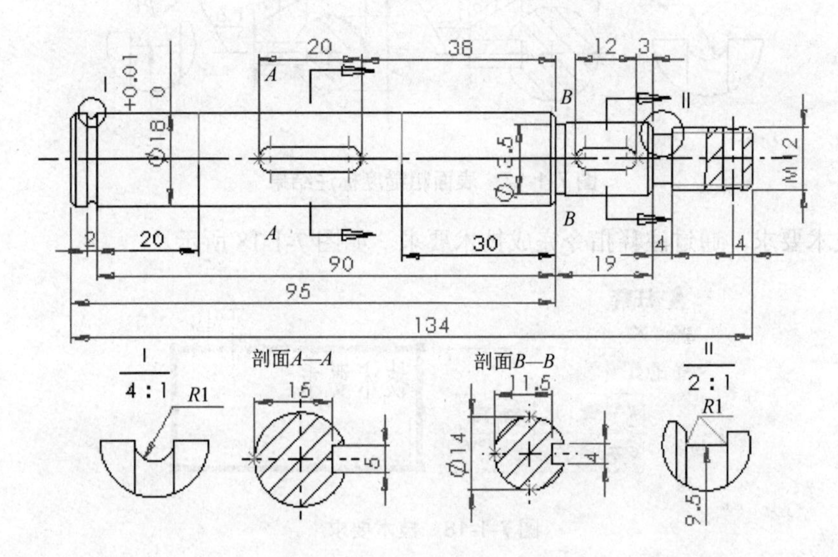

图 7-1-15　基本尺寸标注结果

② 表面粗糙度标注，如图 7-1-16 和图 7-1-17 所示。

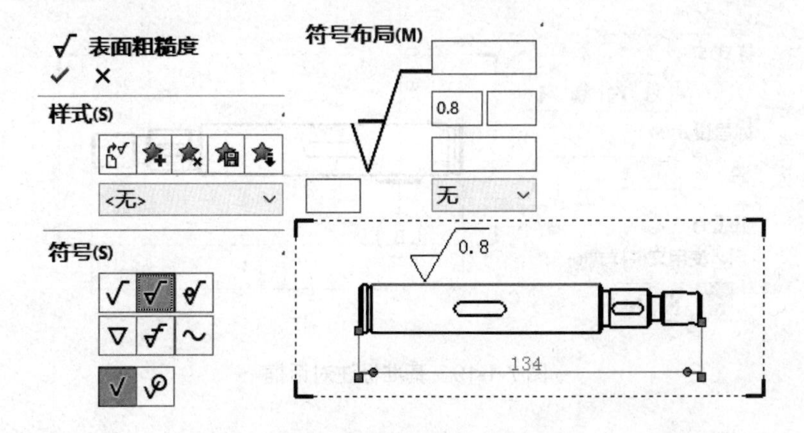

图 7-1-16　表面粗糙度标注对话框

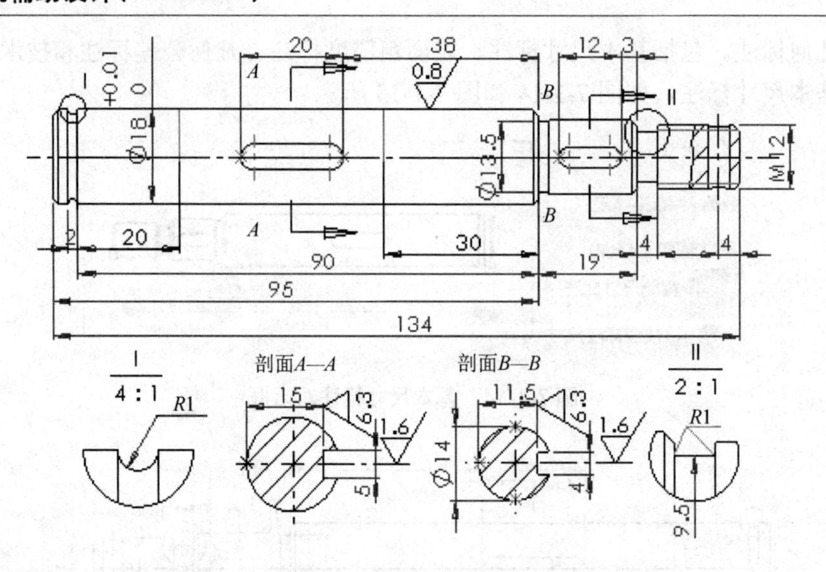

图 7-1-17　表面粗糙度标注结果

③　技术要求。通过注释指令完成技术要求，如图 7-1-18 所示。

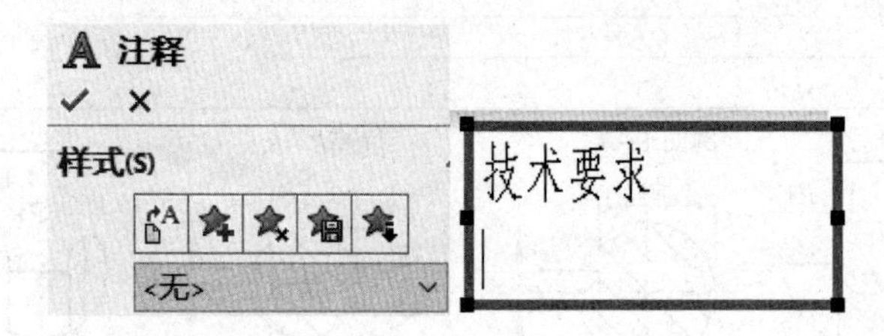

图 7-1-18　技术要求

④　基准、形位公差标注及几何工差标注结果如图 7-1-19、图 7-1-20 和 7-1-21 所示。

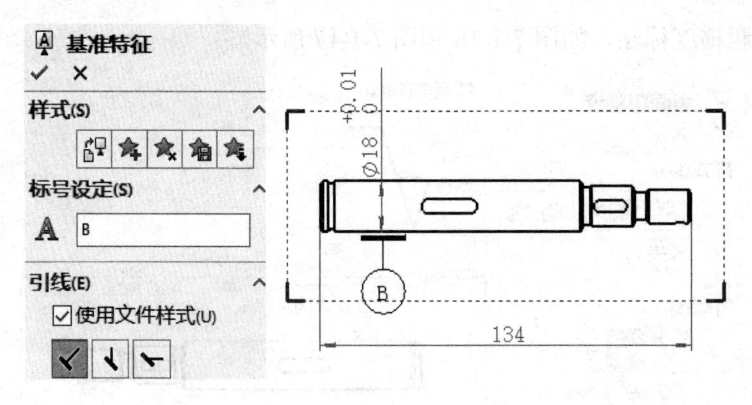

图 7-1-19　基准标注对话框

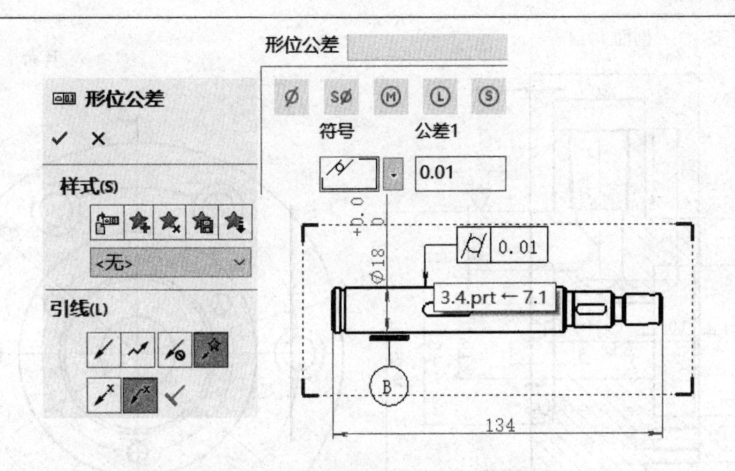

图 7-1-20　形位公差标注对话框

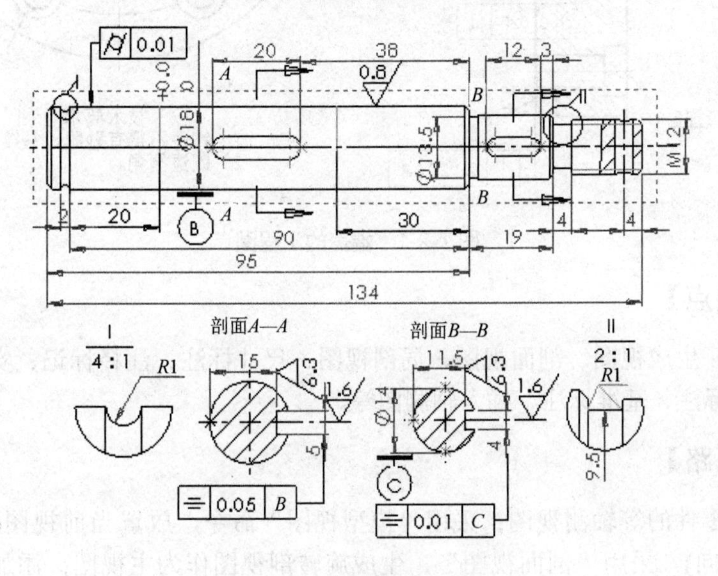

图 7-1-21　几何公差标注结果

资料引入 7-1

具体内容请扫描右侧二维码。

项目 7.2　端　　盖

【学习目标】

本项目要完成的工程图如图 7-2-1 所示。通过本项目的学习，使读者能够熟练掌握创建工程视图、视图布局、尺寸标注、剖视图、几何公差、实用符号等相关命令的应用。

通过学习，了解工程图的创建方法及技巧。

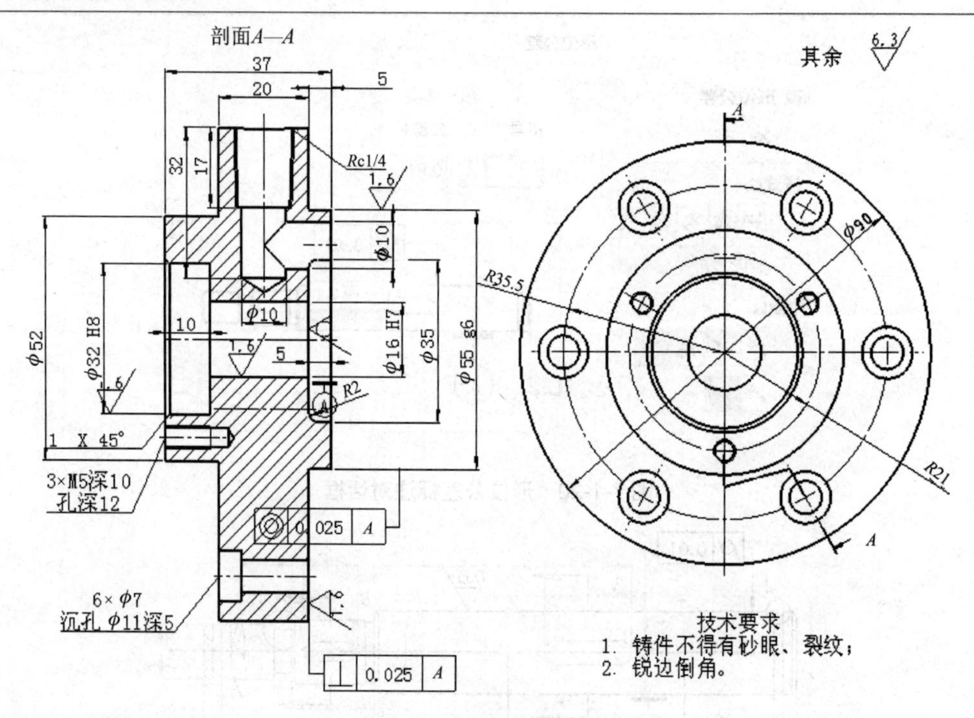

图 7-2-1　端盖的工程图

【学习要点】

设置参数、生成视图、剖面视图、局剖视图、尺寸标注、注释标记、实用符号、表面粗糙度、公差标注、基准标注、插入轴测图等。

【绘图思路】

旋转端盖零件的等轴测视图；采用“模型视图”命令，放置当前视图(在模型视图里调整好视图方向)，采用“剖面视图”，生成旋转剖视图作为主视图；添加中心线、标注尺寸、公差、表面粗糙度等。

【操作步骤】

(1) 建立新零件。单击“新建”按钮，选择工程图选项，单击确定按钮，进入工程图环境。打开制图模块，设置制图参数(请参照前例)。

(2) 利用“剖面视图”命令创建主视图。首先应用“草图”直线命令，绘制 3 条相连的直线(或者利用已生成的中心线)，然后按照下面的操作完成剖面视图的创建。

① 按住 Ctrl 键自下而上选中三条直线，如图 7-2-2 所示。

② 然后选中 剖面视图 命令，将剖视图放置到合适的位置，单击“确定”按钮后完成操作，结果如图 7-2-3 所示。

提示：一定要先选择三条直线再选择剖面视图指令图标。

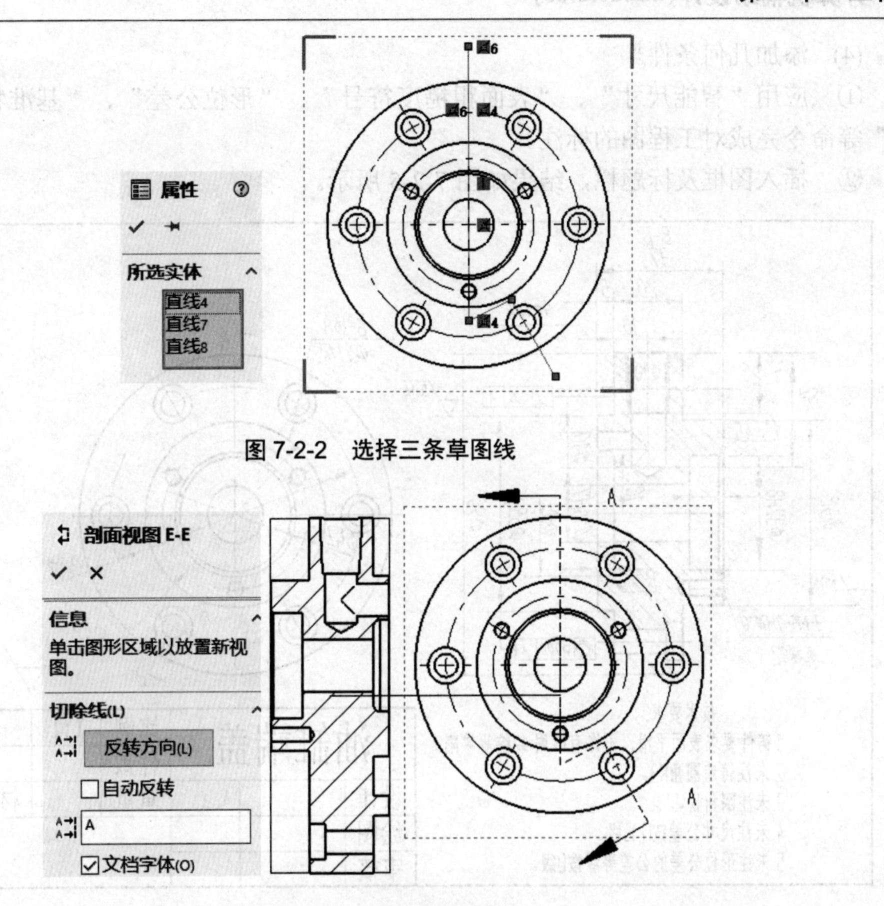

图 7-2-2　选择三条草图线

图 7-2-3　创建剖面视图

注意：选择三条直线时要注意顺序，否则创建的剖视图会是不同的结果。

(3)　添加中心线。

单击“注解”工具栏上的 中心线 命令，添加圆柱面、圆锥面和螺纹孔的中心线，如图 7-2-4 所示。拖动中心线端点，可以延长中心线到适当位置。

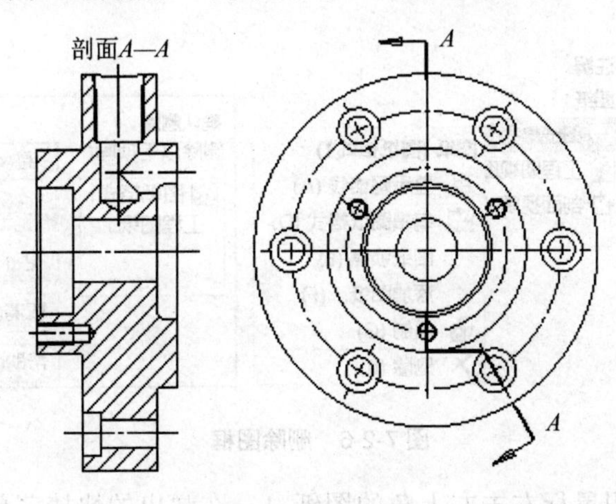

图 7-2-4　添加中心线

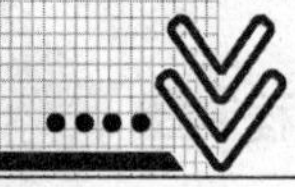

(4) 添加几何条件。

① 应用“智能尺寸”、“表面粗糙度符号”、“形位公差”、“基准特征”、“注释”等命令完成对工程图的标注。

② 插入图框及标题栏，结果如图 7-2-5 所示。

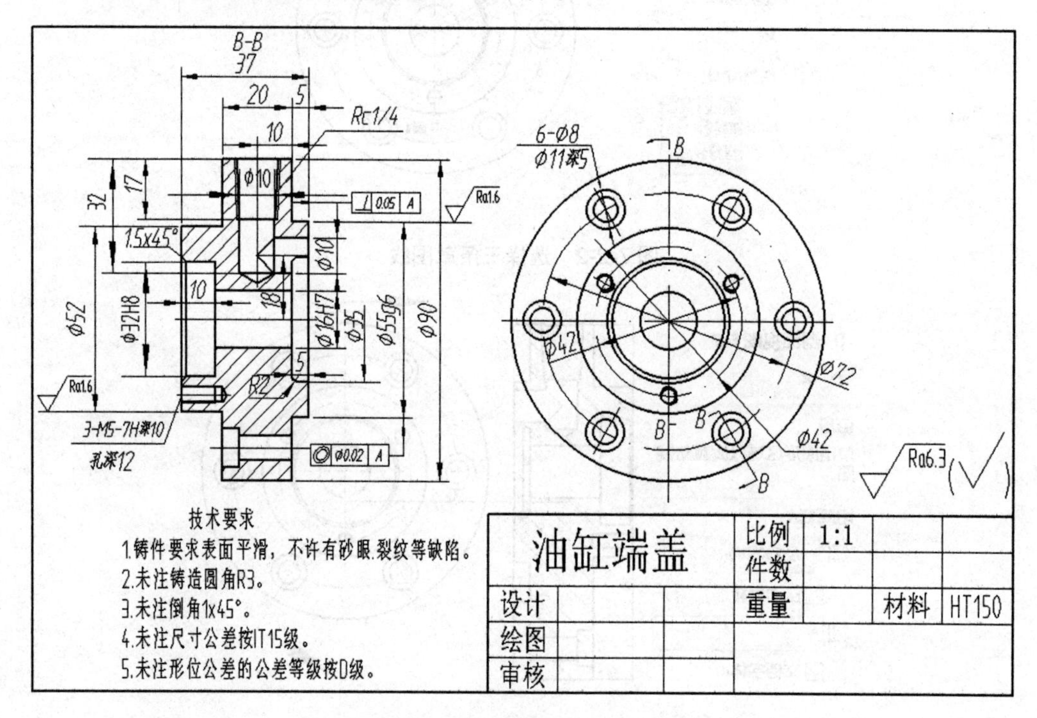

图 7-2-5 插入图框及标题栏

(5) 更换图框及标题栏。

Solidworks 工程图更换图框的具体操作步骤如下。

① 删除图框。用鼠标右键单击左上角的图纸 1 选项下的图纸格式 1，在弹出的快捷菜单中选择“删除”命令并在弹出的对话框中进行确认，如图 7-2-6 所示。

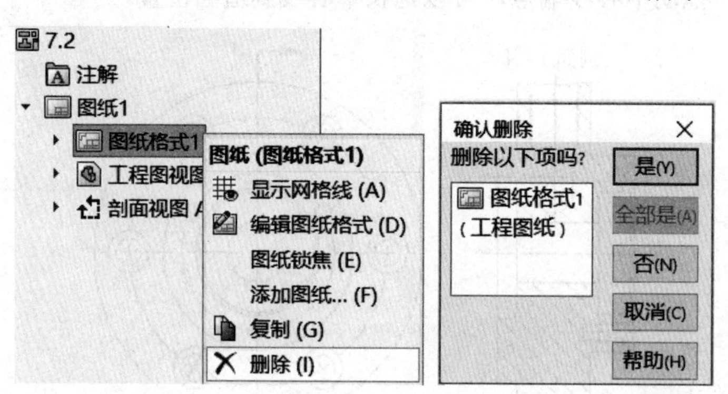

图 7-2-6 删除图框

② 添加图框。用鼠标右击左上角的图纸 1，在弹出的快捷菜单中选择“属性”命令，如图 7-2-7 所示。在弹出的图纸属性对话框中设置图纸属性，选取相应的图框。如果

专属图框放在其他目录，需要单击“浏览”按钮，查找图框，如图 7-2-8 所示。

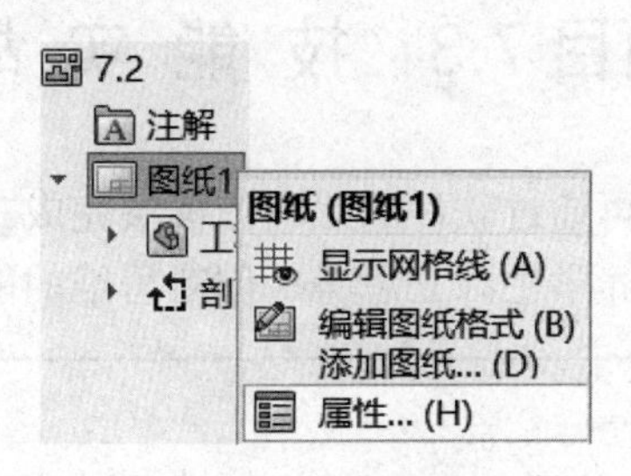

图 7-2-7　图纸属性

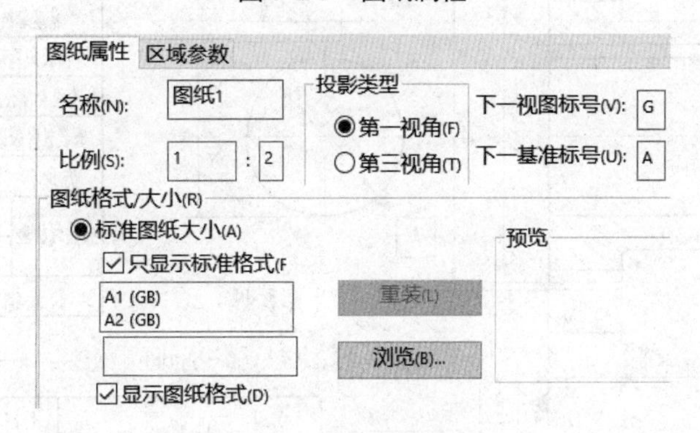

图 7-2-8　选取相应图框

③　找到相应的目录，单击专属图框文件，单击“打开”按钮；如图 7-2-9 所示。再回到图纸属性对话框，单击“确定”按钮，即可添加或更换图框。

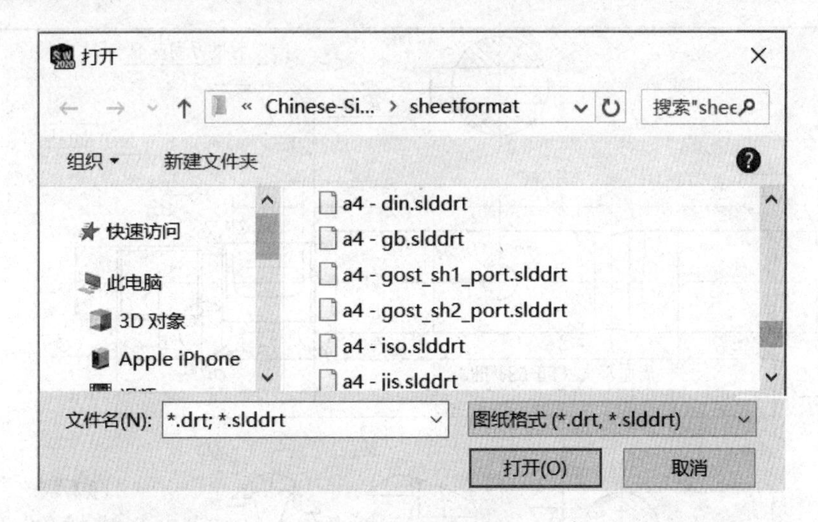

图 7-2-9　浏览图框

工程图创建完可能有诸多地方，如尺寸、图形显示比例、注解字体等不符合要求，此时可通过右键快捷菜单或是利用“工具”→“选项”菜单命令里的相关设置来修改。

系统为工程图设置了很多参数，其中的绝大多数参数都是可以编辑的。

项目 7.3　技 能 实 战

读者按图建立三维模型，再通过软件的工程图模块完成二维图纸。

通过下面习题的练习，培养学生独立思考、创新思维的能力。

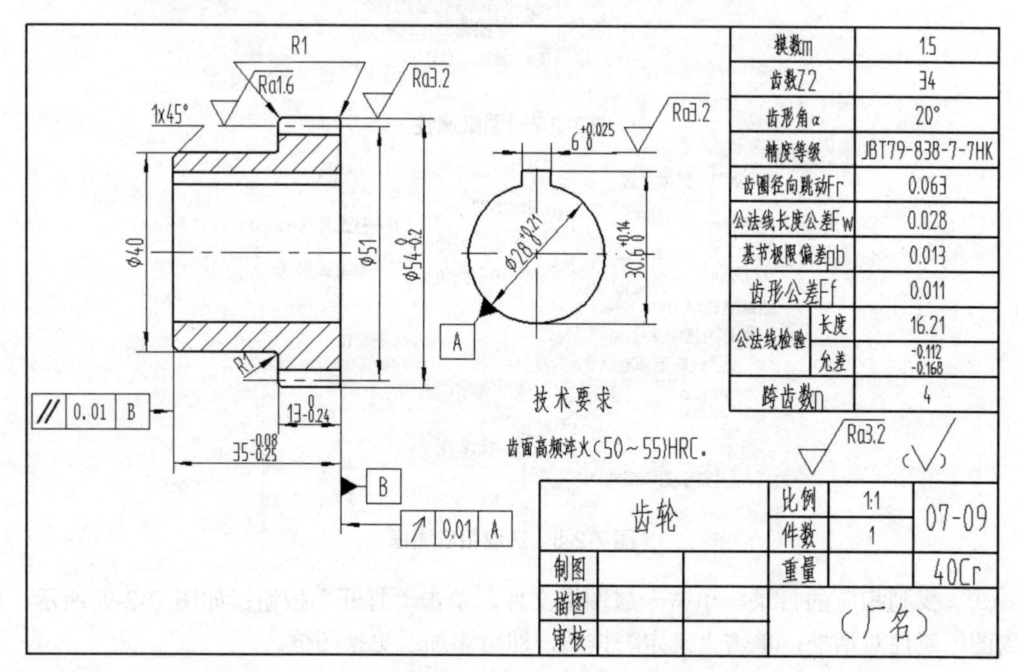

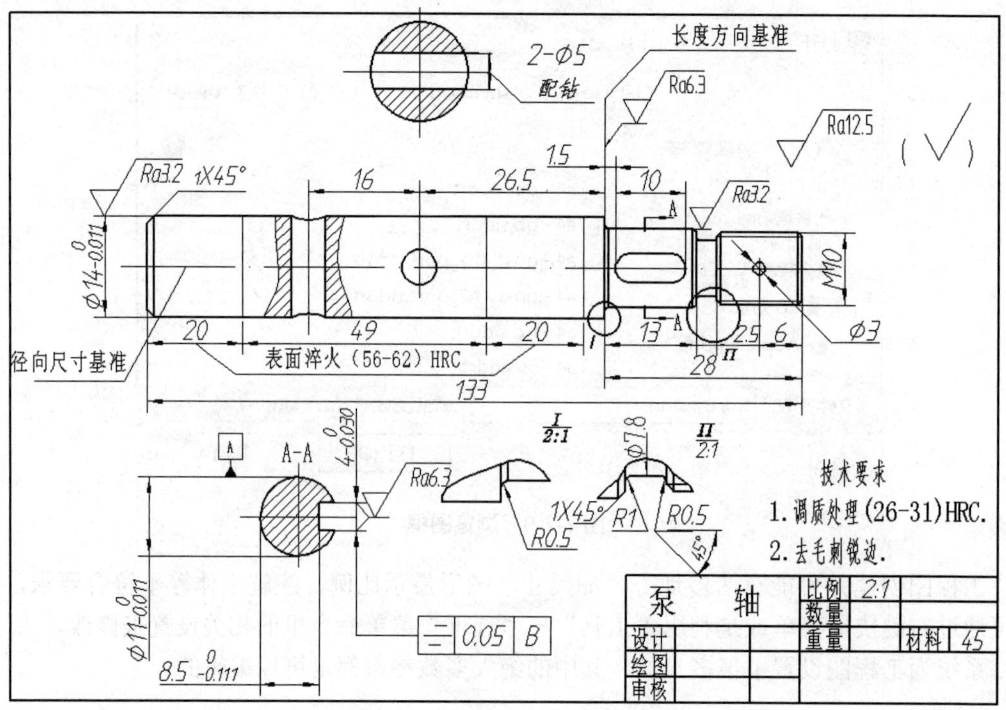

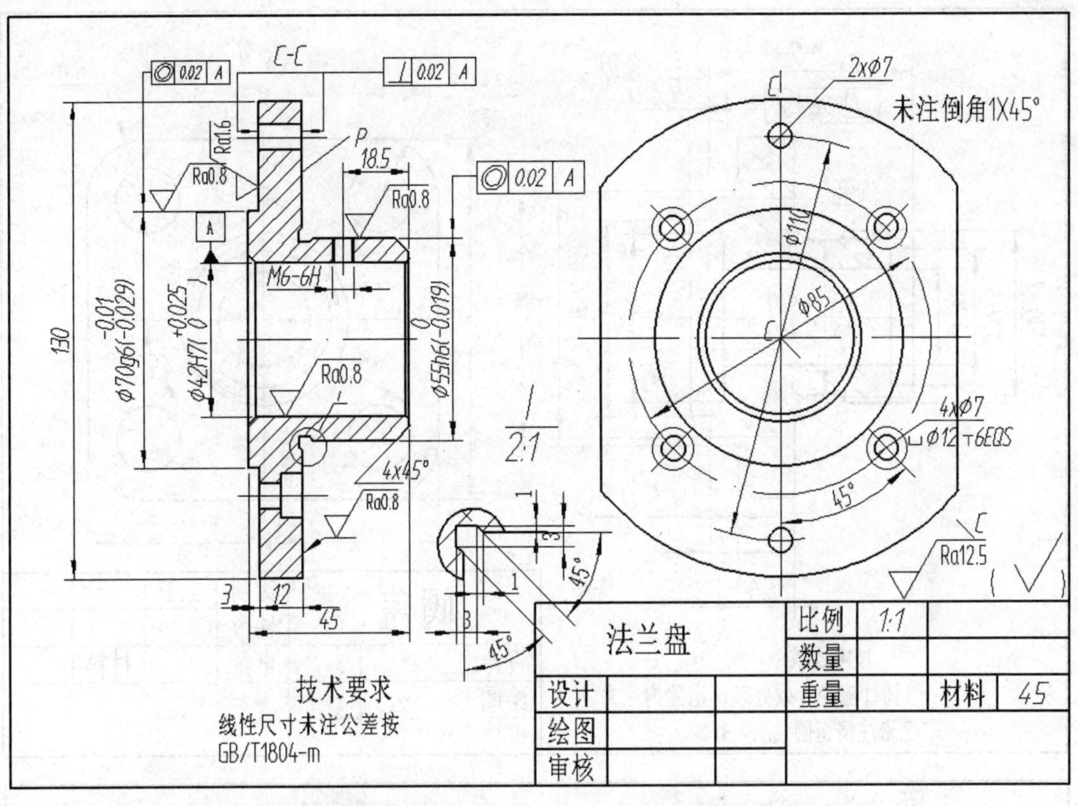
C-C
0.02 A
0.02 A
Ra1.6
P
18.5
Ra0.8
Ra0.8
A
M6-6H
130
Φ70g6(-0.01 -0.029)
Φ42H7(+0.025 0)
Φ55h6(0 -0.019)
Ra0.8
4x45°
Ra0.8
3
12
45
2:1
45°
45°
2xΦ7
未注倒角1X45°
Φ110
Φ85
4xΦ7
Φ12 ↧6EQS
45°
Ra12.5
法兰盘
比例
1:1
数量
设计
重量
材料
45
绘图
审核
技术要求
线性尺寸未注公差按
GB/T1804-m

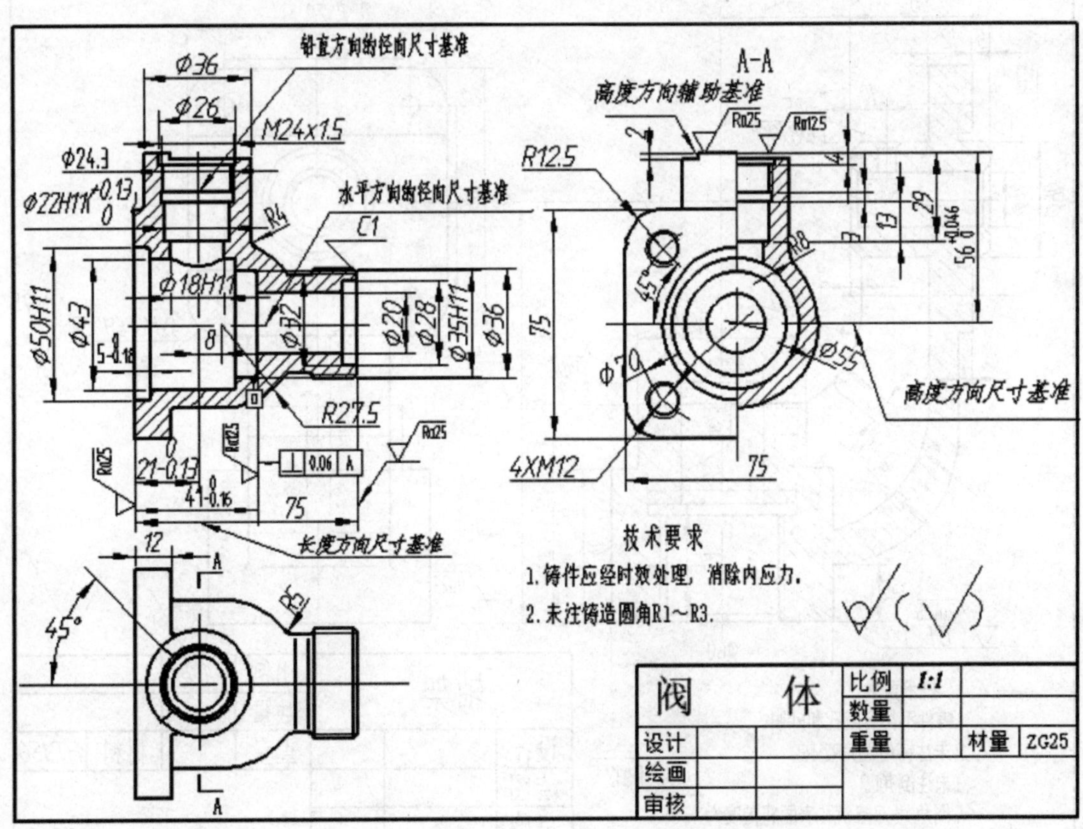
铅直方向的径向尺寸基准
Φ36
Φ26
M24x1.5
Φ24.3
Φ22H11(+0.13 0)
R4
水平方向的径向尺寸基准
C1
Φ50H11
Φ43
Φ18H11
Φ32
Φ20
Φ28
Φ35H11
Φ36
R27.5
0.06 A
21-0.13
41-0.16
75
长度方向尺寸基准
12
45°
A-A
高度方向辅助基准
Ra25
Ra12.5
R12.5
29
13
56(+0.046 0)
R8
75
Φ70
Φ55
高度方向尺寸基准
4XM12
75
技术要求
1. 铸件应经时效处理，消除内应力.
2. 未注铸造圆角R1～R3.
阀　体
比例
1:1
数量
设计
重量
材量
ZG25
绘画
审核

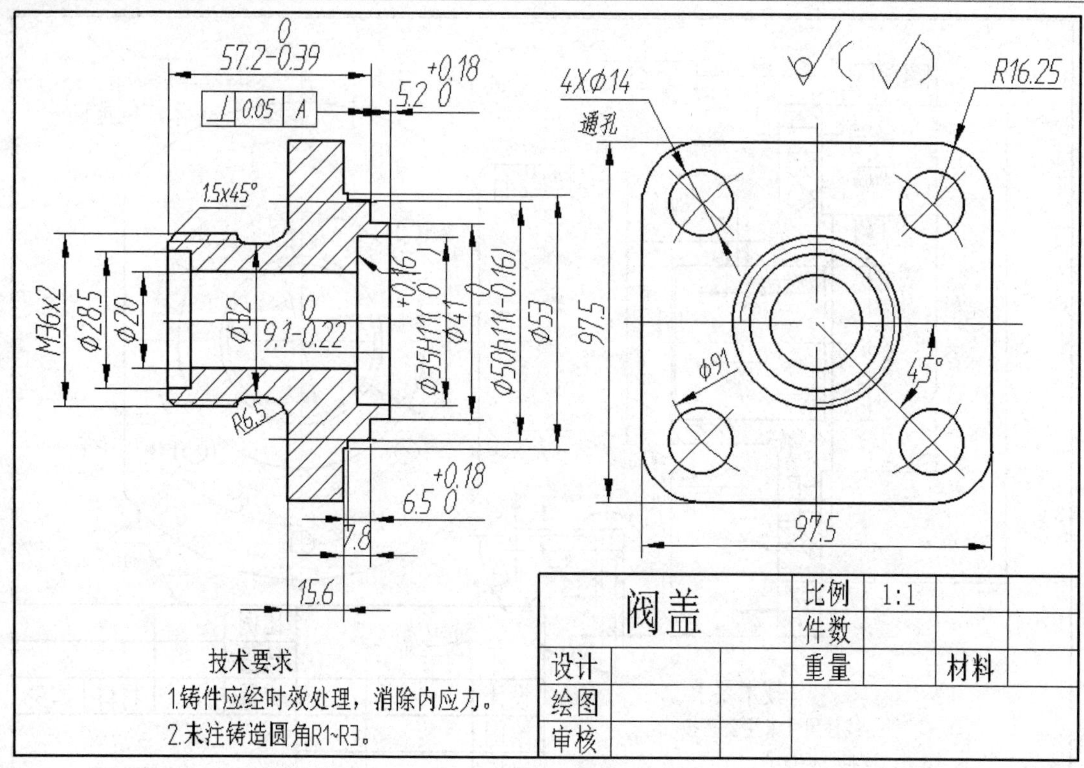
57.2-0.39
0
⊥ 0.05 A
+0.18
5.2 0
4XΦ14
通孔
R16.25
1.5x45°
M36x2
Φ28.5
Φ20
Φ32
9.1-0.22
Φ35H11
Φ41
Φ50h11(-0.16)
Φ53
97.5
Φ91
45°
R6.5
+0.18
6.5 0
7.8
15.6
97.5
阀盖
比例
1:1
件数
设计
重量
材料
绘图
审核
技术要求
1.铸件应经时效处理，消除内应力。
2.未注铸造圆角R1~R3。

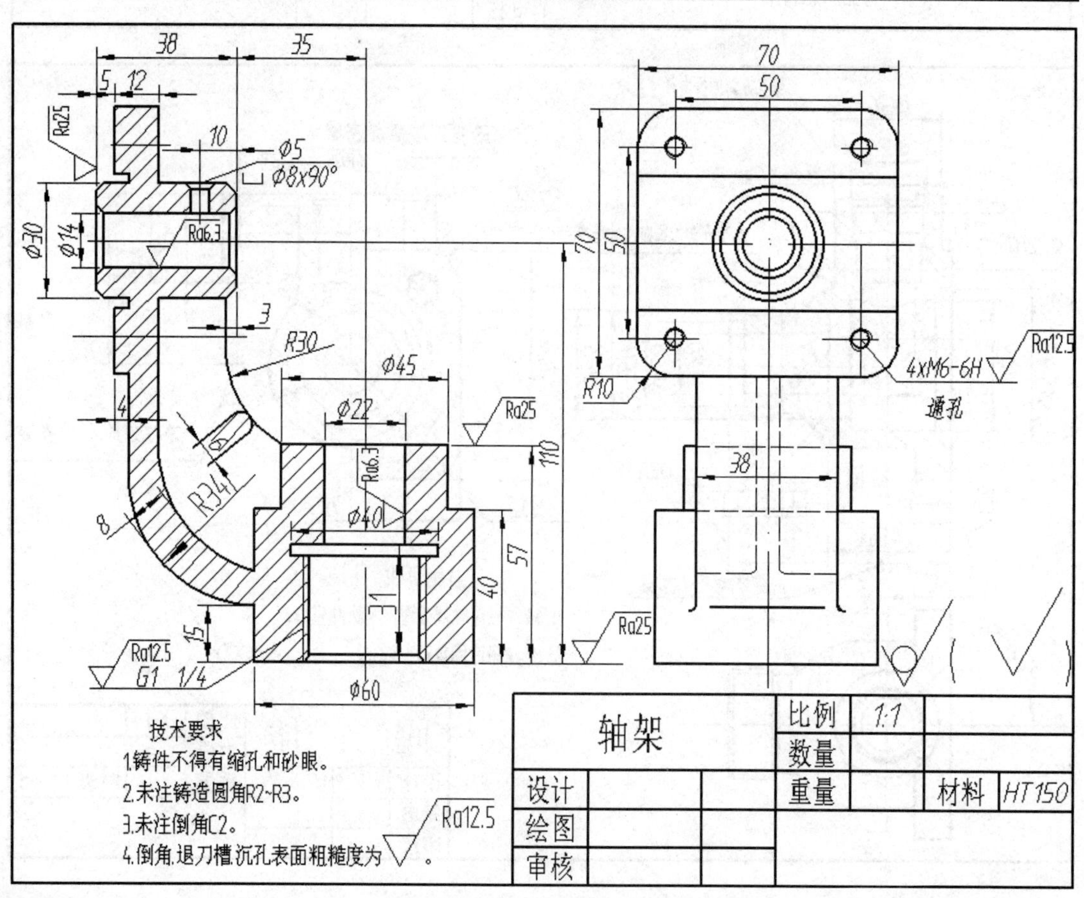
38
35
5
12
Ra25
10
Φ5
⌴ Φ8x90°
Φ30
Φ14
Ra6.3
3
R30
Φ45
Φ22
Ra25
4
6
R34
Ra6.3
Φ40
8
110
57
40
31
15
Ra12.5
G1 1/4
Φ60
Ra25
70
50
70
50
R10
4xM6-6H
通孔
Ra12.5
38
轴架
比例
1:1
数量
设计
重量
材料
HT150
绘图
审核
技术要求
1.铸件不得有缩孔和砂眼。
2.未注铸造圆角R2~R3。
3.未注倒角C2。
4.倒角.退刀槽.沉孔表面粗糙度为 Ra12.5 。

本章小结

通过本章的学习，应掌握以下内容。

(1) 建立和编辑图纸。

(2) 在图纸中添加模型视图和其他视图。

(3) 调整视图布局，修改视图显示。

(4) 剖视图的应用。

(5) 视图标注功能。

(6) 建立标题栏和明细表。

学会综合应用这些相关命令完成产品的工程图，熟练掌握工程图制作过程与软件的使用技巧。

参 考 文 献

[1] 孙梅，李波，陈乃峰. Solidworks 三维造型经典范例[M]. 北京：清华大学出版社，2008.
[2] 实威科技. Solidworks 2006 原厂教育训练手册[M]. 北京：铁道出版社，2006.
[3] 江洪，等. Solidworks 建模实例解析[M]. 北京：机械工业出版社，2005.
[4] 邢启恩，宋成芳. 三维设计基础与典型范例[M]. 北京：电子工业出版社，2008.
[5] 中国工程图学学会. 三维数字建模试题集[M]. 北京：中国标准出版社，2008.
[6] Solidworks 公司. Solidworks 高级装配体建模[M]. 北京：清华大学出版社，2003.
[7] 赵秋玲，周克媛，曲小源. Solidworks 2006 产品设计应用范例[M]. 北京：清华大学出版社，2006.
[8] 曹岩，等. Solidworks 2004 产品设计实例精解[M]. 北京：机械工业出版社，2004.
[9] iCAx 论坛，www.iCAx.cn.
[10] 老虎工作室. 机械设计习题精解[M]. 北京：人民邮电出版社，2003.
[11] 刘小年. 机械制图习题集[M]. 北京：机械工业出版社，1999.
[12] 袁锋. UG 机械工程设计范例教程[M]. 北京：机械工业出版社，2006.
[13] 何满才. MasterCAM 9.0 习题精解[M]. 北京：人民邮电出版社，2003.